財團法人國防安全研究院

esearch on National Defense Strategies:
Perspectives and Practices

國防戰略研究：
思維與實務

黃恩浩、鍾志東 主編

五南圖書出版公司 印行

董事長序

　　本院「國家戰略思維」整合型研究計畫案，於 2023 年 3 月底完成，並規劃將其中相關國防戰略研究成果出版成專書，書名訂為《國防戰略研究：思維與實務》。經以學術論文格式重新編輯改寫，以及長達近半年時間的外部學者專家審查程序，在 2023 年 9 月中旬完成論文審查與修正。本書內容主要涵蓋亞洲、美洲、歐洲與大洋洲等區域內 14 個重要國家的國防戰略思維與實務，為國內探討當今全球國防戰略最為全面的一本新書。

　　《國防戰略研究：思維與實務》是國防安全研究院出版的第三本專書，第一本是 2020 年 12 月的《多元視角下的南海安全》，第二本則是 2021 年 4 月的《他山之石：各國緊急應變機制》，因此這本專書出版，具有承先啟後意義。智庫是政府與民間、學術與政策，以及國內與國際的溝通橋樑，亦是我國政府與他國政府之間非常重要的二軌交流平臺，未來國防安全研究院將持續規劃更多專業的國防研究著作。

　　作為國防部捐助與指導而成立的安全、戰略、國防與軍事研究之國家級智庫，本院有責任對「國防戰略」議題提出專業研究分析，這是我們的專業領域，也是我們的使命。即將邁入第七年的國防安全研究院將精進耕耘此一主題，同時也期待國防院同仁能持續出版有關「國家安全戰略」與「軍事戰略」等相關研究的專門著作，以豐富各界對戰略、安全與國際局勢的理解。

　　這本著作的出版，正值國際政治結構與全球秩序面臨中國影響力擴張、美中戰略競爭白熱化、臺海安全局勢緊繃、南海主權爭議不斷、北韓的核武與飛彈威脅、曠日持久的俄烏戰爭，以及哈馬斯與以色列武裝衝突等事件的嚴峻挑戰。透過閱讀這本內容豐富且具有深度的著作，不僅有助讀者以系統的方式瞭解國際關係對國防戰略的影響，而且也能帶領讀者認識全球幾個主要國家的國防戰略思維發展，以及其因應國際局勢變化的軍事戰略作為。

　　最後，除了向全體撰稿同仁致上謝意，同時期待讀者與社會先進不吝給予我們掌聲或批評，因為任何的鼓勵與鞭策，都是促進本院不斷成長與茁壯的重要動力。

國防安全研究院　董事長

陸軍一級上將

中華民國 112 年 11 月 30 日

習近平上臺後，中國對外展現出更具侵略性的姿態，藉由經濟、外交、軍事及科技力量試圖改變「以規則為基礎的國際秩序」。其中習近平「科技自主」的口號，更推升了美中長期戰略競爭的態勢，觸發美國對中啟動科技戰，拜登政府上任後更積極聯合盟邦共同圍堵中國，在西太平洋區域因此呈現出美中兩強交鋒白熱化的趨勢。

在美中競爭的國際格局下，傳統安全議題直接影響著國際社會的運作，例如：北韓核武問題持續威脅朝鮮半島；俄烏戰爭自 2022 年 2 月下旬爆發至今仍未停歇；美國前眾議院議長裴洛西於 2022 年 8 月訪臺以來，中國擾臺的頻度與強度激增，模式也愈發多元；以及 2023 年 10 月上旬哈瑪斯對以色列發動大規模武力突襲等。此外，在經濟、資訊、社群等領域也產生許多對國家安全造成威脅的新型態行動。以上種種都在在顯示國際環境詭譎難測，而且區域動盪與國際衝突都可能牽動臺海安全，同時使國防安全工作增添新的挑戰。

國防安全研究院作為臺灣首個國家級的國際戰略與國防軍事研究智庫，不僅要充分且精確地掌握國際局勢的變化，我們也為政府機關提供建設性的政策分析與建議，並有義務向國內及國際社會做出積極的貢獻。舉凡國際交流、學術研究、政策溝通與公共對話，都是我們過去、目前與未來努力的目標。

本院同仁致力於將研究成果回饋給社會大眾的重要使命。本人在 2023 年 7 月接任國防安全研究院執行長時，得知同仁已經完成為期兩年的「國家戰略思維」整合型研究計畫成果報告，研究內容主要探討當今世界重要國家之「國防戰略」淵源與發展，並且分析這些國家如何制定與時俱進的「國防戰略」。在同仁努力下，該研究成果將於今年底以《國防戰略研究：思維與實務》為題，委託五南圖書出版公司出版。

　　出版的重要性在於呈現研究成果、傳遞專業知識，並且與社會交流分享。《國防戰略研究：思維與實務》是本院近期的重要出版品之一，本書對國際安全環境與國防戰略規劃的互動關係進行了貼切與深入的分析，有利讀者認識相關國家建構國防戰略的過去、現在與未來。

　　本書的導論清晰地引領讀者瞭解本書架構，並清楚定義各個概念，各章的個案研究則鞭辟入裡地介紹與說明各個重要國家的國防戰略與政策。其主軸明確，架構完整，個案豐富；這本專書將相關國家的國防戰略構想與發展融於一爐，實為研究國防戰略的重要入門書。

　　謹恭喜此一著作的出版，並向所有撰稿同仁致上萬分的敬意與謝意。在不斷變化的國際局勢中，對國防戰略議題的深入研究不僅能協助我們瞭解國際安全形勢脈動，並據以提出適切的政策分析。最後，期待讀者繼續鼓勵與鞭策國防院，讓我們的研究品質更加精進。

國防安全研究院　執行長

中華民國 112 年 11 月 30 日

作者群簡介

（按姓氏筆劃順序排列）

江炘杕：淡江大學國際事務與戰略研究所博士候選人，國立政治大學外交研究所戰略與國際事務專班碩士，國防安全研究院國防戰略與資源研究所助理研究員。研究專長：國際海洋法、國防戰略與政策、中國軍事研究。

吳自立：美國壬色列理工學院決策科學與工程系統博士，國防安全研究院國防戰略與資源研究所副研究員。研究專長：軍事作業研究、國防戰略、國防產業。

李俊毅：英國東英格蘭大學國際關係博士，國防安全研究院國家安全研究所副研究員。研究專長：非傳統安全理論、混合威脅、灰色地帶衝突。

汪哲仁：俄羅斯科學院經濟研究所博士，國防安全研究院網路安全與決策推演研究所助理研究員。研究專長：俄國經濟、供應鏈安全、量化分析。

林志豪：韓國高麗大學北韓研究所博士，國防安全研究院國家安全研究所助理研究員。研究專長：韓半島安全、北韓政治軍事、南北韓關係。

林彥宏：日本國立岡山大學社會文化科學研究科法學博士，前國防安全研究院國防戰略與資源研究所助理研究員。研究專長：日本安全、臺日關係。

洪瑞閔：比利時法語魯汶大學政治學博士，國防安全研究院戰略與資源研究所助理研究員。研究專長：歐洲國防產業、國防供應鏈、歐盟印太戰略。

洪銘德：國立中興大學國際政治研究所博士，國防安全研究院中共政軍與作戰概念研究所助理研究員。研究專長：應急管理機制、非傳統安全研究、中國外交政策。

梁書瑗：國立政治大學政治學博士，國防安全研究院中共政軍與作戰概念研究所助理研究員。研究專長：比較政治、比較制度分析、中國政府與政治。

章榮明：美國馬里蘭大學政府暨政治系博士，國防安全研究院網路安全與決策推演研究所助理研究員。研究專長：美中臺關係、大洋洲研究、國際衝突。

許智翔：德國杜賓根大學哲學學院博士，國防安全研究院中共政軍與作戰概念研究所助理研究員。研究專長：歐美軍事研究、解放軍研究、不對稱作戰。

陳亮智：美國加州大學河濱分校政治學博士，國防安全研究院國防戰略與資源研究所副研究員。研究專長：美國外交政策、東亞安全、美中軍事安全。

黃恩浩：澳洲墨爾本大學社會暨政治科學院博士，國防安全研究院國防戰略與資源研究所副研究員。研究專長：國防政策研究、國際關係戰略文化、中國海洋戰略。

翟文中：淡江大學國際事務與戰略研究所碩士，國防安全研究院國防戰略與資源研究所助理研究員。研究專長：海軍戰略、軍事科技、國防科技。

鍾志東：英國倫敦政治經濟學院國際關係學系博士，國防安全研究院國防戰略與資源研究所助理研究員。研究專長：臺灣國家安全戰略、美國印太戰略、戰略與安全理論、南海安全、歐洲安全。

蘇紫雲：淡江大學國際事務與戰略研究所博士，國防安全研究院國防戰略與資源研究所研究員兼所長。研究專長：古典與現代戰略理論、國防經濟與產業、中國軍備。

龔祥生：國立政治大學東亞研究所博士，國防安全研究院中共政軍與作戰概念研究所副研究員。研究專長：中共黨政研究、日本外交政策、東亞安全。

目錄

表目錄

圖目錄

導論

黃恩浩

從國際關係現實主義角度來看，國家是國際體系中最主要的行為者，其「權力」與「利益」可謂是國際體系運作最基本的兩個概念與要素，並且國家利益幾乎就是由國家權力來界定，若說國家在國際間的最高利益不外乎就是國家安全與生存發展這並不為過。國家在無政府狀態下的國際體系中，國家安全建構與國家生存發展主要是取決於戰略、實力與意志等三要素，缺一不可。就戰略而言，國家戰略乃是以「國家中心論」（State-Centered Theory）為主軸的戰略論述，在以追求國家的安全與發展利益為國家戰略總目標之前提下，政府最高決策機關或領導人都有必要建構出一套「國家戰略」（National Strategy），在根本上籌劃著國家力量（政治、經濟、軍事、科技與文化等）的運用方向，指導著國家在國防層面的建軍備戰的政策規劃與軍事資源的分配，以達成維護國家安全與國家建設發展之總目標。換言之，「國家戰略」是「戰略體系」（Strategic System）中最高層次的戰略，是為實現國家總目標而制定的遠程總體性戰略架構。就「戰略體系」而言，在概念上是由最高層次的國家戰略與其所屬不同層次、不同界定，而且又相互關聯的戰略領域所共同建構而成的一套維護國家安全與發展的總體規劃。

因為「國家戰略」所涉及的議題範圍相當廣泛，凡舉國防、外交、經濟、內政、教育、法治、交通、農業、醫療、公衛、科技、能源、網路、太空等攸關國家安全之面向都可視為其內容之一，所以又稱為「國家安全戰略」（National Security Strategy）。在傳統上，「國家戰略」與「國防戰略」（National Defense Strategy）這個耳熟能詳的名詞是密不可分的，國家戰略在戰略體系中包含著國防戰略，兩者層次並非是完全相同的概念。嚴格來說，國防戰略乃是國家戰略的核心關鍵支柱，若刻意將國防戰略抽離國家戰略，將會讓國家戰略的論述顯得空洞，因為只有在能夠以國

防實力捍衛國家主權的情況下，談國家安全的建構才有意義。廣義來說，現代國家追求安全與發展的目標相當多元，所以「國家戰略」依性質可分為「國家安全」（涉及國防戰略）和「國家發展」（涉及發展戰略）兩個面向；若採狹義的角度來說，則是僅指國防軍事面向的國家戰略。

　　實際上，各國在不同時代下，基於不同的國情、世界觀、地緣政治、經濟環境、政府體制、國家利益與安全考量等，就有不同特色的戰略體系、不同層次的戰略體系劃分，以及不同的戰略認知、概念界定與名詞稱謂等。概括性地說，例如：英國戰略體系包含最高層次的大戰略和軍事戰略；美國戰略體系是由國家安全戰略、國防戰略、軍事戰略和戰區戰略等所構成；俄國國家戰略包括國家安全戰略與和軍事學說；中國戰略體系分為國家戰略、軍事戰略、軍種戰略、戰區戰略等；日本戰略體系涵蓋國家戰略、綜合安保戰略與軍事戰略等層次。因此，關於「國家戰略」一詞的界定迄今仍處百家爭鳴的狀況，隨著國家現代化發展與社會進步使得其涵蓋的國家安全項目愈來愈多，從該詞所衍生出來的國家安全相關議題因此相當多元，可以進行論述的範圍因此變得相當廣泛。

　　「國防戰略」一直是國家戰略體系中的重要組成部分，每個國家在以地緣結構為基礎的國際安全環境中，對於各自不同的國家戰略思維與外部威脅都有各自對「國防戰略」界定與發展，所以目前各界對於「國防戰略」一詞尚無一個放諸四海皆準且嚴謹的操作性定義。中文的「國防」一詞最早是出現於中國古籍《後漢書‧孔融傳》中所提到的「臣愚以為宜隱郊祀之事，以崇國防」這句話。就當代國防所包含的範圍來說，廣義的國防涉及國家安全，泛指與軍事有關的政治、經濟、心理、科技等整體能力；而狹義的國防則僅指軍事作戰面向，包含準備戰爭或從事戰爭等武裝能力的建構與操作。因為國防在實際操作上相當多元，使得「國防戰略」在研究上亦難以產生一個邏輯周延且可進行比較的通則，但不可否認的是，在以建軍備戰和追求安全和平為目的基本前提下，探討國家安全中的防衛面向上都是一致的。

　　至於「國防戰略」在「戰略體系」架構中的位階，應該是等同於「國家戰略」層次？還是「軍事戰略」層次？還是獨立並介於兩者之間

的層次？對此，各國的狀況不盡相同。例如：美國國防部在 2005 年發布的《美國國防戰略》（*The National Defense Strategy of the United States of America*）報告中，將「國防戰略」定義為「保衛國家和國家利益的多層主動防禦方法，努力營造有利於尊重國家主權的條件和有利於自由、民主與經濟機會的國際安全秩序」。此美方界定就傾向介於兩者之間。再以我國為例：我國國防部在 2003 年頒行的《國軍軍語辭典》中，「國防戰略」是指「建設和綜合運用各部國防力量，以達成國家安全目的的藝術與科學。也就是有效運用所有國力，包括：政治、經濟、軍事、心理、科技等綜合國防力量，達到維持國家長治久安的目標」。此我方在界定上就比較傾向於前者。

就政治學門（Discipline of Political Science）與戰略研究之間的關係而言，國防戰略研究不僅是「政治學門中探討在國家間政治關係中使用武力意涵的研究」，[1] 亦是「現實主義下的一個概念，其所涉及的範疇就是關於如何運用武力與工具，來影響國家之間權力結構關係的研究」。[2] 換言之，國防戰略乃是政治學門國際關係領域中的一個重要研究課題，國際關係權力結構的變化，不僅是影響政府或決策者建構國家戰略的關鍵基礎，也是國防戰略發展與建軍備戰的重要脈絡，更與國際政治、國家安全、戰略規劃與軍事作為息息相關（參考圖 0-1）。然而，在冷戰結束後的國際體系中，面對中國快速崛起、中俄軍事關係緊密，以及美中戰略競爭白熱化的今天，一個國家若僅擁有軍事武力與軍事設施，卻缺乏支配此有形戰力之國防戰略思維，或其有形戰力之建立未透過正確的戰略思維，則軍隊就無法發揮實際的國防戰略效能，也就不能因應國際權力結構轉變與全球安全環境變遷下的可能威脅。[3] 因為國防戰略思維與作為是相互關聯的，因此本書試圖探討的研究問題包含兩個層面：首先，國家的國防戰略思維方向為何？其次，國防戰略思維如何影響國防戰略的實踐？為了能夠以周

1　Louis J. Halle, *The Elements of International Strategy: A Primer for Nuclear Age* (London: University Press of America, 1984), p. 4.

2　Ken Booth, "Strategy," in A. J. R. Groom and Margot Light (eds.), *Contemporary International Relations: A Guide to Theory* (London: Mansfield Publishing Limited, 1994), p. 109.

3　參見《國軍軍事思想》（臺北：中華民國國防部印頒，1978 年），頁 46。

圖 0-1　戰略研究的知識範疇

資料來源：John Baylis, et al., *Strategy in the Contemporary World: An Introduction to Strategic Studies* (Oxford: Oxford University Press, 2002), p. 12.

延的角度來探討這個大哉問，本書試圖以戰略研究的角度結合多元的觀點，來探討當代不同國家的國防戰略思維與實務。

　　在此需要補充說明的是，相較於軍事研究範疇主要是關注如何採取軍事手段贏得戰爭勝利為研究議題，而戰略研究則是重視戰略思維與實務之間的關聯性、武力建構與政治關係之間的交互影響，以及如何操作武力來達成政治目的並確保國家利益。[4] 在理論上，國家戰略思維的確會直接影響國家對未來戰爭與國防政策的規劃，所以本專書的發想乃奠基於國防安全研究院出版的第 11 期《國防情勢特刊：國安、國防戰略思維面面觀》在國防戰略思維研究之基礎上，對各國國防戰略實務進行延伸論述與深入分析的集體研究成果，因此將這本集體著作的主題設定為《國防戰略研究：思維與實務》。為了能夠在本專書有限的篇幅內呈現當代多元地緣政治下的各國「國防戰略」概念與作為，本專書選擇幾個主要國家的「國防戰略」為研究課題，對英國、美國、法國、俄羅斯、中國、德國、日本、印度、澳洲、南韓、北韓、新加坡與中華民國等國家進行深入分析，而其他未列入的重要國家將在後續研究後視情況出版。

4　Joseph S. Nye and Sean M. Lynne-Jones, "International Security Studies: A Report of a Conference on the State of the Field," *International Security*, Vol. 12, No. 1 (1988), pp. 5-27.

　　此外，編者要強調的是，本專書不代表財團法人國防安全研究院的立場。參與本專書撰寫的國防安全研究院研究人員，都是著重在以公開文獻資料為基礎的事實分析，其撰寫內容不對各國官方國防政策上做價值判斷與主觀概念界定，而是強調以旁觀研究者的角色來論述這幾個重要國家在目前國際安全環境下的國防戰略思維與實務，注重以客觀事實的論述方式來呈現研究成果以供各界參考。本專書主要收納了 14 篇研究論文，為力求能夠正確地呈現研究成果，在本書出版前除了進行院內初步同儕審查之外，也送交兩位院外國內專家學者進行雙向匿名審查，如尚有疏漏之處也請社會各界專家學者不吝指教。編者在此除了感謝國防院長官的大力支持外，也要感謝陳世民教授、楊仕樂教授、蔡榮祥教授、蔡育岱教授、李思嫻教授、方天賜教授、李世暉教授、徐浤馨教授的指導。此外要感謝國防院駐點學官王斌權上校、蔡堯欽上校、吳政翰上校、張子鴻中校，以及李旻皇中校的專業意見提供。

　　最後，為了讓讀者在詳閱每章的論述之前能夠先掌握重點，以下先就各章內容進行扼要介紹：

　　第一章〈國防戰略在國家戰略體系中的定位〉的作者是蘇紫雲博士。該文論及基於各國地緣政治條件、國內外環境與政府體制的不同，每個國家的安全戰略各有其特色與需求，其著重的安全相關議題也各異其趣。因此，在戰略研究上，對於「國家戰略體系」與「國防戰略」兩個名詞，其實不須硬性做出剛性的規範式解釋，或提出放諸四海皆準的定義框架，而是要應對不同國家的安全需求與戰略文化而定，如此也才能更貼近事實地呈現出每個國家不同層次的國家戰略體系與國防戰略。

　　第二章〈英國的國防戰略〉的作者是李俊毅博士。該文分析英國作為發展「大戰略」、「地緣政治」與「戰略文化」等戰略研究的先驅國家，對相關議題有十分豐富的文獻累積。不乏論者認為，英國在如何使用其武力的議題上，受到該國歷史與政治的影響甚鉅，對當代國防戰略思維的討論，則多以李德哈特的著作與影響為起點。此一線性的解讀有助於建立英國國防戰略的延續性，但也可能放大李德哈特（或其他戰略思想家）對當代的影響，乃至忽視其他因素的作用。本文從當代英國國防戰略的關切方

向與戰略主張出發，探討它們和既有國防戰略從過去到現在變與不變之間的關係。

第三章〈美國的國防戰略〉的作者是陳亮智博士。該文論述美國國防戰略反映在其對戰略環境的認識與界定，呈現在其因應戰略環境與安全威脅所設定的目標，以及為達成目標所採取的策略與方法。在大國競爭的脈絡下，中國是當前最具實力運用各種軍事、政治、外交、經濟、文化、科技、網路與媒體輿論方式挑戰美國霸權、民主政治與國際秩序的國家。華府認知到，其國家安全有賴於世界其他區域的和平與穩定、美國與盟國及夥伴國家的連結、對國際領導地位的維持，以及對自由開放國際秩序的堅持。目前，美國拜登政府的國防戰略方向亟需以此為目標，並化為美軍前進的動力。

第四章〈法國的國防戰略〉的作者是洪瑞閔博士。該文主張要探討現代法國國防戰略思維發展與實務運作，就無法忽視法國前總統戴高樂執政下所帶來的影響。戴高樂主張獨立的國防必須擁有一支以核武為核心的嚇阻力量，才能夠為法國在外交上帶來更大的行動自由，此思維至今仍影響法國。該文內容主要分為幾個部分：第一部分探討法國國防戰略思維根源，即法國總統戴高樂的「國家獨立的國防」政策；第二部分就國內、歐洲與全球層次角度論述巴黎現今所面臨的威脅與挑戰；第三部分則探討新局勢下法國國防戰略的變與不變；第四部分聚焦法國國防戰略在實務上的建構。

第五章〈俄羅斯的國防戰略〉的作者是汪哲仁博士。該文談到造成俄國迄今仍在積極擴張軍事力量，其攻勢性國防戰略背後的驅動力主要是來自東正教的彌賽亞情懷、對區域環境的不安全感，以及國家自我認同的危機三方面。自前蘇聯解體後，俄國曾短暫出現親歐美合作的氛圍，但是在得不到西方正面善意後，俄國的國防戰略才又轉向與西方抗衡的傳統做法，其國防戰略思維也回到對抗西方的老路。囿於俄國目前在國際政治與經濟方面無法與西方抗衡，故目前做法以戰略嚇阻和預防武裝衝突來達成維護國家安全的目標，在國際軍事合作上則是聯合周邊國家，為本身的傳統勢力範圍築起一道安全緩衝區。

第六章〈中國的國防戰略〉的作者是龔祥生博士與梁書瑗博士。文中論及中國國家戰略將影響其國防戰略思維，對於當前不穩定的兩岸情勢而言，釐清中國國家戰略與國防戰略，將可提供我們進一步觀察的基礎。中國在習近平治下，國家戰略正處於變動期，轉為爭取區域中的領導地位，並以捍衛社會主義治理體系為目標，追求全面提高國家各方面的自主性。因此，在傳統「積極防禦」思維下，中國的國防戰略已從準備「局部戰爭」轉為「區域拒止」作為，建軍方向雖仍以打贏高技術戰爭為基礎，但實務上卻已朝向提升軍隊聯合作戰能力、投射能力與嚇阻能力為主軸。

第七章〈德國的國防戰略〉的作者是許智翔博士。該文提到近年國際安全環境重新轉向大國競爭，影響俄國採取了更具侵略性的國防與外交政策，不僅於 2008 年發動入侵喬治亞，更在 2014 年兼併克里米亞並在烏克蘭東部的頓巴斯地區建立親俄政權。對德國而言，儘管嘗試針對國際環境的巨大變化修改其國防戰略，然而在諸多作為的實行上，仍可見到德國在動作上的矛盾與不一致，而軍備廢弛的情況也未見明確改善。直到 2022 年 2 月，俄烏戰爭發生，總理蕭茲才宣布將重新武裝德國聯邦國防軍。該文重新梳理德國在二戰後安全概念與國防戰略的成形，並檢視此概念在冷戰時期的成功經驗、後冷戰時期的擴大運用，以及在當前世界局勢面臨的挑戰與困境。

第八章〈日本的國防戰略〉的作者是林彥宏博士。該文分析日本「國家安全保障戰略」（也就是統稱的「國防戰略」）的制定過程、內容、挑戰，以及未來發展方向。基本上，日本國家安全所面臨的挑戰主要是來自北韓、俄國、中國等威脅，這些直接的威脅都大大增加了日本國防負擔，其國防戰略因此必須結合強化國防軍備與深化美日同盟兩面向。日本國防戰略的轉變與走向，是依據日本國家安全保障戰略、防衛計畫大綱、中期防衛力整備計畫、美日安全保障體制等為架構。因受到和平憲法制約，美日安保體制因此為日本國防戰略思維的主要支柱，在不違反和平憲法內容下，近年日本正積極與理念相近的印太國家共同合作來維護區域安全，並支撐其國防戰略規劃。

　　第九章〈印度的國防戰略〉作者是章榮明博士。該文認為印度國防戰略主要是受到外部因素（國際環境與區域環境）與內部因素（地理、歷史、政治與經濟發展、軍事建設）影響。從地緣戰略角度，印度在陸地上分別與孟加拉、緬甸、中國、不丹、尼泊爾和巴基斯坦等國家接壤，近年來又需因應中國在印度洋的挑戰，因此其國防戰略除了積極整建陸上兵力之外，也格外重視海上艦隊。展望未來，在國際結構不出現劇烈變動的情況下，印度在權力平衡的戰略指導下仍會持續朝海陸雙向的國防戰略發展，並在傳統不結盟原則下有限度地持續參與「四方安全對話」，以鞏固其在印度洋與印太區域的大國地位。

　　第十章〈澳洲的國防戰略〉作者是黃恩浩博士與洪銘德博士。該文論述澳洲為南半球的中等國家，為了建構更長久的國家安全，其國防戰略思維似乎已經跳脫了地緣戰略概念，其在國防戰略實務上重視國際或區域安全更甚於本土安全，因為在依附強權的戰略文化影響下，澳洲認為支持強權主導的國際安全環境與秩序，澳洲國家安全才能獲得保障。在美澳軍事同盟架構下，澳洲目前國防戰略思維幾乎可以說是配合美國印太戰略的「前進防禦」戰略。除了配合美國戰略方向之外，澳洲國防戰略亦相當重視建立區域安全互信，同時也強調與志同道合民主國家的強化軍事外交關係。

　　第十一章〈南韓的國防戰略〉作者是翟文中先生。該文提到由於南韓並未制頒官方國防戰略，所以外界無法透過官方的戰略宣示對其國防戰略本質與轉變進行深入的瞭解。然而，存於戰略與政策的連動性卻為我們研究南韓國防戰略思維提供了一個簡明清晰的途徑。在南韓政府歷年頒布的國防報告書中，均清楚地宣示了國防政策的要旨，這些政策皆是為了達成戰略目標與支援戰略的行動計畫，具有明確的操作性並揭示落實戰略必須處理的各項議題。因此，只要將國防政策與處理議題結合後進行溯源分析，即可推得韓國國防戰略的若干基本實踐方向。

　　第十二章〈北韓的國防戰略〉作者是吳自立博士與林志豪博士。該文分析北韓由於其軍事獨裁政權本質，其國防戰略即以軍事發展為核心，並支撐其經濟、外交等來達到維繫政權穩固安全的目的。2013 年，金正恩在

克服繼任初期內外環境挑戰後，提出「經濟與核武並進」路線，此舉強化了北韓國家自信心。為期望國際社會解除制裁及逐步改善國民經濟，金正恩在 2018 年再以核武為籌碼、推展經濟發展戰略路線、開展與美中俄等多邊外交，卻皆以失敗告終。自 2019 年以來又遭逢天災、疫情及俄烏戰爭影響，其國防戰略因此逐漸回歸核武與飛彈的發展，藉由邊緣外交策略發動多次軍事挑釁，對外爭取與大國對話機會等。在北韓政權安全為基礎之前提下，其國防戰略路線呈現出獨特的模式，不僅牽動著朝鮮半島和平穩定，更影響東北亞地緣戰略態勢變化。

　　第十三章〈新加坡的國防戰略〉作者是江炘杓先生。該文論述新加坡是一個相當年輕的東南亞區域小國，因此自建國以來就致力追求國防和外交戰略雙管齊下的國家安全，既強化軍備能力的同時也強調營造和諧的周邊環境。新加坡當局深刻理解到，太過於強化武裝可能會在地緣上刺激鄰國軍備競爭敏感神經，進而造成身受其害，所以其國防戰略發展相當強調守勢戰略與先進武力的結合，例如：新加坡在推動「毒蝦戰略」與「海豚戰略」之時期，同時也重視與周邊國家建立和諧的區域安全關係，以降低在提升軍備時所造成的安全困境，這樣才能夠完善新加坡的國家安全，這種軍事與外交並進的國防戰略的確為新加坡鑄就了更加可靠的雙重安全保險。

　　第十四章〈中華民國的國防戰略〉作者是鍾志東博士。該文提到中華民國（臺灣）的國防戰略是透過創造與運用國家綜合力量為手段，以追求國家安全為目標的方法。當前臺灣的國防戰略體系上，按位階依序由總統、國家安全會議、行政院、國防部組成。總統對臺灣國防戰略制定，扮演指導性的關鍵角色，國家安全會議則為總統提供相關資訊與建議，行政院為國防政策制定機構，但其主要角色在於扮演國家整體資源整合，而國防政策與戰略的實際規劃與執行單位則由國防部為之。迭經演變的臺灣國防戰略，目前是建構在「守勢防禦」與「嚇阻預防」的戰略構想下，積極運用不對稱作戰思維、全民國防理念以及國際合作等因素，為在變動中的國際戰略環境，有效因應最主要敵人中共的威脅，捍衛中華民國的國家安全。

參考文獻

一、中文部分

中華民國國防部編，《國軍軍事思想》（臺北：中華民國國防部印頒，
　　1978 年），頁 46。

二、外文部分

Baylis, John, et al., *Strategy in the Contemporary World: An Introduction to Strategic Studies* (Oxford: Oxford University Press, 2002).

Nye, Joseph S., and Sean M. Lynne-Jones, "International Security Studies: A Report of a Conference on the State of the Field," *International Security*, Vol. 12, No. 1 (1988), pp. 5-27.

Booth, Ken, "Strategy," in A. J. R. Groom and Margot Light (eds.), *Contemporary International Relations: A Guide to Theory* (London: Mansfield Publishing Limited, 1994).

Halle, Louis J., *The Elements of International Strategy: A Primer for Nuclear Age* (London: University Press of America, 1984).

第 ① 章 國防戰略在國家戰略體系中的定位 *

蘇紫雲

壹、前言

每個國家的安全策略各有其特色與需求，隨著地緣條件、外部環境、內部條件而有所不同，著重的議題也各異其趣，又是否面對外部武力威脅、內部治安等林林總總的挑戰，國家安全的觀點自然不同，因此很難也不必硬性做出剛性的規範式解釋，而是應對個別國家的安全需求與戰略文化而定。

明白來說，在冷戰時期由於東西方兩大陣營的武力對峙，因此軍事安全就成為主要國家的優先議題，畢竟若是遭逢武力入侵，國家存亡都難確保，遑論社會福利、教育、乃至所有的國家價值、發展目標也就蕩然無存，因此確保國家生存也就成為最高優先。而冷戰結束後，大規模入侵的立即威脅消失，威脅國家的次要議題自然浮上檯面，包括經濟、氣候、財務分配、人口結構、社會文化等影響國家穩定與長期發展多樣性議題自然就受到重視。

再由國際結構觀察，非傳統安全的議題諸如氣候變遷、小兵器擴散、人口走私等問題受到重視，主因是冷戰結束後大規模戰爭的威脅降低，使得安全重心也隨之改變。或許可以這麼說，國家安全的定義與內涵，是動態性的調整。我們可以進一步說，國家安全觀主要包括廣義的安全議題，以及狹義的軍事安全，端視國家威脅來源的急迫性，以及國家利益的前瞻性來加以審視。

是以，若能在邏輯上辨別優先順序，明白國家生存為第一要務，其次則為繁榮與發展，則就能清楚地理解、辨別何為國家安全，也就能區隔何為目標與何為計畫手段的差異，就能避免將國家安全無限上綱，或誤將國

---

* 本文部分內容曾發表於蘇紫雲，〈國家安全與國防戰略思維的競合與定位〉，《國防情勢特刊》，第 11 期（2021 年 8 月 26 日），頁 1-10。

家安全視為處理萬事萬物的萬能銀色子彈。筆者以為，國家安全是應對生存威脅的回應，目的在於排除威脅、維持安全與穩定，如此才能有效區隔國家安全組織與一般部會的職能及任務。這也是筆者認為國家安全與國防思維的研究須以謹慎態度予以區隔的責任，如此才能聚焦重點，也避免形成漫談，如同「無所不備、無所不寡」的邏輯在國家安全與國防思維的研究可以說是基本認知。

　　而在定義上，本文認為國家安全的意涵是一種擴張型的動態演變，也就是國家安全的核心是國家防衛，而逐步由狹義的軍事議題、擴大到非軍事議題的資訊安全、情報攻防、恐怖活動、乃至大規模犯罪等，再進一步擴大到非傳統議題的氣候變遷、人類安全等領域。端視於個別國家面對的威脅情境不同，而在優先順序上的差異。因此國家安全與國防戰略思維的定位在於思考的位階與分工，先確定國家安全的目標與威脅，再依此釐定防備的對象事務以及手段，如此便可較為客觀地釐清國家安全與國防戰略思維的邏輯主從關係，以及分工的功能。

貳、國家安全概念的濫觴與制約

　　人類文明自出現國家組織以來，便有國家安全的概念，但當時主體的效忠核心是在君主權力的穩固而非國家的效忠，[1] 議題部分也較為單一，主要為軍事的攻防。至於經濟利益的爭奪、乃至旱災、飢荒、洪水等災害救援等重大事務也會作為王室朝廷的重大議題，但並非有意識、有系統的考量。例如中國王朝、羅馬帝國都有邊疆部族的武裝衝突，但東西方的帝國統治者對應策略的主要出發點都是軍事安全優先，這與 20 世紀冷戰時期國家安全萌芽階段的重點不謀而合，也間接說明所謂國家安全的第一要務在於確保生存，而威脅來源的強度與急迫性則會決定國家安全事務的優先順序。

　　由實務角度切入，國際體系在二次大戰的熱戰結束後隨即進入冷戰狀態，使國家安全的概念快速增長，而何謂國家安全事務的定義，主要包

1　於 18 世紀法國大革命之後出現的現代國家體制，則為區分國家而非君主王室效忠的分水嶺。

括：「大戰略」（Grand Strategy）、「國家戰略」（National Strategy）等
不同的論述，相當龐雜，實際上並未有統一的規範性、強制性解釋。但伴
隨冷戰開始的年代，安全觀也隨之萌芽並快速增長，讓國家領導者可以有
宏觀的視野，避免見樹不見林的盲點，以管理國家大政方針。或許我們可
以這麼說，國家安全係一種邏輯性的概念，每一國家視其威脅來源與目標
的不同，排定政府大政方針的優先順序，並令各個政策得以相互協調，以
產生總體效益。也類似於目標管理，對於國家目標律定先後緩急，再將目
標賦予各主管部門，而非操作性的細節計畫。

　　在龐雜的各類論述中，筆者選擇以具代表性的「實務途徑」
（Evidence-Based Research）作為主要依據，由相關國家的官方法體系授
權、規範、官方書、行為模式、乃至政府間關係為觀察對象，對國家安全
進行系統性的觀察與描繪。

　　此外，則是代表性學者的「規範性」（Normative）論述，對其理論
進行文獻研究與重點介紹。由於這些學者的論述多經過學術論證，且部分
學者也有在國安體系工作的實務經驗，因此其論述自然具有代表性，如此
可排除對國家安全漫無止境的想像以及過度解釋的論爭。也因此，若由此
開放性的角度著手，筆者對國家安全的相關論述可分為下列幾個觀點。

一、國家安全的濫觴：對應外部威脅

　　近代國家安全觀起源於二戰後，而當時的國際環境對國家安全觀的
形塑也就息息相關。當時美國與前蘇聯形成東西方集團，全球的政治權力
形成兩極對峙，戰爭對於各國來說是立即而明顯的危險，主因是高度對峙
的情況下，國家間的紛爭以武力手段解決的風險極高，甚至「擦槍走火」
（Accident War）並導致「衝突升級」（Conflict Escalation）。因此為了確
保國家生存以及國家利益，軍事實力就成為確保安全的最主要手段。[2] 在
此種外部環境下，為了維持國家生存、領土主權完整、政治制度，以及生

2　Paul B. Stares (ed.), *The New Security Agenda: A Global Survey* (Tokyo: Japan Center for
　International Exchange, 1998), p. 27.

活方式的存續，國防議題自然成為最優先事務。

　　例如：早在 1952 年學者沃菲斯（Arnold Wolfers）便認為國家安全概念是種「模糊符號」（Ambiguous Symbol），並引用李普曼（Walter Lippmann）的觀點：「一個國家確保其不會有犧牲核心價值的危險，又希望避免戰爭，那就要能夠在受到挑戰時得以在戰爭中獲勝。」[3] 易言之，其認為國家安全應是嚇阻與擊敗威脅。[4] 也就是說國家安全的範圍應是有限的。

　　這說明國際及國家安全的思想、研究是以軍力為導向，在國際體系屬於現實主義為主的架構下，主流論述傾向認為國際體系是「無政府狀態」（Anarchy），而體系內的每一國家行為者很難保證獲得其他國家的協助，因此最重要的是必須具備「自助」（Self-Help）的能力才能維持生存，而軍事能力就是維持生存與安全的先決要件。

二、實務運作的內外事務區隔

　　而在實務層面，1947 年美國通過《國家安全法》（*National Security Act*）最具代表性意義，這是國家層級首次將國家安全概念予以機制化，[5] 當時杜魯門政府依照此法案成立「國家安全委員會」（National Security Council, NSC），由國家安全顧問向總統提出建議以為決策參考。由近七十五年的實務運作觀察，其運作特性是針對影響國家生存的危機預防與處理，而非國家發展策略。

　　專責國家安全政策或戰略的政府機構出現後，隨著外部環境的演變，其著重的議題也就不同，但主要特徵都是針對外部事務為主，也就是外來的威脅。以美國為例，其內部的槍枝暴力、人口出生等議題就未被視為國

3　Arnold Wolfers, "'National Security' as an Ambiguous Symbol," *Political Science Quarterly*, Vol. 67, No. 4 (1952), p. 484.

4　*Ibid.*

5　Peter Mangold, *National Security and International Relations* (Landon, New York: Routledge, 1990), p. 2.

家安全會議事務，這也可作為識別國家安全的特徵之一。也就是美國將國家安全會議定位為「對外事務的國家安全」（National Security and Foreign Policy），[6] 這很清楚地說明國家安全概念雖具有彈性，且具有跨領域的策略整合功能，但絕非無所不包的政策制定所在，例如：前述的槍枝暴力就由國土安全部（Department of Homeland Security）擬具「依照總統令降低槍枝暴力應對計畫」（Progress Report on the President's Executive Actions to Reduce Gun Violence），[7] 整合美國內部的司法部、教育部、聯邦調查局等內部單位訂定行動計畫，以及供各州參考的準則來對應槍枝暴力所形成的國家安全問題。

由此一實務觀點來看，可以發現美國體制的實務分工，總統為國家安全的最高負責人，面對各種國家安全事務，分別交由主責外部安全威脅的國家安全會議，以及主責內部事務的權責部會，形成內外分工的團隊作戰。而非望文生義般地將國家安全會議作為一切安全事務的最高機構。就如同「國務院」（State Department）權責為美國對外的國家事務一般，而非如同中國的「國務院」負責全部的國家事務。

三、憲政主義的制約

國家安全的運作在民主國家也往往遭到質疑，認為政府可能假藉安全之名而行濫權之實，因此需予以制衡。由民主政府的實際運作觀察，基於權力分工與監督的憲政理念，「分權」（Separation of Powers）成為「憲政主義」（Constitutionalism）的重要原則，也就是將政府權力分為行政、立法、司法三大區塊，以避免政府獨大濫權侵犯「民權」（Civil Right）。也因此，所謂國家安全概念，及國家安全機關的權力行使就須特別注意，避免介入國家內部政治權力的運作。

6　The White House, "President Barack Obama, National Security Council," Obama White House Archives, https://obamawhitehouse.archives.gov/administration/eop/nsc/.

7　Homeland Security, "Progress Report on the President's Executive Actions to Reduce Gun Violence," April 17, 2013, https://www.dhs.gov/sites/default/files/publications/Exec%20Actions%20Progress%20Report%20FINAL.PDF.

　　相對地，與其他權力的行使相較，國家安全決策的透明性較低，[8]且盡管行政部門依舊受到約制，但總統對於國家安全的權力也持續擴張。[9]這是由於威脅來源的多樣化，隨著科技進步，各類民用科技包括網路通訊、社群媒體都可能遭外部勢力散播錯假訊息或用以招募人力擴張規模，如伊斯蘭國便曾利用社群媒體對外招募人員，同時也遭懷疑利用手機加密通訊功能進行通聯，導致美國家安全局（National Security Agency）要求蘋果手機製造商協助解密但遭到回絕，[10]此一案例清楚說明現代國家在安全事務的運作所面對的兩難，一方面期望藉破解可能威脅來源的通聯獲取情資以預先制止可能的恐攻，另一方面則需面對破壞秘密通訊危及民權的質疑，亟需取得平衡。

　　這可說是人權訴求的增長、國際法的擴張，以及國內法的適用在在都對軍事與情報活動的制約。[11]特別受關注的是國家安全與美國憲法「第一修正案」（The First Amendment）的競合，也就是第一修正案的言論自由原則，在國家面臨戰爭、戰爭威脅以及國家安全受到危險（Perceived Risks to National Security）時的爭議。[12]而美國最高法院也承認政府有權限制第一修正案的部分權利，但必須提出相關證據，也就是政府不得將國家安全當作空白支票迴避憲法挑戰。[13]此種制約也可作為前述美國的國家安全事務主要著重國家外部威脅，內部威脅則分別交由權責部會因應，例如前述的槍枝暴力由國土安全部主責、而新冠肺炎則交由疾病管制中心（Centers for Disease Control, CDC）負責。類似內外有別的機能分工，主

8　Mary B. DeRosa and Milton C. Regan, "Deliberative Constitutionalism in the National Security Setting," in Jeff King, Hoi Kong, Ron Levy, and Graeme Orr (eds.), *The Cambridge Handbook of Deliberative Constitutionalism* (Cambridge University Press, 2018), p. 31, https://scholarship.law.georgetown.edu/facpub/2112.

9　*Ibid*., p. 33.

10　Tony Room, "Apple denies helping NSA," *Politico*, December 31, 2013, https://www.politico.com/story/2013/12/apple-nsa-iphones-101636.

11　Jack Goldsmith, *The Terror Presidency: Law and Judgment Inside the Bush Administration* (New York, London: W. W. Norton, April 2009), pp. 53-63.

12　Ojan Aryanfard, "National Security," *The First Amendment Encyclopedia*, https://www.mtsu.edu/first-amendment/article/1134/national-security.

13　*Ibid*.

因可以說就是建立憲政的防火牆，若是將內部事務作為國安議題，則有介入內部政治運作、妨礙政治競爭、破壞憲政秩序的可能。

參、國家安全觀的演進

同時，在國家安全概念發展的期間，處於冷戰兩極對峙的國際環境，分屬美國與蘇聯兩大集團的北大西洋公約（North Atlantic Treaty Organization, NATO）與華沙公約（Warsaw Pact）兩大組織各自的軍事攻守同盟是影響國際事務的主要課題，在兩極對峙的情勢下，戰爭可說是立即而明顯的危險，國家與國家集團之間以武力手段解決紛爭具有高度風險，在此種時代背景下，戰爭威脅使各國安全思維將軍事力量列為最優先事務，以確保有足夠的能力對抗外部武力入侵。而國家安全觀在當代的演變，可以區分為下述幾個主要特徵：

一、軍事為主論

在冷戰時期的國際背景下，軍事威脅是最主要且急迫的威脅來源，當時主要的軍事威脅包括「核兵力」（Nuclear Forces），以及「傳統兵力」（Conventional Forces）的對峙，東西雙方的核武在「相互保證毀滅」（Mutual Assured Destruction, MAD）的核態勢下，「戰略核武」（Strategic Nuclear Weapons）基本上排除「第一擊」（First Strike）的可能。但弔詭的是，由於東西方在傳統兵力上的數量差異極為懸殊，因此若華沙公約組織發起入侵，則居於數量劣勢的北約若動用「戰術核武」（Tactic Nuclear Weapons）打擊華約部隊，則又可能遭到俄國華約使用戰術核武反擊，最後又升級（Escalation）為核大戰，因此在軍事議題上就形成兩難（Dilemma）局面。

也因此，各國的安全政策自然以軍事為最高優先，這可由代表性學者的論述看出，例如：學者布贊（Barry Buzan）甚至更將其化約為「國家安

全就是軍事與政治安全」。[14] 並進而指出「將安全等同軍事議題與武力的使用。」[15] 而曼高德（Peter Mangold）則認為確保國家生存與國家利益的最主要手段就是軍事力量。[16] 克格雷（Charles W. Kegley）則指出「（核武）就是所有的答案同時也是所有的問題」。[17] 我國學者翁明賢則認為，一般都將「國家安全」與「國防」視為同義，也就是保護國家之人民、領土、主權免受外來威脅與攻擊，[18] 以確保國家生存與利益。這也可由相對面的學者得到印證，例如：主張安全內涵應該更為廣泛的沃特（Stephen Walt）認為既有的國家安全就是「對威脅、軍力的控制與使用之研究」，[19] 他更認為軍事並不是國家的唯一威脅。

這些代表性看法很明顯地可以歸納出冷戰時期的國家安全思維，尤其是 1980 年代中期處於冷戰高峰，主要國家都捲入核戰爆發的恐懼，因此軍力的對抗成為安全研究的主流。進一步來看，類似的思維脈絡或可說是基於安全威脅的優先順序高於國家發展，因此包括敵對雙方軍事力量的量化與質化，直接軍力、預備軍力、國防工業等都是國家安全的關心重點。

美國前總統歐巴馬（Barack Obama）便曾表示，國家預算的刪減，絕不可影響軍事戰力，特別是在亞太區域的安全，[20] 這也說明軍事力量作為國家防衛的優先地位。主要的考量點包括特定敵對軍力的崛起，對既有的安全環境造成明顯威脅或挑戰。其次則是軍力的投資與能力的獲得需要一定的時間週期，並非勢態緊急時投入預算就能急造方式滿足，因此軍力的投資具有長期評估與持續投資的必要性。

---

14 Barry Buzan, *People, States and Fear* (New York, Harvester Wheatsheaf, 1991), p. 100.

15 Barry Buzan, Ole Waever, and Jaap de Wilde, *Security: A New Framework for Analysis* (London: Lynne Rienner, 1998), p. 1.

16 Paul B. Stares (ed.), *The New Security Agenda: A Global Survey* (Tokyo: Japan Center for International Exchange, 1998), p. 27.

17 Charles W. Kegley, Jr., "The Neoidealist Moment in International Studies? Realist Myths and the New International Studies," *International Studies Quarterly*, Vol. 37, No. 2 (June 1993), p. 141.

18 翁明賢，《突圍：國家安全的新視野》（臺北：時英出版社，2001 年），頁 29-30。

19 Stephen Walt, "The Renaissance of Security Studies," *International Studies Quarterly*, Vol. 35, No. 2 (June 1991), p. 212.

20 Associated Press, "Obama Unveils New Defence Strategy with Greater Emphasis on Asia," *The Guardian*, January 5, 2012, https://www.theguardian.com/world/2012/jan/05/obama-unveils-defence-strategy-asia.

二、國防為主論

　　國家防衛概念的擴大，是隨著冷戰的結束、大規模軍事衝突的風險降低，因此國家安全威脅的焦點也就隨之改變，主要是在國家處理因應外部威脅的方式，以確保國家生存與利益。學界對傳統現實主義的安全觀提出不同看法，主要是認為若國家安全若僅關注軍事議題，則可能忽略其他具有更大威脅而危害國家生存。

　　代表性看法如學者柯林斯（John M. Collins）將國家安全定義為：「國家針對所有外來的一切侵略、間諜活動、敵意偵察、破壞、顛覆、干預及其他敵意活動及影響，所採取的保護行動。」[21] 這都代表對國家安全概念的擴大，不再以軍事議題為主軸。也就是國防安全定義的進一步擴大，間諜行動、政權顛覆等對國家體系的威脅都包含在內，更重要的是不再侷限於軍事行動的威脅，而是指涉其他的手段。

　　此一趨勢也可由新現實主義大師沃特的說法看出，認為「軍事權力不應是國家安全的唯一，軍事威脅也不會是國家面臨的唯一危險」。[22] 事實上，冷戰結束之初，直接軍事衝突的可能性降低之後，次要的威脅便上升至主要威脅，包括恐怖主義，以及在 1990 年代新興的資訊安全、乃至走私、販毒、人口偷渡等議題。特別是在前蘇聯瓦解後，極端組織在美國與歐洲的活動日益活躍，並結合若干國家的政府力量進行反對西方的恐怖行動。

　　而席爾斯（David L. Shills）則主張，國家安全的定義就是確保國家的內部價值避免受到外部威脅。[23] 這主要是以「價值」來界定國家安全的意義，也就是政治信仰、國家政府體制、政治菁英產生方式、國家的政策形成都由國內自行決定而不受外部影響或干擾。同時，席氏的論述也可看出，其所指涉的國家安全係指外部勢力的來源，而不包含國家內部的議題。

21　John M. Collins，鈕先鍾譯，《大戰略》（臺北：黎明文化，1975 年 6 月），頁 455。

22　Stephen M. Walt, *op. cit.*, p. 213.

23　David L. Shills (ed.), *International Encyclopedia of the Social Science* (New York: MacMillan, 1968), p. 40.

同時，我國資深學者林碧炤則認為國家安全議題應包含「軍事問題、外交政策、國防和科技發展等」[24]。此一觀點則是由議題著手，在國家安全的目標下所可能包含的主要領域，彼此雖是不同的議題，但實則具有高度相關。以美臺的軍售議題為例，便涉及到華盛頓的外交政策，也涉及敏感科技管制，以及區域乃至全球的國防事務，例如在俄烏戰爭爆發後，美國的軍備輸出明顯就是以支援烏克蘭作戰為最高優先，以協助烏克蘭快速增加軍備抵禦俄軍攻勢。因此對臺灣的軍事輸出在部分品項交付日程就受到影響。[25]

然而筆者以為，總體安全論的主張仍是圍繞國防安全，只是國防的含意較軍事議題的範圍更大，也就是廣義來說，國家防衛的內容不再侷限於軍事領域，但軍事仍為最核心議題，就如同鋼筋混凝土的構成，鋼筋扮演主結構的支撐角色，混凝土則協助承受壓力，如此可類比軍事作為國防安全主要架構，水泥、砂石等構成之混凝土則為相關議題，共同構成國防安全的韌性與強度，以支持國家安全。

三、非傳統安全

近年包括氣候變遷、大規模傳染病以及資訊安全等議題都被視為國家安全的一環，例如美國總統拜登當選後，在國家安全戰略、印太戰略，都將氣候變遷議題列入，甚至下令美軍進行氣候變遷的兵推。[26]

其實，環境議題被視為安全威脅，依照公開資料最早可溯及美國學者哈定（Garrett Hardin）在 1968 年便已提出的「共有財的悲劇」（The Tragedy of the Commons）概念，哈氏的主要論述是將環境定位為全人類共同擁有的公共財，但由於各類的開發以及經濟活動的需求對環境造成破壞

24 林碧炤，《國際政治與外交政策》（臺北：五南圖書，2013 年 1 月），頁 155-156。

25 Yu Nakamura, "Taiwan Face Delays in U.S. Arms Deliveries Due to Ukraine War," *NIKKEI Asia*, May 2022, https://asia.nikkei.com/Politics/International-relations/Indo-Pacific/Taiwan-faces-delays-in-U.S.-arms-deliveries-due-to-Ukraine-war.

26 Idrees Ali and Phil Stewart, "Pentagon to Include Climate Risk in War Gaming, Defense Secretary Says," *Reuters*, January 28, 2021, https://www.reuters.com/article/us-usa-biden-climate-military-idUSKBN29W2PI.

甚至污染，而科技手段無法解決污染問題，因此人類本身終將受到環境污染所威脅。[27] 此一概念可說是超越時代且極為正確，主因在於若干環境的污染超過地球的自淨能力，或是不可逆的化學變化，終究對環境形成嚴重衝擊並影響全體生物系。

相對地，另一學者布斯比（Joshua W. Busby）則進一步指出，要對應氣候變遷的挑戰，則國家必須建立有效的「體制」（Institutions）或相對應的「工具」（Instruments），以完善氣候治理。[28] 布氏的論點可以說藉由國家掌握公權力的行使，以對各種開發與經濟活動進行規範，以限制或減少污染的形成。

此二位學者的代表性觀點在今日已為多數人肯定並為各國所採用，儘管在落實程度上有所差異。但在冷戰正酣的年代，阻止軍事侵略的即時威脅為當務之急，環境安全為長遠的「慢性威脅」，自然不為各國所重視。直到冷戰緩解、且二氧化碳濃度增加等各類污染的證據增加，並造成地球溫度升高所連動的氣候變遷使氣候災害頻率與強度增加，才真正喚起各國的重視並著手設立環保單位、制定環保法規等規範性做法，並促成《1992年聯合國氣候變化綱要公約》（*The United Nations Framework Convention on Climate Change*, UNFCCC）等之跨國合作，距離前述哈定將環境視為人類公共財的倡議已經二十四年，也恰好是前蘇聯瓦解冷戰結束，間接說明軍事議題的再國家安全的優先性。

肆、國家安全與國防戰略的關聯

前文論述是由國家安全的層次進行的回顧與觀察，相對地由國防或軍事戰略思維層次切入，則可進一步定調國家安全與國防戰略，以及軍事戰略的關聯性，同時國防戰略的定義也在擴大，對國家防衛政策的涵蓋範圍與跨領域議題的整合隨著前述威脅來源而逐步擴大。

---

27 Garrett Hardin, "The Tragedy of the Commons," *Science*, Vol. 162, No. 3859 (December 1968), pp. 1243-1245.

28 Joshua W. Busby, "After Copenhagen: Climate Governance and the Road Ahead," in *International Institutions and Global Governance Program*, Council on Foreign Relations (August 2010), pp. 1-2.

一、國家安全戰略與國防戰略的定位

　　如同前文提及的國家安全一般，國防軍事戰略的論述與定義也是不一而足，因此筆者選擇以分級相對明確的美國官方文件作為定義參考，依照美方的實務運作，可將國家安全相關的概念依照層級區分，提供系統性的邏輯理解。

　　首先是「國家安全戰略」（National Security Strategy）的定義，係指「經由（美國）總統核定，用以發展、運用、協調國家權力工具，以來維繫國家安全的目標」。[29] 清楚說明國家安全戰略是統合國家跨部門政策的上位計畫，以協調、運用各種不同政策工具，可以視為行政部門的聯合作戰。至於所謂的「戰略指導」（Strategic Guidance）是指「總統、國防部部長、或聯參會主席所發布的文書，以作為戰略方向」。[30] 這是指在國家安全戰略的總體計畫下，總統、國防部部長、或聯參會主席針對個別部門或特定事務發布的目標訂定與行動指導。

　　此可說是相當明確的官方定義，清楚指出國家安全戰略與戰略指導的區分。特別是在「國家安全戰略」指出軍力只是國家擁有的眾多政社工具之一，用以保護國家利益。美國優先透過外交、經濟發展、合作與交往來追求國家利益，必要時美國與盟國則將展現保衛國家利益與共同權益的能力與決心。而美國國防部的角色則是支持美國利益的根基，透過「超前部署」（Proactive Engagement）正向參與全球事務，在關鍵區域降低潛在威脅，嚇阻侵略與脅迫行為。[31]

　　其次是「國防戰略」（National Defense Strategy），美國國防部並未給定明確定義，但在相關文件中，間接地指出其國防戰略的目標係「防衛本土、建構全球安全、若是用兵就必須贏（Project Power and Win Decisively）」。[32] 而「國家軍事戰略」（National Military Strategy）則是

---

[29] Office of the Chairman of the Joint Chiefs of Staff, *DOD Dictionary of Military and Associated Terms* (Washington DC: The Joint Staff, January 2021), p. 150.

[30] *Ibid.*, p. 203.

[31] Department of Defense, *Quadrennial Defense Review 2014* (Washington DC: Department of Defense, March 2014), p. 11.

[32] *Ibid*, p. 12.

指「由參謀首長聯席會審定的文件，用以部署與運用軍事力量，以支持國家安全戰略與國防戰略指導之目標」。[33] 這也明確地指出「國防戰略」的位階是在連接國家安全的各個目標，「國家軍事戰略」則是專注作為武力使用的規劃，以有效運用軍事力量達成國防戰略。

　　這非常清楚地指出美國在國家安全、國防戰略、軍事戰略的主從關係，以及系統性的分工，儘管國際軍事事務仍為國家安全的核心議題。這也可由實際案例看出，在美國國家安全會議設立後，包括韓戰、越戰、中東戰爭、波灣戰爭、乃至俄烏戰爭等美國直接介入、或其他區域性武裝衝突都是國家安全會議主要處理的任務。或可這麼說，國防戰略、或國家軍事戰略是屬於國家安全與武裝力量之間的指揮紐帶，也就是如何使用武裝力量以滿足國家安全目標。

二、國防事務的領域擴大

　　新興的國防威脅主要出現在冷戰後時期，包括恐怖攻擊、網路安全、乃至氣候變遷等都成為國防單位所需對應的新課題，這也包括「灰色地帶衝突」（Gray Zone Conflict）等威脅，例如北約便將「混合戰」（Hybrid Warfare）列為需對應的新興威脅。[34] 原因就在於灰色地帶衝突、混合戰都會部分運用軍事力量或是非正規（Irregular）的武力，藉由「準軍事」（Quasi Military）手段來打擊對手的民心士氣，藉以裂解其內部不同立場的團體，以影響政府的決策與行動。

　　據此而論，心理作戰可視為其中的重點。廣義的心理作戰、政治作戰自古有之，是戰爭中的重要作戰模式，孫子所謂「攻心為上」一語道破其戰略重要性。而在 21 世紀的 20 年代，澳洲國防軍參謀長坎貝爾（Angus Campbell）更強力呼籲重視政治作戰的影響，並強化訊息防線，主要概念

33　Office of the Chairman of the Joint Chiefs of Staff, *op. cit.*, p. 150.

34　NATO, "NATO's Response to Hybrid Threats," *NATO's Topic*, June 21, 2022, https://www.nato.int/cps/en/natohq/topics_156338.htm.

就在於防止來自中共的政軍影響力。[35]

　　坎貝爾將軍的概念強調民主國家基於政治透明度，並認為此有助於監督政策的運作，此為民主的基本價值，但西方國家卻忽略了敵對勢力藉以利用並遂行顛覆。以代表性的美國為例，美國國防部在 1960 年代是最重視政治作戰的時期，用於抵禦蘇聯假訊息的「黑色宣傳」（Black Propaganda），其後隨著美國國內因素，政治作戰逐漸式微。但時至今日，新一波的政治作戰捲土重來，藉言論自由形成「白噪音」（White Noise）逐漸腐蝕民主社會的敵我認知，而滲透澳洲政界與商界企圖影響決策的則是「暗黑藝術」（Dark Art），同時運用現代通訊技術形成混合新舊模式的政治作戰。[36]

　　基於此，可以美軍目前對於心理戰的相關作戰定義作為參考，主要可分為：

（一）心理戰的定位

　　美軍的心理作戰被視為特種作戰一環，其主要由「特戰指揮部」（Special Operation Command, SOC）統轄，支援美國陸海空軍，以及七大司令部之特戰單位。[37] 依照公開資料觀察，特戰部隊其中的心戰專業部隊主要為陸軍第 4 心戰群（4th PSYOP Group）、第 8 心戰群（8th PSYOP Group）、空軍 193 特戰聯隊（193rd Special Operations Wing）、陸戰隊資訊作戰中心（Marine Corps Information Operation Center）。隸屬成其中以陸軍的心戰單位編制最大美軍心戰特遣隊（Psychological Operation Task Force, POTF）定義為「戰區層級」（Theater-Level）指揮官的作戰編組。[38]

35　Brendan Nicholson, "ADF Chief: West Faces a New Threat from 'Political Warfare'," *The Strategist*, June 14, 2019, https://www.aspistrategist.org.au/adf-chief-west-faces-a-new-threat-from-political-warfare/.

36　*Ibid.*

37　美軍七大司令部，包括：中央司令部、南方司令部、北方司令部、非洲司令部、歐洲司令部、印太司令部、韓國司令部。

38　Headquarters, Department of the Army, *FM 3-05.301 Psychological Operations Tactics, Techniques, and Procedures* (Washington, DC: Headquarters, Department of the Army, December 31, 2003), p. 2-4.

（二）心理戰作戰能力

旅戰鬥隊（Brigade Combat Team, BCT）則編有心戰連，其主要的能力為：[39]

1. 對心戰指揮官提出建議。
2. 擬定心戰計畫並執行。
3. 協調各部門以發揮最大的心戰效果以支持聯合作戰特遣隊指揮官（Commander Joint Task Force, CJTF）。
4. 製作心戰品並評估效果。
5. 與戰區人道救援、與美國政府機構各部門協調。
6. 提供文化專家及語言通譯。
7. 作為「聯合目標協調會」（Joint Targeting Coordination Board）成員，辨識不得攻擊的目標，以及評估攻擊目標所能產生的心理效果。
8. 評估惡意與中性媒體的影響並對所有的宣傳進行分析。
9. 就「責任區」（Area of Responsibility）的「目標群眾」（Target Audiences）進行深度解析。

由北約針對混合戰的回應、澳洲國防軍參謀長的觀點，以及美軍作戰層級的心理戰定義來觀察，國防事務的領域勢必擴大以應對此種古老卻又創新的心理作戰。[40]

三、人類共同安全

人類安全的議題也逐漸為國防事務所涵蓋，其中最明顯的為氣候安全，以美國為代表性國家，主因是考量軍隊為能源消費大戶，因此若能在碳排放上有所改善，則也可在氣候變遷的減緩上做出貢獻。其次，則是著

---

[39] Headquarters, Department of the Army, *FM 3-96 Brigade Combat Team* (Washington, DC: Headquarters, Department of the Army, January 2021), p. 1-1.

[40] Headquarters, Department of the Army, *FM 3-05.301 Psychological Operations Tactics, Techniques, and Procedures*, p. 2-5.

名的代表性案例，也就是「衰變鈾」（Depleted Uranium, DU）所製作的彈藥或裝甲板對於戰場環境或作戰人員可能造成的核污染與傷害，引發軍事行動對環保議題的爭論，甚至形成接觸此裝備之退伍軍人是否會影響健康的公共議題，[41] 這都說明國防議題的擴大。

進一步觀察，聯合國在 2014 年發行的《人類發展報告》，明確界定出六大衝擊與威脅，包括：

（一）經濟危機

亞、非開發中國家有數以億計的民眾處於赤貧收入的處境，並且無法獲得國家政策的保障以及社會安全的庇護。此外，由於全球從金融風暴中恢復得很緩慢，已開發國家也面臨失業率持續高漲的威脅，法國的失業率達 11%，義大利為 12.5%，希臘、西班牙則達 28%，其中西班牙青年的失業率更高達 60%。這都將造成持續的不安定。

（二）貧富不均

世界各國貧富不均的狀況不斷惡化，1990 至 2010 年間發展中國家的貧富不均拉大到 11%。依照聯合國統計，全世界排名前 85 名的首富，其財富相當於 35 億赤貧人口的財富總和。貧富不均不僅造成生活條件、教育、健康不均等的問題，更將威脅政治體制的穩定。

（三）健康危機

全球就醫人口中，有 40% 是舉債甚至變賣家產，另外 35% 則陷入財務貧窮的困境。此外，持續擴散的愛滋病（AIDS）、天花、禽流感等大規模傳染病，以及逐步升高的「生物恐怖攻擊」（Bioterrorism），在在都威脅著人類安全。

---

41 "Depleted Uranium," *Public Health*, U.S. Department of Veterans Affairs, July 30, 2020, https://www.publichealth.va.gov/exposures/depleted_uranium/.

（四）環境及自然災害

環境與氣候變遷造成的全球危機已經至為明確。氣候變遷已明顯造成極端天氣、颱風的頻率及強度也都大為增加，隨之而來的洪水、海平面升高等問題都威脅人類及生物的安全。同時，各國不斷的工業發展、都市化也都加劇環境負擔，氣候的變遷也將連帶影響農、畜業等產量，造成糧食減少。此種連鎖效應的影響對全球造成重大威脅。

（五）糧食不足

糧食的供應問題也是令人憂慮，依照聯合國農糧組織估計（Food and Agriculture Organization of the United Nations），2012 年全球有 8.4 億人口陷於饑荒的險境。同時 2008 年的經濟危機，至今仍造成糧價居高不下。此需要全球共同努力以消弭饑荒與剝削。

（六）人身威脅

由於戰爭、武裝衝突，恐怖攻擊乃至於街頭幫派的衝突，人類的生命安全受到嚴重威脅。依照「世衛組織」（World Health Organization, WHO）估計，全球每日有 4,400 人死於國際暴力攻擊，自 2000 年以來每年將近 160 萬人死於暴力攻擊，而強暴也成為快速惡化的人身攻擊行為。在若干戰爭中，許多平民更成為攻擊對象。人身的安全也成為人類發展與安全的重要議題。[42]

此六項人類安全與國防高度相關者，主要為環境與自然災害，以及戰爭所造成的人身威脅問題。若以傳統上認為與軍事無關的氣候變遷此一新興的命題作為指標，則可發現國防戰略思維的內容正在擴大。美國在歐巴馬總統時期，其任內發布最後一版的 2014 年《四年期國防總檢》

---

42 UN Human Development Report 2014 Team, *Human Development Report 2014* (New York: United Nation, 2014), p. 21.

（*Quadrennial Defense Review 2014*），便將氣候變遷納入為國防威脅之一，並要美軍增加再生能源的使用作為因應。[43]

其後川普政府的國家安全戰略、國家軍事戰略雖未將氣候變遷納入，甚至強調傳統能源的重要性。但拜登政府上臺後，旋即發布行政命令，明確下令將氣候安全議題納入美軍的戰略、甚至兵推議題之內。[44] 這也可看出美國共和黨、民主黨基本政治立場的異同。

前述的氣候變遷議題列入國防戰略可說是指標性議題，主要是氣候變遷雖是明確的威脅，但並非立即性的急迫威脅屬、於長期的安全議題，將之列為國家安全議題就可說明新興威脅的衝擊，因此其他具備急迫性的威脅自然不會被忽視。進一步來看，其他新興威脅包括網路安全、低強度衝突、乃至結合虛擬宣傳、數位攻擊、實體攻擊的「混合戰」等新型態攻擊來源，更是國防戰略所界定並需擬定應對防衛計畫的威脅事務。

這可看出較廣義安全事務與軍事事務也被列入相關議程，在承平時期的議程中超越軍事議題。也反映為美國共和、民主兩黨的傳統立場、黨籍總統的安全觀差異，以及對於國家安全威脅的定位，並反映在國防戰略思維的政策、戰略規劃以及軍事的對應作為。

伍、結語：現代國防戰略的定位

進一步來看，國家安全與國防戰略具有關聯性，但應予以明確區隔以避免功能混淆，兩者的主要的特性可分述如下：

一、國防戰略具有獨立性

國家安全戰略通常具有最高指導位階的定位，但國防戰略往往可能領先國家安全戰略，具有一定程度的獨立地位。例如：1998 年美國的《國

---

43 Department of Defense, *op. cit.*, p. VI.
44 The White House, "Executive Order on Tackling the Climate Crisis at Home and Abroad," January 27, 2021, https://www.whitehouse.gov/briefing-room/presidential-actions/2021/01/27/executive-order-on-tackling-the-climate-crisis-at-home-and-abroad/.

家安全戰略報告》（*National Security Strategy 1998*），明確將恐怖活動、
網路攻擊（Cyber Attack）、戰略資訊攻擊（Strategic Information Attack）
等列為「非傳統方式」（Unconventional Way）的國家安全威脅的來源。[45]
然而，早此一年的《國家軍事戰略》（*National Military Strategy*）卻更早
提出敵人的威脅可能將以「非傳統」、「低成本」（Inexpensive）途徑，
以及「資訊戰」（Information Warfare）等「不對稱挑戰」（Asymmetric
Challenges）。[46] 筆者挑出此先後年份不同的國家安全文件，以及軍事戰
略文件作為比較，是為突顯出國家安全戰略位階雖高於軍事戰略，但是軍
事戰略對威脅的界定也可成為國家層級戰略的主軸，兩者並非是絕對的從
屬關係，而應是相互配合

二、地緣特性

　　同時，一國的國防戰略，地緣條件與外在環境具有結構性影響，代表
性的因素就是海洋型與大陸型國家，形成海權與陸權國家的差異。海權國
家的特性是有意識地建立強大的海軍戰力，陸權國家則以地面部隊作為主
力，目標是應對不同的武力威脅來源為主要考量，以維持國家生存為最高
優先，同時並滿足國家的權力投射以爭取利益。易言之，國防戰略的設計
通常會結合自然的地理條件，決定建立武裝力量的特性，使投入的國防預
算、人力資源得以發揮最大的軍事效益。

三、戰略文化

　　文化因素也間接影響國防戰略的構成，主要特徵可分為下列幾點：
首先是前述的地緣條件形塑，使國防戰略的型態有攻勢主義、守勢主義，

---

45 The White House, *A National Strategy for a New Century* (Washington DC: White House, 1998), p. 7.
46 Office of the Chairman of the Joint Chiefs of Staff, *National Military Strategy of the United of America: Shape, Respond, Prepare Now: A Military Strategy for A New Era* (Washington DC: The Joint Staff, 1997), p. 9.

進而形成傳統與文化，往往深植於該國武裝部隊資深人員與政軍菁英的心中，影響軍力的投資與發展。

其次則是武裝部隊的主要樣態，除海權和陸權外，在軍力的構成上還可細分為「均衡艦隊」（Balanced Fleet）或「不對稱艦隊」（Imbalanced Fleet），陸軍型態也有靜態防禦、動態打擊、組織結構以師或旅為主等不同的建軍類別，空軍則有防空、制空的建軍路線與兵力整建。而軍種平衡或競爭（Interservice Competition）更是各國武裝部隊組織文化的核心議題，對於何者為先與預算資源的分配，成為須高度政策評估與行政溝通的重大議題，在民主國家各軍種也往往穿梭於國會之間進行遊說，此種政軍互動也往往成為觸發軍事改革的動力之一。

四、善用科技影響

比較值得留意的是，科技的發展對戰略思想有較明顯的影響，例如：火藥的出現改變陸權國家的權力結構，蒸汽海軍則改變了海權的運作方式，內燃機的應用使戰車改變陸戰，飛機的出現更促使空權的出現，原子武器則使全球強權進入核武時代。而誕生於 1960 年代的網際網路原用於軍事演習，至今形成網路戰與衍生的資訊安全議題。

在現代科技的發展下，影響戰場管理與決策的「戰爭之霧」（Fog of War）逐漸散去，造兵的發展也給予用兵者更大的空間與彈性。然而，筆者認為「戰爭是科學與藝術」的本質並未改變，只是在決策時程上往前延伸，也就是在戰備整備的決策層面，包括未來戰略的評估、戰場特性，以及資源投資的國防戰略決策，需有更多跨領域的整體理解與思維，才能盡可能地預先掌握未來戰場的競爭利基，如同「勝兵先勝」所揭櫫的精神應為國防戰略的最重要目標。

參考文獻

一、中文部分

John M. Collins，鈕先鍾譯，《大戰略》（臺北：黎明文化，1975 年）。

林碧炤，《國際政治與外交政策》（臺北：五南圖書，2013 年）。

翁明賢，《突圍：國家安全的新視野》（臺北：時英出版社，2001 年）。

二、外文部分

"Depleted Uranium," *Public Health*, U.S. Department of Veterans Affairs, June 30, 2020, https://www.publichealth.va.gov/exposures/depleted_uranium/.

Ali, Idrees and Phil Stewart, "Pentagon to Include Climate Risk in War Gaming, Defense Secretary Says," *Reuters*, January 28, 2021, https://www.reuters.com/article/us-usa-biden-climate-military-idUSKBN29W2PI.

Aryanfard, Ojan, "National Security," *The First Amendment Encyclopedia*, https://www.mtsu.edu/first-amendment/article/1134/national-security.

Associated Press, "Obama Unveils New Defence Strategy with Greater Emphasis on Asia," *The Guardian*, January 5, 2012, https://www.theguardian.com/world/2012/jan/05/obama-unveils-defence-strategy-asia.

Busby, Joshua W., "After Copenhagen: Climate Governance and the Road Ahead," in *International Institutions and Global Governance Program*, Council on Foreign Relations (August 2010).

Buzan, Barry, *People, States and Fear* (New York, Harvester Wheatsheaf, 1991).

Buzan, Barry, Ole Waever, and Jaap de Wilde, *Security: A New Framework for Analysis* (London: Lynne Rienner, 1998).

Department of Defense, *Quadrennial Defense Review 2014* (Washington DC: Department of Defense, March 4, 2014).

DeRosa, Mary B. and Milton C. Regan, "Deliberative Constitutionalism in the National Security Setting," in Jeff King, Hoi Kong, Ron Levy, and Graeme

Orr (eds.), *The Cambridge Handbook of Deliberative Constitutionalism* (Cambridge University Press, 2018), pp. 28-43.

Goldsmith, Jack, *The Terror Presidency: Law and Judgment Inside the Bush Administration* (New York, London: W. W. Norton, April 2009).

Hardin, Garrett, "The Tragedy of the Commons," *Science*, Vol. 162, No. 3859 (December 1968), pp. 1243-1248.

Headquarters, Department of the Army, *FM 3-05.301 Psychological Operations Tactics, Techniques, and Procedures* (Washington, DC: Headquarters, Department of the Army, December 31, 2003).

Headquarters, Department of the Army, *FM 3-96 Brigade Combat Team* (Washington, DC: Headquarters, Department of the Army, January 2021).

Homeland Security, "Progress Report on the President's Executive Actions to Reduce Gun Violence," April 17, 2013, https://www.dhs.gov/sites/default/files/publications/Exec%20Actions%20Progress%20Report%20FINAL.PDF.

Kegley, Charles W., Jr., "The Neoidealist Moment in International Studies? Realist Myths and the New International Studies," *International Studies Quarterly*, Vol. 37, No. 2 (June 1993), pp. 131-146.

Mangold, Peter, *National Security and International Relations* (Landon, New York: Routledge, 1990).

Nakamura, Yu, "Taiwan Face Delays in U.S. Arms Deliveries Due to Ukraine War," *NIKKEI Asia*, May 2022, https://asia.nikkei.com/Politics/International-relations/Indo-Pacific/Taiwan-faces-delays-in-U.S.-arms-deliveries-due-to-Ukraine-war.

NATO, "NATO's Response to Hybrid Threats," *NATO's Topic*, June 21, 2022, https://www.nato.int/cps/en/natohq/topics_156338.htm.

Nicholson, Brendan, "ADF Chief: West Faces a New Threat from 'Political Warfare'," *The Strategist*, June 14, 2019, https://www.aspistrategist.org.au/adf-chief-west-faces-a-new-threat-from-political-warfare/.

Office of the Chairman of the Joint Chiefs of Staff, *National Military Strategy of the United of America: Shape, Respond, Prepare Now: A Military Strategy for a New Era* (Washington DC: The Joint Staff, 1997).

Office of the Chairman of the Joint Chiefs of Staff, *DOD Dictionary of Military and Associated Terms* (Washington DC: The Joint Staff, January 2021).

Room, Tony, "Apple Denies Helping NSA," *Politico*, December 31, 2013, https://www.politico.com/story/2013/12/apple-nsa-iphones-101636.

Shills, David L. (ed.), *International Encyclopedia of the Social Science* (New York: MacMillan, 1968).

Stares, Paul B. (ed.), *The New Security Agenda: A Global Survey* (Tokyo: Japan Center for International Exchange, 1998).

The White House, *A National Strategy for a New Century* (Washington DC: White House, 1998).

The White House, "Executive Order on Tackling the Climate Crisis at Home and Abroad," January 27, 2021, https://www.whitehouse.gov/briefing-room/presidential-actions/2021/01/27/executive-order-on-tackling-the-climate-crisis-at-home-and-abroad/.

The White House, "President Barack Obama, National Security Council," Obama White House Archives, https://obamawhitehouse.archives.gov/administration/eop/nsc/.

UN Human Development Report 2014 Team, *Human Development Report 2014* (New York: United Nation, 2014).

Walt, Stephen, "The Renaissance of Security Studies," *International Studies Quarterly*, Vol. 35, No. 2 (June 1991), pp. 211-239.

Wolfers, Arnold, "'National Security' as an Ambiguous Symbol," *Political Science Quarterly*, Vol. 67, No. 4 (1952), pp. 481-502.

第 ② 章　英國的國防戰略：越級挑戰？

李俊毅

壹、前言

　　當論及一個國家的國防戰略時，我們預設該國對此議題的思考、辯論與作為具有相當程度的延續性，且與其他國家有別。與此同時，我們也多能接受一國的國防戰略思維並非是靜態的；它會隨時空條件變遷，也可能受其他因素影響，如該國的財政限制、決策者的其他考量，以及與其他國家的互動等，而未能化為實際的政策。[1] 探討一國的國防戰略思維，從而需嘗試兼顧其變與不變。掌握其不變或具延續性的要素，有助於我們理解該國看待其安全環境並制定國防戰略的方式，從而可解釋該國在一段相對長久的時期之戰略作為或實踐；掌握其變化的層面，則有助於解釋該國在特定時間的決策。

　　探討一個國家的國防戰略，往往也預設該國在不同時期的決策者、其理論家與研究者，以及外部的觀察者（我們），對於何謂「國防戰略」有共同的理解。這當然是個難以成立的假設。以英國為例，該國 19 世紀末和 20 世紀初著名的地緣戰略學家柯白（Julian Corbett）曾區分「主要戰略」（Major Strategy）與「次要戰略」（Minor Strategy），前者廣義來說指一國為戰爭目的而涉及的所有資源，後者則指作戰計畫。[2]「主要戰略」後來被英國戰略家富勒（J. F. C. Fuller）改稱為「大戰略」（Grand Strategy），[3] 其內涵則由李德哈特（Basil Henry Liddell Hart）發展。李德哈特區分「大戰略」與「戰略」的不同，將「戰略」界定為「分配軍事工具以實現政策目標的藝術」；易言之，「戰略」的範圍是戰爭，而「大戰

1　Alan Macmillan, "Strategic Culture and National Ways in Warfare: The British Case," *The RUSI Journal*, Vol. 140, No. 5 (1995), p. 37.

2　Julian Stafford Corbett, *Some Principles of Maritime Strategy* (Longmans: Green & Co., 1911), pp. 308-309, Project Gutenberg, https://tinyurl.com/ycjb2rku.

3　J. F. C. Fuller, *The Reformation of War* (London: Hutchinson & co., 1923), chap. 11.

略」的範圍則擴及戰爭之後的和平。[4] 惟當代英國政府對「戰略」一詞的使用，則兼具兩者，也不再如李德哈特般嚴格區分政策與戰略。

2009 至 2012 年間，英國國會三個委員會曾探討英國的戰略問題，其中下議院的公共行政委員會（Public Administration Committee）於 2010 年的報告質疑英國是否仍有「大戰略」；若無，是否應該做；以及若應該做，如何做等問題。該報告的主要發現是英國政府已失去「戰略性思考的能力」。[5] 有趣的是，英國工黨政府於 2008 年提出《國家安全戰略》（National Security Strategy），其後的保守黨與自由民主黨聯合政府則於 2010 年成立「國家安全會議」，皆旨在回應英國的戰略問題。[6] 這顯示不同行為者對於大戰略與戰略的界定有不同的看法。爰此，若以一個固定的定義理解不同時代的文本或同一個時代不同行為者的觀點，恐忽略他們之間的差異與議題的豐富性，而有「削足適履」與「掛一漏萬」的問題；反之，若無基本的操作性定義，則我們可能討論本質上相當不同的議題，而導致失焦。

本文探討英國的國防戰略。鑑於英國並未使用「國防戰略」一詞，而往往將防衛與安全戰略並列，本文在範圍的界定有一定程度的困難，但也因此有自主或任意性。本文將英國的國防戰略界定為對軍事安全與武力使用的思考；惟儘管如此定義，英國對自身的定位與外交政策的取向等，仍是必須討論的議題，因為它們是軍事安全與武力使用所鑲嵌的背景。國防戰略於本文因此將是一個相對鬆散的概念。

就研究取向而言，本文不擬採取「由古至今」的線性陳述與分析，而將從當代英國幾份重要文件擷取其共通的議題與關切，由此探討其受史上重要思想家或歷史事件的影響。[7] 英國作為發展「大戰略」、「地緣政治」

4　Basil Henry and Liddell Hart, *Strategy: The Indirect Approach*, 4th ed. (London: Faber, 1967), pp. 187-188.

5　House of Commons Public Administration Select Committee, "Who Does UK National Strategy? Further Report," *House of Commons*, January 28, 2011, https://tinyurl.com/nhcdjcka.

6　Hew Strachan, *The Direction of War: Contemporary Strategy in Historical Perspective* (Cambridge: Cambridge University Press, 2013), p. 145.

7　此一研究取向，參見 David Garland, "What Is a 'History of the Present'? On Foucault's Genealogies and their Critical Preconditions," *Punishment & Society*, Vol. 16, No. 4 (2014), pp. 365-384.

（Geopolitics）與「戰略文化」（Strategic Culture）等研究的先驅國家，對相關議題有十分豐富的文獻累積。不乏論者認為，英國在如何使用其武力的議題上，受到該國歷史與政治的影響甚鉅；對當代國防戰略思維的討論，則多以李德哈特的著作與影響為起點。[8]此一線性的解讀有助於建立英國國防戰略的延續性，但也可能放大李德哈特（或其他思想家）對當代的影響，乃至忽視其他因素的作用。本文則擬從當代英國的關切與主張出發，同時探討它們和既有戰略思維的變與不變之關係。

本文章節安排如下。第貳節簡介英國的國防報告書制度。鑑於英國自2008年以後，國防報告書的提出較為制度化，第參節至第伍節分別回顧該國2008年以降的國家安全戰略相關文件，特別是2010年以後的三份國防報告書之內容。在這基礎上，第陸節探討這些報告書中反映出的國防戰略。第柒節則是結語。[9]

貳、英國的國防報告書制度

英國有出版國防報告書的制度，由時任政府闡述其認知的防衛與安全環境、當下與未來的威脅，以及部隊的組織與裝備。此一制度歷經數次變革，並可分為兩大類。首先是國防總檢討（Defence Reviews）。第二次世界大戰結束後，英國歷任政府大抵會提出其國防總檢討，但直到2010年前，報告的公布時程並不固定，大約十年內會有一份，這些報告也缺乏一致的名稱。起初這些報告以時任國防部部長為命名依據，例如：1957年的《桑茲總檢討》（Sandys Review）被視為戰後英國首次的整體國防報告

8　Cf. Alan Macmillan, "Strategic Culture and National Ways in Warfare"; Lawrence Sondhaus, *Strategic Culture and Ways of War* (Abingdon: Routledge, 2006), pp. 14-20; Hew Stracha, *The Direction of War: Contemporary Strategy in Historical Perspective*, p. 137.

9　本文於審查過程中，審查人之一建議由國防預算的角度探討英國的國防戰略。這是因為政策文件多少有文宣與公關的需要，由預算的角度切入，可彰顯英國國防戰略「說一套做一套，言不由衷」的性質，而不只是本文主張之「越級挑戰」。對此建議，本文的觀點有二。首先，預算的確是檢視一國國防戰略是否合乎實際的重要指標，惟若採此一途徑，本文即有必要析論英國國防預算的構成與決定方式，將超出本文篇幅許可範圍。其次，本文認為析論一國的國防戰略時，意圖和能力的檢視同等重要；一國許諾超出其能力的願景或目標，並不表示其必然是「說一套做一套」，從而不需要或不值得重視。國家安全與國防戰略文件體現一國在特定時間點的價值與利益，對於理解該國的對外行為，仍有相當的意義。

書，該報告即以國防部部長桑茲男爵（Baron Duncan Sandys, 1954-1957）
為名。至 1990 年以後，相關報告逐漸以主題或性質為名，如 1990 年的報
告名為《改變的選擇》（*Options for Change*），其要旨是在後冷戰時期國
際安全局勢相對緩和與樂觀的脈絡下，英國擬縮減國防支出；1998 年的
報告則稱《戰略國防總檢討》（*Strategic Defence Review*, SDR），從外交
政策的角度檢討英國建軍的方向，特別是建立快速反應部隊與整合三軍的
聯戰能力。[10]

　　2008 年以後，英國在安全與國防報告方面漸趨制度化。2008 年，英
國首次提出《國家安全戰略》（*National Security Strategy*, NSS），並分別
於 2009 與 2010 年公布新版。2010 年由保守黨（Conservative Party）與自
由民主黨（Liberal-Democratic Party）組成的聯合政府上臺，對英國的安
全與國防戰略做出三大變革。首先，聯合政府將國防總檢討擴充為《戰
略防衛與安全總檢討》（*Strategic Defence and Security Review*, SDSR），
使後者涵蓋的議題包含反恐、國際援助與外交、邊境與網路安全，以及
本土防衛等。[11] 其次，為使《國家安全戰略》與《戰略防衛與安全總檢
討》進一步協調與落實，英國設立「國家安全委員會」（National Security
Council）作為兩者的決策與監督機構。再次，該政府亦決定使《戰略防
衛與安全總檢討》的公布頻率和英國議會的週期一致，亦即每五年公布一
次。[12] 2015 年英國進一步將《國家安全戰略》與《戰略防衛與安全總檢
討》整併為一份文件。[13] 強生（Boris Johnson）政府於 2019 年 7 月上任後，
於 2020 年 2 月宣布將研擬新一期的報告，但將之易名為《整合總檢討》

10　Claire Mills, Louisa Brooke-Holland, and Nigel Walker, "A Brief Guide to Previous British Defence
　　Reviews," House of Commons Library Briefing Paper, No. 7313 (February 26, 2020), p. 4, https://
　　tinyurl.com/2pr7w3nv.

11　Cabinet Office, United Kingdom, *Securing Britain in an Age of Uncertainty: The Strategic Defence
　　and Security Review* (London: Cabinet Office, 2010), https://tinyurl.com/t72pnkxb.

12　Claire Mills, Louisa Brooke-Holland, and Nigel Walker, *op. cit.*, p. 5; Andrew Dorman, "United
　　Kingdom," in Hugo Meijer and Marco Wyss (eds.), *The Handbook of European Defence Policies
　　and Armed Forces* (Oxford: Oxford University Press, 2018), p. 71.

13　Cabinet Office, United Kingdom, *National Security Strategy and Strategic Defence and Security
　　Review 2015: A Secure and Prosperous United Kingdom* (London: Cabinet Office, UK, 2015),
　　https://tinyurl.com/2p8nv3pv.

（*Integrated Review*）。該報告因新冠肺炎疫情而延宕，並於 2021 年 3 月 16 日公布。[14]

在國防總檢討之外，第二類的國防報告書是年度的「國防估算」（Defence Estimates），概述政府的政策、部隊的現況與未來的軍購計畫，但有不同名稱。此一制度於 1946 年回復，起初被稱為《國防聲明》（*Statement on Defence*），自 1960 年代中葉起被稱為《國防估算聲明》（*Statement on the Defence Estimates*, SDE）。最後一版的《國防估算聲明》於 1996 年提出，1997 年上任的工黨（Labour Party）則於 1999 年以《國防白皮書》（*Defence White Paper*）取代，但其後並未延續。[15]

表 2-1　英國 2010 年前後的國家安全機制演變

	2010 年之前	2010 年之後
內閣層級的安全政策制定或協調機構	國家安全委員會（National Security Committee）	國家安全會議（National Security Council）
國防／安全部署與兵力結構的詳盡聲明	不定期公布之國防總檢討	五年一次之《戰略防衛與安全總檢討》
國家安全優先議題與政策的最高公開聲明	無，2008 年始有《國家安全戰略》	《國家安全戰略》
首相的主要安全政策顧問	安全與情報協調官（Security and Intelligence Coordinator）	國家安全顧問（National Security Adviser）
首相的主要國防顧問	國防參謀長（Chief of the Defence Staff, CDS）	國防參謀長
首相的主要情報／威脅顧問	聯合情報委員會主席（Chair of the Joint Intelligence Committee, CJIC）	聯合情報委員會主席

資料來源：節錄自 Catarina P. Thomson and David Blagden, "A Very British National Security State: Formal and Informal Institutions in the Design of UK Security Policy," *The British Journal of Politics and International Relations*, Vol. 20, No. 3 (2018), p. 577.

---

14 Cabinet Office, United Kingdom, *Global Britain in a Competitive Age: Integrated Review of Security, Defence, Development and Foreign Policy* (London: Cabinet Office, UK, 2021), https://tinyurl.com/arcfhvpr.

15 Claire Mills, Louisa Brooke-Holland, and Nigel Walker, *op. cit.*, p. 4. 雖然 1999 年的報告以《白皮書》為名，但文獻所述之英國國防白皮書，大多指前一類的國防總檢討。

　　表 2-1 摘述英國在安全與國防政策上的機制變遷，並以 2010 年為分水嶺。2010 年之前，英國國防報告書的提出並無一定的規律，且大致是政府面對危機並體認到既有國防政策面臨執行困難，方始提出之被動回應。2000 年起一連串的內外因素，促使英國提出制度改革。就外部因素來說，英國 2003 年起參與伊拉克與阿富汗戰爭而陷入泥淖，以及 2008 至 2009 年的全球金融危機以及其後的歐債危機，使之日益失去制定協調的國家戰略之能力。就內部因素來說，缺乏一個制度化的安全與國防政策制定機制，亦使首相動輒受到批評。2007 至 2010 年擔任首相的工黨領袖布朗（Gordon Brown），即被批評為不重視國家安全；其在 2008 年提出《國家安全戰略》，適可回應此一批判。2010 至 2016 年擔任首相的保守黨領袖卡麥隆（David Cameron），則以創建國家安全會議與定期制定《戰略防衛與安全總檢討》彰顯其和工黨首相布萊爾（Tony Blair）的差異，因為彼時一項針對英國參與伊拉克戰爭的調查報告，批評布萊爾過於非正式的決策風格。此外，制度化的安全政策生產機制亦有助於經營聯合政府內部的關係。[16] 爰此，英國的國防報告書不僅趨向組織化與定期化，國防政策與安全政策也有進一步的整合，起初由《國家安全戰略》提出英國的安全威脅評估與戰略回應，指導《戰略防衛與安全總檢討》的軍購與建軍規劃，2015 年後則整合為一體。

　　以下簡要整理 2008 年以降的英國國家安全與國防報告書，藉此探討其國防政策的變與不變。依據英國國家安全相關文件的週期，可分三個時期討論。

參、2010 年《戰略防衛與安全總檢討》

　　2008 年工黨主政時期，首度提出《國家安全戰略》，並於 2009 年提

---

16 Catarina P. Thomson and David Blagden, "A Very British National Security State: Formal and Informal Institutions in the Design of UK Security Policy," *The British Journal of Politics and International Relations*, Vol. 20, No. 3 (2018), p. 576.

出更新版。[17] 2008 年的版本大抵認為英國處於一個相對安全的環境，在可見的未來，沒有國家或聯盟具有直接構成英國威脅的意圖與能力。[18] 儘管如此，鑑於冷戰時期的威脅由一組繁雜但相互關聯的威脅與風險取代，英國也必須積極應對。這些威脅包含國際恐怖主義、大規模毀滅性武器、衝突與失敗國家、疫情與跨國犯罪，其根源則是氣候變遷、對能源的競爭、貧窮與拙劣的治理、人口變遷與全球化。英國政府認為，這些威脅的識別反映國家安全概念的變遷；安全的指涉對象不再僅指國家，也包含對公民個人與生活方式的威脅。爰此，消弭問題的根源，例如提供援助、幫助第三世界發展，從而減少恐怖主義與跨國犯罪發生的機率，也成為英國國家安全戰略的一部分。[19]

　　在此一安全評估下，武力的使用主要用於反恐戰爭，英軍的角色則是和北約與其他同盟協同運作，儘管《國家安全戰略》認為某種程度的單獨作業能力亦屬必要。相應地，該報告主張國防採購主要是支援當前的任務，其次方式投資長期所需的能力。[20]

　　2010 年 5 月，保守黨與自由民主黨籌組聯合政府，於 10 月公布新版《國家安全戰略》與《戰略防衛與安全總檢討》。[21] 繼 2009 年的《國家安全戰略》更新版以相當篇幅探討 2008 至 2009 年全球金融危機對國家安全的衝擊，新版的《戰略防衛與安全總檢討》納入「經濟安全」（Economic Security）的概念，「我們〔英國〕的國家安全取決於我們的經濟安全，

17 Cabinet Office, United Kingdom, *The National Security Strategy of the United Kingdom: Security in an Interdependent World* (London: Cabinet Office, March 2008), https://tinyurl.com/3vcukjb6; Cabinet Office, United Kingdom, *The National Security Strategy of the United Kingdom: Update 2009 – Security for the Next Generation* (London: Cabinet Office, June 2009), https://tinyurl.com/2cs8vcex.

18 Cabinet Office, *The National Security Strategy of the United Kingdom: Security in An Interdependent World*, pp. 3, 10.

19 *Ibid.*, pp. 3-5.

20 *Ibid.*, pp. 9, 46.

21 Cabinet Office, United Kingdom, *A Strong Britain in an Age of Uncertainty: The National Security Strategy* (London: Cabinet Office, October 2010), https://tinyurl.com/5czze768; Cabinet Office, *Securing Britain in an Age of Uncertainty: The Strategic Defence and Security Review.*

反之亦然」。[22] 在歐債危機的脈絡下，英國的政府赤字加大，預算赤字占國內生產毛額（GDP）的比重也達到歷史新高，使聯合政府必須思考預算平衡與國家安全的兼顧（圖 2-1 與圖 2-2），儘管其亦認為國防預算削減的比例將少於其他部會，因為英國仍必須滿足北約成員國之國防預算需達

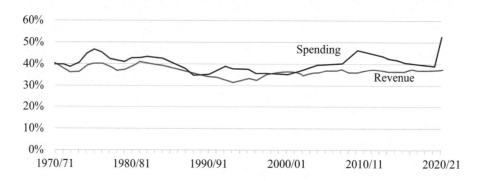

圖 2-1　英國公共支出與盈餘占 GDP 之百分比

資料來源：Matthew Keep, "The Budget Deficit: A Short Guide," House of Commons Library Research Briefing, No. CBP-6167 (April 22, 2022), p. 4, https://tinyurl.com/3ja4mhv3.

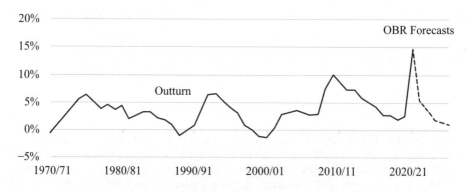

圖 2-2　英國預算赤字占 GDP 之百分比

資料來源：Matthew Keep, "The Budget Deficit: A Short Guide," House of Commons Library Research Briefing, No. CBP-6167 (April 22, 2022), p. 5, https://tinyurl.com/3ja4mhv3.

---

22 Cabinet Office, *Securing Britain in an Age of Uncertainty: The Strategic Defence and Security Review*, p. 3.

GDP 2% 以上的要求。爰此，此份報告引起議論之處，是對軍備與軍隊的裁減，例如宣示將既有的航艦退役，打造新型的「伊麗莎白女王」（HMS Queen Elizabeth）級航艦；將水面艦由 23 艘降至 19 艘；於 2015 年裁減 1 萬 7,000 名的軍隊人數，其中陸軍裁減 7,000 人，海軍與空軍各 5,000 人等。[23]

在此之外，聯合政府對於國家安全的評估大致和工黨相符。其定義的國家安全目標有二。首先是確保國家的安全與韌性，方式則是藉由保護國民、經濟、基礎設施、領土與生活方式，使之免於主要風險的威脅；其次則是形塑一個穩定的世界，方法則是降低影響英國及其海外利益的風險之發生機會，發揮各種國家權力的工具與影響力以塑造全球環境並從根本應對潛在的風險。[24] 具體來說，在國防上，國際與國內的恐怖主義仍是主要的國家安全威脅；網路安全、國家緊急事件、能源安全、組織犯罪、反擴散、邊境安全等，也是國家安全涵蓋的範圍。在應對上，聯合政府仍認為針對問題的根源著手，所需的資源將較衝突或危機發生後以軍事介入更為經濟，因此主張將「政府發展援助」（Official Development Assistance）納為國家安全的一環；英國的外交網絡、聯合國安全理事會常任理事國的身分，以及在北約與歐盟的地位等，也被視為發揮影響力的工具。[25]

在國防武力的使用上，聯合政府的立場則和前任有明顯不同。在歷經六年多參與「全球反恐戰爭」後，英國於 2009 年 3 月開始自伊拉克撤軍。[26]《戰略防衛與安全總檢討》進一步認為英國軍隊過度延伸，他們的部署往往沒有得到適切的規劃、缺乏正確的裝備、數量與清楚的戰略。過往政府常常做出沒有預算支持的承諾，導致願望和能力無法相符。舉例來說，英國陸軍在德國部署戰車，但在伊拉克與阿富汗卻缺乏可用的裝甲車；海軍陷入船艦數量愈少卻愈貴的困境；空軍則因過時的空運能力而無法快速

---

23 *Ibid.*, pp. 21, 32.

24 *Ibid.*, p. 10.

25 *Ibid.*, p. 4.

26 Nick Hopkins, "UK's Eight-Year Military Presence in Iraq to End on Sunday," *The Guardian*, May 18, 2011, https://tinyurl.com/yc65xtpr.

部署於海外。該報告乃宣示為英國軍隊提供適切的軍備，如給予陸軍新型甲車、通訊裝備與戰略空運載具；為海軍建造二艘新型航艦與六艘 45型（Type 45）驅逐艦，與裁減潛艦的核彈數量但維持核嚇阻的能力；至2020 年為空軍打造搭載空對空與空對地飛彈的新型「颱風」（Typhoon）戰機與「聯合攻擊戰鬥機」（Joint Strike Fighter）機隊。[27]

肆、2015 年《國家安全戰略暨戰略防衛與安全檢討》

2015 年 5 月的國會大選，保守黨單獨過半而執政，並於同年 11 月公布新版《國家安全戰略暨戰略防衛與安全檢討》。首相卡麥隆於該報告的「前言」並不似提供一個清晰具條理的論述，而較像是不同價值與偏好的綜合。「前言」第一句即重複前一份報告「我們〔英國〕的國家安全取決於我們的經濟安全，反之亦然」一言，將經濟安全與國家安全並列，並稱歷經五年的努力，英國已回到政府支出赤字與國家安全的平衡，因此使國家有能力應對更危險與不確定的環境。

在這之後，是對國家安全環境的描述。恐怖主義 —— 特別是 2014 年引發國際關注的「伊斯蘭國」（Islamic State of Iraq and the Levant, ISIL）——被列為首要的安全威脅；鑑於 2014 年 3 月俄羅斯兼併烏克蘭之克里米亞並支持烏東兩省的自治，烏克蘭危機被列為第二項挑戰；其後則是網路攻擊的威脅與疫情的風險，如 2009 年的流感大流行與 2013 年底於西非爆發的伊波拉（Ebola）病毒等。至於經濟安全與這些威脅的關聯性，則未有明確的闡述。

職是之故，「前言」在維護國家安全的策略上，亦顯得略微雜亂。它先宣示維護經濟安全以確保國家安全。英國被描述為是個貿易國家與世界第五大經濟體，高度仰賴世界的穩定與秩序。此外，英國約有 500 萬旅居外地的僑民，該國的繁榮亦取決於與世界的貿易，「交往不是額外的選項，而是國家成功的根本」，英國的安全因此和其全球影響力相連結。在

---

[27] *Ibid.*

各類威脅的應處上，它主張國家安全的核心是，理解英國並不能選擇以傳統防衛因應以國家為基礎的威脅，以及其他不承認國家邊界的威脅。英國面對也需因應這兩者，並需一個「全光譜的途徑」（Full Spectrum Approach）。[28]

《國家安全戰略暨戰略防衛與安全檢討》的論述，在報告內文有較清楚的說明。第一章界定英國的願景是「安全與繁榮，可觸及全球且具影響力的英國」；英國國家安全的三大目標則是「保護人民」、「投射全球影響力」與「促進繁榮」。第二章則以「強大、具影響力與全球性」作為英國的特色。經濟安全與國家安全的關係在此獲得解答。英國作為經濟成長最快速的已開發經濟體，被評為十大最具競爭力的國家之一、歐洲內部投資的首要對象，也是第六大最容易經商的國家。這些經濟實力使英國可以投資國防與安全。[29] 英國國家安全的思維，因此可說有兩條軸線。其一是以經濟作為安全與國防的基礎，因此即便其全球貿易的管道未受威脅，經濟安全仍是首要的目標，值得或需要不斷重申；隨著科技在各國經濟成長扮演日益重要的角色，英國也漸重視科技發展及其危害。其二則是國家受到的各式威脅與因應之道，包含來自非國家行為者與國家行為者的威脅。承接 2010 年報告的觀點，2015 年的報告認為非國家行為者的威脅包含恐怖主義、北非與中東等地的不穩定產生之外溢效果、組織犯罪與健康安全；不同之處在於「伊斯蘭國」的崛起導致大量難民與庇護尋求者，2015的版本因而正式將移民列為安全問題之一。國家行為者的威脅則指俄羅斯對歐洲安全的威脅、外國情報機構在英國及其盟友的行動、北非與中東的情勢、南亞與東南亞國家因歷史爭議而存在的緊張關係，以及北韓的威脅等。[30]

在前述三項國家安全目標中，武力的使用主要對應「保護人民」。不過《國家安全戰略暨戰略防衛與安全檢討》認為當時並無針對英國本土的立即與直接軍事威脅，但在空域與海域正逐漸受到其他國家，特別是俄

---

28 Cabinet Office, *National Security Strategy and Strategic Defence and Security Review 2015*, pp. 5-6.
29 *Ibid.*, pp. 11-12, 13.
30 *Ibid.*, pp. 15-19.

國的測試。此外，其主張英國自第二次世界大戰以來即面臨彈道飛彈的威脅，而「歐洲─大西洋」地區以外的國家與若干非國家行為者已取得彈道飛彈的技術，英國因此需強化對北約相關防禦體系的投入。[31] 雖然如此，在這個仍堪稱相對安全的環境中，該報告稱英國發展國防能力的目的，主要是藉由具備獨立行動的能力，或在和盟友（特別是美國與法國）合作的情況下，將軍事實力投射至全球，以嚇阻或擊敗對手。[32]

具體來說，《國家安全戰略暨戰略防衛與安全檢討》賦予英國軍隊八項任務：[33]

第一，防衛與貢獻英國及其海外領土的安全與韌性。

第二，提供核嚇阻。

第三，透過戰略情資和全球國防網絡增進對全球情勢的理解。

第四，強化國際安全與提升盟友、夥伴及多邊制度的集體能力。

第五，支援人道協助與災害因應，並從事救援任務。

第六，從事突擊作戰。

第七，從事回復和平與穩定的行動。

第八，必要時從事重大戰鬥行動，包含執行北約條約第 5 條的行動。

在能力發展上，如圖 2-1 與圖 2-2 所示，2010 至 2011 年以後，英國預算赤字占 GDP 比重呈現下降趨勢，《國家安全戰略暨戰略防衛與安全檢討》因此認為在經濟安全獲得回復且預算赤字恢復平衡的情況下，可以強化對情報部門的投資與員額擴充；維持陸軍 8 萬 2,000 人、海軍與空軍共擴充至 700 人的目標；在未來十年花費 1,780 億英鎊於設備與設備維持費上；擴充後備部隊人數；以及打造「聯戰兵力 2025」（Joint Force 2025）。就後者而言，英國強調三軍聯合作戰能力，因此宣示強化於 2012 年設立的「聯合作戰指揮部」，並在 2025 年組建一支包含「遠征部隊」（Expeditionary Force），其組成包含以「伊麗莎白女王」級航艦為中心並搭載 F35「閃電」戰機的海上任務群、一個內含三個旅的陸軍師、一個包

---

31 *Ibid.*, pp. 24-25.

32 *Ibid.*, p. 9.

33 *Ibid.*, pp. 27-28.

含戰鬥、運輸與監視的空軍聯隊，以及一個特種部隊任務群，總人數則從2010 年規劃之 3 萬人擴充至 5 萬人。[34]

在軍備上，《國家安全戰略暨戰略防衛與安全檢討》提出多種投資與採購。舉其要者，在「聯戰兵力 2025」的規劃下，英國擬擁有兩艘「伊麗莎白女王」級航艦並於 2018 年起服役；八艘「26 型」（Type 26）全球作戰艦（Global Combat Ship）；整併兩個機械化步兵旅和組建兩支新的攻擊旅（Strike Brigade），以成立一支擁有三個旅且可隨時部署的陸軍師；升級阿帕契（Apache）攻擊直升機；延役「挑戰者 II」（Challenger II）型主力戰車；新增一個 F35「閃電」中隊與兩個「颱風」戰機中隊；為因應既有之「先鋒級」（Vanguard Class）核子彈道飛彈潛艦將於 2030 年代初期陸續除役，研發代號暫定為「繼承者」（Successor）的四艘潛艦。[35]

伍、2021 年《競爭時代的全球化英國：安全、防衛、發展與外交政策整合總檢討》[36]

2021 年 3 月 16 日，英國政府公布《競爭時代的全球化英國：安全、防衛、發展與外交政策整合總檢討》（下稱《整合總檢討》）。該報告是前首相強生（Boris Johnson）於 2019 年 12 月國會大選提出的政見。鑑於英國脫歐後在外交與安全政策上不再受歐盟「共同外交與安全政策」（Common Foreign and Security Policy, CFSP）的限制而有更多行動自由，但脫歐過程引發激烈的內部正反面意見，使英國面臨更高之不確定性，強生乃以此說明保守黨政府對英國前景的定位。職是之故，該報告將發展與外交整合於安全與防衛政策之中，強生政府並稱《整合總檢討》是英國自冷戰結束後規模最大、最全面的戰略與安全報告。[37] 該報告原擬於 2020

---

34 *Ibid.*, pp. 27-34.
35 *Ibid.*, pp. 30-32, 35.「繼承者」級潛艦其後易名為「無畏級」潛艦。參見 Ministry of Defence, United Kingdom, "Dreadnought Submarine Programme: Factsheet," *GOV.UK*, March 16, 2021, https://tinyurl.com/329mjpec.
36 本節部分改寫自李俊毅，〈英國《整合總檢討》的國防與外交走向及其限制〉，《國防安全雙週報》，第 25 期（2021 年 4 月 1 日），https://tinyurl.com/3e8zs8fd。

年秋季偕同多年期的《全面支出審查》（*Comprehensive Spending Review,* CSR）發表，以確保政府施政的企圖心與國家資源之配合。惟《全面支出審查》其後改為一年期先行公布，《整合總檢討》則因疫情而幾度延宕。[38]

　　《整合總檢討》保留 2015 年的報告將國家安全威脅區分為國家與非國家行為者的做法，但整體論述方式主要沿著「內部安全」與「外部安全」的軸線開展。該報告的「概論」（Overview）宣稱其核心是對英國安全與韌性的承諾，而這始自內部安全，亦即保護該國民眾、領土、關鍵基礎設施、民主體制與生活方式等，使之免於其他國家、恐怖主義與嚴重與組織犯罪（Serious and Organized Crime）的威脅。在這之後，《整合總檢討》主張英國將延續其傳統，持續在集體安全、多邊治理、氣候變遷、健康風險、衝突解決與減貧等國際議題上扮演領導角色，並特別宣示該國透過北約、聯合快速反應部隊與其他雙邊關係等方式維繫歐洲安全之承諾。[39]

　　儘管如此，如果從《整合總檢討》的整體架構來說，該報告對於英國全球角色的強調，明顯優先於安全議題。在「概論」之後，該報告先探討英國在「2030 年的國家安全與全球環境」。其認為地緣政治與經濟的重心正轉向印太，而國家、國家集團與非國家行為者紛紛參與國際秩序的塑造，2030 年的國際秩序是更競爭與多極的。在此態勢評估下，《整合總檢討》臚列其因應的「戰略架構」，並有四大部分。第一，英國擬透過外交網絡以及科技與創新實力參與未來塑造國際秩序的競爭。此一邏輯和前揭

---

37 英國於 2016 年 6 月 23 日舉行公投，決議脫歐；2020 年 1 月 31 日，英國正式脫歐，但英國與歐盟對雙邊關係的談判尚未完成，為避免在無協議的情況下脫歐，將導致許多人員、貿易與金融的往來難以為繼，雙方決定自 2020 年 2 月 1 日至 12 月 31 日進入「過渡期」。2020 年 12 月 24 日，雙方議定《歐盟—英國貿易與合作協定》（*EU-UK Trade and Cooperation Agreement*），就未來夥伴關係達成協議；12 月 31 日，英國國會通過《歐盟（未來關係）法案》（*European Union (Future Relationship) Bill*），完成英國脫歐的國內法程序。參見 Nigel Walker, "Brexit Timeline: Events Leading to the UK's Exit from the European Union," House of Commons Library Briefing Paper, No. 7960 (January 6, 2021), https://tinyurl.com/2p96wtpm.

38 Nigel Walker, "Integrated Review of Security, Defence, Development and Foreign Policy: House of Commons chamber Tuesday 9 February 2021 Backbench Business Cttee debate," House of Commons Library Debate Pack, No. CDP 0019 (2021) (February 8, 2021), https://tinyurl.com/b48tvjev.

39 Cabinet Office, *Global Britain in a Competitive Age*, p. 11.

2010 與 2015 年兩份報告對「經濟安全」的重視相通；易言之，若說 2010 與 2015 年的英國認為經濟實力是其安全與國防的基礎，則 2021 年的英國判斷在未來，科技與創新更是關鍵，也是英國利基所在。第二，鑑於捍衛既有的「以規則為基礎的國際秩序」已不足以因應未來需求，英國乃尋求塑造未來的開放國際秩序。在這方面，英國自詡為「正義之師」（A Force for Good），宣示打造開放與韌性的國際經濟，並主張英國是「具全球利益的歐洲國家」且其對外政策將走向「印太傾斜」（Indo-Pacific Tilt）。第三，強化英國本土與海外領地的安全與防衛。第四，建立本土與海外領地的韌性。約略與《整合總檢討》同時公布的國防部文件《競爭時代的防務》（*Defence in a Competitive Age*），亦提出軍隊在這些面向的角色。[40]

在美中戰略競爭自 2018 年起漸趨激烈的態勢下，《整合總檢討》最令人注目之處，莫過於「印太傾斜」的主張。該報告提及 15 次「歐洲—大西洋」（Euro-Atlantic）與 32 次的「印太」（Indo-Pacific），惟這不意味英國重視中國的威脅更甚於俄國。《整合總檢討》視俄羅斯為區域的「嚴峻挑戰」（Acute Threat），包括核子、傳統與混合威脅。為此，英國重申對歐洲安全的承諾，強調北約是「歐洲—大西洋」地區集體安全的基石，美國則是最重要的盟國。《整合總檢討》更宣布改變在 2020 年代中期將核彈頭裁減至不超過 180 枚的目標，而將之上調至不超過 260 枚。此舉意在強化英國的核嚇阻能力，也彰顯英國在北約的重要性。[41]

相較之下，《整合總檢討》將中國界定為「系統性的競爭者」（Systemic Competitor）。系統性的競爭包含民主與威權體系的競爭，塑造未來國際秩序的競爭，在軍事、經濟、科技、網路、太空等領域的競爭，並挑戰和平與戰爭的界線。具體來說，中國的威脅包括威權體制、迥異的價值，以及對英國經濟安全的危害。[42] 這意味中國對英國的挑戰或許是全面的，但不急迫，雙方也有合作空間。英國對中國的定位因此和美國近似，並

---

40 Ministry of Defence, United Kingdom, *Defence in A Competitive Age* (London: Ministry of Defence, March 2021), p. 8, https://tinyurl.com/2rba5ejk.

41 Cabinet Office, *Global Britain in a Competitive Age*, pp. 20, 76.

42 *Ibid*., pp. 28-29, 62.

可以美國國務卿布林肯（Antony J. Blinken）對美中關係是「該競爭就競爭，可合作就合作，須對抗時就對抗」一語表示。[43] 該報告主張英國在政治體制、國際秩序與價值和中國競爭；在經貿與投資上雙方為互利關係，在跨國挑戰如疫情的準備、生物多樣性與氣候變遷等則有合作的必要；在價值與利益受威脅時將挺身捍衛，例如賦予香港居民取得英國海外國民（British National Overseas, BNO）護照的管道。[44] 英國於 2021 年 3 月 22 日就新疆人權問題制裁中國官員與機構、和加拿大及美國發表聯合聲明、下議院於 4 月 23 日宣布中國犯下「危害人類罪」（Crimes Against Humanity）與「種族滅絕」（Genocide）等，亦是對抗中國的實踐。[45]

　　在具體做法上，《整合總檢討》一方面強調與盟友和夥伴的合作，更主張面對來自國家 —— 特別是俄國、伊朗與北韓等 —— 的滲透、政治干預、破壞、暗殺與下毒、選舉干預、假訊息、宣傳、網路作戰與智慧財產權的偷竊等問題，英國必須超越狹義的國家安全或國防的概念。[46] 這意味英國將採取全體政府（The Whole-of-the Government）途徑，軍事力量的使用僅是其中一部分。就此而言，《整合總檢討》稱英國將重新確認在北約的領導地位，使之能適應在戰爭門檻之上與之下的威脅。具體做法包含在未來四年增加 240 億英鎊的國防預算；維持在北約相關行動的承諾；強化與北約盟國的「操作互通性」（Interoperability）；持續現代化英軍在多領域的作戰能力，特別是網路與太空；維持和嚇阻能力；強化對「五國聯防」（Five Power Defence Arrangements, FPDA）的安全承諾，如派遣「伊麗莎白女王號」與盟友巡弋地中海、印度洋與東亞等。[47]

43　Antony J. Blinken, "A Foreign Policy for the American People," U.S. Department of State, March 3, 2021, https://tinyurl.com/cpa495hx.

44　Cabinet Office, *Global Britain in a Competitive Age*, pp. 62-63.

45　Elizabeth Piper, "UK Parliament Declares Genocide in China's Xinjiang; Beijing Condemns Move," *Reuters*, April 23, 2021, https://tinyurl.com/4hezmn55. 惟其後英國政府雖表達對新疆人權的關心，但拒絕宣稱中國在當地構成「種族滅絕」。參見 Foreign Affairs Committee, House of Commons, "Government refuses to declare atrocities in Xinjiang a genocide," *House of Commons*, November 14, 2021, https://tinyurl.com/mthmpsk8.

46　Cabinet Office, *Global Britain in a Competitive Age*, p. 70.

47　*Ibid.*, pp. 72-73, 76-78.

　　《整合總檢討》是當前英國在安全與防務上最重要的文件。以其為核心，它串連了於 2020 年 9 月公布並於 2021 年 8 月更新的《整合行動概念》（Integrated Operation Concept），並指導 2021 年 3 月公布的《競爭時代的防務》與《防衛與安全產業戰略》（Defence and Security Industrial Strategy）。[48]《整合行動概念》大致主張傳統上對於「戰爭／和平」、「公／私」、「國外／國內」與「國家／非國家」的分野已逐漸過時，因為威權體制對手視戰略環境為一個連續性的光譜，它們在其間任意使用軍事與非軍事的手段而不受戰爭與和平的限制。爰此，該報告將軍事活動區分「行動」（Operation）與「作戰」（Warfighting）。前者包含三個階段，第一是「保護」（Protect），亦即確保國家安全與關鍵基礎設施韌性，並免於各式入侵、恐怖主義與緊急事件的危害；第二是「交往」（Engage），藉由「前進部署」（Forward Deployment）確保英國的影響力、嚇阻對手並取信盟友；第三則是「限制」（Constrain），在必要時使用武力，使盟友能做出攻擊性的行動並限制對手的選擇。在這些手段都無效之後，方進入「作戰」的階段。在策略上，《整合行動概念》強調「整合」的概念，包含多領域的整合、國家各部門與機構的整合，國際盟友與夥伴之間的整合，並特別注重資訊能力與優勢。

　　《整合行動概念》影響《整合總檢討》，使後者強調多領域作戰的整合，以及防衛、外交與發展等不同部會的整合。在這兩份文件的指導下，《競爭時代的防務》沿著整合的邏輯探討英國未來的戰場情境、威脅、能力發展與兵力結構；《防衛與安全產業戰略》則提出英國發展國防產業以使軍事部門具備所需資源與裝備的途徑。

　　《整合總檢討》公布後，英國先是面臨 2021 年 8 月間倉促撤離阿富汗的窘境，其後自 2022 年 2 月起，復面臨俄國入侵烏克蘭的威脅。前者彰顯英國在面對危機時的規劃與執行能力，後者則顯示傳統戰車與火砲在當代戰爭中仍有一席之地，英國強調以科技與創新因應威脅的做法，可

48　Ministry of Defence, United Kingdom, *Integrated Operating Concept* (London: Ministry of Defence, August 2021), https://tinyurl.com/2v8pvzh2; Government of the United Kingdom, *Defence and Security Industrial Strategy* (London: HM Government, March 2021), https://tinyurl.com/3axyykzj.

能不切實際，或至少在投資與發展新能力之前恐將面臨一段空窗期。對此，英國國防部大抵認為《整合總檢討》關切「歐洲—大西洋」地區情勢，並視俄國為「嚴峻挑戰」的基本假設無誤。這引起下議院國防委員會（Defence Committee）的質疑，呼籲政府重新檢視《整合總檢討》與《競爭時代的防務》。[49] 2022 年 9 月 21 日，英國首相官邸發布新聞稿，稱時任首相特拉斯（Liz Truss）已指示更新《整合總檢討》，預計於該年底提出。[50] 同年 10 月蘇納克（Rishi Sunak）繼任首相後，延續該報告的檢討與更新。2023 年 3 月，英國政府公布《整合總檢討更新》（*Integrated Review Refresh*）。該報告大致延續《整合總檢討》的基本看法，強調在俄烏戰爭以及中國以各式國家手段企圖實現全球支配地位的脈絡下，《整合總檢討》對於全球權力分配的轉變、國家間關於國際秩序本質的系統性競爭、科技的變遷，以及跨國挑戰的惡化等趨勢之判斷是正確的，僅這些發展的速度較預期更快速。爰此，英國的核心利益除了主權、安全與繁榮外，亦新增「開放與穩定的國際秩序」此一更高的目標。其具體策略則有四，包含形塑國際環境；跨越各領域的嚇阻、防衛與競爭；透過韌性應處脆弱性；以及產製戰略利益。[51] 總的來說，執政的保守黨大體肯定此份報告，反對黨的保留意見則集中於英國國防預算不足以支撐《整合總檢討》揭櫫的各項能力發展，以及在俄烏戰爭的脈絡下，英國是否應將焦點自印太地區稍加轉向歐洲—大西洋地區。[52]

---

49 House of Commons Defence Committee, "The Integrated Review, Defence in a Competitive Age and the Defence and Security Industrial Strategy: Second Report of Session 2022-23," July 2022, https://tinyurl.com/4brv5nhd.

50 Government of the United Kingdom, "Prime Minister to Tell UN General Assembly: I will Lead a New Britain for a New Era," *GOV.UK*, September 21, 2022, https://tinyurl.com/2p8xxc26.

51 Cabinet Office, United Kingdom, *Integrated Review Refresh 2023: Responding to A More Contested and Volatile World* (London: Cabinet Office, 2023), https://tinyurl.com/nhm2c2uy.

52 Louisa Brooke-Holland, et al., "The Integrated Review Refresh 2023: What Has Changed Since 2021?" House of Commons Library Briefing Paper, No. 9750 (March 15, 2023), https://tinyurl.com/33zjjw75.

陸、英國國防戰略的特色與限制

從前揭三份報告的論述來看，當代英國的國防戰略具有幾項特色。

一、試圖「越級挑戰」的中型國家

《整合總檢討》公布後，英國內部的討論往往著重該報告揭櫫的「全球英國」（Global Britain）概念，意味脫歐後的英國更有追求全球利益的自由。惟從 2010 年以降的國防報告書來看，英國在安全與防務上著重對國際事務的參與及塑造，實是一貫的主張。2008 年的《國家安全戰略》認為英國應著眼於解決問題的根源，例如以發展援助協助第三世界國家的貧窮問題，以便減少恐怖主義與跨國犯罪發生的機率；2010 年的《戰略防衛與安全總檢討》稱國家安全的目標之一，是形塑一個穩定的世界，使問題在萌芽之初即獲解決；2015 年的《國家安全戰略暨戰略防衛與安全檢討》將「投射全球影響力」列為國家安全目標之二；2021 年的《整合總檢討》進一步主張除了捍衛既有秩序，更需積極參與未來秩序與規範的打造。這些在在顯示，英國的國家安全觀並不侷限於自身的安全與防護，而是將自身的價值、觀點與利益，視為全球秩序與利益的一環，英國由此身負領導的角色。[53]

此一主張理所當然引起當前英國是否具有主導全球秩序、價值與利益的能力之辯。此一辯論常以拳擊比賽為譬喻，討論英國是否「越級挑戰」（Punching Above Her Weight），亦即挑戰實力更高一層的對手。此語出自 1992 年時任外相赫德（Douglas Hurd）以此形容英國可在國際事務發揮較之國力更大的影響力，但也顯示英國並不甘於失去曾經身為強權的特質。[54] 亦有論者主張早在 1962 年時任美國國務卿艾奇遜（Dean

53 Jonathan Gilmore, "The Uncertain Merger of Values and Interests in UK Foreign Policy," in Timothy Edmunds, Jamie Gaskarth and Robin Porter (eds.), *British Foreign Policy and the National Interest: Identity, Strategy and Security* (Basingstoke: Palgrave Macmillan, 2014), pp. 23-41.
54 Michael Harvey, "Perspectives on the UK's Place in the World," *Chatham House*, December 2011, https://tinyurl.com/2p8nah7r.

Acheson）「英國已失去帝國，但尚未找到一個角色」（Great Britain has lost an empire but not yet found a role）一語，已捕捉二次世界大戰以後英國在自我定位上的兩難。[55]

　　就本文回顧的三份報告來說，《整合總檢討》對英國的定位最能彰顯此一困境。該報告在勾勒首相對 2030 年的願景時，評估英國的外交、軍事及安全與情報部門「就其大小來說」是世上最創新與有效率者；在說明其戰略架構時，稱英國無法獨自實現這些目標，與盟友的集體行動與共同創造至關重要，而英國在享有獨特或顯著優勢之處可「以身作則」，在其他領域則扮演支持的角色；在描繪未來的政經趨勢時，則強調強權競爭的激化不太可能回到冷戰時期的兩大陣營，中型國家（Middle Power）在 2020 年代的重要性可望提升，特別是它們相互合作時。[56] 這些顯示英國承認其是中型國家，各項國力指標雖仍處領先，但遠遜美中。另一方面，《整合總檢討》亦反映英國作為世界強權的慾望，如稱之為「軟實力的超強」、「世上第三強大的網路強權，在防衛、情報、規範與攻擊能力上名列前茅」，以及「在 2030 年將成為科技超強」等。[57]

二、廣義與整合的國家安全觀

　　英國國家安全觀的特色，是採取相對廣義的定義。在一定程度上，這反映國際安全在研究與政策上的發展，讓安全指涉的對象由傳統的「國家」延伸至社會、市場、認同與價值，乃至個人。[58] 但另一方面，這也是英國「越級挑戰」的邏輯延伸。蓋對一個中型國家而言，除了核武之外，其難在傳統軍事武力上與強權競爭，也因此不易藉此在國際事務發揮影響力。一國在外交、經貿、援助與制度等方面的優勢，乃成為槓桿。英國自

55　Dean Acheson, "Britain's Role in World," *The Guardian*, December 6, 1962, https://tinyurl.com/mrxvsazk.

56　Cabinet Office, *Global Britain in a Competitive Age*, pp. 7, 19, 21.

57　*Ibid.*, pp. 4, 7, 9, 49.

58　Cf. Barry Buzan, Ole Waever, and Jaap de Wilde, *Security: A New Framework* (Boulder, CO.: Lynne Rienner, 1998).

2010 年以來，逐漸擴展國防報告書對國家安全與軍事事務的範疇，其中
2020 年《整合行動概念》強調在作戰領域、國家機構與國際等三個層次的
整合，2021 年的《整合總檢討》亦整合國防、外交與發展，體現此一趨
勢。

　　採取廣義安全觀衍生的問題，是容易導致國家做出太多承諾，從而缺
少明確的排序，甚至引發究竟「有無戰略」或「戰略」為何的爭議。如前
所述，2009 至 2012 年間英國國會曾探討英國是否仍有「大戰略」。其後
此一議題不了了之，但在英國自阿富汗撤軍與俄烏戰爭的脈絡下，《整合
總檢討》是否適切的爭論再次被提起。英國下議院國防委員會在《整合總
檢討》出版前公布的一份報告，主張國防報告書應回答下列問題：[59]

第一，英國面臨哪些威脅與風險？

第二，該國的優先順序（Priorities）為何？

第三，為實現它們，英國需要什麼？

第四，該國既有與尚不足的能力為何？

　　在這四個問題中，《整合總檢討》大致回答第一個問題。《競爭時
代的防務》則回答第三個問題，列出在日趨複雜的戰略環境下，英軍需要
的能力與調適之處。該份報告亦部分回答第四個問題，說明英國國防部擬
投資與裁減的能力，但未觸及如果這些無法實現，英軍將面臨的挑戰與不
足。爰此，第二個問題尚未獲得妥適的回應。這也導致《整合總檢討》被
部分人士批評為承諾過多，而有目標與資源無法對應的問題。論者即認
為，《整合總檢討》宣示投入各項安全議題以及強化英國在印太、非洲與
中東各地區的存在，但未有檢討或縮減既有政策的明確主張，因此有過度
承諾之虞。[60]

　　此外，就國防資源來說，英國國防部自 2012 年起每年出版《軍備計
畫》（Equipment Plan），從預算的角度評估其使用中的武器裝備、未來

---

59 House of Commons Defence Committee, "The Integrated Review, Defence in a Competitive Age and the Defence and Security Industrial Strategy," pp. 4-5.

60 Jack Watling, "The Integrated Review: Can the UK Avoid Being Overcommitted?" *Royal United Services Institute (RUSI)*, March 19, 2021, https://tinyurl.com/23kp864c.

十年擬投資的項目，和其他支援計畫。然而，英國國家審計署（National Audit Office）指出《軍備計畫》已連續四年在財政上無法負擔，且預算不足的問題逐年擴大。這導致國防部往往聚焦於短期的財政管理並推遲相關計畫的開支，進一步促成更高的成本與更大的財政缺口。強生雖於 2020年 11 月 19 日宣布在未來四年增加 165 億英鎊（約 230 億美元）的國防支出，但僅約略可補足國防部潛在的 170 億英鎊之缺口。國防部因此須權衡既有的優先項目與《整合總檢討》提出的新領域。[61]

三、協同盟友與夥伴的集體力量

論者曾指，英國雖然在 1945 至 1989 年間未提出正式的安全政策，但歐洲（而非大英國協與帝國）實是其防衛政策的焦點。此時期英國的政策立基於四個彼此相關的假設，分別是蘇聯的敵意、英美的「特殊關係」、北約的維繫，以及創造並維持獨立的核嚇阻能力，它們並環繞在歐洲的均勢（Balance of Power）。[62] 就表面來看，英國當前似仍維持這些假設。2014 年俄國兼併烏克蘭之克里米亞之後，2015 年的《國家安全戰略暨戰略防衛與安全檢討》重新關切來自國家行為者的威脅，並以俄國為最；2021 年的《整合總檢討》則稱俄國為「嚴峻的威脅」。此外，這三份報告皆強調英國需具備單獨行動以及與友盟共同行動的能力。2010 年的《戰略防衛與安全總檢討》稱透過北約而來的集體安全，是英國領土防衛、歐洲近鄰的穩定以及對外推動安全與繁榮的歐盟之基礎，美國則是特別重要的盟國。[63] 2015 年的《國家安全戰略暨戰略防衛與安全檢討》指英國與美

---

61 National Audit Office, United Kingdom, "Report – The Equipment Plan 2020-2030," January 12, 2021, pp. 8, 12, https://tinyurl.com/4lqel7sb; "UK to Shift Foreign Policy Focus Following Review," *BBC News*, March 16, 2021, https://tinyurl.com/4rwyzaj3. 引自李俊毅，〈英國《整合總檢討》的國防與外交走向及其限制〉。

62 Andrew Dorman, "Reconciling Britain to Europe in the Next Millennium: The Evolution of British Defense Policy in the Post-Cold War Era," *Defense Analysis*, Vol. 17, No. 2 (2001), p. 188.

63 Cabinet Office, *Securing Britain in an Age of Uncertainty: The Strategic Defence and Security Review*, p. 12.

國的特殊關係攸關前者的國家安全。此一特殊關係建立在共享的價值與雙方特別密切的防衛、外交、安全與情報合作，並透過北約與「五眼聯盟」（Five Eyes）進一步放大。[64] 2021 年的《整合總檢討》則重申北約是「歐洲─大西洋」地區集體安全的基礎，與美國則是最重要的雙邊關係。[65] 這三份報告亦高度重視英國的核嚇阻能力，《整合總檢討》甚至欲增加核子彈頭的數量。

　　當代英國的國防戰略無疑十分重視與友盟的合作。對於欲「越級挑戰」的中型國家來說，和盟友協同投射軍力，或透過國際組織發揮影響力，亦是合理的選項。然而，儘管英國大致維持這四個假設，但其目的已非維持歐洲的均勢。首先，在廣義的安全觀下，英國維繫或形塑國際秩序的努力無法僅憑一己之力，因此需要友盟合作；歐盟、北約及其成員國則是主要的支持來源。這意味當代英國不再採取 18、19 世紀的「離岸平衡」（Off-Shore Balancing）策略，透過不斷調整的結盟政策創造與維繫歐陸的均勢，從而使英國可追求全球的經貿利益。[66] 與此相對，當代的英國更像是和理念相近的友盟合作以因應各式安全威脅。

　　其次，英國脫歐後，進一步失去在體制內影響歐盟決策的管道。《整合總檢討》僅略以原則性的宣示重申與歐盟的關係，反映其尚未準備好面對此一重要但困難的議題。在此情勢下，英國可能利用其擁有核武、國防支出占 GDP 2.2% 且為北約歐洲成員之冠，以及北約與歐盟成員國多有重疊之事實，藉前者影響後者。惟面對由德國與法國主導的歐盟，其欲透過北約改變其他歐盟成員國之行為，並不容易。[67] 這也意味即便英國有意重拾「離岸平衡」的策略，當前歐陸的制度設計亦增添其操作的困難。就此而言，若說歷史上的英國往往擺盪在美國與歐陸之間，則當前這兩個選項

64　Cabinet Office, *National Security Strategy and Strategic Defence and Security Review 2015*, p. 14.

65　Cabinet Office, *Global Britain in a Competitive Age*, pp. 18, 20.

66　Andrew Dorman, "Reconciling Britain to Europe in the Next Millennium," p. 187.

67　Cf. Patrick McAllister, "NATO and the EU: What Does Brexit Mean for The UK's Position in European Security?" *Global Risk Insights*, March 9, 2021, https://tinyurl.com/3vbyh485; Paul O'Neill, "The UK's Integrated Review: Seeing Through a Glass Darkly," *Royal United Services Institute (RUSI)*, March 18, 2021, https://tinyurl.com/4whkx5f8.

似不構成選擇的困境。美國是英國最重要的盟友，歐洲國家則是英國可選擇合作的對象，但主導權未必在英國手上。

柒、結語

本文探討英國的國防戰略。第二次世界大戰結束以來，英國逐漸制度化其國防戰略報告書與／或國家安全戰略文件的做法，並以 2010 年的變革為分水嶺。在那之後，英國以約五年的頻率公布相關報告，內容則從國防走向國家安全，強調國防、外交與發展援助在實現國家安全目標的互補功能。就此而言，英國並無獨立或明確的國防戰略，而毋寧是在一套日益廣泛的國家安全觀下，定義軍事部門的角色、能力與結構。

本文回顧英國自 2010 年以來的三份主要國防與國家安全報告，爬梳其對國家安全的論述，再從中析論各時期的英國政府對軍事安全與武力使用的思考。本文發現，英國看待國家安全的方式，反映其在現實上身為「中型國家」，但仍在一定程度上緬懷過往帝國榮光的兩難，因此其對國家安全採取寬廣的定義，認為英國不只需抵禦或應對各式軍事與非軍事的威脅，更需積極參與國際事務，塑造一個有利的國際秩序。這導致英國的國家安全觀充斥著對全球利益的想像。由此而來的問題，是英國往往有過度承諾之虞，亦即宣示其在許多地區與議題的存在，但未必有相應的資源與能力支持。

在此安全觀下，英國對使用軍事武力的思考有幾項要點。第一，軍事武力的基本功能是確保國家安全與領土主權完整，在這方面，英國與其他國家無異，惟鑑於其處於相對安全的環境，相關報告的著墨相對較少。第二，英國相當重視其核嚇阻的能力。這使其有別於法國之外的其他歐洲國家，而得以宣示其對歐洲安全的貢獻。第三，身為一個試圖「越級挑戰」的中型國家，英國強調透過盟友與夥伴，特別是美國與北約，發揮軍事影響力。

由此觀之，英國在軍事能力的發展上，或將受到經濟成長與財政的限制，但「越級挑戰」並在全球事務扮演重要角色的想望，仍將使其以外

交、援外、聯合軍事演習等方式，投入印太地區的事務。對臺灣來說，主張臺海的和平與穩定是全球秩序的一環，從而符合英國（與其他國家）的利益，是爭取英國持續關心區域事務的基礎。但如何令英國充分發揮其軍事、外交與情報等方面的優勢，做法上仍待更細緻的考量。

參考文獻

一、中文部分

李俊毅，〈英國《整合總檢討》的國防與外交走向及其限制〉，《國防安全雙週報》，第 25 期（2021 年 4 月 1 日），https://tinyurl.com/3e8zs8fd。

二、外文部分

"UK to Shift Foreign Policy Focus Following Review," *BBC News*, March 16, 2021, https://tinyurl.com/4rwyzaj3.

Acheson, Dean, "Britain's Role in World," *The Guardian*, December 6, 1962, https://tinyurl.com/mrxvsazk.

Blinken, Antony J., "A Foreign Policy for the American People," *U.S. Department of State*, March 3, 2021, https://tinyurl.com/cpa495hx.

Brooke-Holland, Louisa, et al., "The Integrated Review Refresh 2023: What Has Changed Since 2021?" House of Commons Library Briefing Paper, No. 9750 (March 15, 2023), https://tinyurl.com/33zjjw75.

Buzan, Barry, Ole Waever, and Jaap de Wilde, *Security: A New Framework* (Boulder, CO.: Lynne Rienner, 1998).

Cabinet Office, United Kingdom, *The National Security Strategy of the United Kingdom: Security in an Interdependent World* (London: Cabinet Office, March 2008), https://tinyurl.com/3vcukjb6.

Cabinet Office, United Kingdom, *The National Security Strategy of the United Kingdom: Update 2009-Security for the Next Generation* (London: Cabinet Office, June 2009), https://tinyurl.com/2cs8vcex.

Cabinet Office, United Kingdom, *Securing Britain in an Age of Uncertainty: The Strategic Defence and Security Review* (London: Cabinet Office, October 2010), https://tinyurl.com/t72pnkxb.

Cabinet Office, United Kingdom, *National Security Strategy and Strategic Defence and Security Review 2015: A Secure and Prosperous United Kingdom* (London: Cabinet Office, November 2015), https://tinyurl.com/2p8nv3pv.

Cabinet Office, United Kingdom, *Global Britain in a Competitive Age: Integrated Review of Security, Defence, Development and Foreign Policy* (London: Cabinet Office, March 2021), https://tinyurl.com/arcfhvpr.

Cabinet Office, United Kingdom, *Integrated Review Refresh 2023: Responding to A More Contested and Volatile World* (London: Cabinet Office, March 2023), https://tinyurl.com/nhm2c2uy.

Corbett, Julian Stafford, *Some Principles of Maritime Strategy* (Longmans: Green & Co., 1911), E-text from Project Gutenberg, https://tinyurl.com/ycjb2rku.

Dorman, Andrew, "Reconciling Britain to Europe in the Next Millennium: The Evolution of British Defense Policy in the Post-Cold War Era," *Defense Analysis*, Vol. 17, No. 2 (2001), pp. 187-202.

Dorman, Andrew, "United Kingdom," in Hugo Meijer and Marco Wyss (eds.), *The Handbook of European Defence Policies and Armed Forces* (Oxford: Oxford University Press, 2018).

Foreign Affairs Committee, House of Commons, "Government Refuses to Declare Atrocities in Xinjiang a Genocide," House of Commons, November 14, 2021, https://tinyurl.com/mthmpsk8.

Fuller, J. F. C., *The Reformation of War* (London: Hutchinson & co., 1923).

Garland, David, "What Is a 'History of the Present'? On Foucault's Genealogies and their Critical Preconditions," *Punishment & Society*, Vol. 16, No. 4 (2014), pp. 365-384.

Gilmore, Jonathan, "The Uncertain Merger of Values and Interests in UK Foreign Policy," in Timothy Edmunds, Jamie Gaskarth, and Robin Porter (eds.), *British Foreign Policy and the National Interest: Identity, Strategy and Security* (Basingstoke: Palgrave Macmillan, 2014), pp. 23-41.

Government of the United Kingdom, *Defence and Security Industrial Strategy* (London: HM Government, March 2021), https://tinyurl.com/3axyykzj.

Government of the United Kingdom, "Prime Minister to Tell UN General Assembly: I Will Lead a New Britain for a New Era," *GOV.UK*, September 21, 2022, https://tinyurl.com/2p8xxc26.

Harvey, Michael, "Perspectives on the UK's Place in the World," *Chatham House*, December 2011, https://tinyurl.com/2p8nah7r.

Hopkins, Nick, "UK's Eight-Year Military Presence in Iraq to End on Sunday," *The Guardian*, May 18, 2011, https://tinyurl.com/yc65xtpr.

House of Commons Defence Committee, "The Integrated Review, Defence in a Competitive Age and the Defence and Security Industrial Strategy: Second Report of Session 2022-23," July 2022, https://tinyurl.com/4brv5nhd.

House of Commons Public Administration Select Committee, "Who Does UK National Strategy? Further Report," *House of Commons*, January 28, 2011, https://tinyurl.com/nhcdjcka.

Keep, Matthew, "The Budget Deficit: A Short Guide," House of Commons Library Research Briefing, No. CBP-6167 (April 22, 2022), https://tinyurl.com/3ja4mhv3.

Liddell Hart, Basil Henry, *Strategy: The Indirect Approach*, 4th ed. (London: Faber, 1967).

Macmillan, Alan, "Strategic Culture and National Ways in Warfare: The British Case," *The RUSI Journal*, Vol. 140, No. 5 (1995), pp. 33-38.

McAllister, Patrick, "NATO and the EU: What Does Brexit Mean for The UK's Position in European Security?" *Global Risk Insights*, March 9, 2021, https://tinyurl.com/3vbyh485.

Mills, Claire, Louisa Brooke-Holland, and Nigel Walker, "A Brief Guide to Previous British Defence Reviews," House of Commons Library Briefing Paper, No. 07313 (February 26, 2020), https://tinyurl.com/2pr7w3nv.

Ministry of Defence, United Kingdom, "Dreadnought Submarine Programme: Factsheet," *GOV.UK*, March 16, 2021, https://tinyurl.com/329mjpec.

Ministry of Defence, United Kingdom, *Defence in a Competitive Age* (London: Ministry of Defence, March 2021), https://tinyurl.com/2rba5ejk.

Ministry of Defence, United Kingdom, *Integrated Operating Concept* (London: Ministry of Defence, August 2021), https://tinyurl.com/2v8pvzh2.

National Audit Office, United Kingdom, "Report – The Equipment Plan 2020-2030" (January 12, 2021), pp. 8, 12, https://tinyurl.com/4lqel7sb.

O'Neill, Paul, "The UK's Integrated Review: Seeing Through a Glass Darkly," Royal United Services Institute (RUSI), March 18, 2021, https://tinyurl.com/4whkx5f8.

Piper, Elizabeth, "UK Parliament Declares Genocide in China's Xinjiang; Beijing Condemns Move," *Reuters*, April 23, 2021, https://tinyurl.com/4hezmn55.

Sondhaus, Lawrence, *Strategic Culture and Ways of War* (Abingdon: Routledge, 2006).

Strachan, Hew, *The Direction of War: Contemporary Strategy in Historical Perspective* (Cambridge: Cambridge University Press, 2013).

Thomson, Catarina P. and David Blagden, "A Very British National Security State: Formal and Informal Institutions in the Design of UK Security Policy," *The British Journal of Politics and International Relations*, Vol. 20, No. 3 (2018), pp. 573-593.

Walker, Nigel, "Brexit Timeline: Events Leading to the UK's Exit from the European Union," House of Commons Library Briefing Paper, No. 7960 (January 6, 2021), https://tinyurl.com/2p96wtpm.

Walker, Nigel, "Integrated Review of Security, Defence, Development and Foreign Policy: House of Commons Chamber Tuesday 9 February 2021 Backbench Business Cttee debate," House of Commons Library Debate Pack, No. CDP 0019 (February 8, 2021), https://tinyurl.com/b48tvjev.

Watling, Jack, "The Integrated Review: Can the UK Avoid Being Overcommitted?" Royal United Services Institute (RUSI), March 19, 2021, https://tinyurl.com/23kp864c.

第三章　美國的國防戰略：兼論拜登政府的國防戰略 *

陳亮智

壹、前言

　　美國的國防思維及其戰略與它所處的「戰略環境」（Strategic Environment）息息相關。簡而言之，現今美國的國防戰略主要是在於回應兩大安全威脅對象的挑戰 ——「修正主義者強權」（Revisionist Powers）與「流氓國家」（Rogue Regimes）。前者主要是中國與俄羅斯，後者則是北韓與伊朗。相較於北韓與伊朗此兩區域強權主要是以核子武器與恐怖攻擊為手段的挑戰，中國與俄羅斯兩者一方面既是超越傳統區域強權的角色，轉而成為全球性的強權，它們另一方面也運用各種綜合軍事、政治、外交、經濟、文化、科技、網路與媒體輿論的方式，試圖入侵、危害與擊敗美國及其他民主國家的政經體制，進而取代華盛頓在世界各個領域的領導地位，重新改寫第二次世界大戰結束以來的自由開放國際秩序。而中國則是當中最具有企圖心，同時也最有經濟、外交、軍事與科技實力挑戰現有國際體系的國家。[1]

　　基本上，上述的戰略環境是不斷地隨著時間推移與國際局勢而變化。如今華盛頓所面臨的戰略環境相當嚴峻，其與主要競爭對手中國之間的對

---

* 本文部分內容曾發表於陳亮智，〈美國的國防戰略思維：兼論拜登政府的國防戰略〉，《國防情勢特刊》，第 11 期（2021 年 8 月 26 日），頁 31-41。

1　Antony J. Blinken, "A Foreign Policy for the American People," *Department of State*, March 3, 2021, https://www.state.gov/a-foreign-policy-for-the-american-people/; The White House, *Interim National Security Strategic Guidance* (March 3, 2021), p. 20, https://www.whitehouse.gov/wp-content/uploads/2021/03/NSC-1v2.pdf; The White House, *National Security Strategy* (October 2022), pp. 23-25, https://www.whitehouse.gov/wp-content/uploads/2022/10/Biden-Harris-Administrations-National-Security-Strategy-10.2022.pdf. 相對於小布希總統（George.W. Bush）時期著重在反恐戰爭，美國在歐巴馬（Barack Obama）時期逐漸將重心轉移至應對中國崛起的挑戰。川普（Donald Trump）總統及接續的拜登（Joe Biden）總統則是將重心放置於上述修正主義者強權的挑戰。

抗變得更為升高與全面。於是當今美國的國防戰略即是在於回應上述戰略環境的威脅與挑戰。爆發於 2022 年 2 月下旬的俄烏戰爭可謂是上述戰略環境變得更為惡化與險峻的呈現。俄烏戰爭的發生，衝擊了原來拜登政府預計在 2022 年上半年公布美國《國家安全戰略》（*National Security Strategy*, NSS）與《國防戰略》（*National Defense Strategy*, NDS）兩份報告的規劃。在歷經八個月的戰事發展與情勢重新評估之後，2022 年 10 月，拜登政府終於發布新的《國家安全戰略》與《國防戰略》報告。沒有意外地，兩份報告均再次強調美中戰略競爭是重中之重，中國是美國最具威脅性的對手。當然，有關俄羅斯所造成的國際安全衝擊，以及中俄戰略夥伴聯手對世界局勢形成的影響，兩份報告也有新的著墨。

在此脈絡之下，本文依序討論美國的國防戰略之環境、目標與策略，並依據美國戰略體系與戰略環境推論拜登政府的國防戰略，並以 2022 年《國家安全戰略》與《國防戰略》兩份報告作為佐證之文本，觀察在中國軍事威脅與俄烏戰爭發展之下的美國國防戰略。最後則是在結語的部分展望未來美國的國防戰略。

貳、美國的國防戰略與國家安全

在論及美國的「國防戰略」之前，有必要釐清美國的「國家安全戰略」體系，並在此中界定「國防戰略」與「國家安全戰略」的關係，如此一方面才可瞭解美國的國家安全戰略是如何指導與引導該國的國防戰略，另一方面則是美國的國防戰略是又如何配合並實踐其國家安全戰略。

一、美國國家安全戰略

首先，根據美國國防部「歷史辦公室」（Historical Office）的說明，「國家安全戰略」是指「國家運用各個層面的力量以達成國家的安全目標」（Proposed uses of all facets of U.S. power needed to achieve the nation's security goals）；而美國的「國家安全戰略」報告是要國家以必須的軍事

力量來嚇阻對美國所產生的威脅，同時也實踐美國的安全計畫；因此「國家安全戰略」報告關注的是美國的國際利益（International Interests）、承諾（Commitments）、目標（Objectives）與政策（Policies）。[2] 從 1986 年雷根（Ronald Reagan）總統開始，幾乎歷任的美國總統都會在任內公布其政府所屬的《國家安全戰略》報告，針對上述四項勾勒該政府實現美國國家安全的計畫，[3] 而軍事通常是履行保護美國安全與利益的重要手段。再根據《軍事與相關術語字典》（Dictionary of Military and Associated Terms）當中的定義，「國家安全戰略」係指發展、運用及協調以國家力量為工具而達成國家安全之目標的一項藝術與科學，而工具本身包括政治、外交、經濟、軍事、科技與資訊等手段（方式）。[4] 有關「國家安全戰略」的概念，其有時候亦被稱為「國家戰略」（National Strategy），有時候則被稱為「大戰略」（Grand Strategy）。據此而延伸，由於國家安全是屬於一個「一般性」與「闊廣的」概念，其綜合著美國國家在政治、外交、經濟、軍事、文化、科技、衛生、環境等議題上的安全與利益，因此若是有所謂的「國防戰略」，則自然亦是有其他的「經濟戰略」、「文化戰略」與「科技戰略」等。

二、美國國防戰略

其次，「國防戰略」則是指用以建立達成若干軍事計畫之目標的架構（Framework），包括：兵力結構（Force Structure）、軍力現代化（Force Modernization）、業務過程（Business Process）、支撐的基礎建設（Supporting Infrastructure）及所需的資源（Required Sources）等。在「國防戰略」底下，「軍事戰略」（Military Strategy）則受其指導而規劃國家

---

2 "Historical Office," *Office of the Secretary of Defense*, https://history.defense.gov/Historical-Sources/National-Security-Strategy/.

3 常漢青，〈解構與建構中華民國與美國的戰略體系〉，《國防雜誌》，第 35 卷第 2 期（2020 年 6 月），頁 9。

4 "National Security Strategy," *Free Dictionary*, https://www.thefreedictionary.com/national+security+strategy.

的軍事應變計畫、軍力部署及情報蒐集分析等。[5] 從以上的定義看來，我們可以發現，「國家安全戰略」是一個更高階與更宏觀的概念，其所關乎的是國家的利益與目標，而安全則是當中的核心關鍵，其所運用的工具或策略包括政治、外交、經濟、軍事、資訊、科技與文化等方式。相對地，「國防戰略」則是一個較低階與較微觀的概念，是側重在「軍事」層面之計畫與目標上。整體來說，「國防戰略」是「國家安全戰略」中的一部分，但因為其本身與「安全」或「國家安全」關係密切，因此「國防戰略」或是「軍事安全」常常又成為「國家安全戰略」的重中之重。基本上，「國防戰略」經常是支持與實踐「國家安全戰略」的重要關鍵與工具。

在國防軍事的面向上，美國「國家安全戰略—國防戰略—軍事戰略」的體系與架構是十分地完整、清楚，各個層級有其定位、功能與職司。首先，由白宮主掌「國家安全戰略」部分，規劃實踐國家安全、利益與目標的原則與方針；其次，由國防部主掌「國防戰略」部分，負責規劃國家的整體防衛政策；再次，由參謀首長聯席會議主管「軍事戰略」部分，接受國防戰略的指導而制定軍事訓練與行動計畫（參照圖 3-1）。

以 2000 年初期的美國「國家安全戰略」與「國防戰略」為例，由於當時美國遭遇 911 恐怖攻擊，因此美國是以「反恐戰爭」（Anti-Terrorism War）與「政權變遷」（Regime Change）作為對外政策的核心，總體的「國家安全戰略」與「國防戰略」是側重在對抗宗教與意識形態極端主義所發動的恐怖攻擊活動，強調極端主義暴力團體（例如：蓋達組織）及非正規（Irregular）、非傳統（Unconventional）與「大規模毀滅性武器」（Weapon of Mass Destruction, WMD）對美國及國際社會的安全威脅。在此一時期的美國《國家安全戰略》與《國防戰略》文件中多強調上述幾項議題，相對於現今所側重的地緣政治議題，即中國與俄羅斯兩個主要威權主義修正者強權對美國與國際秩序所構成的挑戰，現今的《國家安全戰略》與《國防

5　"National Defense Strategy," *National Security Strategy Archive*, https://nssarchive.us/national-defense-strategy/.

國家安全戰略（國家戰略、大戰略）

定義一：國家運用各個層面的力量以達成國家的安全目標。
定義二：發展、運用、協調以國家力量為工具而達成國家安全之目標的一
　　　　項藝術與科學。
關注目標：美國的國際利益、承諾、目標、政策。
手段工具：政治、外交、經濟、軍事、科技、資訊。
文件依據：《國家安全戰略》報告。

指導　　支持

國防戰略

定義：用以建立達成若干軍事計畫之目標的架構。
包含項目：兵力結構、軍力現代化、業務過程、基礎建設、所需資源。
文件依據：《國防戰略》報告。

指導　　支持

軍事戰略

定義：規劃軍事應變計畫、軍力部署、情報蒐集分析等。
文件依據：《國家軍事戰略描述》報告。

圖 3-1　美國「國家安全戰略」與「國防戰略」之關係架構

資料來源：筆者自行繪製。

戰略》報告則未對國際恐怖攻擊行動及大規模毀滅性武器等議題進行大篇
幅的著墨。

　　此外，該時期的美國「國家安全戰略」另有一個重要的思維是對中東
的極端宗教與意識形態組織，以及支助極端主義與恐怖攻擊的國家，進行
政權上的轉變，也就是將其（或協助其）蛻變成為民主政體與民主國家。
此一時期的美國認為，唯有進行政權上的改變並將其轉換成民主政體，則
一方面民主政權不會支助也不會滋生極端主義與恐怖行動，另一方面是如
果愈多民主國家產生，則促進區域和平與世界和平的機會愈大。從這個角

度而言，此時的美國「國家安全戰略」與外交政策是採行政治學國際關係理論中的「民主和平理論」（Theory of Democratic Peace），並且努力實踐「民主擴大」（Democratic Enlargement）與「民主拓展」（Democratic Promotion）。就此而論，「國家安全戰略」確實是一個相對高階與宏觀的概念與政策架構（包括：政治、外交、經濟援助、反恐戰爭與文化建設等），而「國防戰略」則是其中的一環，是支持與實踐該「國家安全戰略」與外交政策的重要工具。

參、美國的國防戰略思維：戰略環境、國防目標與戰略途徑

有關美國國防戰略的介紹與敘述，美國國防部歷年出版的《國家防衛戰略》（*National Defense Strategy*），以下簡稱《國防戰略》）可謂是最具權威性的代表文件。從第二次世界大戰結束以來，在歷經《國防部年度報告》（*Annual Defense Department Report*）、《國會年度報告》（*Annual Report to the Congress*）及《總統與國會年度報告》（*Annual Report to the President and the Congress*）等各式名稱的國防報告書之後，[6] 五角大廈於2005年開始公布《國防戰略》，其後則分別在2008、2018與2022年出版過此戰略報告，並於2019年6月1日公布極為特別的《印太戰略報告》（*Indo-Pacific Strategy Report*）。[7]

而有關近期美國國防戰略的思維，從《國防戰略》（2005、2008、2018、2022）與《印太戰略報告》（2019、2022）當中我們發現，美國國防戰略的提出是透過一個簡單而清楚的步驟所完成，其建構的過程基本如下：第一，勾勒並釐清美國所處戰略的環境與安全威脅；第二，界定國家

6　常漢青，前揭文，頁6。

7　因應印太戰略的推動，美國國務院與白宮（拜登政府）亦分別於2019年11月4日與2022年2月公布它們的印太戰略報告。參見 U.S. Department of State, *A Free and Open Indo-Pacific: Advancing a Shared Vision* (November 2019), https://www.state.gov/wp-content/uploads/2019/11/Free-and-Open-Indo-Pacific-4Nov2019.pdf; The White House, *Indo-Pacific Strategy of the United States* (February 2022), https://www.whitehouse.gov/wp-content/uploads/2022/02/U.S.-Indo-Pacific-Strategy.pdf.

防衛的目標；第三，提出達成目標的途徑、策略與方法，同時也論述這些策略運用的風險與限制。換言之，美國的國防戰略思維是體現在上述三個不同的階段裡。茲就戰略環境、國防目標與戰略途徑等三個面向依序論述美國的國防戰略思維。

一、戰略環境

　　美國國防戰略的思維首先體現在華盛頓對其所處之戰略環境與安全威脅的辨識與敘述。就邏輯而論，這樣的思維模式是屬合理，因為在建構國家的整體防衛體系時，宜先就國家生存的生態環境與安全威脅來源做清楚地界定。首先，美國國防戰略始終認為其國家的防衛力量是在於支持美國的「國家戰略」或「國家安全戰略」，而美國的國家利益與國家安全並非是狹隘地以美國自身的安危為範疇。相對地，它是寬廣地與國際體系的「和平、自由與經濟繁榮」相互連結在一起。[8] 換言之，任何破壞、危及國際和平、自由民主、經濟繁榮的因素，都將影響美國的利益與安全，也是美國軍事力量所欲克服的對象。由此可見，美國國防戰略思維在一開始便是從其作為世界超強與全球霸權的角度出發，其所關注的焦點並非只是敵人入侵國境的議題，而是一個極為宏觀的國際秩序問題，並且這國際秩序是建立在自由主義、國際規範與國際公法之上。對照其他的強權或中等強權來說，美國的國家安全戰略與國防戰略有其極為特殊的哲學觀。[9]

　　其次，在有關安全威脅對象的界定上，美國國防戰略近幾年來出現一個十分明顯的改變 —— 即有關宗教與意識形態極端主義的恐怖攻擊與中東問題逐漸式微，取而代之的是美國與中俄兩大強權之間的大國競爭，尤其是與北京的衝突。這些議題已經成為美國與國際社會討論國際關係與安全議題的最熱門話題；五角大廈更是將如何反擊中國軍事威脅視為是現今

8　U.S. Department of Defense, *The National Defense Strategy of the United States of America* (March 2005), p. 1, https://archive.defense.gov/news/Mar2005/d20050318nds1.pdf.

9　Peter Dombrowski and Simon Reich, "The United States of America," in Thierry Balzacq, Peter Dombrowski, and Simon Reich (eds.), *Comparative Grand Strategy: A Framework and Cases* (Oxford: Oxford University Press, 2019), pp. 25-28.

美國國防戰略的優先目標。[10] 的確，在 2005 年《國防戰略》中，雖然報告仍指出美國面臨傳統的國家武力威脅，但未具體指出是中國或（與）俄羅斯的軍事威脅。其另外則是在非正規與非傳統安全問題，以及大規模毀滅性武器上著墨許多。[11] 2008 年《國防戰略》仍指出極端主義暴力（例如蓋達組織）對美國及國際社會的威脅，但報告亦論及流氓國家與崛起強權中俄兩國的軍事威脅。[12] 2018 年《國防戰略》與 2019 年《印太戰略報告》則非但將中俄軍事威脅提前置於開始，更用大量的篇幅予以描述，而宗教極端主義與恐怖主義暴力威脅則置於後，其內容則相對精簡。[13]

　　然而，在 2022 年 10 月 27 日所發布的 2022 年《國防戰略》報告當中，安全環境一節在一開始便把中國與俄羅斯的威脅列於文首，文中直指中國與俄羅斯緊密的戰略夥伴關係對區域與世界的挑戰最大。由於北京和莫斯科皆是「威權主義國家」（Authoritarianism State），它們本身強烈批判以自由主義為基礎的民主政治；同時它們也是所謂的「修正主義國家」。承接著拜登政府《國家安全戰略》與《印太戰略報告》的觀點，美國認為中俄兩國不只是在地緣政治上挑戰美國，它們也同時對美國的霸權與領導地位進行威脅，並且危害美國及其他民主國家的政治經濟制度與生活，更甚地是它們亟欲挑戰並改寫二次大戰後由美國與西方所建立的國際秩序。

---

10 Ronald O'Rourke, *Renewed Great Power Competition: Implications for Defense – Issues for Congress* (April 7, 2020), https://fas.org/sgp/crs/natsec/R43838.pdf; The White House, *National Security Strategy* (October 2022); U.S. Department of Defense, *The National Defense Strategy of the United States of America* (October 2022), pp. 4-5, https://media.defense.gov/2022/Oct/27/2003103845/-1/-1/1/2022-NATIONAL-DEFENSE-STRATEGY-NPR-MDR.PDF.

11 U.S. Department of Defense, *The National Defense Strategy of the United States of America* (March 2005), pp. 2-3.

12 U.S. Department of Defense, *National Defense Strategy* (June 2008), pp. 2-5, https://archive.defense.gov/pubs/2008NationalDefenseStrategy.pdf.

13 U.S. Department of Defense, *Summary of the National Defense Strategy of the United States of America: Shaping the American Military's Competitive Edge* (January 2018), pp. 2-3, https://dod.defense.gov/Portals/1/Documents/pubs/2018-National-Defense-Strategy-Summary.pdf; U.S. Department of Defense, *Indo-Pacific Strategy Report: Preparedness, Partnerships, and Promoting a Networked Region* (June 1, 2019), pp. 7-14, https://media.defense.gov/2019/Jul/01/2002152311/-1/-1/1/DEPARTMENT-OF-DEFENSE-INDO-PACIFIC-STRATEGY-REPORT-2019.PDF.

面對這些戰略環境的改變，華盛頓在國防戰略上必須做出相對應的調整。而俄烏戰爭的爆發便是給美國最好的範例與警惕。相對於中國威脅而論，2022 年《國防戰略》直指俄國是目前「刻不容緩的」（Acute）威脅，其不只是危及到美國的安全與利益，更是危害到美國的歐洲盟邦與夥伴。在莫斯科所做出的威脅裡，包括各式各樣的「灰色地帶」（Gray Zone）操作、認知作戰、網路與資訊攻擊、太空競爭、生化武器、長程彈道飛彈與核子武器等，這些都是當今美國國防戰略所必須面對的新課題。[14] 很明顯地，在戰略環境的認知上，2018 與 2022 年的《國防戰略》是與 2008 及 2005 年的版本有所不同。而從這些文件內容上的變化，一方面我們可以看到國際環境的遞嬗，另一方面我們也可以觀察到五角大廈對美國所處的戰略環境與安全威脅做出相對應的調整。

二、國防目標

在界定美國所處的戰略環境與主要安全威脅對象之後，美國國防戰略則具體提出其所欲達成的目標。在檢視上述四份國防戰略報告書（2005、2008、2018、2022）之後，我們發現美國在不同的時期有不同的國防戰略目標，這顯示出美國整體的軍事防衛目標並非是一成不變，而是因應不同時期的不同戰略環境與安全威脅提出不同的國防目標。在這些不同的清單當中，「保衛本土安全不受攻擊」始終是名列第一項，此當為最重要目標；而隨著挑戰愈趨嚴峻與複雜，美國國防戰略的目標也相對增多。

2005 年《國防戰略》所揭櫫的目標為（一）保護美國不受直接攻擊；（二）保障戰略介入（Strategic Access）與保持全球行動自由；（三）強化同盟與夥伴關係；（四）建立有利美國的安全條件。這四個目標相對顯得模糊，且未針對當時的主要安全威脅（恐怖攻擊活動）設定為具體的防衛目標，雖然上述的目標皆可投射到極端主義恐怖攻擊行動。[15] 然而，

---

14 U.S. Department of Defense, *The National Defense Strategy of the United States of America* (October 2022), pp. 4-5.

15 U.S. Department of Defense, *The National Defense Strategy of the United States of America* (March 2005), pp. 6-7.

2008 年《國防戰略》的目標設定便充分反映了美國對當時戰略環境的敘述，包括仍首要主張保衛美國本土安全，贏得對暴力極端主義行動的非正規長期戰爭，以及審慎面對中俄兩個崛起強權所帶來的軍事威脅等，同時也主張美國要強化嚇阻與贏得國家戰爭的能力。[16]

　　2018 年《國防戰略》則一舉列出 11 項目標，包括保衛美國本土安全（依然列為第一項）、應對中俄崛起強權的挑戰、保持美國聯合武力在全球與重要區域的優勢、權力平衡、自由與開放、保衛盟國與支持夥伴、防範大規模毀滅性武器與恐怖攻擊行動，以及國防部本身的改變與創新等。[17] 2019 年《印太戰略報告》則說明其承接 2018 年《國防戰略》的指導而將目標設定在保衛美國本土安全、保持美國在全球的優勢軍力、確保在重要區域對美國有利的權力平衡狀態，以及推進對美國安全與繁榮最具建設性的國際秩序等四項。[18] 在 2022 年《國防戰略》報告中，首先，保衛美國本土安全仍然列為首要目標，同時強調中國在多領域（Multi-Domain）的威脅已對美國本土安全造成直接或間接的影響；其次，美國要嚇阻對美國、盟國及夥伴的「戰略攻擊」（Strategic Attack）；再者，強化兩個面向的嚇阻，即中國對印太的軍事威脅以及俄羅斯對歐洲的武力威脅；最後，努力建立強韌的聯合作戰能力與防衛生態體系。[19] 因應前述戰略環境的變化，很顯然地，2022 年的美國國防戰略確實將焦點目標置於抑制中俄兩國的聯手威脅。

三、戰略途徑

　　戰略途徑是美國國防戰略思維體現在如何落實目標的策略上，屬於方法與操作層面的探討。綜觀《國防戰略》（2005、2008、2018、2022）與

16　U.S. Department of Defense, *National Defense Strategy* (June 2008), pp. 6-13.

17　U.S. Department of Defense, *Summary of the National Defense Strategy of the United States of America: Shaping the American Military's Competitive Edge* (January 2018), p. 3.

18　U.S. Department of Defense, *Indo-Pacific Strategy Report: Preparedness, Partnerships, and Promoting a Networked Region* (June 1, 2019), p. 16.

19　U.S. Department of Defense, *The National Defense Strategy of the United States of America* (October 2022), p. 7.

《印太戰略報告》（2019、2022）六份官方文件，與上述戰略環境、國防目標極為類似的是，美國國防戰略途徑亦非一成不變，而是因應不同時期的戰略環境與國防目標擬定各式的執行策略。

　　2005 年《國防戰略》提出四項達成目標的策略，包括向盟國與朋友做出保證、勸阻潛在的敵人、嚇阻侵略與反制脅迫，以及擊敗敵人。[20] 2008 年《國防戰略》則提出五項策略，包括形塑關鍵國家的選擇、避免敵人獲取並使用大規模毀滅性武器、強化與擴大同盟與夥伴關係、保障觸戰略接觸與保持全球行動自由，以及創造新的聯合能力。[21] 2018 年《國防戰略》雖只提出三項策略，包括建立一支更具致命殺傷力的武力，強化同盟關係與吸引新的夥伴國家，並且改革國防部使其有更好的表現與負擔能力，但其亦強調美國要在「戰略上是可預測的」，但是在「作戰上是不可預測的」；美國要整合政府各個部門，反制強迫與顛覆，以及提升戰鬥的心態。[22] 2019 年《印太戰略報告》則是承接 2018 年《國防戰略》的策略，並且具體落實在隨時應戰與贏得勝利的準備（Preparedness），強化與印太區域同盟及夥伴國家的夥伴關係（Partnerships），以及促進一個更具備「作業互通能力」或稱「相互操作性」（Interoperability）與協調性（Coordination）印太安全網絡。[23]

　　相較於前面的版本，2022 年《國防戰略》報告顯然並未如先前的版本逐項地列出美國國防戰略所預計採取的實踐方式，但是它在概念與理論上提出所謂的「整合性嚇阻」（Integrated Deterrence），並且以三頁有餘的篇幅論述該嚇阻戰略。這是 2022 年版本與前幾年版本最大的不同之處。之所以將「整合性嚇阻」作為美國未來國防戰略的重要基礎，其原因是五角大廈檢討了過去有關嚇阻策略的幾項疏失，包括：（一）過於被相互競爭的目標所阻礙；（二）缺乏清楚地嚇阻特定戰略競爭者；（三）

20 U.S. Department of Defense, *The National Defense Strategy of the United States of America* (March 2005), pp. 7-8.
21 U.S. Department of Defense, *National Defense Strategy* (June 2008), pp. 13-18.
22 U.S. Department of Defense, *Summary of the National Defense Strategy of the United States of America: Shaping the American Military's Competitive Edge* (January 2018), pp. 4-11.
23 U.S. Department of Defense, *Indo-Pacific Strategy Report: Preparedness, Partnerships, and Promoting a Networked Region* (June 1, 2019), pp. 17-51.

所採取的嚇阻工具本身並不恰當；（四）過度依賴「直通管道模式」（Stovepiping）而未經過嚴謹、科學、專業的分析。[24] 報告認為嚇阻的途徑必須是整合己方的所有資源，讓對方基於成本與利益的考量而自我限制，不敢輕啟攻擊行動。

　　根據上述報告，「整合性嚇阻」應該是（一）以拒止為嚇阻（Deterrence by Denial）；（二）增加自我韌性以為嚇阻（Deterrence by Resilience）；（三）藉由直接且集體的成本挹注而嚇阻（Deterrence by Direct and Collective Cost Imposition）；以及（四）在嚇阻中的資訊能力角色（Role of Information in Deterrence）等四項。[25] 除了一般性的嚇阻策略之外，報告也提出針對性的所謂「量身訂製」（Tailored）嚇阻。聚焦在特殊問題、競爭者與環境上，美國國防戰略必須協調與運用特別的嚇阻途徑。例如在針對中國威脅的部分，2022 年《國防戰略》報告主張美國必須發展新式的作戰概念，並且強化未來的作戰能力。除了持續擴大與盟國及夥伴的協力合作之外，確保科技與聯合作戰方面的優勢也是美國國防戰略的重心。[26]

　　從上述美國國防戰略途徑的演進看來，本文認為有幾項思維值得注意。第一，普遍而言，提升自身的軍事力量在理論上會是應對威脅最直接的選項。但在 2005 與 2008 年《國防戰略》中並未提及此一策略，反倒是將「勸阻潛在的敵人」列為其中。這可能的解釋是華盛頓在此時期仍相信自己的軍事力量足以戰勝各項安全威脅，包括：恐怖主義攻擊行動、流氓國家及中俄強權的挑戰。直到 2018 年提出建立更具致命殺傷力的武力時，美國才意識到提升軍事力量的重要性。第二，雖然美國軍力仍是獨霸全球，但是重視軍事同盟與夥伴關係則是它一貫重要的國防戰略操作手段。這可以從它在四份《國防戰略》報告中皆強調盟邦與夥伴關係看出端倪。雖然過去川普政府相當程度地單邊行動與對盟邦不友善，但是作為專業安全戰略規劃與執行的五角大廈顯然並未背離美國重視此一策略的傳

---

24 U.S. Department of Defense, *The National Defense Strategy of the United States of America* (October 2022), p. 8.

25 *Ibid.*, pp. 8-9.

26 *Ibid.*, pp. 9-10.

表 3-1　美國 2005、2008、2018、2022 年度《國防戰略》比較

國家	2005 年	2008 年	2018 年	2022 年
戰略環境	提及傳統國家武力威脅，但未具體指出中俄軍事威脅；強調非正規與非傳統安全及大規模毀滅性武器。	著墨極端主義暴力威脅（蓋達組織）；論及流氓國家及崛起強權中俄之軍事威脅。	中俄軍事威脅置前且大篇幅；宗教極端主義與恐怖主義暴力威脅置後而相對精簡。	中俄威脅列於文首，兩者威脅為最；灰色地帶、認知作戰、網路資訊攻擊、太空競爭、生化武器、長程彈道飛彈與核子武器等挑戰。
國防目標	保護美國不受直接攻擊；保障觸戰略接觸與保持全球行動自由；強化同盟與夥伴關係；建立有利美國安全條件。	保衛美國本土安全；贏得對暴力極端主義之非正規長期戰爭；審慎面對中俄軍事威脅；強化嚇阻與贏得戰爭之能力。	保衛美國本土安全；應對中俄挑戰；保持聯合武力優勢；權力平衡；自由開放；保衛盟國；支持夥伴；防範大規模毀滅性武器；防範恐怖攻擊；國防部之改變及創新。	保衛美國本土安全；強調中國在多領域的威脅；嚇阻對美國、盟國及夥伴的戰略攻擊；強化對中俄的嚇阻；建立強韌之聯合作戰與防衛體系。
戰略途徑	向盟國與朋友保證；勸阻潛在敵人；嚇阻侵略及反制脅迫；擊敗敵人。	形塑關鍵國家選擇；避免敵人使用大規模毀滅性武器；強化同盟與夥伴關係；保障戰略接觸與保持全球行動自由；創造新的聯合能力。	建立更具致命殺傷力武力；強化同盟與吸引新夥伴；改革國防部；強調「戰略可預測」，「作戰不可預測」；整合政府各部門；反制強迫與顛覆；提升戰鬥心態。	「整合性嚇阻」，包括一般性嚇阻與針對性嚇阻。

資料來源：筆者整理自上述內文的分析。

統。這不僅對拜登政府的國家安全戰略很重要，美國在此議題上的態度對其盟國及夥伴亦是十分關鍵。有關 2005、2008、2018、2022 各年度的《國防戰略》之比較，請參照表 3-1。

肆、拜登政府的國防戰略

對拜登政府來說，一個受到注目的問題是：它的「國防戰略」為何？[27]當然如前所述，政府官方文件可謂是最具權威的說明。但是當政府報告仍未出版時，此一議題的探詢可從拜登政府 2021 年《暫時國家安全戰略指針》（*Interim National Security Strategic Guidance*）與川普政府 2018 年

---

27 類似的問題是：拜登政府的「國家安全戰略」為何？

《國防戰略》兩份報告裡尋找出蛛絲馬跡。而在拜登政府於 2022 年 10 月 13 日發布新的《國家安全戰略》報告之後，它當然是檢視拜登政府之國防戰略的重要依據。這樣的方法論有兩個依據：第一，源自於美國戰略體系（Strategic System）的運作；第二，來自於對戰略環境的定義。

一、從美國戰略體系運作的角度觀察

由於美國「總統制」的特性，美國發展出專屬美國的「戰略體系」，即從總統以降，依序按照國防部、參謀首長聯席會議、軍種部門與獨立作戰部門而形成一套完整的國家安全與軍事防衛戰略體系，當中各個層級皆有其專屬的權責與任務。詳言之，總統提出「國家安全戰略」論述與策略，此為體系的最高層級；主管國防事務的國防部負責提出「國防戰略」，此為略體系的第二層級；主司用兵作戰的參謀首長聯席會議則負責制定「軍事戰略」，此為體系的第三層級。因此，若軍事國防是美國因應大國競爭的重中之重，則其國家安全戰略勢必會大篇幅地論述華盛頓如何在軍事防衛上取勝北京與莫斯科。同理，從國家安全戰略大致也能推論出國防戰略。

2021 年 3 月 3 日，白宮先行公布了《暫時國家安全戰略指南》，此份報告當然可以視為是「準國家安全戰略報告」。報告本身是比國防戰略更為宏觀的國家安全戰略視野，指出當今美國所面臨的主要安全挑戰，包括內政問題與國際困境，以及兩者交互作用的衝擊；華盛頓必須協同內政、外交、國防、經濟、科技等各領域的整合以因應最新的威脅。有關國防戰略的部分，報告首先點出中俄兩國的軍事威脅，也觸及北韓、伊朗與非國家組織，但重心仍落在中國，因為它最具力量運用經濟、外交、軍事與科技等手段危及美國、美國盟邦和夥伴，以及現行的國際秩序。[28] 為此，美國仍必須維持強大的軍力，但會在國防事務上進行更「聰明」的選擇與規

28　The White House, *Interim National Security Strategic Guidance* (March 3, 2021), pp. 7-8, https://www.whitehouse.gov/wp-content/uploads/2021/03/NSC-1v2.pdf.

劃，包括軍隊的規模、種類、預算、武器發展與組織文化等。[29] 其中值得注意的是，拜登政府強調「外交先行，軍事在後」，用兵是最後手段，不是最初方法。[30] 因此，有關拜登政府如何在國際穿梭中建構美國與個別國家（雙邊與多邊）以及國際組織（多邊）軍事防衛的合作，特別是與盟邦及夥伴在相互操作能力上的建立與強化，此為其國防戰略的關鍵。[31]

而稍後在 2022 年 10 月所公布的《國家安全戰略》裡，其基本論述與《暫時國家安全戰略指南》一致，雖也論及北韓、伊朗與非國家組織的威脅，但是更多的篇幅是強調中俄兩國的軍事威脅，而美中競爭，或說美國及盟邦與中俄之間的競爭，它們既是地緣政治與權力平衡的競爭，也是自由民主體制與威權獨裁政體兩種「意識形態、價值觀念、生活方式」的競爭。《國家安全戰略》報告仍強調自由、開放、繁榮的重要性，但在民主、外交、同盟等議題上也是重點。然而，因為俄羅斯發動俄烏戰爭的巨大衝擊，該報告花上一頁餘的篇幅論述有關俄羅斯的威脅（在第 25～27 頁），而有關中國的威脅則有近兩頁的描述（在第 23～25 頁）。

以此延伸，2022 年《國防戰略》報告則具體指出，美國積極尋求提升與盟邦的外交關係以及軍事交流合作，並且強調「先外交，後軍事」的主張。[32] 在俄烏戰爭中，美國與北約盟國在協助烏克蘭對抗俄羅斯的議題上達成共識，這印證了拜登政府尋求與盟邦夥伴加強、提升關係的外交主張。另外，在此戰爭中，美國不派兵參戰，而是以其他經濟與軍事援助方式支援烏克蘭，包括：金錢與物資援助、軍備武器提供、教育訓練協助、資訊情報分享等，這些都是 2022 年《國家安全戰略》報告所揭櫫的原則，[33] 也是出自美國本身「國家安全與軍事防衛戰略體系」的運作。

---

29 *Ibid.*, pp. 14-15.

30 *Ibid.*, p. 14.

31 Benjamin Jensen and Nathan Packard, "The Next National Defense Strategy," *War on the Rocks*, November 30, 2020, https://warontherocks.com/2020/11/the-next-national-defense-strategy/.

32 U.S. Department of Defense, *The National Defense Strategy of the United States of America* (October 2022), p. 14.

33 The White House, *National Security Strategy* (October 2022), pp. 16-18.

二、從美國對戰略環境界定的角度觀察

　　探詢拜登政府國防戰略的另一個方法是檢視其所處的戰略環境與所設定的國防戰略目標，以及這些與前任川普政府有何異同。此一方法的邏輯是，若兩者所處的戰略環境極為相似，則它們的目標與方法策略可能極為相近。如此，則 2018 年《國防戰略》將可作為觀察拜登政府國防戰略的最主要參考。然而，此推論可能面臨兩種情形：第一，戰略環境極為接近，但新政府在目標與策略上做了調整，如此我們當以新版《國防戰略》的內容與實際上的作為作為觀察之依據。第二，戰略環境「極為相似卻又有差異」，例如北京變得更為侵略與強勢（或變得稍為溫和與弱勢），以及莫斯科對鄰國與對北大西洋公約組織（NATO）變得更具侵略性，這些變化都會影響華盛頓在國防戰略上的目標排序與策略選擇，因此可能會出現差別的安排。

　　就中國問題而言，從美中雙方在 2021 年 3 月至 2023 年 7 月歷次領袖高峰會及國安高層官員會晤的經驗看來，美中關係的進展仍然十分有限。在美中戰略競爭與軍事對抗上，拜登政府所面臨的戰略環境與川普政府極其相似，即美中雙方的大國戰略競爭依然十分激烈，而且有轉趨更加強勢的跡象。雖然華盛頓與北京雙方皆表示願意在若干項目上進行合作，但是核心關鍵的歧見與利益衝突仍未改變。也因此，拜登政府在國防戰略的目標與策略上也有採取更積極、更強硬的跡象。

　　基本上，拜登政府是以 2018 年《國防戰略》報告為藍本，但是取消川普政府要求盟邦「在共同防衛中公平分擔責任」的主張，另外，拜登政府則是加上「與盟邦及夥伴建立強大聯合軍事防衛力量」的目標。[34] 在戰略途徑方面，在 2018 年《國防戰略》的三大方向（建立更具致命力的武力、強化同盟與夥伴關係，以及改革國防部）基礎上，2022 年《國防戰略》更延伸提出「整合性嚇阻」概念，表明美國尋求強大軍事實力的決心

34　U.S. Department of Defense, *The National Defense Strategy of the United States of America* (October 2022), pp. 14-16.

以防範競爭對手的武力威脅，而且除了一般性的嚇阻策略，美國也提出針對性嚇阻戰略，特別是應對中國與俄羅斯的威脅。

三、拜登政府國防戰略的落實情況

事實上，拜登政府的國防戰略之實踐並不是在 2022 年《國防戰略》公布之後才開始，而是在此之前便已展開。另一方面，就某種程度而言，拜登政府的國防戰略與前任川普政府的國防戰略亦有若干的相似、重疊與延續，例如它們皆視中俄的軍事威脅為美國國家安全與利益的重大挑戰，因此都強調在地緣政治與戰略上必須制衡兩者。而在印太戰略方面，兩任政府皆持續推動此一戰略以及在其底下的軍事部署與軍力發展，特別是拜登政府，它並未受到俄烏戰爭的影響而放棄或是延緩推動印太戰略。

（一）軍事力量狀況與軍事再現代化

根據英國「國際暨戰略研究所」（Institute for International and Strategic Studies, IISS）的統計，美軍目前的人數規模是 135 萬 8,000 人，僅次於中國（218 萬 5,000 人）與印度（145 萬 5,000 人）。[35] 雖然人數規模是世界第三，但美軍整體仍被視為是世界最強大的軍事力量。就各軍種的世界排名來看，美國海軍是世界噸位最大的海軍，美國海軍航空兵則是世界第四大的空軍（同時是世界最大的海軍航空兵），美國空軍是世界最大的空軍，美國陸軍航空兵則是世界第二大的空軍，美國海岸警衛隊是世界第十二大的海軍，以及美國太空軍是目前世界唯一的太空部隊。[36] 在拜登政府執政下，美軍目前仍繼續維持這樣的規模與優勢。

---

35 Institute for International and Strategic Studies, *The Military Balance: The Annual Assessment of Global Military Capabilities and Defense Economics* (London: Institute for International and Strategic Studies, 2021), https://static.poder360.com.br/2022/02/The-Military-Balance-2021.pdf.

36 以上相關資料整理自 Global Firepower 網站的資料庫「2023 軍事力量比較」（Military Strength Comparisons for 2023），參見 "Military Strength Comparisons for 2023," *Global Firepower*, https://www.globalfirepower.com/countries-comparison.php.

　　另外在財政預算方面，美國軍事支出一直是世界第一，約占據世界的35% 至 36%，而且遠超過其他國家軍事支出的總和。[37] 2021 年拜登政府就任後，2022 年的國防預算為 7,820 億美元，2023 年的國防預算為 8,579億美元。[38] 相較於川普總統任期最後一年（2020 年）的國防預算（7,529億美元），拜登政府前兩年在軍事支出上的投注可謂比起前任政府更為增加。事實上，當我們再檢視細部，美國國會參眾兩院對國家的軍事支出是表示支持的，而且採取更為加碼的立場。以 2023 年為例，原先行政部門所提出金額是 8,020 億美元，但是國會最終在 2023 年《國防授權法案》（National Defense Authorization Act, NDAA）中通過的國防預算金額為 8,579 億美元。而這樣的情形在美軍各軍種亦有前例，以海軍為例，在2020 財政年度當中，美國海軍所提出的新造艦數量是 11 艘，然而國會則是提議建造 13 艘；同年，美國海軍所提出的預算是 238 億美元，但是國會所建議的預算則是 240 億美元。[39]

　　川普政府曾於 2017 年宣示，將組建總艦數量為 355 艘的海軍政策。值得注意並且警惕的一個發展是，根據美國國會《中國海軍現代化：對美國海軍能力之意涵 —— 向國會提交的背景與議題》（China Naval Modernization: Implications for U.S. Navy Capabilities – Background and Issues for Congress）的報告指出，中國海軍的戰鬥船艦總數（351 艘）已在 2022 年超越美國的戰鬥船艦總數（294 艘）。[40] 對此，美國除了在整體軍事力量上做出調整與部署之外，美軍特別針對印太區域進行強化，例如將更多的海軍部署到印太，截至 2022～2023 年已超過五分之三的規模，而這些調整部署包括新式的強大戰艦。

37 SIPRI Fact Sheet, "Trends in World Military Expenditure, 2021," *Stockholm International Peace Research Institute (SIPRI)*, April 2022, https://www.sipri.org/sites/default/files/2022-04/fs_2204_milex_2021_0.pdf.

38 Jimmy Garamore, "Biden Signs National Defense Authorization Act into Law," *U.S. Department of Defense*, December 23, 2022, https://www.defense.gov/News/News-Stories/Article/Article/3252968/biden-signs-national-defense-authorization-act-into-law/.

39 Congressional Research Service, *Navy Force Structure and Shipbuilding Plans: Background and Issues for Congress* (June 3, 2020), pp. 25-28, https://fas.org/sgp/crs/weapons/RL32665.pdf.

40 事實上，在 2015 年，中國海軍的船艦總量已超越美國海軍。請參見 Ronald O'Rourke, "China Naval Modernization: Implications for U.S. Navy Capabilities – Background and Issues for Congress," December 1, 2022, p. 8, https://sgp.fas.org/crs/row/RL33153.pdf.

此時，美軍也推動軍事「再現代化」（Re-Modernization）的工程，特別著重在新式高科技武器的研發，包括：無人載具、電磁炮、雷射、分散式小規模的攻擊船艦等。戰術觀念方面，強調發展新式的作戰，尤其著重「分散式」（Distributed）的艦隊作戰與整體聯合作戰，與傳統的大艦隊編隊作戰想法明顯不同。而如前述，無人載具（包含空中、水面與水下）的運用更是當前與未來的發展重點。[41] 另外，為了因應太空作戰的需求，印太司令部於 2022 年 11 月 22 日成立太空軍，這也是極其重要的一項發展。值得一提的是，由於受到新冠肺炎疫情的影響，美軍部隊的健康與作戰能力、美國海軍造艦計畫與進度，以及美軍整體的教育訓練及演習等也都可能受到嚴重的衝擊，若干研究報告已指出，疫情以及其相關衍生問題是美國與美軍所必須面對的新國防戰略課題。[42]

（二）「整合性嚇阻」戰略的強調

　　「整合性嚇阻」是拜登政府之國防戰略的重點項目，其實它在 2022 年《國防戰略》公布之前便已推動。其沿革大略如下，首先在 2021 年 5 月，「太平洋嚇阻倡議」（Pacific Deterrence Initiative, PDI）被提出，美國希望在印太區域增加其軍事嚇阻的優勢，如此以因應區域潛在威脅力量，特別是中國的武力擴張。[43] 對此，美國國會參眾兩院分別於 2021 與 2022 財政年度通過 22 億及 71 億美元的預算以支持該倡議。[44] 2021 年 12

41 Chris Osborn, "How U.S. Navy Plans to Dominate the Indo-Pacific," *National Interest*, January 26, 2022, https://nationalinterest.org/blog/reboot/how-us-navy-plans-dominate-indo-pacific-199913; Rob Wittman, "The Nation Needs a Real Plan to Grow the Navy," *U.S. Naval Institute*, March 2022, https://www.usni.org/magazines/proceedings/2022/march/nation-needs-real-plan-grow-navy; Ronald O'Rourke, "China Naval Modernization: Implications for U.S. Navy Capabilities – Background and Issues for Congress," pp. 39-40.

42 Ronald O'Rourke, *Navy Force Structure and Shipbuilding Plans: Background and Issues for Congress* (June 21, 2021), pp. 20-22, https://fas.org/sgp/crs/weapons/RL32665.pdf.

43 Office of the Under Secretary of Defense, "Pacific Deterrence Initiative," *U.S. Department of Defense*, May 2021, https://comptroller.defense.gov/Portals/45/Documents/defbudget/FY2022/fy2022_Pacific_Deterrence_Initiative.pdf.

44 Andrew Eversden, "Pacific Deterrence Initiative Gets $2.1 Billion Boost in Final NDAA," *Breaking Defense*, December 7, 2021, https://breakingdefense.com/2021/12/pacific-deterrence-initiative-gets-2-1-billion-boost-in-final-ndaa/.

月 4 日，國防部部長奧斯汀（Lloyd Austin）表示，嚇阻中國的軍事擴張並防止衝突是美國現行的國防戰略，為此美軍必須採取相對應的做法，包括：重新安排任務優先順序、加強協調聯繫工作、提高經費與研發、分散兵力部署、增進與友盟合作、發展新作戰概念，以及五角大廈成立「中國任務小組」等。[45]

在強化與友盟合作上，美國與其他成員國（日本、澳洲與印度）亦提升它們的「四方安全對話」（Quadrilateral Security Dialogue, QUAD）機制。然而，「四方安全對話」所能否發展成為「亞洲版的北約」（Asian NATO），建立起堅實的「集體防衛機制」（Collective Defense Mechanism），目前答案尚不明朗，加上其功效也可能還不如由美國所架構的雙邊軍事同盟（美日、美韓、美菲、美澳）。況且，奧斯汀在 2022 年 6 月 2 日於新加坡所舉行的亞洲安全會議「香格里拉對話」亦表示，美國不會尋求新冷戰，或是尋求在亞洲建立類似北約的軍事同盟。[46] 此外，2021 年 9 月 15 日，美英澳三國宣布成立「三方安全夥伴關係」（AUKUS）機制，預計推動三國在人工智慧、網際網路、遠程打擊能力等方面的合作，特別是美英兩國準備向澳洲提供核子潛艦高科技術，並協助其建立核子潛艦部隊。[47] 這也是強化與友盟合作項目中極重要的一部分。

伍、結語

基本上，美國的國防戰略思維反映在它對戰略環境的認識與界定，反映在它因應戰略環境與安全威脅所設定的目標，以及為達成目標所採取的策略與方法。從先前的反恐戰爭，到現在的大國競爭，美國面對的戰略環

---

45 "Remarks by Secretary of Defense Lloyd J. Austin III at the Reagan National Defense Forum (As Delivered)," *U.S. Department of Defense*, December 4, 2021, https://reurl.cc/ZjRR3M.

46 "A Shared Vision for the Indo-Pacific: Remarks by Secretary of Defense Lloyd J. Austin III at the Shangri-La Dialogue (As Delivered)," https://www.defense.gov/News/Speeches/Speech/Article/3415839/a-shared-vision-for-the-indo-pacific-remarks-by-secretary-of-defense-lloyd-j-au/.

47 "Joint Leaders Statement on AUKUS," *The White House*, September 15, 2021, https://www.whitehouse.gov/briefing-room/statements-releases/2021/09/15/joint-leaders-statement-on-aukus/.

境與安全威脅的確出現了極大的變化，而回應崛起強權中國的挑戰可謂是當今美國「國家安全戰略」與「國防戰略」的重中之重，這在最新公布的《國家安全戰略》與《國防戰略》當中可以清楚地看出。為此，不論是在目標與策略上，當前的美國國防戰略思維也多繞著因應中國軍事威脅而展開，或更廣泛地說，是繞著因應中國與俄羅斯的全面性威脅展開，這在俄烏戰爭爆發後更是明顯。在此當中，我們亦發現若干美國國防戰略的「不變傳統」，例如保衛美國本土安全，以及強調盟邦與夥伴關係的重要性。然而，現今華盛頓必須清楚地知道，在北京與莫斯科的挑戰、威脅下，美國本土安全有賴於世界及其他區域的和平穩定，也有賴於它對盟國與夥伴的擁抱，對其國際領導地位的熱情，以及對自由開放國際秩序的堅持。若是，則美國的國防戰略亟需以此為目標，並將這些目標化為美軍前進的動力。

　　總體而言，美國的國防戰略本身有其歷史悠久，而且相當具有系統（System）或具有體系的（Systemic）。另外，其本身也是美國宏觀與整體之國家安全戰略的一部分，一方面接受國家安全戰略的指導，並將其原則與主張進行落實，另一方面也指導其軍事戰略的制定，促其落實國家安全戰略與國防戰略。因此，有關美國國防戰略，包括：其定位、總體戰略中的位置、規範的內容與實踐策略等，皆可作為臺灣與其他各國之國防戰略制定之參考。而從拜登政府的國家安全戰略及國防戰略來看，其亦落實並實踐前述之美國的「國家安全戰略─國防戰略─軍事戰略」的架構與傳統。因應戰略環境轉變，其亦提出不同於以往的戰略與策略。尚且不論其是否真能或是能有效地處理崛起之威權主義及修正主義國家的威脅與挑戰，但至少拜登政府已跨出實踐的步伐，而在俄烏戰爭的經驗中，新一代的美國國防戰略也獲得進一步地印證與落實。

參考文獻

一、中文部分

常漢青，〈解構與建構中華民國與美國的戰略體系〉，《國防雜誌》，第
35 卷第 2 期（2020 年 6 月），頁 1-22。

二、外文部分

"Historical Office," *Office of the Secretary of Defense*, https://history.defense.
gov/Historical-Sources/National-Security-Strategy/.

"Military Strength Comparisons for 2023," *Global Firepower*, 2023, https://
www.globalfirepower.com/countries-comparison.php.

"National Security Strategy," *Free Dictionary*, https://www.thefreedictionary.
com/national+security+strategy.

"National Defense Strategy," *National Security Strategy Archive*, https://
nssarchive.us/national-defense-strategy/.

Blinken, Antony J., "A Foreign Policy for the American People," *Department
of State*, March 3, 2021, https://www.state.gov/a-foreign-policy-for-the-
american-people/.

Cannon, Brendon J. and Ash Rossiter, "The 'Indo Pacific': Regional Dynamics
in the 21st Century's New Geopolitical Center of Gravity," *Rising Power
Quarterly*, Vol. 3, Iss. 2 (August 2018), pp. 7-17.

Dombrowski, Peter and Simon Reich, "The United States of America," in Thierry
Balzacq, Peter Dombrowski, and Simon Reich (eds.), *Comparative Grand
Strategy: A Framework and Cases* (Oxford: Oxford University Press, 2019).

Eversden, Andrew, "Pacific Deterrence Initiative Gets $2.1 Billion Boost in
Final NDAA," *Breaking Defense*, December 7, 2021, https://breakingdefense.
com/2021/12/pacific-deterrence-initiative-gets-2-1-billion-boost-in-final-
ndaa/.

Garamore, Jimmy, "Biden Signs National Defense Authorization Act into Law," *U.S. Department of Defense*, December 23, 2022, https://www.defense.gov/News/News-Stories/Article/Article/3252968/biden-signs-national-defense-authorization-act-into-law/.

Institute for International and Strategic Studies, *The Military Balance: The Annual Assessment of Global Military Capabilities and Defense Economics* (London: Institute for International and Strategic Studies, 2021), https://static.poder360.com.br/2022/02/The-Military-Balance-2021.pdf.

Jensen, Benjamin and Nathan Packard, "The Next National Defense Strategy," *War on the Rocks*, November 30, 2020, https://warontherocks.com/2020/11/the-next-national-defense-strategy/.

O'Rourke, Ronald, "China Naval Modernization: Implications for U.S. Navy Capabilities – Background and Issues for Congress," December 1, 2022, https://sgp.fas.org/crs/row/RL33153.pdf.

O'Rourke, Ronald, *Renewed Great Power Competition: Implications for Defense – Issues for Congress* (April 7, 2020), https://fas.org/sgp/crs/natsec/R43838.pdf.

O'Rourke, Ronald, *Navy Force Structure and Shipbuilding Plans: Background and Issues for Congress* (June 21, 2021), https://fas.org/sgp/crs/weapons/RL32665.pdf.

Office of the Under Secretary of Defense, "Pacific Deterrence Initiative," *U.S. Department of Defense*, May 2021, https://comptroller.defense.gov/Portals/45/Documents/defbudget/FY2022/fy2022_Pacific_Deterrence_Initiative.pdf.

Saunders, Phillip C. and Julia G. Bowie, "US-China Military Relations: Competition and Cooperation in the Obama and Trump Eras," in Richard A. Bitzinger and James Char (eds.), *Reshaping the Chinese Military: The PLA's Roles and Missions in the Xi Jingping Era* (London and New York: Routledge, 2019).

The White House, *Interim National Security Strategic Guidance* (March 3, 2021), https://www.whitehouse.gov/wp-content/uploads/2021/03/NSC-1v2. pdf.

The White House, "Joint Leaders Statement on AUKUS," September 15, 2021, https://www.whitehouse.gov/briefing-room/statements-releases/2021/09/15/joint-leaders-statement-on-aukus/.

The White House, *Indo-Pacific Strategy of the United States* (February 2022), https://www.whitehouse.gov/wp-content/uploads/2022/02/U.S.-Indo-Pacific-Strategy.pdf.

The White House, *National Security Strategy* (October 2022), https://www.whitehouse.gov/wp-content/uploads/2022/10/Biden-Harris-Administrations-National-Security-Strategy-10.2022.pdf.

U.S. Department of Defense, *The National Defense Strategy of the United States of America* (March 2005), https://archive.defense.gov/news/Mar2005/d20050318nds1.pdf.

U.S. Department of Defense, *National Defense Strategy* (June 2008), https://archive.defense.gov/pubs/2008NationalDefenseStrategy.pdf.

U.S. Department of Defense, *Summary of the National Defense Strategy of the United States of America: Shaping the American Military's Competitive Edge.* (January 2018), https://dod.defense.gov/Portals/1/Documents/pubs/2018-National-Defense-Strategy-Summary.pdf.

U.S. Department of Defense, *Indo-Pacific Strategy Report: Preparedness, Partnerships, and Promoting a Networked Region* (June 1, 2019), https://media.defense.gov/2019/Jul/01/2002152311/-1/-1/1/DEPARTMENT-OF-DEFENSE-INDO-PACIFIC-STRATEGY-REPORT-2019.PDF.

U.S. Department of State, *A Free and Open Indo-Pacific: Advancing a Shared Vision* (November 4, 2019), https://www.state.gov/wp-content/uploads/2019/11/Free-and-Open-Indo-Pacific-4Nov2019.pdf.

U.S. Department of Defense, "Remarks by Secretary of Defense Lloyd J. Austin III at the Reagan National Defense Forum (As Delivered)," December 4, 2021, https://reurl.cc/ZjRR3M.

U.S. Department of Defense, *The National Defense Strategy of the United States of America* (October 27, 2022), https://media.defense.gov/2022/Oct/27/2003103845/-1/-1/1/2022-NATIONAL-DEFENSE-STRATEGY-NPR-MDR.PDF.

U.S. Department of Defense, "A Shared Vision for the Indo-Pacific: Remarks by Secretary of Defense Lloyd J. Austin III at the Shangri-La Dialogue (As Delivered)," June 2, 2023, https://www.defense.gov/News/Speeches/Speech/Article/3415839/a-shared-vision-for-the-indo-pacific-remarks-by-secretary-of-defense-lloyd-j-au/.

第四章 法國的國防戰略：追求與時俱進的獨立自主

洪瑞閎

壹、前言

雖然法國與美國、中國、俄羅斯等國家的軍力相比仍有一段差距，但法國的國防力量仍不可忽視。據 2021 年資料，法國國防部下轄總軍力約為 20.5 萬人，其中陸軍約有 11.4 萬人、海軍約有 3.4 萬人、空天軍約有 4 萬人，[1] 並擁有包括雷克勒（Leclerc）主力戰車、戴高樂號航空母艦與飆風（Rafale）戰機在內等武器系統。此外，作為一個核武器擁有國家、聯合國安理會常任理事國、北大西洋公約組織（North Atlantic Treaty Organization, NATO）與歐洲聯盟（European Union, EU）的創始成員，法國的國防戰略建構更是動見觀瞻。

然而，雖然傳統上被認為是西方陣營的一員，法國與英國、美國及部分歐洲國家近年來似乎有著不同的戰略觀點，特別在 2022 年俄羅斯入侵烏克蘭以及中國進行環臺軍事演練等衝突與危機發生後，法國與其許多西方盟友的國防戰略差異更加顯著。在英美等國傾向以較強硬之立場並考量以北約之作為工具來回應此些衝突與危機之時，法國總統馬克宏（Emmanuel Macron）選擇不同的處置方式，無論是在 2023 年 2 月的慕尼黑安全會議（Munich Security Conference）上高呼擊垮俄羅斯永遠不是法國的立場，[2] 或是在 2023 年 4 月訪中行結束後接受媒體專訪時，表明歐洲不該因臺灣和中國起衝突、不為美國附庸，[3] 抑或是堅決反對北約於日

---

1 Ministère des Armées, "Les chiffres clé de la défense 2021," December 2021, p.16.

2 Phelan Chatterjee and Matt Murphy, "Ukraine War: Russia Must Be Defeated But Not Crushed, Macron Says," *BBC News*, February 19, 2022, https://www.bbc.com/news/uk-64693691.

3 Jamil Anderlini and Clea Caulcutt, "Macron incite les Européens à ne pas se penser en 'suiveurs' des Etats-Unis," *Politico*, April 9, 2023, https://www.politico.eu/article/emmanuel-macron-incite-europeens-etats-unis-chine/.

本東京設立辦公室，[4] 這些論述與作為都顯示法國在西方陣營中的獨樹一格，其國防戰略需要吾人進一步探究。

　　其主要是根據 1958 年法國「第五共和國」（Cinquième République）建立以來，巴黎當局所公布與國防相關的七份文件，將其進行整理後（如表 4-1 所示），所得出之兩項發展趨勢。

　　由於法國並未直接使用「國防戰略」一詞，吾人先將 1958 年法國第五共和國建立以來，巴黎當局所公布與國防相關的七份文件進行整理（如表 4-1 所示），則可得出之兩項發展趨勢：第一，國際情勢變化快速導致相關文件發表的間隔愈來愈短，顯而易見地，與 1972 年《國防與國家安全白皮書》至 1994 年《1994 國防與國家安全白皮書》相隔達二十二年的發布間距相比，馬克宏政府最近所公布的兩份文件之間（《2021 戰略更

表 4-1　1958 年法國第五共和建立後各項有關國防戰略之文件

年代	名稱	總統	與前份文件間隔時間
1972	《國防與國家安全白皮書》（*Livre blanc sur la défense nationale*）	龐畢度（Georges Pompidou）	-
1994	《1994 國防與國家安全白皮書》（*Livre blanc sur la Défense 1994*）	密特朗（François Mitterrand）	22
2008	《2008 國防與國家安全白皮書》（*Livre blanc sur la défense et la sécurité nationale 2008*）	薩科吉（Nicolas Sarközy）	14
2013	《2013 國防與國家安全白皮書》（*Livre blanc sur la défense et la sécurité nationale 2013*）	歐蘭德（François Hollande）	5
2017	《2017 國防與國家安全戰略回顧》（*Revue stratégique de défense et de sécurité nationale 2017*）	馬克宏（Emmanuel Macron）	4
2021	《2021 戰略更新》（*Actualisation stratégique 2021*）	馬克宏	4
2022	《2022 國家戰略評估報告》（*Revue nationale stratégique 2022*）	馬克宏	1

資料來源：筆者整理自公開文獻。

4　"Macron Informs NATO Chief of France's Opposition to Office in Tokyo," *Politico*, July 9, 2023, https://www.japantimes.co.jp/news/2023/07/09/national/tokyo-nato-office/.

新》與《2022 國家戰略評估報告》）僅隔一年，這固然可用政府換屆導致
國防政策必須改弦易轍來解釋，但更大程度顯示出現今國際情勢比起冷戰
或冷戰結束後的時代更加瞬息萬變，原有文件在短時間內已不足以回應當
下的國際情勢改變，必須重新提出新政策文件加以說明。第二，法國逐漸
以更加宏觀的角度來思考國防戰略。相關文件從最早期單獨以「國防」為
名，而後轉為「防衛」與「安全」並列，近來則以「戰略」替代。此外，
最新發表的《2022 國家戰略評估報告》更是首次由總理府下轄的國防暨國
家安全總秘書處（Secrétariat général de la Défense et de la Sécurité nationale,
SGDSN）統籌報告之撰寫，這反映出法國認知到必須整合軍事、外交、
經濟、科技等各領域之思考與分析方能有效確保法國之安全。

　　基於上述兩項發展趨勢，本文嘗試將國防戰略定義為確保國家安全之
國防面向思考與手段，以此來探討法國的國防戰略，本文將分為主要分為
四個部分來介紹法國的國防戰略。第一部分將介紹法國國防戰略思維的根
源，亦即法國總統戴高樂（Charles de Gaulle）與他的「國家獨立的國防」。
第二部分將呈現 21 世紀法國所面臨的安全威脅與挑戰。第三與第四部分
將針對馬克宏政府兩大國防戰略基石 ——「強大的祖國」與「歐洲暨全
球夥伴」進行探討。結語部分則將針對現今法國國防戰略做總評。

貳、法國國防戰略思維的根源：戴高樂與「國家獨立的國防」

　　若要探討現代法國國防戰略思維，就無法忽視戴高樂所帶來的影響。
戴氏軍事背景出身，其親身經歷了第二次世界大戰初期法國的戰敗，並在
其後領導「自由法國」（France libre）繼續與其他盟國合作對抗納粹德國
的侵略。在戰爭結束後的 1946 年，戴氏發表「貝葉演說」（Discours de
Bayeux），當中總結過去經驗，指出政府的不穩定導致無法有效回應威脅
是法國在二戰中最終遭致失敗的主因。[5]因此，戴高樂強調國家制度重建

5　Charles De Gaulle, "Le Discours de Bayeux (1946)," *Élisée*, June 16, 1946, https://www.elysee.fr/
la-presidence/le-discours-de-bayeux-194.

與保持穩定的必要性，認為國防事務應由軍隊、內政與經濟等不同政府單位進行分工，在此之上，由身兼武裝部隊首腦的共和國總統決定重大方針與決策的一致性。

　　隨著 1958 年強化總統權力的法國第五共和國建立，重新掌權後的戴高樂得以開始實踐其「國家獨立」之理念，國家與獨立成為戴高樂振衰起敝、復興法國之工具，也是戴高樂時代國防政策的基本假設，[6] 由此出發，法國國防戰略思維主要可分為「法蘭西優先」與「國際合作輔助」等兩部分：

一、法蘭西優先

　　首先，戴高樂主張民族國家政府是國際社會最基本也是最重要的行為者。戴氏認為「政治是一種行動，亦即我們採取的一系列決策、我們所做的事情、我們承擔的風險，所有這些都得到了人民的支持，唯有各國政府才有能力並負責做到這一點」。[7] 其次，在民族國家優先的前提之下，國防事務也應是法國政府的專屬領域，戴氏強調「法國的國防必須是法國的……像法國這樣的國家如果遭遇戰爭，這場戰爭必須是法國自己的戰爭，投入之力量必須是法國自己之力量」。[8] 此外，更為重要的是，戴高樂個人對於法蘭西民族保有高度熱情，認為「法蘭西若不偉大就不再是法蘭西」，法國不能只是在國際舞臺上扮演消極角色，而應扮演具有抱負的開創性角色，因此必須擁有強大力量並領導世界局勢走向。[9] 換言之，對

6　Charles De Gaulle, "Mémoires d'espoir, Tome 1. Le Renouveau, 1958-1962," *Plon*, November 1, 1975, p. 40.

7　Charles De Gaulle, "Conférence de presse du 23 juillet 1964," *Institut national de l'audiovisuel*, July 23, 1964, https://fresques.ina.fr/de-gaulle/fiche-media/Gaulle00095/conference-de-presse-du-23-juillet-1964.html.

8　Aliénor Barrière, "Dépenses militaires: pas de puissance sans armée," *Tous Contribuables*, March 9, 2022, https://www.touscontribuables.org/les-combats-de-contribuables-associes/les-depenses-publiques/les-depenses-publiques-en-france/depenses-militaires-pas-de-puissance-sans-armee.

9　Daniel Colard, "La Conception française de l'indépendance nationale," *Studia Diplomatica*, Vol. 28, No. 1 (January 1975), pp. 52-53.

於戴高樂來說，國防是國家獨立的基本要素，沒有國防就無法捍衛自身的獨立與領土的完整，更遑論實現法國的偉大，因此國家對於國防的掌控必須是獨立自主的。

在實務面向上，戴高樂時期的法國發展出「獨立—嚇阻—徵兵」（Independence-Dissuasion-Conscription）三段式的國防政策。在此一時期，法國所面臨的是以美國與蘇聯為首的東西方集團對立局勢，法國首先確保國家對國防的完全掌握。再者，戴高樂主張獨立的國防必須擁有一支以核子武器為核心的嚇阻力量，這能夠為法國在外交上帶來更大的行動自由。法國在 1960 年 2 月 13 日於非洲撒哈拉沙漠首次核子試爆成功，並於 1968 年 8 月 24 日在法屬玻里尼西亞（French Polynesia）的穆魯羅阿環礁（Moruroa Atoll）完成了第一次氫彈試爆，在擁有製造核武器的能力之後，法國開始發展核武器的運輸載具，包括幻象四型（*Mirage IV*）戰略轟炸機（1950 年代開始發展，並於 1964 年正式服役）、S2 地對地彈道飛彈（Sol-sol balistique stratégique, SSBS）在 1968 年完成首次試射，與「可畏號」（*Le Redoutable*）核子動力潛射飛彈潛艦（Sous-marin nucléaire lanceur d'engins, SNLE）於 1967 年下水等成果，在戴高樂執政期間（1959～1969），法國的「核三位一體」（Nuclear Triad）戰略打擊力量發展已基本完成。此外，法國透過徵兵制來維持執行各項任務的人力需求，以確保各項目標得以實踐。

二、歐洲合作輔助

在歐洲國家的合作方面，戴高樂認為先有民族國家之事實，才有國際之事實。[10] 戴氏不反對歐洲團結的概念，認為團結所有歐洲國家作為美國與蘇聯以外的第三強權，扮演仲裁者角色有其必要性。[11] 在國防事務的討論也是如此，有關合作的討論必須要在民族國家的架構下進行，而非放棄

---

10 *Ibid.*, p. 48.
11 Charles De Gaulle, "Mémoires de guerre, Tome 3. Le Salut, 1944-1946," *Plon*, January 1, 1959, p. 128.

國家主權的超國家合作架構，合作更應出於兩個或多個民族意志的自願結合，必須在雙方角色皆有明確規範的狀況下方可進行，單方面宰制或脅迫的國際合作絕不可行。

　　這樣的觀點最早反映在 1950 至 1954 年間戴高樂對成立泛歐防衛組織「歐洲防衛共同體」（European Defence Community, EDU）之敵意上。1961 年起法國所提出的「傅歇計畫」（Plan Fouchet）展現出戴氏治下的法國對於「政府間主義」（Intergovernmentalism）的歐洲合作形式之偏好。戴高樂也對於美國所宰制的北約充滿著不信任，當 1958 年 9 月美國的艾森豪政府拒絕戴高樂在北約內部建立一個法美英三國委員會作為最高決策機制的請求後，戴高樂便決心退出北約的軍事組織並禁止美國將其核子武器部署在法國本土，如同戴氏在 1966 年 3 月致函時任美國總統詹森（Lyndon Jonhson）的信中所言：「法國政府提出要重新取回因為領土被常駐盟軍所侵害的完整主權行使權利。」[12] 最終，在 1967 年，巴黎僅在名義上維持北約的會員國身分。[13] 從此些事件之發展皆可看出，對於戴高樂時代的法國而言，國際合作僅是法國國家獨立理念的補充物，一切僅在對法國國家獨立有益時方可進行。

　　戴高樂所推動「國家獨立的國防」獲得法國內部跨黨派的普遍共識，除了徵兵制在 1997 年改為募兵制以外，其精神在其後的歷屆政府均未有重大改變，不同黨派出身的歷任法國總統皆以此為基礎來思考國防戰略，這顯示出戴高樂帶領法國扭轉二戰頹勢。從戰敗國成為戰勝國與聯合國安理會常任理事國後，法國因二戰初期戰敗而喪失的民族自信心得以重建，奠定戴高樂在法國內部的崇高地位，戴氏學說也成為所謂的「戴高樂主義」（Gaullisme），迄今依舊主宰著法國國防戰略思考。

---

12 Eric Juillot, "De Gaulle et l'OTAN, 1966: L'épiphanie de la France Libre," *Les Crises*, December 10, 2020, https://www.les-crises.fr/de-gaulle-et-l-otan-1966-l-epiphanie-de-la-france-libre-par-eric-juillot/#_edn1.

13 在最高決策層，法國仍然是北約政治決策組織「北大西洋理事會」（North Atlantic Council）的正式成員，但巴黎已不參加防務計畫委員會（Defense Planning Committee, DPC）與核武計畫小組（Nuclear Planning Group, NPG）等三個核心機構的運作。

參、21 世紀法國的安全威脅與挑戰

在冷戰時代的兩極對抗體系中，法國所面臨的潛在對手是蘇聯，國防作為的主要目標是嚇阻蘇聯使其不敢輕舉妄動，同時也能夠因應意外衝突的發生。[14] 然而，與冷戰時代相比，法國已身處複雜且不穩定的國際局勢中，其所面對的主要安全威脅與挑戰如下：

一、國際局勢從強權競爭走向強權對抗

對於法國而言，當今全球主要強權間之關係從競爭走向對抗最令人憂心。《2017 國防與國家安全戰略回顧》已指出俄羅斯與中國嘗試挑戰現有的多邊國際主義秩序，使得戰略與軍事競爭重現。[15] 一方面，俄羅斯挑戰既有國際組織的正當性並提出其他的方案，2014 年莫斯科單方面兼併克里米亞的行動更是對歐洲安全秩序的破壞。另一方面，中國則被認為具有全球野心，正利用其經濟實力擴張其影響力。[16] 全球情勢因此快速陷入不穩定的狀態。

然而，競爭趨勢並未隨著時間的流逝而有正向轉變，《2021 戰略更新》重申美國與中國及俄羅斯間的強權競爭進一步惡化。[17]《2022 國家戰略評估報告》更是首次使用戰略「對抗」（Confrontation）一詞來描述美中俄之間關係。一方面，2022 年 2 月俄烏戰爭的爆發使得俄羅斯修正主義野心表露無遺，在改寫歷史與國家敘事的同時，莫斯科正透過力量實現其帝國主義野心。[18] 另一方面，中國共產黨與人民解放軍之目標是讓中國取代美國，成為世界第一大強國，北京也藉此機會塑造「西方對抗其

---

14 Jacques Vernant, "La politique de défense de la France," *Études internationales*, Vol. 3, No. 2 (1972), p. 134.

15 Délégation à l'information et à la communication de la défense, "Actualisation stratégique 2021," January 2021, pp. 17-18.

16 *Ibid.*, pp. 42-43.

17 *Ibid.*, pp. 17-18.

18 Secrétariat général de la défense et de la sécurité nationale, "Revue nationale stratégique 2022," November 2022, p. 9.

他國家」之論述，在政治、經濟、科技、軍事等領域拉攏其他國家，擴大其影響力與實力，而莫斯科與北京在此過程中的協同關係，更增添西方國家的壓力與世界局勢發展的不穩定性。[19] 因此，法國如何在全面衝突山雨欲來的國際局勢中，捍衛其「以規則為基準的秩序」（The Rules-Based Order）的圭臬將是重要考驗。

二、軍事化的恐怖主義

　　由於 2015 年 1 月 7 日的《查理周刊》（*Charlie Hebdo*）總部槍擊案及其隨後一系列恐怖攻擊事件發生後，時任法國總統的歐蘭德（François Hollande）宣布國家進入緊急狀態，以伊斯蘭國（Daesh）為代表的恐怖主義與過往的恐怖攻擊相較已經有了深刻變化。

　　首先，在意識形態的傳播上，伊斯蘭國的宣傳機器將極端的意識形態以阿拉伯語、英語與法語製作成宣傳文宣透過社群網絡全天候傳播，其數量與規模是法國政府所望塵莫及的，法文版本的伊斯蘭國文宣數量是法國政府製作反制恐怖主義意識形態文件的十五倍。[20] 換言之，在科技的幫助之下，極端暴力的意識形態得以透過社群媒體在年輕人的社交圈快速的傳播，並從中得到大量的支持。

　　其次，伊斯蘭國的活動具有軍事化的組織與能力，透過其所占領的土地與擁有的資源，伊斯蘭國取得近似於主權國家的攻擊能力。[21] 在伊拉克與敘利亞的伊斯蘭國活動能夠依靠數萬名經驗豐富的戰士與許多重型武器造成嚴重威脅，在中東地區以外的聖戰組織也是如此，無論是所接受的訓練、所使用的武器、所採用的計畫與指揮體系都已經略具現代軍隊的特徵，因此巴黎所面對的已不再是量少、素質差的恐怖主義「團體」，而是具備豐沛資源與專業訓練的恐怖主義「軍隊」。

---

19 *Ibid.*, p. 10.

20 Jean-Yves Le Drian, "La Stratégie de défense française à un tournant," *Revue Défense Nationale*, No. 787 (2016), p. 6.

21 除宣示效忠伊斯蘭國之非洲恐怖組織伊斯蘭國西非省（Islamic State's West Africa Province, ISWAP）尚控有少許領土外，伊斯蘭國 2019 年後已幾近失去其所控制之所有領土。

再次，伊斯蘭國的活動具有全球傳播性。伊斯蘭國可以在任何地方進行招募與發動襲擊，由於伊斯蘭國的訴求極富吸引力，不但能夠招募到個人，更能夠吸引區域內團體的加入，包含奈及利亞的博科聖地（Boko Haram）與埃及的伊斯蘭國西奈省（Islamic State Sinai Province），這樣一個橫跨非洲到中東的群體從屬關係難以透過軍事手段根除，因而對於法國本土安全形成一個嚴重、廣泛且持久的安全威脅。

三、「混合威脅」的因應

歐洲聯盟執委會（European Commission）將「混合威脅」（Hybrid Threats）定義為一個強制性與破壞性行動的混合，其手段包括外交、軍事、經濟與科技等傳統與非傳統方式，發動者可以是國家或非國家行為者，特色在於保持在正式宣戰的門檻以下去達成其目標。[22] 隨著戰爭與和平的界線變得模糊，衝突場域的擴大與多樣化，許多攻擊來源通常也相當難以「歸因」（Attribution），因此，這讓法國的競爭者、對手與敵人都願意採取混合威脅的相關手段來削弱或攻擊法國，因此法國必須能夠掌握反制其他國家與非國家行為者採取「混合威脅」手段的能力，其中除了包括空域、海域等傳統領域的保衛以外，也包括網路等非傳統空間的防護。《2022 國家戰略評估報告》進一步將「在混合戰場進行防禦和行動的能力」作為必須要達成的戰略目標之一，其中組織完善、行動選項與關鍵基礎設施的保護是其中之重點。[23]

四、「高強度戰爭」的準備

如果說未達傳統戰爭門檻的「混合威脅」是目前法國所遭遇到威脅的常態，則大國間傳統戰爭爆發的可能性也已不容小覷。在印太地區，法

---

22 European Commission, "Joint Framework on Countering Hybrid Threats a European Union Response," *EUR-Lex*, April 6, 2016, https://eur-lex.europa.eu/legal-content/EN/TXT/?uri=CELEX%3A52016JC0018.

23 Secrétariat général de la défense et de la sécurité nationale, "Revue nationale stratégique 2022," November 2022, pp. 48-49.

國因其在當地的海外領地而以利害關係人的身分自居，美中在該區的權力競逐使得法國愈來愈擔憂其所可能帶來的軍事衝突以及海外領地的安全穩定。在歐洲地區，對於北約與歐盟東擴日益感到不滿的俄羅斯在 2014 年違反國際法和領土完整原則併吞了克里米亞，並在軍事上支持頓巴斯（Donbass）地區的叛軍，2022 年 2 月更直接對烏克蘭採取「特別軍事行動」，以武力入侵烏克蘭，俄烏戰爭不只挑戰烏克蘭的主權與完整性，其所危及的更是歐洲安全秩序的基礎，對於法國來說，軍事衝突在消聲匿跡數十年之後，可能重現於歐洲大陸，而這次巴黎要面對的是擁有核子武器的威權國家。

上述發展皆意味著「高強度戰爭」（La guerre de haute intensité）在二次世界大戰結束七十餘年後再度死灰復燃，美中於印太地區的衝突一觸即發，俄烏戰爭的戰場更只距離法國本土大約 2,000 公里。因此，無論是較為遙遠的印太地區或是近在咫尺的歐洲周遭，法國參與「高強度戰爭」的可能性已大幅增加，巴黎必須做好準備，「行動自由和開展軍事行動的能力，包括在所有戰場開展高強度行動」已在《2022 國家戰略評估報告》被列為戰略目標之一。[24]

五、民主陣營的團結

面對來自外部的挑戰，法國尚面臨民主陣營團結之問題，此一問題主要表現在兩個面向上。

第一，在歐洲內部，儘管沒有明文化的聯盟，但部分反自由、民粹導向的歐洲國家正在某些議題上與俄羅斯或中國相呼應，成為莫斯科與北京在北約與歐盟內部的隱性盟友，大大損害了這兩個組織在處理歐洲安全問題的回應能力與效率。

第二，儘管與美國有著歷史悠久的合作情誼，但對於承襲戴高樂思想的法國來說，美國這個世界頭號強權似乎是不可靠的。法國前國防部部

---

24 *Ibid.*, pp. 50-51.

長帕莉（Florence Parly）指出美國自川普政府時代開始便在國際舞臺上大搞單邊主義行動，擅自從盟國的多邊合作架構中脫離，美國在敘利亞與阿富汗的撤軍就是一種只聚焦中國威脅而忽略其他地緣戰略考量的偏執。[25] 2021 年 9 月 15 日成立的「澳英美三邊安全夥伴關係」（AUKUS）象徵法國被排除在以美國為首的抗中聯盟之外，AUKUS 除了嚴重傷害法國作為國際舞臺上美國重要盟友的地位，同時也顯示出對於美國來說，儘管法國是美國「最古老的盟友」，但在美國的抗中事業上，法國的地位與角色不如澳洲與英國。雖然此次事件所造成法美關係緊張在華盛頓主動釋出善意後有所緩解，雙方也持續進行許多合作，如 2022 與 2023 年的「飛馬」（Pégase）系列演習，但 AUKUS 隨後的發展未見納入法國，美法在太平洋上或是在對中政策上仍然缺乏協調甚至針鋒相對，馬克宏 2023 年 4 月訪中時稱歐洲不應成為美國「追隨者」，以免捲入不屬於歐洲的危機。[26] 此一批判除可見雙方「貌合神離」之狀態短期內應難以改變，也再次印證法國領導人對於美國所形塑的「盎格魯－撒克遜」（Anglo-Saxon）世界秩序長久以來的疑慮與不信任。

　　因此，作為民主陣營的一分子，法國尚須面對來自內外部的制肘，如何避免民主陣營分化以至於讓潛在對手有可趁之機，也是巴黎必須克服的另一挑戰。

肆、馬克宏政府的國防戰略主軸之一：強大的祖國

戰略自主

　　承襲戴高樂時代以來的國家獨立傳統，馬克宏政府的國防戰略核心依舊是圍繞在打造一個獨立自主的法國上，「戰略自主」（Autonomie

---

25 Comité de rédaction, "L'Europe de la Défense: Bilan et perspectives – par Madame Florence Parly, ministre des Armées," *Sciences Po Défense et Stratégie*, October 6, 2021, https://spds.fr/2021/10/06/leurope-de-la-defense-bilan-et-perspectives-par-madame-florence-parly-ministre-des-armee/.

26 Jamil Anderlini and Clea Caulcutt, "Macron incite les Européens à ne pas se penser en 'suiveurs' des Etats-Unis," *Politico*, April 9, 2023, https://www.politico.eu/article/emmanuel-macron-incite-europeens-etats-unis-chine/.

stratégique）的概念最早出現在《1994 國防與國家安全白皮書》中，其最初的概念是法國不應完全依賴北約保證而放棄自身的核嚇阻能力。[27] 馬克宏上任後將此概念進一步發展，《2017 國防與國家安全戰略回顧》將「戰略自主」作為法國國防戰略的兩大主軸之一。[28] 一方面，巴黎認為「戰略自主」關乎國家主權的行使與行動自由的維護，在充滿不確定性與不穩定性的國際環境下，為了捍衛自身利益，法國必須保有單獨決策與進行回應的能力。[29] 特別是在歐洲國家紛紛放棄自主能力以及依靠美國與北約保護作為安全保障的脈絡下，法國更需要強化自身能力以協助歐洲國家守護整體歐洲的安全。另一方面，此一戰略自主是多面向的，在作戰、產業與技術等方面，法國都應該要有獨立進行或發展的能力，並且以相應的國家韌性與外交政策相互配合。[30] 其具體作為主要展現在如下兩方面：

（一）確保關鍵戰略功能

《2017 國防與國家安全戰略回顧》即已提出「嚇阻」、「保護」、「認識與預測」、「干預」、「預防」等五項關鍵戰略功能，這五項關鍵戰略功能被視為是確保法國國內安全與對抗外敵的重要元素，彼此之間更緊密相連。[31] 以此為基礎，《2022 國家戰略評估報告》除將「認識與預測」功能發展為「認識—理解—預測」外，更新增「影響力」之功能，各項關鍵戰略功能之重點扼述如下：

1. 嚇阻

2017 年 3 月，當時還是總統參選人的馬克宏在介紹他的國防計畫時即主張維持法國核子打擊力量的兩項重要元素 —— 即潛射飛彈潛艦與戰略轟炸機。他也提出第三代核子動力潛射飛彈潛艦（SNLE 3G）的建造與中程空對地飛彈（Air-Sol Moyenne Portée, ASMP）的升級計畫、核彈頭的

---

27 Marceau Long, Edouard Balladur, and François Léotard, "Livre blanc sur la défense," 1994, p. 49.

28 Délégation à l'information et à la communication de la défense, "Revue stratégique de défense et de sécurité nationale 2017," October 2017, p. 52.

29 *Ibid.*, p. 54.

30 *Ibid.*, p. 71.

31 *Ibid.*, p. 56.

永續持有等主張。[32] 在《2017 國防與國家安全戰略回顧》的序言中，馬克宏進一步確認其依循核子嚇阻力量的傳統：「這就是為什麼我決定維持我們的核子嚇阻戰略並更新其兩個組成部分的原因：它們是我們切身利益、我們的獨立性，以及更廣泛地說，我們的決定自由之最終保證。」[33]

在 2018 年 1 月對法軍所發表的新年談話中，馬克宏進一步闡述對於核子嚇阻力量的看法，其認為核子嚇阻自 1960 年代以來就是法國歷史與國防戰略的基石，在法國現今所身處以及未來的世界無疑仍是核世界的情況下，核子嚇阻將持續是法國國防戰略的一部分。對於法國國家領導人來說，無論處在何種情況，嚇阻都為法國保有戰略自主權與行動自由，透過具備互補性的海洋與空中嚇阻力量提升，將可以使法國避免任何可能的戰略意外。[34] 在最新發表的《2022 國家戰略評估報告》中「強大可信的核威懾」更被當作是首要戰略目標。

因此，嚇阻在法國新政府的國防預算《2019～2025 軍事計畫法》（*La loi de programmation militaire 2019-2025*）中受到相當的重視，其每年分配的預算從 2017 年的 39 億歐元增加到 2025 年的 60 億歐元，從 2019 到 2025 年總共有 370 億歐元的預算用於嚇阻力量的打造，相當於整體國防預算的 18.71%。

法國嚇阻力量由空中與海洋兩部分組成，在空中部分，由幻象 2000 K3 型轟炸機與飆風 B 型戰機搭配 2009 年投入使用的改良型中程空對地飛彈（Air-sol moyenne portée amélioré, ASMPA）所組成，新一代的 ANS4G 飛彈正在研發中，目標是在 2030 年取代 ASMPA 飛彈。[35] 在海洋部分，SNLE 3G 即將進入生產階段，巴黎預計生產四艘 SNLE 3G，該級別的第

---

32 "Présidentielle 2017. Le programme de Macron pour la Défense," *Le Télégramme*, March 19, 2017, https://www.letelegramme.fr/france/defense-le-programme-de-macron-19-03-2017-11439933.php.

33 Délégation à l'information et à la communication de la défense, "Revue stratégique de défense et de sécurité nationale 2017," October 2017, p. 6.

34 Emmanuel Macron, "Vœux du Président Emmanuel Macron aux Armées," *Élysée*, January 19, 2018, https://www.elysee.fr/emmanuel-macron/2018/01/19/voeux-du-president-emmanuel-macron-aux-armees.

35 Laurent Lagneau, "L'ASN4G sera le futur missile des forces aériennes stratégiques," *Zone Militaire*, November 21, 2014, http://www.opex360.com/2014/11/21/lasn4g-sera-le-futur-missile-des-forces-aeriennes-strategiques/.

一艘潛艦將於 2023 年在瑟堡（Cherbourg）的海軍集團（Naval Group）造船廠開始建造，第一艘 SNLE 3G 預計將於 2035 年投入使用，第四艘也是最後一艘 SNLE 3G 將於 2050 年投入使用，預計將一直服役到 2090年。此外，與 SNLE 3G 所搭配的 M-51.3 潛射彈道飛彈（Missile mer-sol balistique stratégique, MSBS）自 2014 年開始進行研發，目前據稱已投入生產狀態。[36]

2. 認識─理解─預測

　　認識─理解─預測之功能給予巴黎自主評估的能力，使其在運用其他戰略功能時更有效率，其也是達成《2022 國家戰略評估報告》所設定「保證評估自主權與決策主權」的戰略目標之必要條件。[37] 在其中，情報是此項功能的重中之重，透過各種渠道進行蒐集，並根據對事件之理解，提出短中長期的威脅預測，以確保法國之安全。法國希望能夠具備滿足此項功能的必要能力與技術，其中夥伴關係的建立、人工智慧的開發、國防智庫的交流等都必須納入考量。《2022 國家戰略評估報告》對於「理解」能力的強調則顯示出法國對於各種現象背後意涵之重視，特別是在現今危機升級與衝突爆發的速度都遠比過往更加快速之情況下，理解事件各方之動機並做出正確決斷更形重要。

3. 保護

　　法國武裝部隊必須要能夠保護國家免於任何軍事威脅，換言之，其必須能夠保護法國領土、領空與領海的安全，特別是在 2015 年《查理周刊》恐攻事件後，巴黎開始重新審視法國軍隊的保護能力，最終使法國政府開始重新將軍隊大規模投入到法國領土的保護上，法國於 2015 年 1 月12 日展開旨在對抗恐怖攻擊與保護關鍵據點的「哨兵行動」（Opération

---

36 Le marquis de Seignelay, "FOSt: entrée en production des M51.3 ?" *Le Fauteuil de Colbert*, February 12, 2022, https://lefauteuildecolbert.blogspot.com/2022/02/fost-entree-en-production-des-m513.html.

37 Secrétariat général de la défense et de la sécurité nationale, "Revue nationale stratégique 2022," November 2022, pp. 46-47.

Sentinelle），該行動至今仍每天維持 7,000 名士兵進行重要據點的巡邏與保護。[38]

　　除此之外，由於競爭和衝突不再侷限於陸地、海洋或空中等傳統環境，法國也開始重視非傳統領域的保護能力，《2022 國家戰略評估報告》將「一個團結與有復原力的法國」作為戰略目標之一，無論是軍事挑戰或非傳統挑戰，都應該加強應對能力。[39] 如以網路安全為例，不斷重複發生的攻擊事件暴露出法國內部資訊安全的漏洞。2017 年法國總統大選期間的「馬克宏洩密」（Macron Leaks）事件更顯現出外國勢力得以藉此干預國內選舉結果的可能性。[40] 在在證明「數位主權」（Digital Sovereignty）的保護是法國政府和軍隊的新挑戰。《2017 國防與國家安全戰略回顧》指出為了有效回應網路攻擊，法軍必須同時具備防禦性與攻擊性工具。[41] 其後法國於 2018 年 2 月發表《網路安全戰略》（Revue stratégique de cyberdéfense），鉅細靡遺地描述了當前法國所面臨到的網路威脅以及國家所應扮演的角色，其中軍事面向被認為是法國網路安全整體架構不可或缺的一部分。[42] 巴黎在 2017 年 5 月成立「網路防衛指揮部」（le commandement de la cyberdéfense, COMCYBER），負責網路防衛任務，《2019～2025 軍事計畫法》已規劃 16 億歐元的預算以及招募 1,100 的網路戰士加入網路安全防禦團隊，最終目標是在 2025 年達成 4,000 名網路戰士的目標。[43]《2022 國家戰略評估報告》也再次重申「世界一流的網路韌性」

---

38 Cyril Fourneris and Jade Lévin, "7 ans après les attentats de 2015, ce qui a changé dans la lutte anti-terroriste," *euronews*, July 6, 2022, https://fr.euronews.com/2022/06/29/7-ans-apres-les-attentats-de-2015-ce-qui-a-change-dans-la-lutte-anti-terroriste.

39 Secrétariat général de la défense et de la sécurité nationale, "Revue nationale stratégique 2022," November 2022, pp. 33-34.

40 Jean-Baptiste Jeangène Vilmer, "The 'Macron Leaks' Operation: A Post-Mortem," *Atlantic Council*, June 2019, https://www.atlanticcouncil.org/wp-content/uploads/2019/06/The_Macron_Leaks_Operation-A_Post-Mortem.pdf.

41 Délégation à l'information et à la communication de la défense, "Revue stratégique de défense et de sécurité nationale 2017," October 2017, p. 75.

42 Secrétariat général de la défense et de la sécurité nationale, "Revue stratégique de cyberdéfense," February 2018, p. 137.

43 Cyril Fourneris and Jade Lévin, "Cyberdéfense: la France étoffe ses troupes, " *L'Express*, September 9, 2021, https://lexpansion.lexpress.fr/high-tech/cyberdefense-la-france-etoffe-ses-troupes_2158047.html.

是法國重要戰略目標之一，希望能夠提高網路韌性來確保國家主權。[44]

4. 干預

自 1990 年代起法國就將干預政策作為對外事務工具的一部分，海外作戰被認為是一種捍衛國家利益、保護海外僑民、履行法國國際義務與支持國際社會的一種直接方式，為達成此目標，馬克宏也認為法國需要靈活、可投射與具韌性的國防工具，以便在必要時將其投射到遠離國境的地方。[45]《2022 國家戰略評估報告》將「法國是一個可靠的主權夥伴與可信的安全提供者」作為其戰略目標之一，在歐洲、非洲、地中海、紅海、阿拉伯—波斯灣與印太地區等地，法國都是當地可靠且可信的維持和平與穩定之夥伴。[46]

因此，法國軍隊除了能夠在遠離法國本土與歐洲的地區進行任務，也必須能夠對於迫近法國本土的威脅進行立即處置。[47] 其在實務上主要以三種形式呈現：(1) 直接介入，如法國於 2013 年 1 月至 2014 年 7 月在非洲馬利所發起旨在擊退朝向馬利首都進軍的伊斯蘭聖戰組織之「藪貓行動」（Opération Serval）；(2) 領導或參與多邊任務，如在「藪貓行動」的基礎上，目標是全面性打擊區域恐怖組織，與英國、捷克、愛沙尼亞、丹麥、馬利、尼日、布吉納法索、茅利塔尼亞、查德等國家合作，自 2014 年 8 月開始執行的「新月形沙丘行動」（Opération Barkhane）；(3) 支持聯合國與歐盟的危機處置行動。透過上述不同層次的參與，法國展現出其海外作戰與干預的能力。總而言之，目前法國共有約 1 萬 7,000 名士兵常駐於海外執行各項任務。[48]

---

44 Secrétariat général de la défense et de la sécurité nationale, "Revue stratégique de cyberdéfense," February 2022, pp. 37-38.

45 Délégation à l'information et à la communication de la défense, "Revue stratégique de défense et de sécurité nationale 2017," October 2017, p. 6

46 Secrétariat général de la défense et de la sécurité nationale, "Revue nationale stratégique 2022," November 2022, pp. 43-45.

47 Délégation à l'information et à la communication de la défense, "Revue stratégique de défense et de sécurité nationale 2017," October 2017, p. 75.

48 Ministère des Armées, "Les chiffres clé de la défense 2021," December 2021, p. 21.

5. 預防

　　預防功能的重點在於穩定有可能對法國安全利益造成威脅的國家或地區局勢。除了透過外交手段以外，國防軍事的角色也不可或缺。法國所建構防衛合作體系，都以盡可能靠近潛在危機區域為原則，法國主要依靠位於阿拉伯聯合大公國阿布達比（Abu Dhabi）、象牙海岸阿必尚（Abidjan）以及吉布地（Djibouti）等三個前進作戰基地以及塞內加爾達卡（Dakar）與加彭自由市（Libreville）等兩個「合作任務樞紐」（Pôle opérationnel de coopération）[49] 作為法國在不同區域的關鍵要點，除了提供有關當地的第一手情報以外，更可使位於巴黎的決策者預先做出必要的行動，以化解可能的威脅或避免損害進一步擴大。

6. 影響力

　　在 2022 年 11 月所公布的《2022 國家戰略評估報告》中，巴黎首次將影響力新增為第六項需要確保的關鍵戰略功能，影響力意指對外促進與捍衛法國的利益與價值，主要涉及「感知」（Perceptions）這個各國已經競爭激烈的新戰場，巴黎將影響力視為是權力的一部分，其優勢主要展現在聯合國安理會常任理事國之身分、遍布世界的海外領地，以及 3 億人使用的法語等方面。[50] 由此可見，在競爭愈加激烈、緊張關係不斷升高的國際背景下，巴黎希望能夠整合上述各項戰略優勢，以助其力量向外投射。

　　綜合言之，六項關鍵戰略功能顯示出法國對於國防戰略實際需求的演進。首先，「嚇阻」與「保護」著重國防戰略的防禦面向，「預防」與「干預」則聚焦國防戰略的攻擊面向，此四項功能來自既有現實運作的需求。再者，為了在日益不穩定的世界局勢下，做好有效發揮前述四項功能之前置準備，「認識—理解—預測」功能應運而生。最後，「影響力」則反映出法國意識到新領域作戰之挑戰所產生之需求。

---

49 Délégation à l'information et à la communication de la défense, "Revue stratégique de défense et de sécurité nationale 2017," October 2017, pp. 76-77.

50 Secrétariat général de la défense et de la sécurité nationale, "Revue nationale stratégique 2022," November 2022, p. 24.

（二）發展國防產業基地

　　馬克宏政府相當重視國防產業基地（Base industrielle et technologique de défense, BITD）之發展，法國「國防產業基地」由包括空中巴士（Airbus）、達雷斯集團（Thales）、海軍集團（Naval Group）、賽峰集團（Safran）、奈克斯特（Nexter）、達梭（Dassault）在內等九家大型國防廠商與其下游 4,000 餘家的中小企業所組成，僱用超過 20 餘萬名員工，每年可以創造超過 150 億歐元的營業額。[51] 在經濟面向上，國防產業基地對法國的重要性已不言而喻，對於自 2003 年以來便長期處在貿易赤字的法國來說，它更是為數不多能夠對法國貿易平衡做出積極貢獻的部門之一。

　　在戰略面向上，由於法國「國防產業基地」幾乎能夠在法國本土設計和生產所有法軍所需的裝備，使得法國成為少數能夠在國防武器系統達到近乎自給自足的國家之一，這意味著巴黎能夠確保武器系統的供應、使用、維護與修改自由以及將其出口的自由，換言之，堅實的國防產業基地保障了法國的「戰略自主」。

　　這就是為什麼《2022 國家戰略評估報告》將「促進國防精神的經濟」列為戰略目標之一，其意指國家能夠調動所有資源進入戰時經濟，使產業能夠支持持久作戰，在必要時也能為武裝部隊與夥伴提供協助。[52] 法國軍備局（Direction Générale de l'Armement, DGA）負責其中關鍵能力的維持以確保「戰略自主」的持續性。例如：當 2020 年初新冠肺炎疫情肆虐全球並對國防供應鏈造成嚴重衝擊時，軍備局自 2020 年 6 月開始發起航太產業振興計畫，其中包括多項直接與間接援助計畫，截至 2021 年底已達 87.5 億歐元。[53] 同時，軍備局還針對面臨疫情衝擊最為敏感的 1,200 家

51　Jean-Yves Le Drian, "La Stratégie de défense française à un tournant," *Revue Défense Nationale*, No. 787 (2016), p. 9.

52　Secrétariat général de la défense et de la sécurité nationale, "Revue nationale stratégique 2022," November 2022, pp. 35-36.

53　Bruno Trévidic, "Le plan de soutien à l'aéronautique s'est avéré coûteux mais efficace," *Les Echos*, April 22, 2022, https://www.lesechos.fr/industrie-services/air-defense/le-plan-de-soutien-a-laeronautique-sest-avere-couteux-mais-efficace-1403060/.

中小型國防企業提出一套監控系統，以瞭解其是否遭到危及正常運作的困難，並透過政府貸款與預先採購的方式提供協助，在俄烏戰爭於 2022 年初爆發使得供應鏈斷裂風險大增的同時，此套系統更是發揮了重要功能。[54]

　　此外，巴黎深知國防工業的卓越技術乃是來自於強大的創新潛力。2018年 9 月法國在軍備局下設國防創新局（Agence de l'innovation de défense, AID），其任務是扮演國防創新的領頭羊，推動各項國防研發計畫。[55]2022 年國防創新局的預算達到 10 億歐元。除此之外，尚有 2020 年 12 月所成立，總金額達 2 億歐元的國防創新基金（Fonds innovation défense），專職為新創公司與中小型企業的創新研發計畫提供資金援助。

伍、馬克宏政府的國防戰略主軸之二：歐洲暨全球夥伴

一、歐洲雄心

　　「歐洲雄心」（Ambition européenne）則是法國所關注的另一面向。《2017 國防與國家安全戰略回顧》即已明言，面對現今全球不穩定的安全環境，法國認為重新建立集體與多邊秩序是必要的，而這必須透過各項聯盟與夥伴關係來達成，其中首要之任務便是強化歐洲的國防。[56]《2021 戰略更新》指出，透過歐洲內部各項雙邊與多邊合作機制的建立，可確保歐洲國家的共同利益。巴黎主張歐洲不能夠只依賴美國提供安全保護，更應成為北約的另一支柱。[57] 為了達成此一目的，歐洲國家必須將其各項國防

---

54 Commission de la défense nationale et des forces armées, "Audition, à huis clos, de M. Joël Barre, délégué général pour l'armement, sur le projet de loi de finances pour 2022," *Assenblée nationale*, October 14, 2021, https://www.assemblee-nationale.fr/dyn/15/comptes-rendus/cion_def/l15cion_def2122015_compte-rendu.

55 Julien Jankowiak, "Agence de l'innovation de défense: 'Mon objectif est d'aller au-delà d'un budget de 1 Md€'," *AEF info*, November 25, 2021, https://www.aefinfo.fr/depeche/660595-agence-de-l-innovation-de-defense-mon-objectif-est-d-aller-au-dela-d-un-md-emmanuel-chiva.

56 Délégation à l'information et à la communication de la défense, "Revue stratégique de défense et de sécurité nationale 2017," October 2017, p. 58.

57 Délégation à l'information et à la communication de la défense, "Actualisation stratégique 2021," January 2021, p. 36.

工具與產業能力進行整合並合理運用，唯有一個國防力量強大的歐洲方能使所有歐洲國家的安全都受到保障。

　　事實上，軍事面向整合自二次戰後歐洲整合運動開始推動以來便已數次被提起，「國防的歐洲」（L'Europe de la défense）與歐洲國防整合等主張早已不是新鮮事，在冷戰時期的 1954 年便有建立「歐洲防衛共同體」（European Defence Community, EDC）的倡議（後為法國否決而未成立），面對 1998 至 1999 年的科索沃戰爭期間的軍事上無力，法國總統席哈克（Jacques Chirac）與英國首相布萊爾（Tony Blair）在歐盟聖馬羅高峰會會後也曾共同簽署《聖馬羅宣言》（*Saint-Malo declaration*），[58] 表明希望能夠建立歐洲自主軍事力量的意願，但最終並未達成具體成果。

　　馬克宏上任後更積極地推動歐洲國防事務合作，其認為面對當前的國際安全情勢，歐洲除了提出自身的主張以外，更需具備執行能力。在 2023 年 5 月 31 日於斯洛伐克舉行之「全球安全論壇」（GLOBSEC）上，馬氏重申「國防的歐洲」之重要性，一方面，在軍事裝備上，要「建造、購買和創新歐洲」，並且需要有一個協調的歐洲標準，使更加自主的歐洲可以有「完全主權」的裝備，以此鼓勵歐洲國家購買歐洲武器。另一方面，在俄烏戰爭的背景下，除了透過北約，還必須以寬廣的架構思考歐洲安全，方能建設一個更強大、更具主權的歐洲。[59]

　　換言之，馬氏認為除了北約架構以外，有政治意願與軍事能力的歐洲國家可建立務實的夥伴關係，在軍事行動中一同承擔責任，並且進行歐洲國防工業整合，使歐洲保持技術優勢並保持全球競爭力。因此，《2017 國防與國家安全戰略回顧》提出應該要以當今的歐洲安全情勢為基礎，採取務實措施並努力創造一個共同的戰略自主性。[60] 在短期目標方面，法國認

---

58 "Text of Joint Declaration on European Defence, UK - French Summit," *www.parliament.uk*, December 3-4, 1998, https://publications.parliament.uk/pa/cm199900/cmselect/cmdfence/264/26419.htm.

59 "Pour Emmanuel Macron, «une Europe de la défense est indispensable»," *La Nouvelle République.fr*, May 31, 2023, https://www.lanouvellerepublique.fr/a-la-une/pour-emmanuel-macron-une-europe-de-la-defense-est-indispensable.

60 Délégation à l'information et à la communication de la défense, "Revue stratégique de défense et de sécurité nationale 2017," October 2017, p. 58.

為此一戰略自主的具體內容應該包括在政治與產業面向成立一個歐洲防衛基金（European Defence Fund, EDF）。[61] 在長期目標方面，法國則希望能夠發展出一個歐洲共同的戰略文化，有著相同的戰略思考、可信的軍事干預能力以及適當的共同預算工具。[62]《2022 國家戰略評估報告》也再次重申成為「歐洲戰略自主的推動力之一」是法國的戰略目標之一。[63] 在這樣的脈絡下，法國正在歐洲層次下推動數項多邊與雙邊計畫與合作：

（一）「法德」核心

與德國的合作是法國在歐洲內部各種合作當中的核心，法德合作不只是歐洲整合運動的火車頭，更是法德兩國走出百年鬥爭邁向和解與合作的重要象徵。在國防事務領域，巴黎與柏林之間過去已經有「法德混合旅」（Brigade Franco-Allemande）與「歐洲軍團」（Eurocorps）等合作。《2017 國防與國家安全戰略回顧》即言明與德國的合作對歐洲國防安全領域是至關重要的。[64] 在 2019 年 1 月 22 日德法兩國所簽訂的《法德合作與整合條約》（Treaty on Franco-German Cooperation and Integration）當中，雙方也表達擴展國防計畫合作的意願。目前法德主要合作項目包括「未來空中戰鬥系統」（Future Combat Air System, FCAS）、「地面戰鬥主系統」（Main Ground Combat System, MGCS）與「歐洲中高空長程遙控飛行系統」（European Medium Altitude Long Endurance Remotely Piloted Aircraft System, MALE）等多項計畫。

（二）歐洲戰略指南

對於在 2022 年 1 月至 6 月間擔任歐盟輪值主席的法國來說，把握同年俄烏戰爭爆發的有利時機，2022 年 3 月 22 日獲得通過的《戰略指南》

61　*Ibid.*, p. 59.

62　*Ibid.*, p. 63.

63　Secrétariat général de la défense et de la sécurité nationale, "Revue nationale stratégique 2022," November 2022, pp. 41-42.

64　Délégation à l'information et à la communication de la défense, "Revue stratégique de défense et de sécurité nationale 2017," October 2017, pp. 61-62.

（*Strategic Compass*）可說是法國推動歐洲國防合作的重大成果。《戰略指南》旨在指導歐盟及其成員國未來五到十年的安全和國防政策。透過「行動」（Act）、「安全」（Secure）、「投資」（Invest）與「夥伴」（Partner）等四大主軸，「戰略指南」表明歐盟希望強化自身的行動能力、保護能力、科技主權與國際地位。法國政府將《戰略指南》視為第一份歐洲國防安全白皮書，其希望藉此向外界展現面對強權衝突所造成的緊張關係，歐洲將會有所行動以維護自身利益。[65] 綜合言之，《戰略指南》的角色乃是作為歐洲戰略自主之施行綱領，是實現後者的第一步。

（三）歐洲干預倡議

　　「歐洲干預倡議」（European Intervention Initiative, EI2）乃是提供歐洲國家共同思考的場域以及將其結論具體化的工具。發源於馬克宏在 2017 年 9 月 26 日所發表的談話，法國希望歐洲干預倡議能建立歐洲共同的戰略文化，並藉此在下一個十年讓歐洲擁有共同的干預力量、共同的國防預算與共同的行動準則。[66] 在法國的推動下，歐洲干預倡議在 2018 年 6 月 25 日正式成立，法國與德國、比利時、丹麥、西班牙、愛沙尼亞、荷蘭、葡萄牙與英國等九個歐洲國家是創始會員，芬蘭、瑞典、挪威與義大利隨後在 2018 至 2019 年間相繼加入，迄今歐洲干預倡議已擁有 13 個成員。

　　除了希望養成歐洲國家在軍事與政治上的合作習慣以外，[67] 法國所採取的是一種擴溢（Spillover）途徑，如同歐洲整合運動最初是透過荷蘭、

---

65 "Une boussole stratégique pour renforcer la sécurité et la défense de l'Union européenne à horizon 2030," *Ministère de l'Europe et des Affaires étrangères*, March 2022, https://www.diplomatie.gouv.fr/fr/politique-etrangere-de-la-france/securite-desarmement-et-non-proliferation/l-europe-de-la-defense/article/une-boussole-strategique-pour-renforcer-la-securite-et-la-defense-de-l-union.

66 Emmanuel Macron, "Discours d'Emmanuel Macron pour une Europe souveraine, unie et démocratique," *Élysée*, September 26, 2017, https://www.elysee.fr/emmanuel-macron/2017/09/26/initiative-pour-l-europe-discours-d-emmanuel-macron-pour-une-europe-souveraine-unie-democratique.

67 François Pène, "Huit pays adhèrent à l'initiative européenne d'intervention d'E. Macron. La lettre d'intention signée," *Bruxelles 2*, June 25, 2018, https://club.bruxelles2.eu/2018/06/huit-pays-adherent-a-linitiative-europeenne-dintervention-demmanuel-macron/.

比利時、盧森堡、法國、德國與義大利等六國作為推動整合的火車頭一樣,巴黎也希望透過此方式先在歐洲軍事合作建構一個核心集團,能夠在危機或衝突發生時快速回應,最終則將此機制逐步擴大至所有的歐洲國家。

(四)多邊國防研發計畫

歐洲國家間的國防研發合作除了可以透過增加需求而降低開發成本以外,武器系統開發完成後更能夠提升雙方在進行任務時的「互相操作性」(Interoperability),有助於建立共同的戰略文化。因此,在《2019～2025軍事計畫法》中,法國將國防研發合作預算的占比逐年提升,相較於 2020年的 10%,2023 年已占整體研發預算的 15%。[68] 法國同時也透過包括「永久合作架構」(Permanent Structured Cooperation, PESCO)、「歐洲國防產業發展計畫」(European Defence Industrial Development Programme, PEDID)、歐洲防衛基金等機制來推動歐洲國家間的夥伴關係建立機會,以「永久合作架構」為例,截至 2021 年為止,在七大領域總計 60 項的計畫中,法國共參與了當中的 44 項計畫,並在其中的 14 項計畫扮演領導角色。[69]

二、全球的重要夥伴

(一)北大西洋聯盟

在歐盟架構以外,北大西洋公約組織是法國最為重視的合作夥伴。巴黎在《2017 國防與國家安全戰略回顧》即已承認北約在歐洲防衛上的重要性,並強調法國參與北約各項任務的貢獻。[70] 的確,戴高樂時代的不信

---

68 Joël Barre, "L'Europe de l'armement: enjeux technologiques et industriels pour la France et condition de l'affirmation géostratégique de l'UE," *Revue Défense Nationale*, No. 851 (2016), p. 68.

69 "Permanent Structured Cooperation (PESCO)'s Projects – Overview," *European Union*, November 15, 2021, https://www.consilium.europa.eu/media/53013/20211115-pesco-projects-with-description.pdf.

70 Délégation à l'information et à la communication de la défense, "Revue stratégique de défense et de sécurité nationale 2017," October 2017, p. 60.

任、美國川普（Donald Trump）政府在外交政策上的專斷，以及馬克宏在2019年提出北約已經「腦死」的說法都顯示出法國和以美國為首的大西洋聯盟之間的矛盾之處，但《2021戰略更新》依舊指稱北約是歐洲大陸集體防衛與跨大西洋連結的重要基礎，其仍然在包括阿富汗、巴爾幹半島、中東與地中海等地區的危機管理扮演重要角色。[71]《2022國家戰略評估報告》更揭示法國希望能夠成為「歐洲—大西洋地區的模範盟友」之戰略目標，巴黎希望提升聯盟行動的附加價值、發揮自身的關鍵特殊角色以及成為歐盟—北約合作的基石。[72]

　　然而，對於這個歷史悠久、成員之間理念價值相近的大西洋聯盟，法國更加強調歐洲國家在此架構下的自主性，巴黎始終認為歐盟應該要能夠自行做出決策，並在國防等關鍵主權領域進行更多投資以提升自身能力，巴黎主張這樣的路徑可與北約的發展相容，歐洲能夠扮演補充角色。

（二）重點國家的夥伴關係

　　《2017國防與國家安全戰略回顧》與《2021戰略更新》兩份文件均提及法國在世界不同區域的重要夥伴，其中包括在印太地區的印度與日本、在中東地區的阿拉伯聯合大公國與卡達等國家，法國主要透過安全夥伴關係的建立、防衛協定簽署與先置部隊投入等方式來進行合作。

　　軍售則是此種夥伴關係的核心要素，如表4-2所示，若仔細檢視近十年來法國的主要軍售夥伴，則可發現前述文件所提及之夥伴國家大多名列前茅。此外，法國更以此作為展現其全球實力之手段，透過軍售關係的建立，雙方能夠建立軍事上的相互操作性，有助於法國軍事力量的海外投射。如表4-3所示，以2023年的法國海空軍年度演訓任務「聖女貞德」（Jeanne d'Arc）與「飛馬」（Pégase）為例，法國海空軍所經過之國家多

71　Délégation à l'information et à la communication de la défense, "Actualisation stratégique 2021," January 2021, p. 32.

72　Secrétariat général de la défense et de la sécurité nationale, "Revue nationale stratégique 2022," November 2022, pp. 39-40.

為巴黎的重要軍售對象，法國可在這些國家獲得後勤支援與補給。從長遠的角度考量，當距離法國本土遙遠的印太地區爆發衝突時，此些軍售關係的建立將有助於法軍快速進行部隊的調動部署。

表 4-2　法國前十大武器出口國家（2010～2020）

排名	國家	銷售總額（百萬歐元）	主要武器系統
1	印度	13,003.1	飆風戰機、 魚級（*Scorpene class*）潛艦
2	卡達	11,106.2	飆風戰機
5	阿拉伯聯合大公國	4,682.2	追風級巡防艦
8	新加坡	1,956.9	EC725 超級美洲獅（Super Cougar）直升機
10	南韓	1,672.3	H155 直升機
11	印尼	1,671.8	AS565 豹直升機
14	馬來西亞	1,368.8	追風級（*Gowind*-Class）巡防艦

資料來源：Ministère des Armées, "Rapport au Parlement 2021 sur les exportations d'armement de la France," June 2, 2021, pp. 66-69.

表 4-3　法國 2023 年「聖女貞德」與「飛馬」年度演訓概況

任務名稱	時間	途經國家與地方	艦隊／機隊
聖女貞德 2023	2023 年 2 月 8 日至 7 月 12 日	吉布地、印度、新加坡、印尼、澳洲、斐濟、東加、墨西哥	西北風級兩棲突擊艦「迪克斯莫德號」、拉法葉級（Dixmude）巡防艦「拉法葉號」（La Fayette）
飛馬 2023	2023 年 6 月 25 日至 8 月 3 日	阿拉伯聯合大公國、馬來西亞、新加坡、印尼、吉布地、韓國、日本、關島	10 架飆風戰機、4 架 A400M 運輸機、5 架 A330 空中加油機

資料來源：「聖女貞德 2023」演習資料來自 Philippe Chapleau, "L'armée de l'Air et de l'Espace projette une nouvelle mission Pégase avec 19 appareils," *Ligne de défense*, June 26, 2023, https://lignesdedefense.blogs.ouest-france.fr/archive/2023/06/25/pegase-2023-23952.html；「飛馬 2023」演習資料來自 "2023 Mission Jean D'Arc," *Ministère des Armées*, February 9, 2023, https://www.defense.gouv.fr/sites/default/files/operations/20230209_PRESS_KIT_JDA_23.pdf。

陸、結語

　　本文旨在介紹與分析法國國防戰略思維之發展與實務建構之作為，從歷史的角度出發，戴高樂總統對於當代法國國防戰略的建構扮演關鍵性角色；戴氏基於第二次世界大戰的教訓與其對法蘭西民族的熱愛，強調「國家獨立的國防」，講求法蘭西優先，法國國防建構首要之務為確保法國的自主決策能力，在確保法國的獨立性之後，方能思考歐洲國家之合作，此一合作必須以平等的民族國家為基礎，彼此之間絕非宰制與附庸之關係，希冀能在美蘇對抗的兩極體系之間扮演第三勢力。換言之，在戴高樂及其思想所發展而出的戴高樂主義之影響下，不將自身安全與命運假手他人，確保自主性與回應能力就是法國自第五共和以來的國防戰略最高指導原則，從此一原則出發，若國際合作能為法國國家之強大帶來好處即可進行。

　　進入 21 世紀後，隨著國際局勢的轉變，法國分別面臨國際局勢從強權競爭走向強權對抗、軍事化的恐怖主義、混合威脅的因應、高強度戰爭的準備、民主陣營的團結等數項挑戰。在此背景下，馬克宏政府一方面持續追求法國的戰略自主，主要透過六項戰略功能的確保與國防產業基地的發展來達成，另一方面則更加重視歐洲與全球夥伴關係的發展，在歐洲與全球層次推展多樣的合作，以此作為法國在世界舞臺的力量加乘器。綜觀馬克宏政府的國防戰略建構，與戴高樂時期相較依舊是「換湯不換藥」，只是與時俱進地做出一些相應之調整，如對國防產業基地、網路韌性、影響力、歐洲以外的夥伴關係等項目的重視，除了代表巴黎認知到新技術的價值與新領域的重要以外，背後更突顯出法國持續以務實作為確保法蘭西偉大之思考，此皆不出戴高樂主義之基調。

　　然而，法國是否能夠實現其國防戰略，這依舊面臨不少挑戰。其中，最大的問題在於法國長期以來對國防事務的忽視與投資不足。在人力資源方面，如同法國參議院外交與國防委員會於 2023 年 3 月提出的報告所言，受到 1990 年代末的軍隊專業化（廢除徵兵制）與 2000 年代末的撙節政策影響，自 1997 至 2022 年法國軍隊裁撤了超過 20 萬員額，造成軍隊

人力結構的不穩定。[73] 在物質資源方面，自 2010 年起，法國年度國防預算占國內生產毛額（GDP）之比例大多低於北約要求的 2% 之標準，[74] 這些因素都為法國達成其國防戰略目標帶來負面影響。

毫無疑問地，2015 年的《查理周刊》總部槍擊案以及 2022 年的俄烏戰爭已經使大多數法國政治人物認知到強化國防的必要性，2023 年 7 月獲得法國國會通過的《2024～2030 軍事計畫法》（*La loi de programmation militaire 2024-2030*）可為明證，當中揭示法國將在七年內投入 4,130 億歐元之預算，相較於前一個七年的 2,950 億歐元大幅成長 40%。[75] 然而，人員之招募訓練與裝備之生產及更新皆須耗費一定時間而非一蹴可及，在短期內，法國在實踐其國防戰略上尚須經歷一段崎嶇的陣痛時期。

參考文獻

"2023 Mission Jean D'Arc," *Ministère des Armées*, February 9, 2023, https://www.defense.gouv.fr/sites/default/files/operations/20230209_PRESS_KIT_JDA_23.pdf.

"European Defence Fund – Factsheet," *European Commission*, March 19, 2019, https://ec.europa.eu/docsroom/documents/34509.

"La loi de programmation militaire définitivement adoptée par le Parlement," *Gouvernement*, July 17, 2023, https://www.gouvernement.fr/actualite/la-loi-de-programmation-militaire-definitivement-adoptee-par-le-parlement.

73　Joël Guerriau and Marie-Arlette Carlotti, "Transformer les ressources humaines des armées: définir un modèle en cohérence avec nos ambitions stratégiques," *Sénat*, March 22, 2023, https://www.senat.fr/rap/r22-443/r22-443-syn.pdf.

74　根據瑞典斯德哥爾摩國際和平研究所（Stockholm International Peace Research Institute, SIPRI）之資料，法國年度國防預算占 GDP 之比例除 2020 年曾達 2% 以外，其餘年份皆在 1.8% 至 1.9% 之間徘徊。

75　"La loi de programmation militaire définitivement adoptée par le Parlement," *Gouvernement*, July 17, 2023, https://www.gouvernement.fr/actualite/la-loi-de-programmation-militaire-definitivement-adoptee-par-le-parlement.

"Macron Informs NATO Chief of France's Opposition to Office in Tokyo," *Politico*, July 9, 2023, https://www.japantimes.co.jp/news/2023/07/09/national/tokyo-nato-office/.

"Permanent Structured Cooperation (PESCO)'s Projects – Overview," *European Union*, November 15, 2021, https://www.consilium.europa.eu/media/53013/20211115-pesco-projects-with-description.pdf.

"Pour Emmanuel Macron, «une Europe de la défense est indispensable»," *La Nouvelle République.fr*, May 31, 2023, https://www.lanouvellerepublique.fr/a-la-une/pour-emmanuel-macron-une-europe-de-la-defense-est-indispensable.

"Présidentielle 2017. Le programme de Macron pour la Défense," *Le Télégramme*, March 19, 2017, https://www.letelegramme.fr/france/defense-le-programme-de-macron-19-03-2017-11439933.php.

"Text of Joint Declaration on European Defence, UK – French Summit," *www.parliament.uk*, December 3-4, 1998, https://publications.parliament.uk/pa/cm199900/cmselect/cmdfence/264/26419.htm.

"Une boussole stratégique pour renforcer la sécurité et la défense de l'Union européenne à horizon 2030," *Ministère de l'Europe et des Affaires étrangères*, March 2022, https://www.diplomatie.gouv.fr/fr/politique-etrangere-de-la-france/securite-desarmement-et-non-proliferation/l-europe-de-la-defense/article/une-boussole-strategique-pour-renforcer-la-securite-et-la-defense-de-l-union.

Anderlini, Jamil and Clea Caulcutt, "Macron incite les Européens à ne pas se penser en 'suiveurs' des Etats-Unis," *Politico*, April 9, 2023, https://www.politico.eu/article/emmanuel-macron-incite-europeens-etats-unis-chine/.

Barre, Joël, "L'Europe de l'armement: enjeux technologiques et industriels pour la France et condition de l'affirmation géostratégique de l'UE," *Revue Défense Nationale*, No. 851 (2016), pp. 68-72.

Barrière, Aliénor, "Dépenses militaires: pas de puissance sans armée," *Tous Contribuables*, March 9, 2022,https://www.touscontribuables.org/les-combats-de-contribuables-associes/les-depenses-publiques/les-depenses-publiques-en-france/depenses-militaires-pas-de-puissance-sans-armee.

Burkhard, Thierry, "Vision stratégique du chef d'état-major des armées," October 1, 2021, pp. 1-23.

Chapleau, Philippe, "L'armée de l'Air et de l'Espace projette une nouvelle mission Pégase avec 19 appareils," *Ligne de défense*, June 26, 2023, https://lignesdedefense.blogs.ouest-france.fr/archive/2023/06/25/pegase-2023-23952.html.

Chatterjee, Phelan and Matt Murphy, "Ukraine War: Russia Must Be Defeated But Not Crushed, Macron Says," *BBC News*, February 19, 2022, https://www.bbc.com/news/uk-64693691.

Colard, Daniel, "La Conception française de l'indépendance nationale," *Studia Diplomatica*, Vol. 28, No. 1 (January 1975), pp. 47-73.

Comité de rédaction, "L'Europe de la Défense: Bilan et perspectives – par Madame Florence Parly, ministre des Armées," *Sciences Po Défense et Stratégie*, October 6, 2021, https://spds.fr/2021/10/06/leurope-de-la-defense-bilan-et-perspectives-par-madame-florence-parly-ministre-des-armee/.

Commission de la défense nationale et des forces armées, "Audition, à huis clos, de M. Joël Barre, délégué général pour l'armement, sur le projet de loi de finances pour 2022," *Assenblée nationale*, October 14, 2021, https://www.assemblee-nationale.fr/dyn/15/comptes-rendus/cion_def/l15cion_def2122015_compte-rendu.

De Gaulle, Charles, "Le Discours de Bayeux (1946)," *Élisée*, June 16, 1946, https://www.elysee.fr/la-presidence/le-discours-de-bayeux-194.

De Gaulle, Charles, "Mémoires de guerre, Tome 3. Le Salut, 1944-1946," *Plon*, January 1, 1959.

De Gaulle, Charles, "Conférence de presse du 23 juillet 1964," *Institut national de l'audiovisuel*, July 23, 1964, https://fresques.ina.fr/de-gaulle/fiche-media/ Gaulle00095/conference-de-presse-du-23-juillet-1964.html.

De Gaulle, Charles, "Mémoires d'espoir, Tome 1. Le Renouveau, 1958-1962," *Plon*, November 1, 1975.

Délégation à l'information et à la communication de la défense, "Revue stratégique de défense et de sécurité nationale 2017," October 2017, pp. 1-109.

Délégation à l'information et à la communication de la défense, "Actualisation stratégique 2021," January 2021, pp. 1-55.

European Commission, "Joint Framework on Countering Hybrid Threats a European Union Response," *EUR-Lex*, April 6, 2016, https://eur-lex.europa. eu/legal-content/EN/TXT/?uri=CELEX%3A52016JC0018.

Fourneris, Cyril and Jade Lévin, "Cyberdéfense: la France étoffe ses troupes, " *L'Express*, September 9, 2021, https://lexpansion.lexpress.fr/high-tech/ cyberdefense-la-france-etoffe-ses-troupes_2158047.html.

Fourneris, Cyril and Jade Lévin, "7 ans après les attentats de 2015, ce qui a changé dans la lutte anti-terroriste," *euronews*, July 6, 2022, https:// fr.euronews.com/2022/06/29/7-ans-apres-les-attentats-de-2015-ce-qui-a-change-dans-la-lutte-anti-terroriste.

Guerriau, Joël and Marie-Arlette Carlotti, "Transformer les ressources humaines des armées: définir un modèle en cohérence avec nos ambitions stratégiques," March 22, 2023, https://www.senat.fr/rap/r22-443/r22-443-syn.pdf.

Jankowiak, Julien, "Agence de l'innovation de défense: 'Mon objectif est d'aller au-delà d'un budget de 1 Md€'," *AEF info*, November 25, 2021, https://www. aefinfo.fr/depeche/660595-agence-de-l-innovation-de-defense-mon-objectif-est-d-aller-au-dela-d-un-budget-de-1-md-emmanuel-chiva.

Jeangène Vilmer, Jean-Baptiste, "The 'Macron Leaks' Operation: A Post-Mortem," *Atlantic Council*, June 2019, https://www.atlanticcouncil.org/wp-content/ uploads/2019/06/The_Macron_Leaks_Operation-A_Post-Mortem.pdf.

Juillot, Eric, "De Gaulle et l'OTAN, 1966: L'épiphanie de la France Libre," December 10, 2020, https://www.les-crises.fr/de-gaulle-et-l-otan-1966-l-epiphanie-de-la-france-libre-par-eric-juillot/#_edn1.

Lagneau, Laurent, "L'ASN4G sera le futur missile des forces aériennes stratégiques," *Zone Militaire*, November 21, 2014, http://www.opex360.com/2014/11/21/lasn4g-sera-le-futur-missile-des-forces-aeriennes-strategiques/.

Le Drian, Jean-Yves, "La Stratégie de défense française à un tournant," *Revue Défense Nationale*, No. 787 (2016), pp. 5-19.

Le marquis de Seignelay, "FOSt: entrée en production des M51.3 ?" *Le Fauteuil de Colbert*, February 12, 2022, https://lefauteuildecolbert.blogspot.com/2022/02/fost-entree-en-production-des-m513.html.

Long, Marceau, Edouard Balladur, and François Léotard, "Livre blanc sur la défense," 1994, pp. 1-164.

Marcron, Emmanuel, "Discours d'Emmanuel Macron pour une Europe souveraine, unie et démocratique," *Élysée*, September 26, 2017, https://www.elysee.fr/emmanuel-macron/2017/09/26/initiative-pour-l-europe-discours-d-emmanuel-macron-pour-une-europe-souveraine-unie-democratique.

Macron, Emmanuel, "Vœux du Président Emmanuel Macron aux Armées," *Élysée*, January 19, 2018, https://www.elysee.fr/emmanuel-macron/2018/01/19/voeux-du-president-emmanuel-macron-aux-armees.

Ministère des Armées, "Rapport au Parlement 2021 sur les exportations d'armement de la France," June 2, 2021, pp. 1-126.

Ministère des Armées, "Les chiffres clé de la défense 2021," December 2021, pp. 1-36.

Pène, François, "Huit pays adhèrent à l'initiative européenne d'intervention d'E. Macron. La lettre d'intention signée," *Bruxelles* 2, June 25, 2018, https://club.bruxelles2.eu/2018/06/huit-pays-adherent-a-linitiative-europeenne-dintervention-demmanuel-macron/.

Pène, François, "Qu'est-ce que le Fonds européen de défense?" August 5, 2022, https://www.touteleurope.eu/l-ue-dans-le-monde/qu-est-ce-que-le-fonds-europeen-de-defense/.

Secrétariat général de la défense et de la sécurité nationale, "Revue stratégique de cyberdéfense," February 2018, pp. 1-167.

Secrétariat général de la défense et de la sécurité nationale, "Revue nationale stratégique 2022," November 2022, pp. 1-55.

Trévidic, Bruno, "Le plan de soutien à l'aéronautique s'est avéré coûteux mais efficace," *Les Echos*, April 22, 2022, https://www.lesechos.fr/industrie-services/air-defense/le-plan-de-soutien-a-laeronautique-sest-avere-couteux-mais-efficace-1403060/.

Vavasseur, Xavier, "Europe's Operation Agénor Reaches Full Operational Capacity," *Naval News*, February 25, 2020, https://www.navalnews.com/naval-news/2020/02/europes-operation-agenor-reaches-full-operational-capacity/.

Vernant, Jacques, "La politique de défense de la France," *Études internationales*, Vol. 3, No. 2 (1972), pp. 131-135.

第 ⑤ 章　俄羅斯的國防戰略：從和解到對抗 *

汪哲仁

壹、前言

　　俄羅斯（俄國）是軍事大國，具先進軍事科技與核武能力，也是目前能和美國在軍事上相抗衡的國家之一。雖然在 1991 年 12 月蘇聯解體後，俄羅斯經歷了一段軍事上較為弱勢期間，但 2008 年普欽（Vladimir Putin）開始軍事改革，俄軍自信已經大為改善，由 2014 年的克里米亞事件與 2015 年空襲敘利亞可證。本文透過俄羅斯於 2014 年所頒布的《俄羅斯軍事準則》（*Военная доктрина Российской Федерации*），以下簡稱《軍事準則》，[1] 與相關的文件探討俄羅斯當前國防戰略思維與實務。本文就俄羅斯國家戰略思維的淵源；前蘇聯時代與俄羅斯時代的國防思維的演進；俄羅斯國防戰略體系與其內容；俄烏戰前俄羅斯國防戰略的實際作為與發展等四個方向進行論述。

貳、俄羅斯國家戰略思維的淵源

　　要瞭解俄羅斯的戰略思維淵源，首先必須要瞭解俄羅斯傳統的世界觀，因普欽受俄羅斯傳統觀念甚深，成為普欽戰略思維的基本元素。俄羅斯的世界觀大概可以分成三部分：

---

* 本文部分內容曾發表於汪哲仁，〈俄羅斯的國防戰略思維〉，《國防情勢特刊》，第 11 期（2021 年 8 月 26 日），頁 83-93。

1 "Военная доктрина Российской Федерации," *Российская Газета*, Декабрь 30, 2014, https://rg.ru/2014/12/30/doktrina-dok.html.

一、彌賽亞情懷

俄羅斯的「彌賽亞情懷」可以追溯至莫斯科取代拜占庭帝國成為「第三羅馬」（Third Rome）開始，[2]「第三羅馬」讓莫斯科成為君士坦丁堡淪陷後唯一傳承東正教的國家，其目標不僅是建立最強大的國家，且成為純粹基督教教義下最「公義」（Just）的國家，以提升莫斯科在政治與宗教上擴張的正當性。[3] 由於夾在基督教與鄂圖曼回教帝國之間，為其帶來宗教上的特異性與使命感；此一「莫斯科—第三羅馬」的概念在領土方面的影響使莫斯科有了統一並「拯救」中歐和東歐的斯拉夫基督教國家的正當性與使命感，後來也逐漸發展成俄羅斯拯救敗壞基督教世界的彌賽亞主義。該主義於 19 世紀配合「東方主義」（Orientalization of the Empire），將基督教文明向東推展至中亞地區的使命感，所造成結果是 1850 年代中亞區域納入俄羅斯帝國的版圖。

彌賽亞主義並沒有隨著 1917 年十月革命而消失。布爾什維克黨人（Bolsheviks）將之重新利用與制定為俄羅斯戰略思想的基石之一，成為俄羅斯政治文化的意識形態。國家控制和集權、官僚體制和威權主義都是沙皇與蘇維埃政權的主要體制特徵，只是沙皇專制和東正教則被一黨專制和馬克思主義教條所取代，[4] 雖然政治體制改變了，但是戰略思維卻被延續下來。

二、不安全感

另外一個對於俄羅斯戰略思維有長遠影響的是俄羅斯基於地理環境所帶來的不安全感。俄羅斯的地理位置夾在歐、亞廣袤的平原中帶來了被敵對勢力包圍的不安定感。過去蒙古統治、拿破崙 1812 年攻破莫斯科，以

2　伊凡三世迎娶拜占庭帝國最後一位皇帝 —— 君士坦丁十一世 —— 的姪女蘇菲亞為妻，以及採用「雙頭鷹」的標誌之後，莫斯科是「第三羅馬」這個概念開始被廣泛使用。

3　Elena M. Perrier, *The Key Principles of Russian Strategic Thinking* (IRSEM, Institut de recherche stratégique de l'École militaire, 2014), pp. 8-9.

4　*Ibid.*, pp. 15-18.

及二次大戰期間希特勒進攻莫斯科都為俄羅斯烙下深刻的印象，也就是這種不安全感讓俄羅斯認為必須要有緩衝區的存在，也合理化其向外擴張的軍事行動。帝俄時期的領土擴張可說是它繼承東正教所帶來的正當性與使命感，再加上地理環境所帶來的不安全感所致。

三、自我認同危機

前蘇聯解體再次為俄羅斯帶來自我身分認同危機，造成其擺盪在親西方與反西方之間。1989 年戈巴契夫提出以「歐洲共同家園」（Common European Home）取代過去蘇聯與西歐在意識形態與軍事上的對抗，轉變成主權和經濟上相互依存的概念。這種倒向西方的戰略思想在解體後成為主流，以葉爾欽（Boris Yeltsin）的首任外交部部長科濟列夫（Andrei Kozyrev）為代表性人物，[5] 直到 1999 年西方不顧俄羅斯反對，進行北約東擴、轟炸南斯拉夫與科索沃獨立公投等壓縮俄羅斯傳統勢力範圍的動作，導致傳統戰略思維抬頭，開始擺回傳統對抗路線。雖然 2000 年普欽上臺後，初期基本的做法還是試圖保持與美國友好態度，如「911 事件」後協助美國進行中亞的反恐行為，然而 2004 年北約再度東擴以及烏克蘭的橘色革命顯示美國並不打算對俄羅斯做出太多讓步。2007 年普欽在慕尼黑安全會議對美國單邊主義的強烈抨擊，可以說是美俄戰略合作關係的正式分道揚鑣，俄羅斯完全回到傳統反西方路線；隨後，在 2008 年發生俄羅斯與喬治亞的衝突。

參、俄羅斯國防思維的演進

在瞭解俄羅斯國家戰略思維的根源後，本節分析當前俄羅斯當局國防戰略的思維內容。由於俄羅斯承襲蘇聯政治、經濟與軍事的遺緒，本節將分蘇聯時期與俄羅斯時期兩部分來探討。

5　俄羅斯這種親西方的外交政策一般稱為「葉爾欽—科濟列夫主義」（Yeltsin-Kozyrev Doctrine）。

一、二戰後蘇聯時期

　　蘇聯時期軍事戰略的演進大致可以分成三個時期。戰後 1950 年代，因為核武器的出現，軍事和軍事科學發展進入了一個質的新階段。在此期間，蘇聯軍方開始形成必須在戰略進攻性武器上實現與美國平起平坐的觀點，也就是軍事戰略均勢論。蘇聯軍事領導人、軍事理論家，包含兩位蘇聯元帥比留佐夫（Сергей С. Бирюзов）與馬利諾夫斯基（Родион Я. Малиновский），皆抱持蘇聯要在經濟、科學和技術成功，讓蘇聯不僅在戰略武器生產迎頭趕上，並且要超過美國。[6]

　　1950 至 1960 年代，由於敵對的力量由陸軍大國 —— 德國，轉變為距離遙遠的英國與美國。美國與英國也開始著重於重型轟炸機的作戰概念，因此長程航空打擊能力的重要性提升。為了回應美國的 B-47 和 B-2 轟炸機，蘇聯推出三種轟炸機：中程 Tu-16、洲際的 Tu-95 和 M-4，主打核飛彈戰爭。但是蘇聯並沒有滿足於戰略轟炸機的發展，也愈來愈重視攜核飛彈的研發。在遠程轟炸與長程核彈的基礎上發展了軍事戰略均勢論。[7]

　　此外，均勢論的思維也造成了另一個影響 —— 赫魯雪夫的單方面裁軍。從 1953 年 3 月到 1958 年 12 月，蘇聯武裝力量減少了 170 萬人，從 530 萬人減少到 360 萬人。由於蘇聯將核戰爭視為「短期」甚至「閃電式」作戰的觀點，也就是戰略核力量的威力直接影響任何戰爭的進程和結果，繞過中間傳統作戰的階段，當核戰開打後，戰爭將很快結束。赫魯雪夫聲稱由於蘇聯裁軍，是因為蘇聯已經將其核力量擴大到一定程度，使得龐大的常備部隊變得不是那麼需要。[8] 這種思維具有某種均勢論的思維，也就

6　Т.А. Лебедев и С.В. Постников, "Отечественная Философская Мысль о Войне, Армии и Воинском Долге," XIII Международная студенческая научная конференция, 1995, https://scienceforum.ru/2021/article/2018027200.

7　Алексей Фененко, "После Победы," Российский совет по международным делам (РСМД), мая 8, 2019, https://russiancouncil.ru/analytics-and-comments/analytics/posle-pobedy/; Т.А. Лебедев и С.В. Постников, "Отечественная Философская Мысль о Войне, Армии и Воинском Долге," XIII Международная студенческая научная конференция, 1995, https://scienceforum.ru/2021/article/2018027200.

8　Roger R. Reese, *The Soviet Military Experience: A History of the Soviet Army*, 1917-1991 (London and New York: Routledge, 2000), p. 140.

是，因為蘇聯的核武夠強大，足以消弭蘇聯即便裁軍後的部隊員額與西方具有相當的差異。

1969 年尼克森總統推動「緩和」（Détente）政策，以談判代替對抗，包括定期舉行元首會議和就軍備控制及其他雙邊協議進行談判。美國的軍事戰略對等政策也導致蘇聯軍事理論觀點的重大調整。許多軍事專家開始明白發動核戰是不可能的。蘇聯軍政領導層正式宣布放棄在戰略進攻性武器的發展上尋求優勢後，美蘇兩強關係從緊張對立漸趨緩和，也簽訂了《赫爾辛基協議》（Helsinki Final Act）與戰略武器限制談判等。然而這「緩和」政策在 1979 年蘇聯進軍阿富汗後戛然而止。

在「緩和」政策下，軍事重心重回傳統作戰的準備，而縱深作戰重回國防戰略的重心，但兩個軍事問題成為關注的焦點：（一）向敵方作戰編隊的整個縱深實施火力打擊；（二）地面部隊更充分地利用空中武裝力量。

在 1970 年代，蘇聯國防部副部長帕夫羅斯基（Иван Г. Павловский）將軍的領導下，對「縱深進攻行動」的理論進行了修訂：透過地面部隊與可用資源的相互作用以及地面部隊與其他類型武裝部隊的相互作用，以確保對敵人作戰編隊的整個縱深進行進攻，他將縱深操作的深度擴展到 300 甚至 400 公里。這種行動設想的目的是希望能夠發動比二次大戰的「衛國戰爭」（德蘇戰爭，1941～1945）最後階段更快速、更深入的戰略進攻到西德或荷比盧三國。為了達成快速跨越縱深，需要將部分地面武裝部隊轉移到敵人的防禦區之外，這代表空降部隊在未來戰爭中需承擔著關鍵的地位。於是在 1970 年代後期「作戰機動群」（оперативных маневренных групп, ОМГ）的概念被納入蘇聯軍隊的戰略學說。這種想法也受到蘇聯總參謀長奧加科夫（Н. В. Огарков）元帥的支持。奧加科夫更將縱深作戰理論概念進一步現代化，提出透過現代化高精準武器和非核航空技術來分擔過去在戰爭行動中分配給核武器的打擊及嚇阻任務。[9]

9　Алексей Фененко, "После Победы," Российский совет по международным делам (РСМД), мая 8, 2019, https://russiancouncil.ru/analytics-and-comments/analytics/posle-pobedy/.

　　1985 年，戈巴契夫上臺後，為了阻擋蘇聯共產主義經濟與社會的瓦
解，對內推動「改革」（Perestroika）和「開放」（Glasnost）政策，對外
則推動「新思維」（New Thinking），一改過去與西方對抗思路，並且在
軍事上採取收縮政策，因為受制於經濟停滯，從阿富汗撤軍勢不可免。在
此合作的氛圍下，蘇聯的軍事戰略方針有了明顯的改變。它的基本原則是
屬於防禦性的，將整體部隊數量減少到最低，直到可以阻止侵略即可，也
就是「防禦充分性」（Defensive Sufficiency），此時的做法基本上讓蘇聯
的戰略思維轉向「純粹防禦」的性質。戈巴契夫這種減少開支的做法，主
要是讓蘇聯軍隊不那麼具有威脅性，從而進一步減輕國防負擔。在避免戰
爭方面，戈巴契夫提出五不原則；[10] 在避免核戰方面則積極與美國談判簽
署《中程飛彈條約》等。

二、俄羅斯時期

（一）葉爾欽時代

　　蘇聯解體後，新生的俄羅斯聯邦在葉爾欽的帶領下，維持蘇聯末期與
西方合作的態度。1992 年 2 月葉爾欽與布希總統的大衛營宣言不將彼此
視為對手，並就限武、和平解決區域衝突、反恐反獨達成共識。接著，雙
方在 1992 年 6 月簽署《和平友好憲章》，美俄雙方在民主、國際和平與
安全、經濟等方面發展夥伴關係。[11] 在此情況下，1993 年 11 月俄羅斯推
出首部《關於俄羅斯聯邦軍事準則基本規定》（*Об Основных положениях
военной доктрины Российской Федерации*），[12] 在該準則發布前，新獨
立的俄羅斯並沒有形成自己的軍事戰略，而該準則發布後，基本上也延續

---

10 這五原則是：一、預防戰爭是武裝部隊的主要職能；二、承諾不對任何國家採取軍事行動；
　三、僅在現有邊界之外擊退侵略者的戰略；四、承諾永遠不首先使用核武器；五、拒絕數量
　優勢的概念。參見 U.S. Department of Defense, *Military Forces in Transition* (Washington, D.C.:
　Department of Defense, 1991), p. 10.
11 畢英賢（主編），《俄羅斯》（臺北：政大國關中心，1995 年），頁 176；畢英賢，〈美俄
　關係的發展趨向〉，《美國月刊》，第 8 卷第 3 期（1993 年 3 月），頁 5。
12 1993 年版的學說並沒有完全公布。部分內容參見 "Военная доктрина Российской Федерации
　(полный текст)," http://obg-19.narod.ru/voendoct.htm.

蘇聯末期與西方交好的氛圍，軍事準則被定調為防禦性的。因此並沒有將西方視為對於俄羅斯威脅的來源，反而認為外部威脅首要是對俄羅斯的領土、內政與利益的干預。而來自北約的威脅則僅以「軍事集團和聯盟擴大，損害俄羅斯聯邦的軍事安全」，列在外部威脅的第 4 條。[13]

　　解體後另外一個發展是對於前蘇聯共和國的軍事合作。由於俄羅斯大量刪減軍事預算與裁軍，不僅嚴重限制了維持其蘇聯時期的軍事控制的能力，也難以維持前蘇聯地區軍事與政治的控制力。因此，防止外部勢力入侵前蘇聯範圍成為主要目標，首要任務是在獨立國協內部與其成員國間合作解決集體防禦和安全問題，協調軍事政策和國防建設。而囿於軍力衰退，為了控制前蘇聯地區，俄羅斯致力於三個方向建構：第一，在已有的蘇聯武裝部隊的基礎上，創建獨立國協共同武裝部隊；第二，試圖在前蘇聯加盟共和國之間建立防禦聯盟；第三，努力與前蘇聯加盟共和國達成雙邊協議，將俄羅斯軍隊駐紮在其領土上。

　　俄羅斯為了在前蘇聯加盟共和國之間建立防禦性聯盟，1992 年 5 月在塔什干舉行的獨聯體首腦會議上簽署《獨立國協集體安全條約》（*Договоре О Коллективной Безопасности СНГ*），但是參加的國家少且弱，前蘇聯一些較富裕的國家，如波海三國與烏克蘭，並沒有參加。[14]

　　此外，另外一項具「防禦」性質的準則是放棄首先使用核武器的承諾，這項承諾是繼承了蘇聯自 1982 年開始的不首先使用核武的做法；另外也承諾不對《不擴散核武器條約》（*Treaty on the Non-Proliferation of Nuclear Weapons*）的無核武器締約國使用核武器。雖然在政治層面朝向與西方友好方向發展，但是由於北約持續存在，俄羅斯對於來自北約的威脅感並沒有完全解除。由於俄羅斯解體後經濟實力無法如過去一般花費 15% 至 18% 的軍費支出，在無法進行與北約大規模的常規武器競賽與裁軍的情況下，維持俄羅斯的核威嚇實力以保障俄羅斯免於軍事威脅成為一種必要的方式。核威嚇雖然不將核武視為進攻型的工具，但承擔了遏制戰爭的威嚇工具。

---

13 *Ibid*.

14 Д.В.Ривера, "Расширение НАТО И Россия Анализ Внешней Политики России в 90-е годы," Обозреватель – Observer, No. 2 (2005), pp. 45-52.

為了面對地區性衝突威脅增加，該準則要求俄羅斯武裝部隊朝更小、更輕、機動性更強，具有更高的專業性和更強的快速部署能力發展，以應對局部戰爭的威脅。然而，1994 年第一次車臣戰爭失敗的作戰事實證明，這種改變極難在短期間內實現。

綜上述，1993 年的俄羅斯軍事戰略思維除了防禦性質之外，更加偏重積極防禦的做法。為了強化俄羅斯的國家安全，俄羅斯不得不融入西方經濟，一求擴大經貿合作，二求西方經濟援助，三求降低軍事負擔。因此，如何保持與西方友好關係，又能在傳統武力弱於北約的情況下，確保俄羅斯的國家安全成為主要的考量。1994 年 1 月，北約布魯塞爾峰會正式通過「和平夥伴關係計畫」（Партнерство ради мира），啟動北約東擴。該計畫推動東西歐軍事防務合作，確保中歐和東歐國家與北約進行更深入的全面合作，而無需正式擴大該集團的成員數量，[15] 雖然也把俄羅斯也納入了這一計畫，以緩解俄羅斯對北約東擴的反對程度，但是已經引發俄羅斯的疑慮。1996 年 6 月葉爾欽總統在國家安全咨文中，首度提出「現實遏制」（реалистического сдерживания）的概念。該概念認為雖然俄羅斯不尋求與主要國家在軍備武力數量上的平衡，但是對於應對侵略俄羅斯的野心，將使用各種武裝資源予以遏制，「現實遏制」主要手段為核嚇阻，包含全球層面（戰略核力量）和區域、地方層面（戰術核武器），俄羅斯也將持續保持核大國的地位，以阻卻常規武器或武裝力量對其或其盟友的大規模侵略或核武攻擊。1997 年葉爾欽所發布俄羅斯第一份的國家安全戰略文件 ──《關於批准俄羅斯聯邦國家安全概念》（*Об Утверждении Концепции Национальной Безопасности Российской Федерации*），也將「現實遏制」概念寫入。

除此之外，1997 年版的《關於批准俄羅斯聯邦國家安全概念》也將俄羅斯國內的經濟、社會與恐怖主義列為對國家安全的首要威脅，反映了當時俄羅斯的窘境。在國際威脅上，該文件將某些個別國家或組織想要在

---

15 請參閱北約出版的文件，HATO, *Безопасность посредством партнерства* (Brussels, Belgium, 2005), http://www.nato.int/docu/sec-partnership/sec-partner-rus.pdf.

國際政治、經濟與軍事上削弱俄羅斯的影響力列為主要的危險。此外，俄羅斯也感覺軍事威脅與日俱增，特別是北約的東擴（詳下述）與外國軍事勢力在俄羅斯境內的活動增強，再加上俄羅斯因國防預算不足、國防法令落後、軍事編隊和機構的作戰和戰鬥訓練水準極低、國防軍事工業集團市場萎縮，這些綜合因素導致俄羅斯在軍事領域與西方國家的落差擴大，讓俄羅斯感受到軍事安全威脅。1999 年 3 月 15 日葉爾欽總統批准《俄羅斯聯邦核遏制政策基本原則》，不斷下修使用核武門檻，顯示俄羅斯戰略對核嚇阻的依賴。

　　綜上所述，在葉爾欽時代，俄羅斯的國防戰略思維在不斷適應國際局勢變化下，由「純防禦」逐漸加大核嚇阻的角色而過渡到「積極防禦」，最後以「現實遏制」收尾。

（二）普欽時代

　　2000 年普欽上臺後，[16] 初期的基本做法還是維持與西方合作，2000 年版的《俄羅斯聯邦軍事準則》（以下簡稱《2000 年準則》）開宗明義地認為軍事準則的本質是防禦性的；但不滿西方情緒尚未解除，2000 年版的《俄羅斯聯邦國家安全構想》（以下簡稱《2000 年構想》）對於國家安全威脅雖然指陳俄羅斯外部威脅包含干涉俄聯邦內部事務與在俄周邊國家建立軍事設施，除了原先的因素外，反恐變成與西方合作的重要領域。「911 事件」與 2004 年在俄羅斯南部北奧塞梯共和國發生的貝斯蘭中學的人質事件重新讓俄羅斯與西方有共同的敵人。但是隨著北約不斷地東擴，俄羅斯與西方的緊張程度愈來愈高。雖然俄羅斯在解體初期到 2007 年與西方分道揚鑣之前，俄羅斯整個國家安全的做法是維持與西方和解的態勢，但是解決俄羅斯軍事力量下滑的問題仍然是俄羅斯主政者的重要軍事考量，而軍事改革勢在必行。由於預算資金的缺乏，葉爾欽時期的軍事改革以軍員削減為主，1997 年克里姆林宮通過《關於改革俄羅斯聯邦武裝力量和完

16　由於梅德偉傑夫在位期間基本上處於普欽代理人的性質，所以本文並沒有特別將梅德偉傑夫在位期間的軍事發展另節討論，一併於普欽時期討論。

善其結構的優先措施》，大約刪減了三分之二的地面部隊，[17] 整個俄羅斯軍隊由 400 萬人刪減到 100 萬。

　　普欽在位時期強調恢復過去的光榮，這種想法也呼應在軍事作為。最主要的軍事作為是透過武裝力量的現代化。武器裝備的現代化，不僅可以強化國防力量，同時也振興傳統的軍事工業集團，恢復過去在軍事出口的榮景。

　　武器現代化的方面主要是透過「國家軍備計畫」（Государственная Программа Вооружения, ГПВ）來充實與現代化俄羅斯的軍事裝備。武裝部隊與俄羅斯國防工業之間的互動主要是奠基於 2002 年初由普欽批准第二個 ГПВ「國家武器開發計畫框架」，該計畫的施行時間為 2001 至 2010 年，希望在十年內更換 70% 的過時武器，重點放在高精度系統上。「國家軍備計畫」首期為 1996 至 2005 年，乃葉爾欽總統依據《國防法》所賦予總統的權力。第二期計畫國防部要求 7.5 兆盧布，但政府僅撥款 2.5 兆，而在高通膨與武器研發成本高的情況下，首兩期並無成果。第三期 ГПВ（2007～2015）在高油價的情況下，財政盈餘較多，撥款將近 5 兆盧布，較前一期增加一倍。該計畫裝備了俄羅斯第一個「伊斯坎德爾飛彈」師、S-400 防空系統、為戰略彈部隊裝配新的「白楊 -M」（Тополь-M）彈道飛彈、T-90 坦克等。另外，第三期 ГПВ 首次允許購買外國生產的軍事裝備。[18] 2017 年底通過第四期 ГПВ（2018～2027），總共撥款 20 兆盧布，打造全新武器類型與系統，包含海、陸、空高精準武器、戰略核威嚇力量、無人機、電子戰等，以及「薩爾馬特飛彈」（Sarmat/RS-28）、S-500 防空飛彈系統和鋯石（Zirkon）超高音速飛彈、T-90M 坦克和 T-80BVM。此外，軍工企業採用民間廠商的供應品將在 2025 年達到 30%，2030 年再提高到 50%。[19] 由此可見，打造先進武器以嚇阻西方對於俄羅斯在地緣政治上的壓迫成為普欽在位時最主要的軍事思維與實踐。

---

17 Marcel de Haas, *Russia's Military Reforms – Victory after Twenty Years of Failure?* Clingendael Paper, No. 5 (November 2011), Netherlands Institute of International Relations 'Clingendael', p. 9.

18 Юрий Смитюк, "Государственные Программы Вооружения России. Досье," *ТАСС*, февраля 26, 2018, https://tass.ru/info/4987920.

19 Юрий Смитюк, "'Арматы', 'Сарматы' и 'Цирконы': Каковы Приоритеты Госпрограммы Вооружения до 2027 Года," *ТАСС*, января 30, 2018, https://tass.ru/armiya-i-opk/4911274.

肆、俄羅斯國防戰略的體系與內容

一、俄羅斯國防戰略體系

俄羅斯的國防戰略體系可劃分為四層。範圍由大至小分別為：《俄羅斯聯邦國家安全戰略》（*Стратегия Национальной Безопасности Российской Федерации*，以下簡稱「國家安全戰略」）、「國防政策」、俄羅斯《軍事準則》（*Военная Доктрина Российской Федерации*，以下簡稱《軍事準則》）、「軍事戰略」等四種層次。[20]

（一）國家安全戰略

「國家安全戰略」乃俄羅斯對於國家安全問題的最高綱領與基本依據，其前身為《俄羅斯聯邦國家安全概念》（*Концепцию Национальной Безопасности Российской Федерации*），安全概念歷經多次修正（1993、1997、2009），2010 年改名為《安全法》（*О Безопасности*），2014 年克里米亞事件後，修訂為《俄羅斯聯邦戰略規劃》（*О Стратегическом Планировании В Российской Федерации*）。

（二）國防政策

「國防政策」是國家總政策的組成部分之一，直接關係到軍事組織的建立、軍事手段的準備和使用，以實現一定的政治目標，保障國家的軍事安全。其最高目標是確保國家的主權和領土完整。為了達成此一目標，國家、人民和軍隊需準備擊退任何可能的侵略、強化國家軍事力量、發展國防工業以全面提高軍事發展水準。俄國國防政策乃由國家的經濟、政治和其他利益決定，體現在國家安全概念、《軍事準則》和其他文件中。[21]

---

20 肖天亮，《戰略學》（北京：國防大學出版社，2020 年），頁 20。

21 В. И. Лутовинов, "Военная политика Российской Федерации в современных условиях," *Военная Мысль* № 11 (2008), https://militaryarticle.ru/voennaya-mysl/2008-vm/!0095-voennaja-politika-rossijskoj-federacii-v.

（三）軍事準則

「軍事準則」一詞在蘇聯時期的定義有雙重的要義：「社會─政治」和「軍事技術」。「社會─政治」是由政治層面來決定，它對現代戰爭本質的觀點是基於傳統的馬克思列寧主義世界觀，再加上蘇聯國家與社會制度以及軍事組織發展的歷史規律所表達出的軍事政策。雖然政治層面的考量主導俄羅斯《軍事準則》的制定方向，但也必須考量軍事技術的高低是否能夠支持政治層面的決定，而軍事技術則是隨著政治、經濟、科學發展、武裝力量的準備、潛在敵人的變化等方面不斷調整的動態概念。這些調整包含武裝鬥爭的手段，武裝部隊完成使命所需的準備。[22]

換句話說，軍事準則是指「國家在某個時期對未來戰爭的本質、目的和性質，國家和軍隊的戰爭準備以及進行戰爭的方法所持的一整套觀點。它通常規定：將與什麼樣的敵人作戰；國家和軍隊所面臨的戰爭性質與目的，國家和軍隊的任務；為了取得戰爭的勝利需要什麼樣的軍隊及建軍方針；國家戰爭準備的程序；進行戰爭的方法」。[23]

（四）軍事戰略

「軍事戰略」是總結戰爭經驗的基礎上逐漸形成的。[24] 著名的俄羅斯和蘇聯軍事理論家斯維欽（Александр Свечин）稱軍事戰略為「勝利的魔力」、「統帥的指路星」、「戰爭的聖經」。[25] 1990 年代的軍事戰略是「關於現代戰爭性質和以軍事手段防止戰爭的途徑、關於國家和武裝力量對於抗擊侵略的準備、關於進行整個戰爭和戰略規模軍事行動的方法和樣式的

---

22 Edward J. Felker, *OZ Revisited: Russian Military Doctrinal Reform in Light of Their Analysis of Desert Storm* (Thesis, School of Advanced Airpower Studies, Air University, 1994), pp. 9-10.

23 中國人民解放軍軍事科學院編譯，《蘇聯軍事百科全書第一卷》（*Советская Военная Энциклопедия*）（北京：解放軍出版社，1986 年），頁 332-333，轉引自黃柏欽，〈俄羅斯三部「軍事學說」演變發展的戰略意涵〉，《國防雜誌》，第 26 卷第 2 期（2011 年），頁 51。

24 П. Н. Тихоновский, "Военная стратегия как основа военной теории и практики," *Наука и военная безопасность»*, №1 (2003), с. 13-18, https://militaryarticle.ru/nauka-i-voennaya-bezopasnost/2003/11837-voennaja-strategija-kak-osnova-voennoj-teorii-i.

25 俄文原文為：«магией победы», «путеводной звездой полководца», «библией войны»。同上註。

一整套科學知識體系，也是國家領導和最高軍事領導在防止戰爭、使國家和武裝力量做好戰爭準備並在實施軍事行動時領導其抗擊進攻和粉碎入侵者的實踐活動領域」，[26] 所以「防止戰爭」、「準備戰爭」以及「打贏戰爭」是軍事戰略的重點。也就是說，軍事戰略是指國家與軍隊為了擊退侵略，計畫與實施戰略行動的理論與實務做法包含「對未來戰爭性質的評估、國家對戰爭的準備、軍隊的組織方法和作戰方法等」，[27] 如部隊在戰時的操作、後勤補給等。

　　「準備戰爭」期間的軍事戰略原則包含：1. 預測軍事政治和戰略形勢的變化；2. 戰略目標和任務符合發動戰爭所欲達成的政治目標；3. 提前為國家做好戰爭準備，建立戰略儲備和預備；4. 協調所有強力機構（軍、警、安全等部門）在國防問題上的行動；5. 武裝部隊高度的戰鬥和動員準備；6. 保持部隊分組的戰備狀態。[28]

　　在戰爭遂行期間的原則有：1. 保持戰略行動的突然性、果斷性和連續性；2. 協調使用各類武裝力量與作戰武器；3. 對武裝部隊的堅定和持續的領導；4. 對武裝部隊戰略行動的全面支持；5. 奪取和維持戰略主動性；6. 部隊、安全部門和打擊武器的調動。[29]

二、俄羅斯國防戰略內容

　　俄羅斯的《軍事準則》是其軍事思想的具體落實文件，該準則乃俄羅斯政府在軍事準備與軍事作為之觀點。《軍事準則》是一綜合納入《俄羅斯聯邦2020年之前的長期社會經濟發展概念》（*The Concept of the Long-Term Socio-Economic Development of the Russian Federation for The Period up to 2020*）、《俄羅斯聯邦國家安全戰略》（*О Стратегии Национальной Безопасности*

26　《戰略學》（2020年），頁2。

27　肖天亮，前揭書，頁20；"Стратегия Военная," *Министерство обороны Российской Федерации (Минобороны России)*, https://encyclopedia.mil.ru/encyclopedia/dictionary/details.htm?id=14383@morfDictionary.

28　П. Н. Тихоновский,"Военная стратегия как основа военной теории и практики."

29　*Ibid.*

Российской Федерации，以下簡稱《國安戰略》）³⁰、《俄羅斯聯邦外交政策概念》（*The Foreign Policy Concept of The Russian Federation*）、《俄羅斯聯邦至 2020 年期間的海洋準則》（*The Maritime Doctrine of The Russian Federation for the Period up to 2020*），《俄羅斯聯邦至 2020 年之前北極區和國家安全保障的發展戰略》（*The Development Strategy ff the Arctic Zone of The Russian Federation and of the National Security Protection for the Period up to 2020*）以及其他戰略規劃所形成的軍事準備與作為之原則性文件。

（一）安全目標與戰略途徑

　　根據《國安戰略》，俄羅斯國防戰略目標是創造俄羅斯社會經濟發展有利條件，並確保其軍事安全，而國防戰略安全的實現則是依賴三方面：第一，透過戰略嚇阻和預防武裝衝突來實現軍事政策；第二，改善國家軍事機構以及武裝力量部署的形式和方法；第三，提高俄羅斯動員的準備和民防部隊資源的準備。³¹ 因此，俄羅斯在戰略途徑上的選擇以嚇阻為主要的手段，以防止武裝衝突與保持俄國主權與領土完整，且其範圍擴及其部分盟邦，如白俄羅斯等。俄羅斯的戰略嚇阻比核嚇阻範圍要廣，包含政治、經濟、外交、軍事、資訊等各面向的交互作用。故基本上其國防戰略安全主要是透過軍事嚇阻來達成，而軍事戰略嚇阻則是以核嚇阻與維持部隊高水準的備戰準備為主。

（二）軍事風險與威脅

　　雖然俄羅斯認為當前發生大規模戰爭的可能性不高，但是在資訊領域和俄羅斯國內之軍事風險和軍事威脅的趨勢提高。《軍事準則》列舉了 14 種俄羅斯目前所遭受的外部軍事威脅，包含個別國家和地區局勢不穩定、

---

30 "Указ Президента Российской Федерации О Стратегии Национальной Безопасности Российской Федерации," *Официальный Интернет-Портал Правовой Информации*, декабрь 31, 2015, http://pravo.gov.ru/proxy/ips/?docbody=&nd=102385609.

31 《國安戰略》第 33 條。

戰略飛彈防禦系統部署、俄羅斯及其盟邦領土存在武裝衝突或衝突的升級、利用資通訊技術破壞國家主權、政治獨立、領土完整，威脅國際或地區和平、安全與穩定、在俄羅斯鄰國建立威脅俄羅斯利益的政權等，其中北大西洋公約組織（NATO）被列為首位外部軍事威脅。另外該《軍事準則》也列舉了內部軍事風險，如強行改變俄羅斯聯邦憲法制度、國內政經穩定、擾亂國家行政機構、軍事與資通訊設施、恐怖主義、極端主義、種族和宗教仇恨、破壞與保衛祖國有關的歷史、精神和愛國傳統（特別是針對年輕人）。

軍事威脅的來源主要來五方面：第一，軍事或政治局勢急劇惡化，為使用武力創造條件；第二，阻礙俄羅斯國家治理和軍事指揮控制系統（核武與核能設施、飛彈預警、太空監測、化學、製藥和醫療工業設施）的運作；第三，在俄羅斯或其盟國境內建立和訓練非法武裝組織；第四，在與俄羅斯或其盟邦相鄰的國家內進行演習展示軍事力量；第五，個別國家或集團之武裝部隊活動增強，包括動員。

（三）安全同盟關係的建構

根據《軍事準則》，俄羅斯的安全同盟的建構主要是自周邊鄰國向外輻射。其軍事政治合作的主要優先次序依序為：1. 白俄羅斯；2. 阿布哈茲和南奧塞梯；3.「集體安全條約組織」（Collective Security Treaty Organization, CSTO）；4. 獨立國協；5. 上合組織（SCO）；6. 聯合國和其他國際組織。合作的深度也自內而外遞減，例如：白俄羅斯是目前與俄羅斯在軍事安全合作上最密切的國家，根據俄白聯盟的軍事準則，凡對白俄羅斯的攻擊被視為對俄白聯盟的攻擊。在烏克蘭尋求加入歐盟及北約的情況下，白俄羅斯是俄羅斯與北約唯一的緩衝區，對俄羅斯的重要性不言而喻。俄羅斯近年來直接提供資金、裝備與人員給阿布哈茲和南奧塞梯進行軍隊現代化，主要是因為喬治亞依然積極尋求加入北約。[32]

---

32 "Запоздалая модернизация с геополитическим подтекстом," *Эхо Кавказа*, Сентябрь 23, 2019, https://www.ekhokavkaza.com/a/30179760.html.

　　CSTO、SCO 與歐亞經濟聯盟是俄羅斯在中亞安全同盟重要的布建。CSTO 是應對後蘇聯時代中亞周邊地區安全威脅所建立的區域安全合作組織。目前成員國包含亞美尼亞、白俄羅斯、哈薩克、吉爾吉斯、俄羅斯、塔吉克等六國。CSTO 憲章規定成員國不加入其他軍事聯盟且不使用或威脅使用武力為原則，對任一成員國的侵略將被視為對所有成員國的侵略。SCO 除了是軍事合作的平臺外，也是打擊恐怖主義的國際合作場域，有助於降低來自中亞地區分離主義的威脅，而在納入印度與巴基斯坦之後，其影響力更是擴大至整個印太地區。

（四）國家安全的戰略抉擇

　　國家戰略的選擇受制於領導人的目標、政府對於危險的感知、物資條件以及軍事投資對於制敵效果。由於經濟實力與西方有明顯的差距，讓俄羅斯與周邊國家人民普遍嚮往西歐的生活方式，因此透過宗教方式凝聚民眾對於領導階層的向心力。[33] 在國際政治上，俄羅斯試圖藉由能源及集體安全組織，保持其在前蘇聯主要國家的影響力，來重建其地緣政治能量。在軍事上，俄羅斯並無大幅超前北約的軍事實力，但是透過利用傳統武力與核武能力，以嚇阻的方式，重建周邊安全緩衝，以抵抗來自外部的政治與軍事威脅（主要是美國及北約），重新確立自己在世界政治舞臺上是能與美國抗衡的一極，並維持區域霸權的地位。

伍、俄羅斯國防戰略的發展方向

一、強化反北約論述與部署

　　然而由於北約轟炸南斯拉夫與北約東擴，俄羅斯在葉爾欽政府末期的

---

33 傳統上，東正教與國家的關係常被冠以「女僕論」（Handmaiden Thesis），也就是將教會描繪成國家的順從僕人，雖然雙方的核心利益略有不同，但是對於愛國主義則是其共同的價值理念，而普欽也刻意攏絡與東正教牧首關係。參見 Gregory L. Freeze, "Russian Orthodoxy and Politics in the Putin Era," *Carnegie Endowment for International Peace* (February 9, 2017), https://carnegieendowment.org/2017/02/09/russian-orthodoxy-and-politics-in-putin-era-pub-67959.

外交政策就已經出現了改變。葉爾欽政府即便對於西方的作為提出高分貝抗議但仍成效不彰，這正顯示出俄羅斯國際地位的衰退。不僅俄羅斯在中東歐等傳統勢力範圍逐漸受到美歐與北約擠壓而使其國際地位逐漸被邊緣化，西方透過資助前蘇聯地區的反對派侵蝕俄羅斯地緣政治的利益。雖然俄羅斯菁英體認到蘇聯時期的國際霸權地位不再，俄羅斯菁英大多希望其國家能重回世界強國之列，並仍期許在國際政治舞臺上扮演大國角色。於是俄羅斯政治菁英逐漸轉而支持以普利馬可夫（Евгений М. Примаков）為首的傳統斯拉夫派。在普欽上臺前，美俄雙方對於如何安排俄羅斯與歐洲的安全關係提出數個解決方案，但是都無具體結果，直到 1997 年葉爾欽簽下《北約與俄羅斯相互關係、合作與安全的基本文件》，[34] 雙方建立「北約—俄羅斯理事會」（NATO-Russia Council），雖然雙方強調彼此互不視為對手，並承諾要加強合作及對話交流，但俄羅斯對於這樣安排並不滿意。[35]

　　普欽上臺之初，俄羅斯還在震盪療法的餘波中，1998 年的金融危機所帶來的衝擊尚未完全退去。2000 年油價開始上漲所帶來的能源收入，為俄羅斯帶來實質的經濟實力以進行軍事改革。普欽在 2007 年慕尼黑安全會議的講話，是一份重要外交警告，也是終結俄羅斯對於北約合作的分水嶺。他認為，以美國為中心的單極世界是極其危險的，對任何國家都一樣。而以美國為首的北約東擴，甚至是包圍俄羅斯的動作是無法接受的，這不僅擴大美國在歐洲東翼軍事與國際政治影響力，更是以損害俄羅斯戰略利益為代價。

　　如前所述，俄羅斯威脅主要來自於北約。對於反北約作為，俄羅斯不僅持續在論述上給予北約不續存在的理由，更發動軍事作為以保持俄羅斯

34 North Atlantic Treaty Organization, "Founding Act on Mutual Relations, Cooperation and Security between NATO and the Russian Federation Signed in Paris, France, 27 May 1997," *NATO*, https://www.nato.int/cps/en/natohq/official_texts_25468.htm.

35 為了安排歐俄的安全架構，美俄分別提出和平夥伴（Partnership of Peace）與北大西洋合作理事會（North Atlantic Cooperation Council, NACC），法國則提出北約俄羅斯互不侵犯條約（NATO-Russia Nonaggression Pact），以取代北約東擴。參見 Robert H. Donaldson, Joseph L. Nogee, and Vidya Nadkarni, *The Foreign Policy of Russia: Changing Systems, Enduring Interests*, pp. 249-254.

控制鄰近國家的緩衝區。俄羅斯針對北約威脅大致分成三個方面。首先，
作為華沙集團的對手軍事集團，當華沙集團已經解散，北約並無存在的必
要；更何況賦予北約全球職能，不合國際法。雖然北約一直強調其是一個
防禦性的，但是普欽並不這樣認為。在 2007 年的慕尼黑安全會議上，普
欽認為「關於……北約擴張。恰恰與聯合國相反，北約不是一個普遍性組
織……而是軍事與政治同盟！」此外，他所擔憂和反對不僅僅侷限於北約
擴大成員國所帶來的壓力，更包含北約在俄羅斯邊境的軍事壓力。他質問
北約「為什麼……有必要在我們的邊界上建立軍事基礎設施？」[36] 顯示北
約東擴不僅帶來國際政治包圍，也帶來對俄羅斯的軍事安全疑慮。

其次，俄羅斯對「西方曾口頭承諾蘇聯，北約不在東德駐軍以換取兩
德統一，而後食言東擴」一事，強烈反對至今。[37] 普欽認為北約之所以東
擴，是因為西方「主宰」（царствовать）的慾望強過於和平共存的想法，
雖然實體的柏林圍牆倒塌了，西方心理上無形的柏林圍牆不僅沒有消失，
反而是往東移了。如果北約遵守 1990 年東西德統一時所提出的方案，不
東擴或是成立一個美國與俄羅斯都加入的新歐洲聯合團體，目前北約與俄
羅斯對峙氣氛就不會愈演愈烈。[38] 也就是說，普欽認為由於俄羅斯在蘇聯
解體後並沒有採取任何動作，甚至北約已將其前線部隊部署到其邊界上，
俄羅斯還是繼續嚴格履行《歐洲常規武裝力量條約》，因此俄羅斯與北約
關係緊張，全是因北約東擴所造成的結果。[39]

---

36 Ted Galen Carpenter, "Did Putin's 2007 Munich Speech Predict the Ukraine Crisis?" *CATO Institute*, January 24, 2022, https://www.cato.org/commentary/did-putins-2007-munich-speech-predict-ukraine-crisis.

37 有關西方是否曾承諾蘇聯北約不東擴，已成為一樁國際政治的羅生門，雖然雙方各持己見，但就克裡姆林宮角度而言，西方食言是雙方關係惡化的原因之一。有關雙方爭執的歷史請參見 Mike Eckel, "Did the West Promise Moscow that NATO Would Not Expand? Well, it's Complicated," *Radio Free Europe/Radio Liberty*, May 19, 2021, https://www.rferl.org/a/nato-expansion-russia-mislead/31263602.html. 有關普欽的看法請參見 "Vladimir Putin's Annual News Conference," *Президент России*, December 17, 2020, http://kremlin.ru/events/president/news/64671.

38 "Путин: расширение НАТО позволило уйти от формата отношений времен 'холодной войны'," *ТАСС*, января 11, 2016, https://tass.ru/politika/2576901.

39 "Speech and the Following Discussion at the Munich Conference on Security Policy," *President Russia*, February 10, 2007, http://en.kremlin.ru/events/president/transcripts/24034.

最後，烏克蘭與喬治亞加入北約的問題。在 2008 年 4 月的俄羅斯—北約峰會上，普欽公開說，如果烏克蘭加入北約，這將被俄羅斯視為直接的威脅，將摧毀烏克蘭，並稱烏克蘭「不是一個國家」，「烏克蘭西部屬於東歐，而烏克蘭東部是『我們的』」；「如果烏克蘭真的加入北約，俄羅斯將把烏克蘭東部及克里米亞半島分離出來，納入俄羅斯，而烏克蘭將不再成為一個國家」。[40]

二、發展戰略嚇阻能力

俄羅斯部隊平時主要任務之一是確保戰略嚇阻能力，包含核武與非核武部分。[41] 長久以來，核嚇阻是俄羅斯戰略嚇阻的基礎與核心，「核武仍將是防止爆發涉及使用常規武器（大規模戰爭或地區戰爭）的核子軍事衝突的重要因素」。[42] 維持水準以上的核嚇阻能力至關重要。截至 2020 年 12 月中旬，俄軍現代核武器裝備的比例超過 86%，預計在 2021 年底達到 88.3%。[43] 2021 年俄羅斯大約有 4,500 枚核彈頭，在已部署的 1,600 枚中，陸基飛彈約有 800 枚，潛射飛彈約 600 枚，重型轟炸機亦部署約 200 枚。[44]

非核武部分大致可以分成傳統武器與近年來積極發展的極音速武器與核動力水下無人載具（Unmanned Undersea Vehicles）。俄羅斯近年來發展的極音速（Hypersonic）飛彈 ——「鋯石」（3M22 Zircon）與「匕首」（Kh-47M2 Kinzhal），是俄羅斯武器發展最優先項目之一，其目的在破

---

40 "Putin Warns Nato Over Expansion," *The Guardian*, April 4, 2008, https://www.theguardian.com/world/2008/apr/04/nato.russia; "Talking Tough," *DW*, April 11, 2008, https://www.dw.com/en/russia-talks-tough-in-response-to-natos-eastward-expansion/a-3261078; Stephen Blank, "Commentary: Russia Versus NATO in The CIS," *Radio Free Europe/Radio Liberty*, May 14, 2008, https://www.rferl.org/a/1117479.html.

41 《軍事準則》第 32 條。

42 《軍事準則》第 16 條。

43 "Expanded Meeting of the Defence Ministry Board," *President Russia*, December 21, 2020, http://en.kremlin.ru/events/president/news/64684.

44 Hans Kristensen and Matt Korda, "Russian Nuclear Weapons, 2021," *Bulletin of the Atomic Scientists*, Vol. 77, No. 2 (March 2001), pp. 90-91.

解西方的飛彈防禦網。[45] 若裝載在艦艇或岸邊，在半徑 300 至 400 公里內的敵方艦艇面對該飛彈快速攻擊恐難反應，成為反介入／區域拒止的利器。然而，關於俄羅斯的超高音速武器是否真能穿透飛彈防禦系統，眾說紛紜。[46]

在核動力無人水下載具方面，俄羅斯發展的「海神」（*Poseidon*，北約代號 *Kanyon*）靠著迷你核子推進系統，理論上沒有射程限制，最高時速可達 200 公里，可攜帶相當 200 萬噸（Megaton）炸藥的小型核彈頭。難以追蹤乃「海神」帶來的最大威脅，平時可隱藏在敵對國家附近海域，俄羅斯一旦被攻擊，俄方可立即進行反擊。

三、拓展國際安全與軍事合作空間

除了上述 CSTO、SCO 等區域性安全與軍事組織之外，俄羅斯目前對抗美國攻勢最重要的合作夥伴當屬中國。中俄戰略合作雖然沒有同盟之名，但是其合作深度與廣度則不遑多讓。俄羅斯總統普欽曾暗示，俄中有結成軍事同盟的可能，但目前無結盟必要。[47] 自從 2001 年中俄簽訂《中俄睦鄰友好合作條約》解決中俄邊境爭議後，中俄間軍事合作有長足進展，特別是在 2014 年克里米亞事件與川普發動美中對抗後，加深雙方軍

---

45 「鋯石」速度可達 8-9 馬赫，可以在潛艦、水面艦與陸上發射；「匕首」速度可達 10-12 馬赫，從戰機或轟炸機上發射。有關俄羅斯極音速飛彈的發展，參見 Alexander Bratersky, "Two Down, More to Go? With Hypersonic Weapons Already in the Field, Russia Looks to Improve Features," *Defensenews*, March 15, 2021, https://www.defensenews.com/global/europe/2021/03/15/two-down-more-to-go-with-hypersonic-weapons-already-in-the-field-russia-looks-to-improve-features/.

46 一般而言，超高音速飛彈的定義主要有二，首先是速度必須超過 5 馬赫，其次是要能控制其巡航軌跡。部分報導認為俄羅斯「匕首」飛彈僅是伊斯坎德爾飛彈的空射改良型。2023 年 5 月 4 日，烏克蘭宣稱成功以愛國者飛彈攔截到「匕首」，但也有部分報導認為被擊落的飛彈並非「匕首」。參見〈俄羅斯的「匕首」，到底算不算是一枚真正的「高超音速導彈」？〉，《騰訊網》，2022 年 4 月 10 日，https://new.qq.com/rain/a/20220410A08V8A00；〈俄軍「匕首」高超音速武器，被愛國者導彈擊落，到底是誰在撒謊？〉，《新浪網》，2023 年 5 月 13 日，https://k.sina.com.cn/article_1403915120_53ae0b70019016res.html?from=mil。

47 〈俄羅斯回應「中俄結盟」說 專家點評中俄聯盟與美國的軍力高下〉，《BBC 中文網》，2020 年 10 月 27 日，https://www.bbc.com/zhongwen/trad/world-54710027。

事合作。2019 年雙方關係提升為「新時代全面戰略協作夥伴關係」。中俄目前軍事合作機制可分為高階軍事官員定期互訪、雙邊與多邊聯合軍事演習、先進武器銷售與軍事技術合作、軍事教育合作等。2017 年 6 月，俄中達成「2017～2020 年軍事合作行動和路線圖」三年計畫，包括在核嚇阻領域進行合作。[48] 中俄加強軍事戰略合作之進展神速，背後主要是由國防部部長紹伊古推動。

　　俄羅斯領土東西橫跨 11 時區，在亞洲與歐洲所面臨的安全威脅不同。除了與日本有北方四島領土爭議之外，俄羅斯與其他亞洲鄰國關係並不緊張。雖然普欽與日本前首相安倍（Abe Shinzo）致力推動經濟與人道合作與和平協議的簽署，但是莫斯科與東京之間缺乏足夠信任跨越鴻溝。即便普欽一度曾經認同 1956 年《日蘇共同宣言》的「兩島先行」方案，但是日方無法提出讓俄羅斯相信美國在兩島歸還後不會利用《美日安保條約》在兩島進行軍事作為而胎死腹中。即便如此，雙方並不互相構成安全威脅。

陸、結語

　　就長期觀點來看，俄羅斯從帝國時期就採軍事擴張做法，彼得大帝與凱薩琳大帝就是最好的例子。背後驅動的力量是東正教的彌賽亞情懷與不安全感，但是蘇聯解體後，受限經濟實力衰退，軍備規模減縮造成軍事實力下滑落後，無法與西方抗衡，戈巴契夫與葉爾欽時代皆出現與西方合作的氛圍，但是由於普欽掌權後，油氣收入讓國家經濟實力好轉，再加上北約多次向東擴張，與在俄羅斯邊界部署飛彈，使得俄羅斯倍感西方軍事壓力，國家安全戰略逐漸由親西方轉向與西方抗衡的傳統做法，其國防戰略思維亦回到對抗的做法。

　　由於俄羅斯目前在國際政治與經濟等實力無法與西方抗衡，故其做法以強化反北約的論述來達成其軍事反制的合理性，在國防軍備的發展上，

---

48 蒙克，〈俄中軍事聯手令解放軍獲益，分析稱將降低武統臺灣的門檻〉，《BBC 中文網》，2019 年 8 月 22 日，https://www.bbc.com/zhongwen/trad/chinese-news-49438327。

以戰略嚇阻和預防武裝衝突來達成國家發展及維護國家主權與安全的目的。在國際軍事合作上則是聯合周邊國家與集團，為本身的勢力範圍築起一道安全的緩衝區。而這些發展歷經多年的對抗後，終於在 2022 年 2 月 24 日爆發「俄烏戰爭」，這場戰爭會為俄羅斯未來的國防戰略帶來何種衝擊，將是未來研究的重要議題。

參考文獻

一、中文部分

〈俄軍「匕首」高超音速武器，被愛國者導彈擊落，到底是誰在撒謊？〉，《新浪網》，2023 年 5 月 13 日，https://k.sina.com.cn/article_140391512 0_53ae0b70019016res.html?from=mil。

〈俄羅斯的「匕首」，到底算不算是一枚真正的「高超音速導彈」？〉，《騰訊網》，2022 年 4 月 10 日，https://new.qq.com/rain/a/20220410A08V8A00。

肖天亮，《戰略學》（北京：國防大學出版社，2020 年）。

畢英賢（主編），《俄羅斯》（臺北：政大國關中心，1995 年）。

畢英賢，〈美俄關係的發展趨向〉，《美國月刊》，第 8 卷第 3 期（1993 年），頁 1-11。

黃柏欽，〈俄羅斯三部「軍事學說」演變發展的戰略意涵〉，《國防雜誌》，第 26 卷第 2 期（2011 年），頁 50-69。

蒙克，〈俄中軍事聯手令解放軍獲益，分析稱將降低武統臺灣的門檻〉，《BBC 中文網》，2019 年 8 月 22 日，https://www.bbc.com/zhongwen/trad/chinese-news-49438327。

二、外文部分

"Expanded Meeting of the Defence Ministry Board," *President Russia*, December 21, 2020, http://en.kremlin.ru/events/president/news/64684.

"Putin Warns Nato Over Expansion," *The Guardian*, April 4, 2008, https://www.theguardian.com/world/2008/apr/04/nato.russia.

"Speech and the Following Discussion at the Munich Conference on Security Policy," *President Russia*, February 10, 2007, http://en.kremlin.ru/events/president/transcripts/24034.

"Talking Tough," *DW*, April 11, 2008, https://www.dw.com/en/russia-talks-tough-in-response-to-natos-eastward-expansion/a-3261078.

"Vladimir Putin's Annual News Conference," *Президент России*, December 17, 2020, http://kremlin.ru/events/president/news/64671.

"Военная доктрина Российской Федерации (полный текст)," http://obg-19.narod.ru/voendoct.htm.

"Военная доктрина Российской Федерации," *Российская Газета*, Декабрь 30, 2014, https://rg.ru/2014/12/30/doktrina-dok.html.

"Запоздалая модернизация с геополитическим подтекстом," *Эхо Кавказа*, Сентябрь 23, 2019, https://www.ekhokavkaza.com/a/30179760.html.

"Путин: расширение НАТО не позволило уйти от формата отношений времен 'холодной войны'," *ТАСС*, января 11, 2016, https://tass.ru/politika/2576901.

"Стратегия Военная," *"Стратегия Военная," Министерство обороны Российской Федерации (Минобороны России)*, https://encyclopedia.mil.ru/encyclopedia/dictionary/details.htm?id=14383@morfDictionary.

"Указ Президента Российской Федерации О Стратегии Национальной Безопасности Российской Федерации," *Официальный Интернет-Портал Правовой Информации*, декабрь 31, 2015, http://pravo.gov.ru/proxy/ips/?docbody=&nd=102385609.

Blank, Stephen, "Commentary: Russia Versus NATO in The CIS," *Radio Free Europe/Radio Liberty*, May 14, 2008, https://www.rferl.org/a/1117479.html.

Bratersky, Alexander, "Two Down, More to Go? With hypersonic Weapons Already in the Field, Russia Looks to Improve Features," *Defensenews*,

March 15, 2021, https://www.defensenews.com/global/europe/2021/03/15/two-down-more-to-go-with-hypersonic-weapons-already-in-the-field-russia-looks-to-improve-features/.

Carpenter, Ted Galen, "Did Putin's 2007 Munich Speech Predict the Ukraine Crisis?" *CATO Institute*, January 24, 2022, https://www.cato.org/commentary/did-putins-2007-munich-speech-predict-ukraine-crisis.

Donaldson, Robert H., Joseph L. Nogee, and Vidya Nadkarni, *The Foreign Policy of Russia: Changing Systems* (Enduring Interests, Routledge, 2018).

Eckel, Mike, "Did the West Promise Moscow that NATO Would Not Expand? Well, it's Complicated," *Radio Free Europe/Radio Liberty*, May 19, 2021, https://www.rferl.org/a/nato-expansion-russia-mislead/31263602.html.

Felker, Edward J., *OZ Revisited: Russian Military Doctrinal Reform in Light of Their Analysis of Desert Storm* (Thesis, School of Advanced Airpower Studies, Air University, 1994).

Freeze, Gregory L., "Russian Orthodoxy and Politics in the Putin Era," *Carnegie Endowment for International Peace* (February 9, 2017), https://carnegieendowment.org/2017/02/09/russian-orthodoxy-and-politics-in-putin-era-pub-67959.

Haas, Marcel de, *Russia's Military Reforms – Victory after Twenty Years of Failure?* Clingendael Paper No. 5 (November 2011), Netherlands Institute of International Relations 'Clingendael'.

Kristensen, Hans and Matt Korda, "Russian Nuclear Weapons, 2021," *Bulletin of the Atomic Scientists*, Vol. 77, No. 2 (March 2001).

North Atlantic Treaty Organization, "Founding Act on Mutual Relations, Cooperation and Security between NATO and the Russian Federation Signed in Paris, France," *NATO*, May 27, 1997, https://www.nato.int/cps/en/natohq/official_texts_25468.htm.

Perrier, Elena M., *The Key Principles of Russian Strategic Thinking* (IRSEM, Institut de recherche stratégique de l'École militaire, 2014).

Reese, Roger R., *The Soviet Military Experience: A History of the Soviet Army*, 1917-1991 (London and New York: Routledge, 2000).

U.S. Department of Defense, *Military Forces in Transition* (Washington, D.C.: Department of Defense, 1991).

Лебедев, Т.А. и С.В. Постников, "Отечественная Философская Мысль о Войне, Армии и Воинском Долге", *XIII Международная студенческая научная конференция*, 1995, https://scienceforum.ru/2021/article/2018027200.

Лутовинов, В. И.,"Военная политика Российской Федерации в современных условиях," Военная Мысль № 11 (2008), https://militaryarticle.ru/voennaya-mysl/2008-vm/10095-voennaja-politika-rossijskoj-federacii-v.

НАТО, *Безопасность Посредством Партнерства.* (Brussels, Belgium, 2005), http://www.nato.int/docu/sec-partnership/sec-partner-rus.pdf.

Ривера, Д. В., "Расширение НАТО И Россия Анализ Внешней Политики России в 90-е годы," *Обозреватель – Observer*, No. 2 (2005).

Смитюк, Юрий, "'Арматы', 'Сарматы' и 'Цирконы': Каковы Приоритеты Госпрограммы Вооружения до 2027 Года," *ТАСС*, января 30, 2018, https://tass.ru/armiya-i-opk/4911274.

Смитюк, Юрий, "Государственные Программы Вооружения России. Досье," *ТАСС*, февраля 26, 2018, https://tass.ru/info/4987920.

Тихоновский, П. Н., "Военная стратегия как основа военной теории и практики," *Наука и военная безопасность*, №. 1 (2003), https://militaryarticle.ru/nauka-i-voennaya-bezopasnost/2003/11837-voennaja-strategija-kak-osnova-voennoj-teorii-i.

Фененко, Алексей, "После Победы," *Российский совет по международным делам (РСМД)*, мая 8, 2019, https://russiancouncil.ru/analytics-and-comments/analytics/posle-pobedy/.

龔祥生、梁書瑗

壹、前言

習近平上任後，中共對外路線益發強硬。中國透過各種遊走於軍事與非軍事邊界的行動擾動區域各國的敏感神經，不只顯露出捍衛自身核心利益的姿態，也對外傳遞出中國往前逼近、不畏衝突的訊號。外界又該如何理解目前中共轉向強勢的軍事或準軍事行為呢？習近平上任後雖在國防戰略上仍採「積極防禦」一說，但本文認為，「積極防禦」的內涵在習近平任內已不同於以往。本文試圖從中共調整對國家內、外部安全情勢的判斷，以及領導人排除軍隊內部阻力等兩點著手說明「積極防禦」的轉向。

自改革開放後，中共領導人對國家內、外部安全情勢的判斷主要歷經兩階段調整，且國防戰略也隨之改變。首先，進入 1980 年代，中共高層對於外部安全情勢的觀點為，國際情勢朝和平發展才是主流，冷戰時期隨時爆發全面戰爭的恐懼已經過去，對中寬鬆於彼時成為中國外部情勢的主旋律。在此階段的內部情勢則圍繞著以經濟工作為重心，積極利用外部對中寬鬆的情勢，謀取國家經濟發展，設法走出文革所造成的經濟困局。然而，隨著天安門事件爆發，西方國家「和平演變」中國的意圖，對中共而言卻有如芒刺在背。因此，中共在該階段不但積極融入國際秩序，同時也加以防範以美國為首的外部勢力。此階段的國防戰略為「積極防禦」，開始突出一、從毛時代的「誘敵深入」、「戰略退卻」調整為縮小衝突規模與「前進防禦」，側重於在局部戰場上打擊有限的目標，減緩毀壞經濟生產力的幅度；[1] 二、突出防禦守勢的重要性，以「後發制人」的立場嚇阻敵人來犯；三、強化軍隊現代化、資訊化與聯合作戰的能力。

---

* 本文部分內容曾發表於龔祥生、梁書瑗，〈中國的國防戰略思維〉，《國防情勢特刊》，第 11 期（2021 年 8 月 26 日），頁 21-30。

1 M. Taylor Fravel, *Active Defense: China's Military Strategy since 1949* (Princeton, NJ: Princeton University Press, 2019), p. 139.

　　其次，隨著習近平上任，中共開始對中國的各項發展顯露躊躇滿志的姿態，「中華民族偉大復興」將是指日可待的未來。就內部情勢而言，中國歷經江、胡兩代經濟高速發展，對全球經濟影響力日益增加，更在習近平任內完成農村「脫貧」，「全面建成小康社會」的使命，[2] 中國正在崛起已是不爭的事實。就外部情勢而言，目前中國遭逢美國修正對華政策，而走向「百年未有之大變局」。以美國為首的西方諸國日漸對中國在經濟發展模式、人權狀況，甚至是黨國體制等面向興起許多質疑的聲浪，一改改革開放後對中寬鬆的國際情勢。美中對壘的格局已日漸形成，甚至已威脅到中國經濟發展利益，但中共並未就此退縮。習近平屢次在黨內重大會議上鼓勵幹部發揚「鬥爭精神」，更於慶祝百年黨慶的談話裡，提到「拒絕『教師爺』般頤指氣使的說教！中國共產黨和中國人民將在自己選擇的道路上昂首闊步走下去，把中國發展進步的命運牢牢掌握在自己手中！」[3] 綜合上述，目前中共的重點在於，如何在「不利於我」的外部情勢下，提升國家自主性，以及在區域間的影響力與話語權，同時並保持經濟增長、持續擴張國家綜合實力。影響所及，中國第二階段的國防戰略雖仍以「積極防禦」為名，但卻從防禦守勢，轉而側重於建構攻防兼備的能力，試圖在中國領土周邊形成防衛縱深，力圖縮小美軍在東亞對共軍行動的箝制，進而最小化美國在中國周邊的威脅。

2　中共十三大（1987 年 10 月）確立了鄧小平「三步走」現代化發展戰略的構想。第一步：1990 年完成國民生產總值比 1980 年翻一番，解決人民的溫飽問題。此目標已於 1980 年代末期實現。第二步，20 世紀末，國民生產總值比 1991 年再增長一倍，人民生活達到小康水準。第三步：到 21 世紀中葉，人均國民生產總值達到中等發達國家水準，人民生活比較富裕，基本實現現代化。習近平在任內宣稱「脫貧攻堅」成功「全面建成小康社會」，便是意指現代化發展戰略中的第二步基本完成。外界雖然對於中國是否「真脫貧」多所質疑，但對於中共而言，「脫貧攻堅」已取得階段性成果，已進入鞏固「脫貧」成果、杜絕「返貧」的階段。〈黨史百問｜為什麼「三步走」發展戰略是中國實現現代化的路線圖？〉，《共產黨員網》，2022 年 7 月 28 日，https://www.12371.cn/2022/07/28/ARTI1658962595652441.shtml；習近平，〈在全國脫貧攻堅總結表彰大會上的講話〉，《新華網》，2021 年 2 月 25 日，http://www.xinhuanet.com/politics/2021-02/25/c_1127140240.htm。

3　習近平，〈在慶祝中國共產黨成立 100 周年大會上的講話（2021 年 7 月 1 日）〉，《人民網》，2021 年 7 月 2 日，http://paper.people.com.cn/rmrb/html/2021-07/02/nw.D110000renmrb_20210702_1-02.htm。

　　此外，本文認為，習近平時代的國防戰略之所以出現變化，除了受高層菁英對國家內、外部情勢判斷的影響以外，也與領導人掌握軍隊的程度有關。對領導人而言，若要轉變國防戰略，則需提高自身掌握軍隊的程度，以降低軍隊內部阻礙國防戰略改變的風險。如此一來，如何屏除自江澤民時期在軍隊內部遺留下來的「江派」，便為習近平實踐國防戰略改變的第一個課題。

　　對於當前不穩定的兩岸情勢而言，釐清中國國防戰略可提供外界進一步理解中共對外軍事或準軍事行動意圖的基礎架構。下文依序分為三個部分。第一部分將討論的焦點置於習近平時代下中國國防戰略調整的動力；第二部分則闡釋習近平時代下的「積極防禦」；最後則為本文結語。

貳、習近平時代下國防戰略調整的動力

一、文獻檢閱：國防戰略為何出現變化？

　　目前學界用以解釋一國國防戰略為何出現調整的變數主要分有外部因素、內部因素，以及內、外部因素兼顧等三類。首先，在外部因素的層面上，又可再細分為以下二項。第一，現行的國防戰略不足以應付迫切的外部安全威脅。[4] 第二，因應國際政治環境變遷，國家賦予或擴充軍隊新的任務、目標與功能。[5] 例如：一國為保護海外利益或殖民地而調整既有的國防戰略與建軍方向，轉而強調部隊維和的功能，或要求部隊對此發展新的作戰能力、改變作戰準則等。[6]

4　Barry R. Pose, *The Sources of Military Doctrine: France, Britain, and Germany Between the World Wars* (Ithaca, NY: Cornell University Press, 1984), pp. 59-79.

5　Kimberly Marten Zisk, *Engaging the Enemy: Organization Theory and Soviet Military Innovation, 1955-1991* (Princeton, NJ: Priceton University Press, 1993), p. 4.

6　相關文獻可參見 Harvey M. Sapolsky, Benjamin H. Friedman, and Brendan Rittenhouse Green, "The Missing Transformation," in Harvey M. Sapolsky, Benjamin H. Friedman, and Brendan Rittenhouse Green (eds.), *US Military Innovation Since the Cold War: Creation Without Destruction* (New York: Routledge, 2009), pp. 8-9; Barry R. Pose, *The Sources of Military Doctrine: France, Britain, and Germany Between the World Wars* (Ithaca, NY: Cornell University Press, 1984), pp. 59-79.

　　其次，在討論推動國防戰略思維改變的內部因素，則以國防新興科技興起為主。該類論述以擁有豐富技術、資源的先進國家軍隊為例，說明一國雖未面臨立即的外部威脅，但也會因國防科技發展之故（例如：航空母艦、潛艦、歷代戰鬥機、精準武器等），隨之發展出新戰略思維，以及改變既有國防戰略，如戰術戰法、作戰準則與訓練政策，進而改變未來戰場的樣貌。[7] 最後，另有文獻認為，外部或內部任何單一因素都無法全面性地解釋一國國防戰略的轉變。學者以中國為例，說明國際強權的戰略指揮型態與國內政治菁英團結與否此兩變數結合在一起，方能解釋一國國防戰略的演變。[8]

　　然而，前述在討論國防戰略為何演變的論點中，均忽略中共領導人如何判斷國家內、外部安全情勢；以及領導人能否降低軍隊內部針對調整國防戰略所形成的阻力這兩者。首先，政治菁英一旦形成國家內、外部安全情勢的論斷，隨之便將確立何為國家外部威脅與國家利益，其後不只外交、經濟、社會政策深受其影響，就連國防戰略也不例外。共軍將領劉華清（上將軍銜，曾任中共中央政治局常委、軍委副主席及共軍海軍司令員）在 1993 年 6 月中央軍委召開的作戰會議上除了要求高階將領對國家興亡要有責任感，要注意研究國際情勢，並強調軍隊要在大局下行動，軍事鬥爭一定要慎重行事，服從國家的政治、經濟、外交政策，從國家總體利益出發。[9]

　　再者，當一國的國防戰略轉變，整體建軍、訓練、作戰準則、戰爭指揮模式、軍隊組成等元素均會隨之調整。如此一來，極易撼動軍隊內部既有的利益結構。例如：2015 年新成立的戰略支援部隊為共軍第五個軍種，隨著新軍種出現，勢必會瓜分其他軍種既有的預算、人員編制與業務。是故，本文認為領導人若要改變國防戰略，勢必得降低來自軍隊內部的阻力。

7　Timothy D. Hoyt, "Revolution and Counter-Revolution: The Rule of the Periphery in Technological and Conceptual Innovation," in Emily O. Goldman and Leslie C. Eliason (eds.), *The Diffusion of Military Technology and Ideas* (Palo Alto, CA: Stanford University Press, 2003), pp. 179-204.

8　M. Taylor Fravel, *Active Defense: China's Military Strategy since 1949*.

9　劉華清，《劉華清回憶錄》（北京：解放軍出版社，2004 年），頁 636-637。

二、習近平時代下中國內、外部安全情勢的演變

　　中國領導人如何界定國內外安全形勢，密切影響國防戰略的規劃設計。1980 年代鄧小平判斷國際間暫時難以重啟大規模戰事，[10] 中國所處的國際環境大致和緩，但中國與周邊東亞國家的國力差距卻在文革期間急遽拉大，並不利維繫中共政權的合法性，因此 1978 年 12 月十一屆三中全會中共轉向以經濟建設為中心。中共藉外部環境和平之勢，與美開展外交關係正常化，也尋求與蘇聯緩和關係的機會，並強調中國「反霸權，反戰爭」的立場，[11] 營造對中寬鬆的國際局勢。利用外部環境對中逐步和緩的機會，謀求國內發展的機會，積極對外開放。然而，中共在擴大融入國際大局的同時，也蒙受外部介入其政權合法性的陰影。1989 年天安門事件、1990 年代初蘇聯解體、東歐共產國家民主化歷歷在目，這對中共高層而言猶如芒刺在背。中共深知外部環境對中國堅持「一個中心、兩個基本點」的發展道路仍有威脅。[12] 中共最終發展出「既融入，又防範」的構想，顯示在推動國家發展的同時，也不能忽略鞏固共黨統治的地位。

　　「既融入，又防範」的戰略構想重點有二：首先，為實現以經濟建設為中心的國家發展目標，鄧小平提出「韜光養晦，有所作為」，藉此說服國際社會中國追求和平發展的理念，替中國謀求一個在追求經濟發展的過程中相對平穩的國際環境。其次，也藉由擴大開放，引入西方先進技術，並結合人口紅利的優勢，完善中國各項產業的基礎，並鞏固國內戰略產業

---

10 鄧小平，〈在軍委擴大會議上的講話〉（1985 年 6 月 4 日），《鄧小平文選（第三卷）》（北京：人民出版社，1993 年），頁 126-129。

11 同上註，頁 126-129。

12 「一個中心、兩個基本點」意指，以經濟建設為中心、堅持四項基本原則（堅持社會主義道路、無產階級專政、共產黨領導和馬列主義及毛澤東思想）、堅持改革開放。1989 年 11 月 23 日鄧小平會見坦尚尼亞革命黨主席發表談話指出，「西方國家正在打一場沒有煙硝的第三次世界大戰。所謂沒有煙硝就是要社會主義國家和平演變」。鄧小平，〈堅持社會主義防止和平演變〉（1989 年 11 月 23 日），《鄧小平文選（第三卷）》（北京：人民出版社，1993 年），頁 344。1993 年 1 月 13 日江澤民於軍委擴大會議上提醒解放軍要警惕，「世界社會主義處於低潮，國際敵對勢力對社會主義國家加緊了滲透、顛覆活動」。江澤民，〈國際情勢和軍事戰略方針〉（1993 年 1 月 13 日），《江澤民文選（第一卷）》（北京：人民出版社，2006 年），頁 278。

等強大自身實力的政策。種種舉措皆為了日後防患未然，防堵中國過度依賴西方所建構的國際秩序、科技，縮小西方「和平演變」中國的空間。

　　值得注意的是，隨著中國經濟發展的程度提高、綜合國力提升，中共在胡時代出現了對外發展自身影響力的企圖。當國家開始有資源支持往外拓展的行動後，中共領導人便開始思考如何積極地維護中國海外的利益。習近平上臺後，中共高層轉變對國家內、外部安全情勢的論斷，進一步朝擴張中國在區域間的影響力，以及提升國際話語權的目標邁進。

　　根據 2019 年 7 月 24 日公布的《新時代的中國國防》白皮書界定國際安全方面：「當今世界正經歷百年未有之大變局，世界多極化、經濟全球化、社會信息化、文化多樣化深入發展，和平、發展、合作、共贏的時代潮流不可逆轉，但國際安全面臨的不穩定性不確定性更加突出，世界並不太平」、「美國調整國家安全戰略和國防戰略，奉行單邊主義政策，挑起和加劇大國競爭，大幅增加軍費投入，加快提升核、太空、網絡、導彈防禦等領域能力，損害全球戰略穩定」；而對中國自身安全方面則是：「國土安全依然面臨威脅，陸地邊界爭議尚未徹底解決，島嶼領土問題和海洋劃界爭端依然存在，個別域外國家艦機對中國頻繁實施抵近偵察，多次非法闖入中國領海及有關島礁鄰近海空域，危害中國國家安全」、「中國海外利益面臨國際和地區動盪、恐怖主義、海盜活動等現實威脅，駐外機構、海外企業及人員多次遭到襲擊。太空、網絡安全威脅日益顯現，自然災害、重大疫情等非傳統安全問題的危害上升」。[13]

　　從內外兩方面分別加以解讀，在國際安全情勢方面，2013 年《中國武裝力量的多樣化運用》白皮書的界定為「中國仍面臨多元複雜的安全威脅和挑戰……國家海外利益安全風險上升。機械化戰爭形態向資訊化戰爭形態加速演變，主要國家大力發展軍事高新技術，搶占太空、網路空間等國際競爭戰略制高點」。[14] 而 2019 年的國防白皮書除了延續 2013 年版國

---

13 中華人民共和國國務院新聞辦公室，〈《新時代的中國國防》白皮書〉，《中央政府門戶網》，2019 年 7 月 24 日，http://www.gov.cn/zhengce/2019-07/24/content_5414325.htm。

14 中華人民共和國國務院新聞辦公室，〈《中國武裝力量的多樣化運用》白皮書（全文）〉，《中央政府門戶網站》，2015 年 5 月，http://172.105.208.133/zhengce/2013-04/16/content_2618550.htm。

防白皮書的部分觀點外，比 2015 年發布的《中國的軍事戰略》白皮書多強調了「百年未有之大變局」，顯示出當時中國面對直接來自美國發動貿易戰的壓力，並因中美對抗情勢急遽升高而形成冷戰結束以來美國最大的戰略轉向。再從對美國的描述來看，2015 年版國防白皮書僅平鋪直敘地記載美國「隨著世界經濟和戰略重心加速向亞太地區轉移，美國持續推進亞太『再平衡』戰略，強化其地區軍事存在和軍事同盟體系」，[15] 但 2019 年直接指控美國單邊主義損害全球戰略穩定，突顯出中國面對川普政府的來勢洶洶也採取了宣傳反擊，並因應來自美方的競爭和敵意升高等外在環境因素，加速調整國防政策的調整。而 2022 年 10 月 16 日召開的中共二十大上，習近平的政治報告雖然通篇未明確提及美國二字，但宣稱要「旗幟鮮明反對一切霸權主義和強權政治，毫不動搖反對任何單邊主義、保護主義、霸凌行徑」。[16] 這段話處處以隱晦方式指責的對象，正是只有美國才匹配得上，故在習近平打破慣例地得到第三任任期後，界定其外在威脅來自於美國的霸權、霸凌，可預見美中摩擦在短時間內仍將是常態，並可能近一步影響中國國防戰略的設計。

　　就中國對於國家內外安全及其利益的界定而言，依據中國政府在 2015 年 7 月 1 日公布和實施的《中華人民共和國國家安全法》第 2 條對於「國家安全」的定義為：「國家政權、主權、統一和領土完整、人民福祉、經濟社會可持續發展和國家其他重大利益相對處於沒有危險和不受內外威脅的狀態，以及保障持續安全狀態的能力」；第 3 條又規定國家安全工作「應當堅持總體國家安全觀，以人民安全為宗旨，以政治安全為根本，以經濟安全為基礎，以軍事、文化、社會安全為保障，以促進國際安全為依托，維護各領域國家安全，構建國家安全體系，走中國特色國家安全道路」。[17] 從中可看出軍事安全作為中國國家安全的保障而存在，並且

15　中國國防部，〈《中國的軍事戰略》白皮書〉，《中央政府門戶網站》，2015 年 5 月 26 日，http://big5.www.gov.cn/gate/big5/www.gov.cn/zhengce/2015-05/26/content_2868988.htm。

16　習近平，〈高舉中國特色社會主義偉大旗幟 為全面建設社會主義現代化國家而團結奮鬥 —— 在中國共產黨第二十次全國代表大會上的報告（2022 年 10 月 16 日）〉，《人民網》，2022 年 10 月 26 日，http://cpc.people.com.cn/20th/n1/2022/1026/c448334-32551867.html。

17　〈中華人民共和國國家安全法〉，《人大新聞網》，2015 年 7 月 1 日，http://npc.people.com.cn/BIG5/n/2015/0710/c14576-27285049.html。

除了國家統一、領土完整、人民福祉和不受內外威脅等傳統安全之外，經濟社會、可持續發展等非傳統安全內容皆被視為要保障的核心能力，故可說習時代的國防政策所注重的安全面向更加廣泛。而更具體的規定在《中華人民共和國國家安全法》第 18 條：「實施積極防禦軍事戰略方針，防備和抵禦侵略，制止武裝顛覆和分裂；開展國際軍事安全合作，實施聯合國維和、國際救援、海上護航和維護國家海外利益的軍事行動，維護國家主權、安全、領土完整、發展利益和世界和平」，這顯示「積極防禦」始終貫穿其軍事戰略和相應的國防政策，並與內外軍事行動相互配合，以達到維護中國內外安全及發展利益之目的。

此外，中國在 2019 年版的國防白皮書中也直指「美國在韓國部署『薩德』反導系統，嚴重破壞地區戰略平衡，嚴重損害地區國家戰略安全利益」。[18] 中國此舉意在批評美國，於鄰近中國東北區域所部署的飛彈系統尤其是其附屬雷達，將使得該地區的軍事動態一覽無遺，並連帶嚴重影響解放軍的戰略隱蔽性，更會將該區域籠罩在美國飛彈系統的範圍內，減損其戰略安全。故從國家利益的認定方面來說，遠至國家海外利益，近至周邊區域和本土軍事保密都在習時代更擴張範圍。但與之前的領導人相較來說，將更看重自家利益向海外延伸和相應加以保護的軍事投射能力，而不只是像之前僅重視本土防衛，頂多擴充到周邊安全的範圍。但確保這些利益和從區域走向世界，需要解放軍在體制、科技、備戰、訓練等多方面同時與時俱進，才能配合其國家利益乃至國防戰略所需。

三、習排除江派對國防戰略調整的干擾

因中共第三代領導人江澤民在擔任中共中央軍委主席期間，早已安插許多子弟兵進入重要位子，甚至有架空第四代領導人胡錦濤的現象。有鑑於此，習近平若要在其任內完成國防戰略改革，於軍中可能面臨最大阻力即為江派的軍中將領，習不得不於進行國防戰略改革前，先進行「打軍老

---

18 中華人民共和國國務院新聞辦公室，〈《新時代的中國國防》白皮書〉，《中央政府門戶網》，2019 年 7 月 24 日，http://www.gov.cn/zhengce/2019-07/24/content_5414325.htm。

虎」和政治思想教育等動作，逐步從人事和體制二方面掃除江派的軍中影響力。而這也呼應了前述影響中國國防戰略演變的第二點要素，意即中國領導人必須先證明有能力降低改革國防戰略的阻力干擾，才能完成因應安全形勢所需的國防戰略演變。

　　首先，習藉由反貪腐將兩名前中央軍委副主席郭伯雄和徐才厚拉下馬，其他被整肅的解放軍上將尚包括空軍前政委田修思、中國人民解放軍國防大學前校長王喜斌、中共中央軍委聯合參謀部前副參謀長王建平、中共中央軍委聯合參謀部前參謀長房峰輝、中央軍委政治工作部前主任張陽等人，而這些人大多被歸類於江派大將郭伯雄、徐才厚二人在軍中的「遺毒」。[19] 而因掃除江派所空出的重要軍職，就被用來安插習自身培養的人馬，例如張又俠被提拔成中央軍委副主席就被認為是協助習整頓軍界有功。其他如南京軍區出身的將領或是新進重要軍職者，當中有許多都是習曾在福建、浙江、上海地方政府工作時，曾有共事關係的「自己人」，所以習是有步驟地藉由人事清理，逐步排除江派對期國防政策影響。

　　其次，習近平採取先體制後政策的方式確保國防政策能夠有效推進，於上臺後不久的 2013 年 11 月中共十八屆三中全會上提出「要深化軍隊體制編制調整改革，推進軍隊政策制度調整改革，推動軍民融合深度發展」；2014 年設立「中央軍委深化國防和軍隊改革領導小組」，由習親任組長，並在小組會議制定出《深化國防和軍隊改革總體方案建議》，決定了整體軍改方向。而真正決定「脖子以上」軍事改革的具體方案，則是在 2015 年 10 月中共中央軍委常務會議通過的《領導指揮體制改革實施方案》，同年中共中央軍委印發《關於深化國防和軍隊改革的意見》，代表習近平式軍改正式啟動，將原本的總參謀部、總政治部、總後勤部、總裝備部等四大總部，改為 7 個部（廳）、3 個委員會、5 個直屬機構共 15 個職能部門，其主要目的在於將原本具強大自主性的四大總部分拆並直接由中央軍委管轄，使得「中央軍委主席負責制」能夠真正落實並收回軍權。[20]

19　〈「軍老虎」房峰輝被判無期，另外六個落馬上將都有啥問題〉，《上觀新聞》，2019 年 2 月 21 日，https://www.shobserver.com/news/detail?id=134106。

20　龔祥生，〈習近平式「黨指揮槍」之研析：以 2019 上半年實踐為例〉，《國防情勢特刊》，第 145 期（2019 年 7 月 29 日），頁 5-6。

簡言之，習為了依據當下安全形勢和國家利益創造屬於自己時代的國防戰略，必須先掃除江派的干擾，才能夠遂行其領導意志，這也是中共獨特黨軍關係下所不得不然的整頓。也唯有在中共特殊的黨國體制下，其國防政策的調整有其與時俱進的調整動力，也有來自內部派系的阻力，而習近平也必須依循這樣的政治邏輯，一步步重新建構有利於調整國防戰略的人事和體制。

參、習近平時代下「積極防禦」的國防戰略：目標、理論與案例

自 1980 年代中期開始，中共領導人基本上認為國際間難以輕啟大規模戰事，中國的外部安全情勢整體而言趨於和平穩定，雖與周邊國家有邊境領土糾紛，但美蘇對中國並未有領土企圖，未來中國面臨的戰爭規模將以局部衝突為主。另一方面，由於中共意識到西方始終存有「和平演變」共黨政權的意圖，為有效防範來自外部勢力阻礙自身發展的目標，追趕上西方高科技作戰將是共軍唯一的道路。

中國國防戰略於 1980 年代轉為「積極防禦」，其中有三項最主要的特徵。第一，中國日後面對的軍事衝突，將從全面性的零和戰爭，轉向局部衝突，中共揚棄毛時代「誘敵深入」的戰略。第二，為因應西方對中國潛在的威脅，而以美軍為追趕對象，開始強化共軍現代化與資訊化的程度，從「質」的面向上持續追趕西方（美國）所引領的高科技戰爭模式。具體反映在：一、武器裝備從數量規模轉向質量、效能導向；二、作戰模式從人力密集走向技術密集；[21] 三、共軍在裝備上不斷提高現代化乃至於資訊化程度。第三，一方面在外部情勢上，總體國力存在「敵強我弱」；另一方面在內部情勢上，中國正經歷經濟發展的關鍵時刻，為服務國家大局，因此在國防戰略上突出「防禦守勢」的立場。[22]

---

21 軍事科學院軍事歷史研究部編，《中國人民解放軍的 70 年》（北京：軍事科學出版社，1992 年），頁 416-417；轉引自寇健文，〈1987 以後解放軍領導人的政治流動：專業化與制度化的影響〉，《中國大陸研究》，第 54 卷第 2 期（2011 年 6 月），頁 8。
22 劉華清，前揭書，頁 636。

　　然而，習近平除了承繼鄧、江、胡三代的成果，到了目前習近平掌權的時代，國防戰略雖仍以「積極防禦」為名，但卻立於鄧、江、胡三代人的建軍成果上，更加突出攻守兼備的面向，重點包括：第一，拓展防禦縱深，建立多重防線；第二，加大共軍戰略性威懾的能力，例如強化長程打擊、核威懾與發展太空能力；第三，共軍試圖「彎道超車」，藉科技發展與軍民融合之便，直接往軍隊智能化的方向發展。有研究認為習的國防戰略理念可區分為設定「強軍目標」和「強軍思想」兩個時期，這兩者合成的「習近平軍事戰略思想」指導當前中國國防目標設定及其國防戰略與相應的實際政策要「做什麼」和「怎麼做」；[23] 第四，為了打贏局部戰爭，就必須確實地將未來可能的衝突侷限在一定範圍內，盡力避免過多的外力介入。根據美國國防部 2020 年版的《中國軍力報告》（*Military and Security Developments Involving the People's Republic of China 2020*），共軍一直在發展「區域拒止」（Anti-Access/Area Denial, A2/AD）能力並已成為第一島鏈內最強的國家，藉以在侵臺時威懾、阻止第三方干預。[24] 該報告中歸納共軍對臺的戰略是以多種方式防止臺灣走向獨立，包含資訊及網路作戰、海空封鎖、有限武力打擊、飛彈發射和最終的大規模登陸犯臺等手段。[25] 因此，習近平的戰略思維，依循著中國國力和利益安全範圍的擴大，設計和「中國夢」相應的「強軍夢」，而中國的國防戰略也在其思維指導下逐步調整，並將「積極防禦」的範圍向外延伸。

一、習近平的強軍目標：軍事改革與軍事戰略之新基準

（一）習設立強軍目標

　　2013 年 3 月 11 日，中共中央總書記、中共中央軍委主席習近平在出

---

23 陳津萍，〈「習近平軍事戰略思想」發展之研析〉，《軍事社會科學專刊》，第 16 期（2020年 3 月），頁 13。

24 Office of the Secretary of Defense, *Military and Security Developments Involving the People's Republic of China 2020*, p. 72, https://media.defense.gov/2020/Sep/01/2002488689/-1/-1/1/2020-DOD-CHINA-MILITARY-POWER-REPORT-FINAL.PDF.

25 *Ibid.*, pp. 113-114.

席十二屆全國人大一次會議解放軍代表團全體會議時強調，「牢牢把握黨在新形勢下的強軍目標，全面加強軍隊革命化現代化正規化建設，為建設一支聽黨指揮、能打勝仗、作風優良的人民軍隊而奮鬥」。[26] 習的講話顯示其國防戰略目標是在堅持以黨領軍的原則下，強化解放軍使其能夠符合現代化的軍事潮流，並特別在冷戰結束多年後強調能「打勝仗」，故可將此簡稱為「強軍目標」。

在「強軍目標」設立之後，與其相應的中國國防戰略就開始籌劃如何「打勝仗」，這點從 2013 年 4 月公布的中國國防白皮書《中國武裝力量的多樣化運用》中可見端倪。為因應世界軍事高新科技朝太空、網路空間競爭的新形勢，該白皮書中界定中國「實行積極防禦軍事戰略」，並為了適應新形勢要將軍事鬥爭準備放在「打贏信息（資訊）化條件下局部戰爭」。所謂「積極防禦軍事戰略」延續自毛澤東時代以來的共產革命傳統，但在習近平時代除延續胡時代維護「國家海外利益」，更隨著中國綜合國力增長而延伸「積極防禦」的範疇。為了延伸其保護的利益範圍，白皮書中所述軍事鬥爭準備不但對應當時環境變化，也闡明習近平所謂「打勝仗」就是要打贏「信息（資訊）化條件下局部戰爭」。

（二）配合強軍目標轉換軍事準備

為了與習時代的國家安全和強軍目標相匹配，2015 年 5 月公布的《中國的軍事戰略》白皮書重申「根據戰爭形態演變和國家安全形勢，將軍事鬥爭準備基點放在打贏信息（資訊）化局部戰爭上，突出海上軍事鬥爭和軍事鬥爭準備」、「實行新形勢下積極防禦軍事戰略方針」、「實施資訊主導、精打要害、聯合制勝的體系作戰」。[27] 這意味著當前的中國國家安全將更加著重資訊化內外環境，這不僅僅是在新型態的經濟與國家競爭場域，在國際軍事競爭中更是如此，且成為解放軍建軍備戰準備的要項，

26　〈黨在新形勢下的強軍目標〉，《人民網》，2017 年 9 月 6 日，http://theory.people.com.cn/BIG5/n1/2017/0906/c413700-29519601.html。

27　中國國防部，〈《中國的軍事戰略》白皮書〉，《中央政府門戶網站》，2015 年 5 月 26 日，http://big5.www.gov.cn/gate/big5/www.gov.cn/zhengce/2015-05/26/content_2868988.htm。

並具體深入到聯合作戰的指揮管制體系當中。有論者認為中國從 2004 年「打贏信息（資訊）化條件下的局部戰爭」改為 2015 年的「打贏信息（資訊）化局部戰爭」，反映資訊通信科技發展迅猛，故戰爭型態已不僅是將信息（資訊）作為資源或能力的「條件」，而是將信息本身視為戰爭型態的一種而鑲嵌於戰爭之中。[28] 此外，為適應新形勢下的戰爭型態，聯合作戰能力必不可少，這也成為了後續軍改的核心理念。2015 年 7 月通過的《深化國防和軍隊改革總體方案建議》，宣告中國拆解四大總部開始軍改的同時，也象徵建立「軍委管總、戰區主戰、軍種主建」的責任劃分和聯合作戰體系，並新設「戰略支援部隊」專責信息（資訊）化作戰領域並支援其他軍種的資訊防護工作。

　　上述 2015 年版中國國防白皮書關於軍事準備的另一個重點在於「突出海上軍事鬥爭」，對照當時共軍早已在南海實行島礁軍事化，並且逐步擴張航空母艦戰鬥群建軍，都可視為中共為了達成過往中華文明鼎盛時期的勢力範圍而努力，藉由軍事擴張和積極備戰鞏固過往朝貢國體系時代的勢力範圍。

二、強軍思想：從信息化局部戰爭到智能化作戰

　　2015 年起始的中國軍改圍繞著前述「打贏信息化局部戰爭」的戰略方針進行軍事建設。而在軍改完成「脖子以上」的高層指揮管制改革後，新的階段就涉及各軍種和對實戰的準備等改革，並在思維上除了強化了以黨領軍的政治掛帥外，還要求有能力進一步鞏固習近平所設立的國家戰略及利益。

（一）強軍思想涵蓋廣泛

　　中共十九大召開，習近平在大會報告闡述其「強軍思想」的內容並

---

28 戴政龍，〈對《中國的軍事戰略》白皮書之評析〉，《展望與探索》，第 13 卷第 7 期（2015 年 7 月），頁 30。

寫進中共黨章。「強軍思想」涵蓋軍隊建設、戰爭準備、建軍理念、黨指揮槍等廣泛內容，並把之前的「強軍目標」也納入，成為新的最高軍事指導思想。實際上「強軍思想」的重點在於「政治建軍、改革強軍、科技興軍、依法治軍」等軍隊建設路線，及「2020 年基本實現機械化，信息（資訊）化建設取得重大進展……2035 年基本實現國防和軍隊現代化，到本世紀中葉把人民軍隊全面建成世界一流軍隊」[29] 等軍事發展階段的設定，涉及國防戰略的著墨並不多。但這種目標設定代表其長遠的軍事發展藍圖，也是習近平的強軍思想影響下的國防時間表，可以此要求實際的國防戰略和建軍進度必須依此逐步達成進度。

　　《新時代的中國國防》白皮書對於安全形勢的描述已在前一小節敘述，與之相應的所謂「新時代軍事戰略方針」則是：「堅持防禦、自衛、後發制人原則，實行積極防禦，堅持『人不犯我、我不犯人，人若犯我、我必犯人』，強調遏制戰爭與打贏戰爭相統一，強調戰略上防禦與戰役戰鬥上進攻相統一。」[30] 所以解放軍是在積極防禦的傳統基礎上，持續強化其攻守能力的現代化，並從文宣上強調中國不主動侵略擴張的形象。

　　但另一方面，2019 年版的國防白皮書也顯露出共軍積極強化的企圖心，例如明文記載要「建設同國際地位相稱、同國家安全和發展利益相適應的鞏固國防和強大軍隊」，也就是不能只在口號上盲目追求「中華民族偉大復興」，更要有足夠的軍事實力相互配合。但同時在該白皮書中不忘突出解放軍當下的不足，如在描述國際軍事競爭中「戰爭形態加速向信息化戰爭演變，智能化戰爭初現端倪」，但中國本身「機械化建設任務尚未完成，信息（資訊）化水準極待提高」。[31] 故中共能夠在國防戰略中客觀地思考其角色與國家戰略相互配合之處，展現出積極的企圖心，但也能夠客觀理性地反省自身當下的不足，故近年來中共推動軍改也陸續朝向補足

---

29 習近平，〈決勝全面建成小康社會 奪取新時代中國特色社會主義偉大勝利 —— 在中國共產黨第十九次全國代表大會上的報告〉，《新華網》，2017 年 10 月 27 日，http://cpc.people.com.cn/19th/BIG5/n1/2017/1027/c414395-29613458.html。

30 中華人民共和國國務院新聞辦公室，〈《新時代的中國國防》白皮書〉，《中央政府門戶網》，2019 年 7 月 24 日，http://www.gov.cn/zhengce/2019-07/24/content_5414325.htm。

31 同上註。

缺失並提出加強改善之因應方法措施。2022 年中共二十大政治報告中，也重複提到「研究掌握資訊化智慧化戰爭特點規律，創新軍事戰略指導……加快無人智慧作戰力量發展，統籌網路資訊體系建設運用」。[32] 可見習近平對於解放軍智能化作戰的思維進化，是隨著國際軍事競爭型態的演進，不斷地從提高對於國防戰略的相應要求。

（二）隨「中國夢」延伸的國防戰略和軍事準備

美國 2021 年版的《中共軍力報告》中評估，中國領導人基於利益和意識形態的衝突，愈來愈重視與美國等西方國家在利益分岐領域的對抗，但在國防政策方面，於 2020 年時仍是以維護目前所處區域的領土和安全利益為主，並期望在全球事務上發揮更大的作用。[33] 美國的評論與前述中國的國防戰略思維脈絡相符，意即隨著中國國力增長尋思在國際有所作為下，採取相應的國防戰略和軍事準備以應付與西方國家有所衝突的領域，藉以鞏固和達成「中國夢」的國家戰略目標。故習近平時代以其思想和對安全形勢的研判，制定了國家利益和其威脅，威脅的形式為可能之戰爭型態，為在其所界定的戰爭型態下「打勝仗」而制定中國國防戰略，達成維護國家利益的任務。從《新時代的中國國防》對各軍種的戰略要求（表 6-1）看出更細部的戰略規劃，皆逐步從近而遠，從固守到攻防兼備的方向拓展，符合習隨著綜合國力增長而期望邁向在國際「有所作為」的外交戰略。

此外，對於應對可能到來的更大規模衝突的軍事準備方面，中國火箭軍為此逐步增加核威懾能力，美國詹姆士馬丁禁止核擴散研究中心（James Martin Center for Nonproliferation Studies）發現甘肅玉門關附近，有約 119

---

32 〈高舉中國特色社會主義偉大旗幟 為全面建設社會主義現代化國家而團結奮鬥 —— 在中國共產黨第二十次全國代表大會上的報告（2022 年 10 月 16 日）〉，《人民網》，2022 年 10 月 26 日，http://cpc.people.com.cn/20th/n1/2022/1026/c448334-32551867.html。

33 Office of The Secretary of Defense, *Military and Security Developments Involving the People's Republic of China 2021*, pp. 28-30, https://media.defense.gov/2021/Nov/03/2002885874/-1/-1/0/2021-CMPR-FINAL.PDF.

表 6-1 《新時代的中國國防》白皮書對解放軍各軍種的戰略要求

軍種	戰略要求	加強與轉變
陸軍	機動作戰、立體攻防	加快實現區域防衛型向全域作戰型轉變。
海軍	近海防禦、遠海防衛	加快推進近海防禦型向遠海防衛型轉變。
空軍	空天一體、攻防兼備	加快實現國土防空型向攻防兼備型轉變。
火箭軍	核常兼備、全域懾戰	增強可信可靠的核威懾和核反擊能力，加強中遠端精確打擊力量建設，增強戰略制衡能力。
戰略支援部隊	體系融合、軍民融合	推進關鍵領域跨越發展，推進新型作戰力量加速發展、一體發展。
聯勤保障部隊	聯合作戰、聯合訓練、聯合保障	加快融入聯合作戰體系，提高一體化聯合保障能力。
武警部隊	多能一體、有效維穩	加強執勤、處突、反恐、海上維權和行政執法、搶險救援等能力建設。

資料來源：中華人民共和國國務院新聞辦公室，〈《新時代的中國國防》白皮書〉，《中央政府門戶網》，2019 年 7 月 24 日，http://www.gov.cn/zhengce/2019-07/24/content_5414325.htm。

座核彈道飛彈發射井，雖然懷疑是風力發電基座或偽裝，[34] 也不符合機動發射的主流戰術，但若屬實則象徵中共持續發展大規模核反擊能力，藉以抵銷美國的核武能力。顯見解放軍除了前述對於資訊化轉型的準備外，更對於可能到來的東西方大規模衝突，採取了更加具備針對性的措施。

習近平在 2022 年中共二十大上的政治報告中，首次提及「打造強大戰略威懾力量體系」的概念，而原本 2017 年十九大並沒有這樣的核威懾戰略要求，這中間的差異或許可說是受到俄羅斯的影響。因為俄烏戰爭於 2022 年開打後，除了初期在烏東的進展外，時間愈久對俄羅斯的軍事進展愈來愈不利，使得俄國數次放話不排除使用核武，而美國也數次嚴詞嚇

---

34 Lucia Stein and Rebecca Armitage, "China Appears to Be Ramping up Construction of Missile Silos in the Desert. But Could It Be a 'Shell Game'?" *ABC News*, July 10, 2021, https://www.abc.net.au/news/2021-07-10/china-appears-to-be-ramping-up-construction-of-missile-silos/100273208.

阻，[35] 這或許刺激了中國重新思考戰略核武威懾的有效性建構，並反映在其軍事思維上。

三、案例說明

　　根據習近平的強軍目標與強軍思想，以及《新時代的中國國防》白皮書對解放軍陸軍「機動作戰、立體攻防」和空軍「空天一體、攻防兼備」的戰略要求，顯示中共目前的國防戰略雖仍稱之以「積極防禦」，但從過去側重於防禦守勢的立場，轉而逐步調整為「攻防兼備」的國防戰略。雖然仍保留「積極防禦」後發制人的精神，但為了提高中國在區域間的影響力、國際話語權與國家自主性，中共如何建構「攻防兼備」的能力，以有效抑制美軍在西太平洋的角色便為關鍵。因此，「攻防兼備」的國防戰略的重點在於，如何拓展防禦縱深、建立多重防線、具備嚇阻能力，以及追求超越美軍的軍事科技則成為重點。下文則以實例進一步說明習近平時代下帶有「攻防兼備」特色的「積極防禦」。

　　首先是為了達成「攻防兼備」，而將中共陸軍從區域防衛擴張為全域作戰的現代化工作。為了避免過往由中共中央軍委四大總部多頭領導陸軍的情形，特別將「陸軍參謀部」獨立出來成為專屬的軍種領導機構，並將整體重新劃分成五大戰區，除了新疆、西藏和北京等特別的省籍軍區由陸軍領導機構直轄外，各戰區下轄集團軍，並在各集團軍中配合師改旅進一步增加重、中、輕型「數字化合成旅」，包括：砲兵、防空、作戰支援、勤務保障、偵查等五個營。[36] 這種「指揮扁平化、組織模塊化、裝備信息化」的改革主要用意在於增加各合成旅作為作戰單位的獨立性，為未來現代化戰爭可能發生在國境之外所做的因應調整。合成旅有助增加「攻防兼

---

35 陳佳伶，〈普欽如動核武將報復！美放話「殲滅所有在烏俄軍」〉，《TVBS新聞》，2022年10月3日，https://news.tvbs.com.tw/world/1923910；〈「普亭談到用核武不是開玩笑」！拜登警告：恐面臨世界末日〉，《聯合新聞網》，2022年10月7日，https://udn.com/news/story/6813/6668915。

36 翁衍慶，《中共軍史、軍力和對臺威脅》（臺北：新銳文創，2023年），頁196-201。

備」能力的主要原因在於，具有可靈活快速的應對小規模的局部戰爭、獨立作戰能力強的優點，這十分符合打贏高科技條件下的局部戰爭的需求，但缺點在於各項武器裝備繁雜，增加了後勤補保的難度，如俄軍於俄烏戰爭拖長後的運補不及即為顯例。

其次，從習近平任內，分別於 2015、2019 年所公布兩份國防白皮書可知，為配合國防戰略之轉變，中共的海軍戰略已從 2015 年的「近海防禦與遠海護衛結合」，轉為 2019 年的「遠海防衛型」。[37] 本文認為這也代表了習時代不只是護衛海內外利益而已，更有推展海軍行動範圍、建構海軍主動攻擊並可威懾對手的能力，走出了原本偏重防禦守勢的「積極防禦」，改朝「攻防兼備」邁進，並不斷進行「遠海長航」訓練及戰場經營。

首先，為擴張國家的防禦縱深及建立多重防線，中共海軍須強化遠海機動作戰及聯合作戰的能力。中共海軍近十年來日益重視執行海外任務，企圖藉機一方面擴大中共海軍的活動範圍，有利於中國鞏固 1,000 海里內的三層防線；[38] 二方面也藉由維護海上航道安全、打擊海盜、維和行動、人道或災難救援等行動，進一步從「實戰」中獲取經驗與情報，提升中共海軍遠海機動作戰與聯合作戰的能力。[39] 習時代中國的海上利益沿著「海上絲綢之路」向外延伸，這除了涵蓋其進口能源路線外，也是藉由中國資本向外投資和錢權交換擴張地緣政治影響力之所在，遠達中東和非洲，成為需要海軍延伸保護之處。[40] 其次在提升嚇阻能力上，中共除了持續擴大其船艦規模之外，也不斷推進海軍現代化、資訊化的進程，包含高科技電磁技術、雷射武器、核子反應爐、主動式相位雷達、攻船飛彈等。[41]

---

37 中華人民共和國國務院新聞辦公室，〈《新時代的中國國防》白皮書〉，《中央政府門戶網》，2019 年 7 月 24 日，http://www.gov.cn/zhengce/2019-07/24/content_5414325.htm。

38 Office of Naval Intelligence, *The PLA NAVY: New Capabilities and Missions for the 21st Century* (2015), p. 8, https://www.oni.navy.mil/Portals/12/Intel%20agencies/China_Media/2015_PLA_NAVY_PUB_Print.pdf?ver=2015-12-02-081247-687.

39 高豐智，〈中共海軍「近海防禦」與「遠海護衛」之發展戰略與影響〉，《海軍學術雙月刊》，第 53 卷第 5 期（2019 年 10 月），頁 40。

40 Rorry Medcalf，李明譯，《印太競逐》（臺北：商周出版，2020 年），頁 158。

41 高豐智，前揭文，頁 40。

　　然而，即便 2015 年中國軍改以來已完成「脖子以上的改革」，但仍需要相應的實力匹配其目標設定，才能真正走出近海向遠海邁進。關鍵就在於中國海軍軍艦的質與量，以及具投射能力都相較於主要戰略對手美國仍遠遠有所不足。近期中國軍艦如「下餃子」般不斷增產，美國國防部預測 2025 年將達到 400 艘軍艦，甚至在 2030 年將達到 440 艘之多，其數量將成為美國海軍的威脅，[42] 故可以想見共軍持續配合其戰略調整並相應擴張海軍的堅定意志。然而，軍艦數量不是能夠支持中國朝向「遠海防衛」的唯一標準，能否有成熟戰力並能夠投射至遠海才是真正的關鍵，例如一個航空母艦戰鬥群的戰力成形速度絕對追不上目前中國航艦的製造速度，因訓練和經驗費時，將會存在一定的時間差。故從海軍作為一個縮演來觀察中國的國防戰略轉變，可以看出支持其目標的相應實力仍需耗費一段不短的時間，才有可能遂行其自身設定的國防戰略轉變，以及追上其所預設的戰略對手。

肆、結語

　　鄧、江、胡三代領導人對外部安全情勢的判斷到習近平執政後出現了轉折，原本對中寬鬆和緩的局勢轉為「面臨多元複雜的安全威脅和挑戰」乃至於「百年未有之大變局」。雖國家發展仍是重要的國家利益，但中共對鞏固政權、捍衛共黨統治正當性與爭取區域內領導地位的需求正在上升。因此，吾人可以看到，習奠基於前人科技建軍的成果上，進一步調整國防戰略布局，不只要打贏「高科技條件下的局部戰爭」，更要決戰於境外，追求「區域拒止」的目標，甚至於重拾有效核威懾並「打造強大戰略威懾力量體系」。這也印證了本文自一開始的主張，中共領導人對內、外部安全情勢的判斷會影響其國家戰略，而國家戰略的演變也會促使國防戰

---

42 Congressional Research Service, *China Naval Modernization: Implications for U.S. Navy Capabilities – Background and Issues for Congress* (December 1, 2022), p. 2, https://sgp.fas.org/crs/row/RL33153.pdf.

略演變，以因應和維護各時期不同的主要國家利益目標，要求具備相應的軍事能力準備。

　　而本文認為習近平與之前的歷任領導人相同，乃是基於對國際情勢的判斷發展符合當下的國家戰略，在習掃除解放軍中可能來自江派的阻力並進行軍事體制改革後，才可能大刀闊斧地進行相應的國防戰略調整。習的「強軍思想」作為國防戰略思維指導之下，較以往更追求維護海外安全保障的軍事能力，故更需要與時俱進的強化區域拒止和智能化作戰能力。從東亞區域來看，這也使得中國的國防戰略和軍事準備更朝向取得區域內局部作戰優勢邁進，特別是在東至第一島鏈，南至南海的區域內，共軍皆已具備頻繁且常態化演訓的長期戰場經營，進而逐步接近其所希冀的「攻守兼備」實力。

　　最後，習近平為鞏固其權力，擘劃出「中華民族偉大復興」的國家目標以團結內部，甚至用這種長期性的大戰略目標反過對內取得打破連任慣例的第三任領導人任期。再配合透過國防戰略的修改和加速現代化為名，自 2015 年起進行了大規模的軍事改革，既收攏了內部軍權，又逐步提升其軍事現代化的步伐。因此，從習近平個人政治目標到中國國家利益加以考量，最終恐將導致中國的國防戰略必須由中共建政以來純粹的「積極防禦」走向「攻守兼備」，而這也是兌現習近平對黨內外政治承諾的必然措施。但觀察其目前軍事實力和區域內潛在對手之間的客觀落差，能否如期所願仍有待時間的考驗。

參考文獻

一、中文部分

〈「軍老虎」房峰輝被判無期，另外六個落馬上將都有啥問題〉，《上觀新聞》，2019 年 2 月 21 日，https://www.shobserver.com/news/detail?id=134106。

〈黨史百問｜為什麼「三步走」發展戰略是中國實現現代化的路線圖？〉，《共產黨員網》，2022 年 7 月 28 日，https://www.12371.cn/2022/07/28/ARTI1658962595652441.shtml。

〈黨在新形勢下的強軍目標〉，《人民網》，2017 年 9 月 6 日，http://theory.people.com.cn/BIG5/n1/2017/0906/c413700-29519601.html。

Medcalf, Rorry，李明譯，《印太競逐》（臺北：商周出版，2020 年）。

中國人大，〈中華人民共和國國家安全法〉，《人大新聞網》，2015 年 7 月 1 日，http://npc.people.com.cn/BIG5/n/2015/0710/c14576-27285049.html。

中國國防部，〈《中國的軍事戰略》白皮書〉，《中央政府門戶網站》，2015 年 5 月 26 日，http://big5.www.gov.cn/gate/big5/www.gov.cn/zhengce/2015-05/26/content_2868988.htm。

中華人民共和國國務院新聞辦公室，〈《中國武裝力量的多樣化運用》白皮書（全文）〉，《中央政府門戶網站》，2015 年 5 月，http://172.105.208.133/zhengce/2013-04/16/content_2618550.htm。

中華人民共和國國務院新聞辦公室，〈《新時代的中國國防》白皮書〉，《中央政府門戶網》，2019 年 7 月 24 日，http://www.gov.cn/zhengce/2019-07/24/content_5414325.htm。

中華民國國防部，《2021 年四年期國防總檢討》，2021 年 3 月 18 日，https://reurl.cc/dGaN9y。

周辰陽編譯，〈「普亭談到用核武不是開玩笑」！拜登警告：恐面臨世界末日〉，《聯合新聞網》，2022 年 10 月 7 日，https://udn.com/news/story/6813/6668915。

軍事科學院軍事歷史研究部編，《中國人民解放軍的 70 年》（北京：軍事科學出版社，1992 年）。

翁衍慶，《中共軍史、軍力和對臺威脅》（臺北：新銳文創，2023 年）。

高豊智，〈中共海軍「近海防禦」與「遠海護衛」之發展戰略與影響〉，《海軍學術雙月刊》，第 53 卷第 5 期（2019 年 10 月），頁 32-44。

寇健文，〈1987 年以後解放軍領導人的政治流動：專業化與制度化的影響〉，《中國大陸研究》，第 54 卷第 2 期（2011 年 6 月），頁 1-34。

習近平，〈習近平在第十二屆全國人民代表大會第一次會議上的講話〉，《人民網》，2013 年 3 月 18 日，http://cpc.people.com.cn/n/2013/0318/c64094-20819130.html。

習近平，〈決勝全面建成小康社會 奪取新時代中國特色社會主義偉大勝利 ── 在中國共產黨第十九次全國代表大會上的報告〉，《新華網》，2017 年 10 月 27 日，http://cpc.people.com.cn/19th/BIG5/n1/2017/1027/c414395-29613458.html。

習近平，〈在全國脫貧攻堅總結表彰大會上的講話〉，《新華網》，2021 年 2 月 25 日，http://www.xinhuanet.com/politics/2021-02/25/c_1127140240.htm。

習近平，〈在慶祝中國共產黨成立 100 周年大會上的講話（2021 年 7 月 1 日）〉，《人民網》，2021 年 7 月 2 日，http://paper.people.com.cn/rmrb/html/2021-07/02/nw.D110000renmrb_20210702_1-02.htm。

習近平，〈高舉中國特色社會主義偉大旗幟 為全面建設社會主義現代化國家而團結奮鬥 ── 在中國共產黨第二十次全國代表大會上的報告（2022 年 10 月 16 日）〉，《人民網》，2022 年 10 月 26 日，http://cpc.people.com.cn/20th/n1/2022/1026/c448334-32551867.html。

陳佳伶，〈普欽如動核武將報復！美放話「殲滅所有在烏俄軍」〉，《TVBS 新聞》，2022 年 10 月 3 日，https://news.tvbs.com.tw/world/1923910。

陳津萍，〈「習近平軍事戰略思想」發展之研析〉，《軍事社會科學專刊》，第 16 期（2020 年 3 月），頁 5-32。

劉華清，《劉華清回憶錄》（北京：解放軍出版社，2004 年）。

鄧小平，〈在軍委擴大會議上的講話〉（1985 年 6 月 4 日），《鄧小平文選（第三卷）》（北京：人民出版社，1993 年）。

鄧小平，〈堅持社會主義防止和平演變〉（1989 年 11 月 23 日），《鄧小平文選（第三卷）》（北京：人民出版社，1993 年）。

戴政龍，〈對《中國的軍事戰略》白皮書之評析〉，《展望與探索》，第
　　13 卷第 7 期（2015 年 7 月），頁 26-31。

龔祥生，〈習近平式「黨指揮槍」之研析：以 2019 上半年實踐為例〉，《國
　　防情勢特刊》，第 145 期（2019 年 7 月 29 日），頁 1-15。

二、外文部分

Fravel, M. Taylor, *Active Defense: China's Military Strategy since 1949*
　　(Princeton, NJ: Priceton University Press, 2019).

Hoyt, Timothy D., "Revolution and Counter-Revolution: The Rule of the
　　Periphery in Technological and Conceptual Innovation," in Emily O.
　　Goldman and Leslie C. Eliason (eds.), *The Diffusion of Military Technology
　　and Ideas* (Palo Alto, CA: Stanford University Press, 2003).

Office of Naval Intelligence, *The PLA NAVY: New Capabilities and Missions
　　for the 21st Century* (2015), https://www.oni.navy.mil/Portals/12/
　　Intel%20agencies/China_Media/2015_PLA_NAVY_PUB_Print.
　　pdf?ver=2015-12-02-081247-687.

Office of the Secretary of Defense, *Military and Security Developments
　　Involving the People's Republic of China 2020* (2020), https://media.defense.
　　gov/2020/Sep/01/2002488689/-1/-1/1/2020-DOD-CHINA-MILITARY-
　　POWER-REPORT-FINAL.PDF.

Office of The Secretary of Defense, *Military and Security Developments
　　Involving the People's Republic of China 2021* (2021), https://media.defense.
　　gov/2021/Nov/03/2002885874/-1/-1/0/2021-CMPR-FINAL.PDF.

Pose, Barry R., *The Sources of Military Doctrine: France, Britain, and Germany
　　Between the World Wars* (Ithaca, NY: Cornell University Press, 1984).

Sapolsky, Harvey M., Benjamin H. Friedman, and Brendan Rittenhouse
　　Green, "The Missing Transformation," in Harvey M. Sapolsky, Benjamin H.
　　Friedman, and Brendan Rittenhouse Green (eds.), *US Military Innovation*

Since the Cold War: Creation Without Destruction (New York: Routledge, 2009).

Stein, Lucia and Rebecca Armitage, "China Appears to Be Ramping up Construction of Missile Silos in the Desert. But Could It Be a 'Shell Game'," *ABC News*, June 10, 2021, https://www.abc.net.au/news/2021-07-10/china-appears-to-be-ramping-up-construction-of-missile-silos/100273208.

Zisk, Kimberly Marten, *Engaging the Enemy: Organization Theory and Soviet Military Innovation, 1955-1991* (Princeton, NJ: Priceton University Press, 1993).

第七章　德國的國防戰略：嘗試以非軍事途徑強化安全

許智翔

壹、前言：處於關鍵變動時刻的德國國防戰略

德意志聯邦共和國（Bundesrepublik Deutschland，冷戰時期因國家分裂稱「西德」）自 1949 年成立以來，長時間處於北大西洋公約組織（North Atlantic Treaty Organization，以下簡稱「北約」）與華沙公約組織（Warsaw Pact，以下簡稱「華約」）之間的最前線，因而在冷戰結束時擁有 50 萬常備兵力、是當時歐陸最強大的武裝力量之一，然不僅因二戰經驗使德國民眾長期抱持高度和平主義，冷戰後多年的裁軍及軍事投資嚴重緊縮，更導致「聯邦國防軍」（Bundeswehr）運作狀態長期陷入低谷。在此種情況下，德國也多次遭美國抨擊不願投資防衛能力，在安全議題上僅想「搭便車」（Free-Rider）的態度。[1]

然而，近年國際安全環境重新轉向大國競爭，不僅美中對抗逐漸上升，自普欽（Vladimir Putin）於 2007 年在慕尼黑安全會議（Münchner Sicherheitskonferenz）發表對現有國際秩序嚴厲批評的演說後，俄羅斯採取了更具侵略性的對外政策，[2] 不僅於 2008 年發動對喬治亞的入侵，更在 2014 年兼併了克里米亞（Crimea），並在烏克蘭東部的頓巴斯（Donbas）地區建立親俄政權。對德國而言，儘管嘗試針對國際環境的巨大變化修改其國防戰略，然而在諸多作為的實行上，仍可見到德國政府在動作上的矛盾與不一致，而軍備廢弛的情況也未見明確改善。直到 2022 年 2 月俄國發動對烏克蘭的全面入侵時，才由總理蕭茲（Olaf Scholz）宣布將重新武

1　Guy Chazan, "How War in Ukraine Convinced Germany to Rebuild its Army," *Financial Times*, May 23, 2022, https://www.ft.com/content/a9045654-f378-4f42-a012-e35f9e43b135.

2　Daniel Fried and Kurt Volker, "Opinion: The Speech in Which Putin Told Us Who He Was," *Politico*, February 18, 2022, https://www.politico.com/news/magazine/2022/02/18/putin-speech-wake-up-call-post-cold-war-order-liberal-2007-00009918.

裝德國聯邦國防軍。作為世界第四大經濟體及歐盟經濟的核心，德國在國際安全環境急遽變動的時刻扮演十分關鍵的角色，在 2022 年烏克蘭戰爭爆發的狀態下，其未來動向更受各國高度矚目。德國在安全與國防戰略的演變上，實際上遵循其二戰後的一貫發展脈絡；故此，本文將重新梳理德國戰後安全概念與國防戰略的成形，並檢視此概念在冷戰時期的成功、後冷戰時期的擴大運用，以及在當前世界局勢面臨的挑戰與困境。

貳、二戰後德國建立排斥武力的戰略文化

於 1949 年重新立國的現代德國，在國防戰略的文化上具備了以下重要特徵：第一，在軍事面上，自成立伊始，首任總理艾德諾（Konrad Adenauer）即大力推動西德在安全層面上高度與西方體系融合，於 1955 年就加入北約；第二，對非軍事和平手段的偏好；第三，戰略上採取「克制」（Zurückhaltung）文化之特質。前述特質使得德國在安全相關議題上盡可能採取避免武力運用的原則，而國防政策也始終從屬於外交部的對外政策框架，並且在軍事行動層面上盡可能採取與西方盟國聯合行動之政策。而在探討德國在戰後重新立國以來的國防戰略時，不可避免需首先從審視前述之戰後戰略文化發展開始。

長期以來，德國的安全政策與國防戰略原則的變化可從聯邦國防部（Bundesministerium der Verteidigung, BMVg）歷年發布的《國防白皮書》（*Weißbuch*）中分析。爬梳過往歷次的德國《國防白皮書》，首先可以確認現代德國的核心原則：德國的國防以其根本大法《基本法》（*Grundgesetz*）為根基，在安全事務上則長期融入於北約為首的各種國際組織、防衛架構，透過同盟的力量確保西德、乃至於今日德國的安全與生存。這些原則可說是自 1949 年立國開始德國長期遵循的國防安全原則。

而與北約等國際多邊架構緊密相連的安全原則，則可追溯回其戰後重新立國之初時的國際安全情勢：戰後分裂的兩個德國，正位處於東西方冷戰的最前線關鍵位置而相互對抗，西德正是西方陣營對抗共產集團華約的第一道防線。作為兩次世界大戰的主要參與國及戰敗國，西德一直到 1951

年才成立準軍事組織「聯邦邊防隊」（Bundesgrenzschutz），並在 1955 年進一步建立聯邦國防軍，完成「再武裝」（Wiederbewaffnung）工作。由於重建武裝力量的工作，與戰敗重建的西德在盟國控制下逐漸恢復的國家主權高度相關，加以北約在同一時間也正在初步發展其防衛戰略概念，因此武裝部隊及國防戰略與北約高度整合，對西德而言不僅可強化其作為最前線國家的安全保障，更可以藉此增加在聯盟中的發言權。[3]

　　除此之外，前述德國將其國防與北約高度融合的策略，實際上也包含了西方主要盟國在安全上的考量。參與兩次大戰、經歷慘痛損失才擊敗德國的各國，反思世界大戰教訓，將重建的西德融入西方體系之中，以確保未來德國不會再成為威脅。[4]而這些造就了當前德國長期以來，將國家安全與前述國際、多邊的防衛組織緊密連結的傳統。正因此，在加入北約以前，不論是作為整體西方對前蘇聯與華沙集團的防禦，還是為預防德國重新崛起後再次威脅到西方世界所做的安排等各方面來看，西德的角色都已被規劃在北約與西方盟國的整體防衛戰略之中。[5]

　　然而，1955 年德國重新建立軍隊時，由於各國仍對十年前的第二次大戰記憶猶新，因而仍對德國參與西方盟國的防衛安排保有疑慮。[6]這不

3　Martin Rink, "Die Bundeswehr im Kalten Krieg," *Bundeszentrale für politische Bildung*, May 1, 2015, https://www.bpb.de/themen/militaer/deutsche-verteidigungspolitik/199277/die-bundeswehr-im-kalten-krieg/.

4　包含北約、歐洲煤鋼共同體（European Coal and Steel Community）、西歐聯盟（Western European Union）等組織，都藉由整合西德至西方民主陣營當中，消除未來德國再次與西方民主社會為敵的可能性。參見 William Burr, "NATO's Original Purpose: Double Containment of the Soviet Union and 'Resurgent' Germany," *National Security Archive of the George Washington University*, December 11, 2018, https://nsarchive.gwu.edu/briefing-book/nuclear-vault/2018-12-11/natos-original-purpose-double-containment-soviet-union-resurgent-germany; "Schuman Declaration May 1950," *European Union*, https://european-union.europa.eu/principles-countries-history/history-eu/1945-59/schuman-declaration-may-1950_en; Alyson J. K. Bailes and Graham Messervy-Whiting, "Death of an Institution: The End for Western European Union, a Future for European Defence?" *Egmont – The Royal Institute for International Relations*, May 2011, pp. 9-11, http://aei.pitt.edu/32322/1/ep46.pdf.

5　"Germany and NATO," *North Atlantic Treaty Organization*, https://www.nato.int/cps/en/natohq/declassified_185912.htm.

6　P. Siousiouras and N. Nikitakos, "European Integration: The Contribution of the West European Union," *European Research Studies*, Vol. IX, No. 1-2 (2006), pp. 115-116, https://www.ersj.eu/repec/ers/papers/06_part_7.pdf.

僅反映了西德作為戰敗國、其國際地位的低落程度，前述「與西方連結」
（Westbindung）的政策，也因此更成為艾德諾執政時期的最重要政策之
一，形塑了戰後德國國防戰略的基礎。艾德諾與其政軍顧問在二戰後德國
分區占領時期，即開始推動與西方在政治、軍事與經濟上的整合，在重新
建立武裝部隊、融入西方防禦體系的同時，也宣布不發展核武，納入美國
的核保護傘下；一方面不僅能抑制蘇聯的擴張衝動，二方面透過減少西方
國家對西德的不信任以融入國際社會，並且能推動自身在各方面的重建工
作。[7]

冷戰結束後，德國在國際秩序上的地位與責任成為各國關注焦點；隨
著開始海外派兵參與維和等任務，及承擔更多國際責任的要求下，德國開
始嘗試進一步拓展其安全戰略概念。值得注意的是，前述德國《國防白皮
書》並非定期出版的政策文件，在冷戰結束後，僅於 1994、2006 及 2016
年曾推出，[8] 旨在反映德國政府於文件推出當時，對國際安全環境的認知
以及國防政策上的重大改變。

在探討德國國防戰略時，必須注意的是其戰後長期的「克制」戰
略文化傳統之影響，導致了軍事能力經常僅扮演次要角色；此戰略文化
主要基於反思德國歷史與世界大戰的慘痛經歷而來：身為二戰的主要
侵略國，德國在戰後重新立國以來，長期重視並致力於「克服過去」
（Vergangenheitsbewältigung）。反思檢討過往歷史的作為，不僅反映在
前述德國民眾的高度和平主義上，也同樣顯現在政府的「克制」戰略文化
上。戰後德國的「克制」戰略文化有兩大「不再」（Nie Wieder）心理要素：
第一，「不再有戰爭」，即不再重蹈二次大戰在人性、道德與政治上的深

7　Judith Michel, "Geschichte der CDU: Konrad Adenauer unterzeichnet die Beitrittsurkunde zur NATO," *Konrad Adenauer Stiftung*, https://www.kas.de/de/web/geschichte-der-cdu/kalender/kalender-detail/-/content/beitritt-der-bundesrepublik-deutschland-zur-nato.

8　德國雖自 1955 年就成立了聯邦國防軍，然在 1969 年首次頒布其《國防白皮書》，隨後先後推出了 1970、1971、1972、1973、1974、1975、1976、1979、1983、1985、1994、2006 及 2016 年等各版本，可注意到在 1970 年代末期前，西德政府仍嘗試定期出版《國防白皮書》，而在冷戰結束後，推出《國防白皮書》的間隔更是增加到了約十年之久。參見 "Was ist ein Weißbuch?" *Bundesministerium der Verteidigung*, February 16, 2015, https://www.bmvg.de/de/themen/dossiers/weissbuch/grundlagen-weissbuch/was-ist-ein-weissbuch-12236.

淵，同時對軍事抱持高度懷疑、避免使用武力解決國際衝突；第二，「不再孤軍奮戰」，即拋棄過往的「謀求霸權」（Vormachtstreben）與「盪鞦韆政治」（Schaukelpolitik），並融入國際、多邊聯盟，如北約及歐洲共同體等。[9]

過往西德雖因身處於北約的最前線而須維持聯邦國防軍的強大兵力，然而第一線的地緣位置也代表著無論在任何情況下發生北約與華約的全面戰爭時，德國將面對極為慘重的生命財產損失。就冷戰東西陣營對峙時期，最令人憂心的核子武器對抗而言，西德長期以來是北約的「核共享」（Nuclear Sharing）嚇阻戰略的成員之一，不論是 F-104 或是 PA-200 龍捲風 IDS（*Panavia* PA-200 *Tornado* IDS）多用途戰機，都將在戰時負責投射部分美軍的戰術核武。[10] 然而第一線的西德不僅在大規模核戰中將因核子武器的運用嚴重受創，即使放棄使用美軍戰術核武，也仍會在戰事螺旋升級（Spiral of Escalation）的狀況下，先受到傳統武器的嚴重打擊，而後仍然遭到核武攻擊。[11]

在這種情況下，「以接觸促進轉變」（Wandel Durch Annäherung）、「以貿易促進轉變」（Wandel Durch Handel）等政策指導概念在冷戰時期出現後，這些原則在德國的安全政策上很快就扮演了最重要的角色，並成為德國迄今在外交及安全、乃至於整體國際戰略上的根本核心。此外，對軍事能力懷疑與不信任的戰後傳統，也對德國的國防戰略與能力上造成相當程度的影響，如近年在關於德國軍事技術的創新發展的層面上，就可看到類

9　Heiko Biehl, "Zwischen Bündnistreue und militärischer Zurückhaltung: Die strategische Kultur der Bundesrepublik Deutschland," in Ines-Jacqueline Werkner and Michael Haspel (eds.), *Bündnissolidarität und ihre friedensethischen Kontroversen* (Springer 2019), pp. 37-58, https://link. springer.com/chapter/10.1007/978-3-658-25160-4_3.

10　核共享政策始於 1960 年代的「彈性反應」（Flexible Response）核戰略時期，由美國在北約特定國家部署少量由空軍戰機投射的 B-61 核彈，在美國總統等政治領袖的授權，以及北約集體防衛與聯盟核嚇阻的使命與政治責任的承擔下，讓包含德國在內的七個盟國運用「雙重能力機」（Dual-Capable Aircraft）來操作這些核武，一方面強化美國對盟國提供的安全保證，二方面也協助避免歐洲的核擴散。參見 "NATO's Nuclear Sharing Arrangements," *North Atlantic Treaty Organization*, February 2022, https://www.nato.int/nato_static_fl2014/assets/pdf/2022/2/ pdf/220204-factsheet-nuclear-sharing-arrange.pdf.

11　Martin Rink, *ibid.*

似思維的展現：2020 年的「全球創新指數」（Global Innovation Index）將德國列為最具創新力的十個經濟體之一，然而在經濟民生層面上善於創新的德國，卻不願意以其創新能力取得軍事優勢，同時也不願意運用私營部門的創新能力強化德國的武裝力量以抵銷對手的軍事優勢，而德國政府更是到 2016 年之後才逐漸在聯邦國防軍的相關組織機構中，建立並開始投資相關的創新能力。[12] 因此，可以注意到這樣的文化傳統，在後冷戰時期，當主要對手蘇聯解體且歐洲不再有實質的直接軍事威脅後，對德國的國防戰略影響更為巨大。身為二戰主要的發動國以及目前世界第四大經濟體，德國在戰後的國防政策與戰略思維，實際上與同為戰敗國的日本有其相近性。

參、二戰後西德安全戰略方向的演變

　　二戰結束後，戰敗的納粹德國遭到美英法蘇四強國分區占領。1949年時，美英法占領區組成德意志聯邦共和國，而蘇聯占領區則成為德意志民主共和國（Deutsche Demokratische Republik，即東德）。在冷戰初期，除了成立聯邦國防軍，重建了一隻擁有高達 50 萬常備兵力、裝備精良、甚至曾擁有高達 4,600 輛戰車的武裝部隊外，[13] 德國在國防上長期的「克制」傳統，也在此時逐漸成形，並將其重建的龐大部隊與經濟實力整合進西方陣營。

　　此時期，德國聯邦國防軍的主要任務為在北約軍事同盟的國際架構下遂行「領土與盟邦防衛」（Landes- und Bündnisverteidigung）任務。就1970 年代後期的國際安全環境而言，可注意到西德將注意力置於北約、

12 Bastian Giegerich and Maximilian Terhalle, "Verteidigung ist Pflicht – Deutschlands außen-politische Kultur muss strategisch werden – Teil 2," *SIRIUS – Zeitschrift für Strategische Analysen*, Vol. 5, No. 4 (2021), pp. 386-409, https://www.degruyter.com/document/doi/10.1515/sirius-2021-4007/html.

13 Carlo Jolly, "Hans-Peter Bartels zum Sondervermögen: Warum die 100 Milliarden längst keine 100 Milliarden sind," *SHZ*, September 12, 2022, https://www.shz.de/startseite-hh/artikel/100-milliarden-was-das-sondervermoegen-der-bundeswehr-wert-ist-43162816.

歐洲共同體、東西方關係及南北會談等四方面，其重心在於：第一，政軍及戰略的均勢政策；第二，和解；第三，有效危機處理；以及第四，預估相關各方之政治作為與可能政策。換言之，德國將藉維持東西兩陣營的均勢，推動裁軍限武、信心建立等措施預防戰爭爆發之外，更透過促進和解與基於互賴的互動，減少東西對抗及南北問題對安全的可能危害。[14] 其中，在北約軍事戰略框架下的德國國防，則服膺於當時的「彈性反應」戰略，以直接防禦、謹慎升高戰爭或全面核子反應等三種不同等級的軍事反應，強化手中藉「核共享」政策所負責操作的美國核彈頭投射能力，以支援北約整體核武的嚇阻力。由於德國身處最前線，因此別無選擇地必須沿東西德國界進行前進防禦，不放棄任何領土，並嘗試在戰爭爆發時將損失減至最小限度。[15]

　　從此處的西德國防戰略規劃出發，可明白注意到，儘管身處冷戰最前線的關鍵戰略位置，迫使西德須維持強大軍事實力，然在東西方對峙逐漸緩和，逐漸轉向「低盪」（Détente）氛圍的前後，西德也開始將「交流」、「和解」與「互賴」等手段作為在軍事能力以外能進一步確保國家安全的更高一層途徑。事實上，西德在 1955 年重整軍力不久後，冷戰在 1970 年代就逐漸進入緩和的「低盪」時期，而西德也在 1960 年代末期開始推行「新東方政策」（Neue Ostpolitik），並依此形塑了持續至今日的「以貿易促進轉變」方針。儘管互賴與對話並非傳統意義上以軍事能力以及相關的戰略規劃之「國防戰略」，然德國的戰敗國地位，使其更重視選擇軍事以外的方式，透過整體包含外交與經貿等層面的作為，確保國防安全。是故，在探討二戰後德國的國防戰略發展脈絡時，必須進一步將其外交戰略考量在內，才能以整體的面貌理解德國在國防戰略與思維的變化。

　　「新東方政策」最早的概念在 1963 年出現，源自於當時德國社會民主黨（Sozialdemokratische Partei Deutschlands, SPD）政治人物巴爾（Egon Bahr）提出的口號「以接觸促進改變」。巴爾的概念得到同黨政治盟友、

14 楊世發等譯，《一九七九年西德國防白皮書》，國防部史政編譯局（1984 年），頁 1-7。
15 同前註，頁 119-122。

西德總理布蘭特（Willy Brandt）的支持，並進一步在 1969 年時開始宣布推動「新東方政策」，嘗試與東德、蘇聯為首的東歐集團國家和解。[16] 隨後，不論是 1970 年代初期時與東歐國家簽署的一連串條約，還是 1970 年布蘭特總理前往華沙與波蘭簽署條約時在猶太區起義紀念碑前下跪懺悔的歷史事件，皆為「新東方政策」的「以接觸促進變化」概念下催生的。同時，「新東方政策」也推動兩德於 1972 年簽署「基礎條約」（Grundlagenvertrag）互相承認，成為關係正常化的開始，而由繼任的施密特總理（Helmut Schmidt）開始發展的德中關係，同為「新東方政策」的進一步延伸。

除此之外，藉由強化與共產集團國家貿易關係，所發展出之「以貿易促進轉變」作為，也成為西德在安全戰略上高度倚賴的途徑之一。事實上，隨著東方政策概念的出現，西德在 1960 年代中後期開始推動、規劃向前蘇聯購買天然氣，並在 1973 年 10 月獲得第一批天然氣供應；而在與西德進行能源合作前，前蘇聯更已向奧地利、義大利、法國提供了大量能源，與西方能源交易甚至使得蘇聯提高了對華約國家的能源價格，使得東歐國家在 1973 年石油危機後已岌岌可危的經濟狀況更加惡化，可能也間接影響了東歐共產集團的崩潰。[17]

藉由增加互動而促進和解與強化關係的安全概念，一定程度上類似於歐盟統合歷程中，由低政治開始接觸合作、並逐漸外溢到高政治的方式。而由於冷戰最後是由東歐集團與前蘇聯的瓦解，及兩德的統一作結；因此，這種透過對前蘇聯及東歐集團國家的貿易關係，以及兩德間透過政治、經濟、文化聯繫，一步步發展出來的緩和關係，被德國認為是其對冷戰結束的獨特決定性貢獻，更是重大外交成就。[18]

---

16 Kathrin Weber, "Willy Brandts Ostpolitik und der Kniefall von Warschau," *Norddeutscher Rundfunk*, December 7, 2020, https://www.ndr.de/geschichte/koepfe/Willy-Brandts-Ostpolitik-und-der-Kniefall-von-Warschau,ostpolitik101.html.

17 Frank Bösch, "Energiewende nach Osten," *Zeit*, October 10, 2013, https://www.zeit.de/2013/42/1973-gas-pipeline-sowjetunion-gazprom.

18 Hans Kundnani and Jonas Parello-Plesner, "China and Germany: Why the Emerging Special Relationship Matters for Europe," *European Council on Foreign Relations*, May 2012, https://www.ab.gov.tr/files/ardb/evt/1_avrupa_birligi/1_11_dis_iliskiler/China_Germany_and_the_EU.pdf.

肆、後冷戰時期與反恐戰爭時期

　　東歐於 1989 年始發生劇變，帶來的是分裂兩德的統一、東歐共產陣營的瓦解，以及而後更進一步延伸之 1992 年蘇聯解體與冷戰的終結。由冷戰結束開始，直至 2022 年俄羅斯對烏克蘭發動的全面入侵為止，約三十年的時間之內，世界的安全環境產生極大變化，使德國必須多次調整其國防的概念與戰略。而對新生的統一德國而言，不僅證明前述「新東方政策」與「和解」的正確性，更代表了歐陸上不再有直接的軍事威脅。新生的統一德國在 1994 年推出的後冷戰時期第一份《國防白皮書》中，以相當篇幅勾勒了冷戰結束後的全新世界局勢，與重新思考國防安全問題。

一、冷戰結束後開始著眼於國際安全情勢及海外派兵

　　1994 年《國防白皮書》明白提到歐陸爆發大戰的可能性大幅降低，同時過往長達數十年對大規模核戰的恐懼已過去。過往，聯邦國防軍長期對抗的威脅，是必須在很短的預警及準備時間之內，在中歐對抗數量占優勢的敵人傳統武力侵略。由於後冷戰時期不再存在，因而對安全風險的分析應進一步考慮歐洲以外的區域與全球互賴，並應包括社會、經濟與生態等不同層面。[19] 儘管德國並未大幅改變其在安全與戰略上的傳統思維，不過仍可注意到甫成立之歐盟的「共同外交與安全政策」，已成為德國新的國際多邊安全合作重點；同時更可以注意到，德國在此時對自身的國防戰略思考中，儘管其進一步承擔國際責任、代表聯邦國防軍派往海外執行國際任務將是必然之發展，然而後冷戰時期不再有直接大規模軍事衝突威脅的環境，軍事力量在本身的國防戰略思考中之重要性將會更進一步下降。與此同時，德國在 1990 年代後期因國際環境需要，逐漸擺脫德國《基本

19　*Weißbuch 1994: Zur Sicherheit der Bundesrepublik Deutschland und zur Lage und Zukunft der Bundeswehr* (Bundesministerium der Verteidigung, 1994), pp. 23-26.

法》限制，開始派兵前往海外。[20]

在經歷巴爾幹（即南斯拉夫內戰）、阿富汗反恐戰爭等地的海外派遣與作戰任務後，2005 年甫上任的梅克爾（Angela Merkel）內閣，於 2006 年再次推出的《國防白皮書》中大幅度強調了海外任務，並將德國的安全與國際貿易等全球化進程加以連結。在 2006 年《國防白皮書》中，在強調前述之全球化與國際貿易外，德國的安全概念也延伸到國際性的議題、國際恐怖主義等各種拓展到歐洲區域以外的安全概念，不過在歐洲本身的防務與國防戰略上，則不僅要強化跨大西洋夥伴關係，更要透過歐盟的共同外交與安全政策，制定歐洲安全戰略。

同時，德國更認為應藉由強化及擴大歐盟整合，並且推行積極的周邊政策，以穩固歐洲與附近區域的安全，而發展、深化與俄羅斯的夥伴關係也被認為同樣是穩固周邊安全環境的關鍵，並強調軍備控制等層面，以「衝突預防」（Konfliktprävention）作為其國防戰略的重點。[21] 在這份白皮書中，德國認為在全面性的安全概念下，需要一套協調外交、經濟、發展政策、警察與軍事手段、如必要時才考慮武裝行動的手段，以因應風險及威脅；值得注意的是，德國仍強調武裝行動對身體與身命的威脅，及其可能的政治風險，仍可明顯見到德國在軍事手段上的極力避免。[22]

這樣的趨勢也直接反映在德國的國防預算支出上。如回顧西德重新建國開始的國防預算投入，可以注意到在冷戰初中期時，西德的國防預算經常占其 GDP 超過 3.5%、甚至有多年超過 GDP 4% 的水準；然德國的國防支出在兩德統一的 1990 年時仍有 GDP 2.7%，卻在 1991 年降至 2.2%、

---

20 儘管在冷戰初期，德國聯邦國防軍已有派往海外進行人道任務的紀錄，然關於德國是否進一步擴大派遣部隊到海外、協助承擔國際責任，甚至參與作戰行動的爭辯，則在兩德統一後的 1990 年代初期展開，與此同時，德國也開始派兵到波灣、柬埔寨、巴爾幹半島等地活動，並在 1999 年參與了科索沃（Kosovo）的盟軍作戰行動。在 2001 年之後，德國成為在阿富汗的多國反恐盟軍的一員，並逐漸擴大在海外的軍事任務投入。

21 *Weißbuch 2006: zur Sicherheitspolitik Deutschlands und zur Zukunft der Bundeswehr* (Bundesministerium der Verteidigung, 2006), pp. 8-11, http://archives.livreblancdefenseetsecurite. gouv.fr/2008/IMG/pdf/weissbuch_2006.pdf.

22 *Ibid.*, p. 25.

在 1993 年後降至 2% 以下，更在 2000 年開始長時間維持在 GDP 1.2% 至 1.4% 之間。[23]

二、21 世紀初進一步改造聯邦國防軍以專注於維和任務

在這種和平、無直接敵情威脅的安全環境下，德國政府開始針對後冷戰時期歐洲大陸的和平環境以及反恐戰爭進行軍事轉型，逐漸縮小聯邦國防軍的規模，並在 21 世紀初期逐漸裁撤了大量原為在歐陸與華約龐大傳統兵力進行決戰的裝備與能力。

目前，德國聯邦國防軍的兵力、組織及編裝，主要仍然依照 2011 年的「聯邦國防軍新方向」（Neuausrichtung der Bundeswehr）軍事改革案編組，在近年才因國際情勢的急遽轉變以及聯邦國防軍狀態的低落，而逐步採取新的改革方案，再次調整軍隊能力與結構。此案在 2011 年結束了德國的徵兵制，將部隊兵力減少到 18 萬 5,000 員，並將原本的三軍改組，增加了「聯合支援軍」（Joint Support Service，德文原名為 Streitkräftebasis，直譯為「武裝部隊基礎軍」）整合三軍的後勤與支援單位，以及「聯合醫療軍」（Joint Medical Service，德文原名為 Zentraler Sanitätsdienst，直譯為「中央醫療部隊」）。

此外，多種關鍵的軍事能力也因安全概念與國防戰略的改變，而逐漸裁撤放棄或縮編，例如：陸軍防空部隊（Heeresflugabwehrtruppe）在 2012 年解編，加上「獵豹防空戰車」（*Flakpanzer Gepard*）、「羅蘭 2 型」防空飛彈戰車（*FlaRakPz1 ROLAND* II）等多種曾擔負重要防空任務的系統，在 2000 年代逐步退役，使得德國聯邦國防軍實際上喪失了野戰防空能力；過往頗負盛名的裝甲部隊（Panzertruppen）也逐步裁撤大半，僅保留 225 輛「豹 2」主戰車（*Kampfpanzer Leopard* 2），與冷戰時期現役加

---

23 "Entwicklung der Militärausgaben in Deutschland von 1925 bis 1944 und in der Bundesrepublik Deutschland von 1950 bis 2015 im Verhältnis zur gesamtwirtschaftlichen Leistung," *Bundestag*, March 9, 2017, https://www.bundestag.de/resource/blob/503294/493c4e3a31e0705bd3b62a77d449 bc76/wd-4-025-17-pdf-data.pdf.

上備役共計配備 4,600 輛戰車的巨大地面兵力有極大差異。由此可明確觀察到，隨著安全環境與國防戰略的變化，德國軍隊因此必須進行轉型。

而就整體兵力而言，德國軍隊在後冷戰時期也如同其他國家般大幅縮編。然而在後冷戰時代開始前，兩德統一的「2 + 4 條約」（Zwei-plus-Vier-Vertrag）[24] 中，美蘇英法四強就已要求統一後的德國需要進一步進行裁軍，[25] 隨後加上後冷戰時期與反恐戰爭中大軍的需求不再，德國的軍力從承平時期 50 萬、戰時 140 萬的兵力，縮減到不到 20 萬名。進入 21 世紀後，德國更在「聯邦國防軍新方向」案之下，在 2011 年結束徵兵制，並將後勤「外包」，讓聯邦國防軍不再具備能營運大型單位（整個旅有約 5,000 名兵力）的能力；由於各旅獨立營運部隊、作戰的能力嚴重受限，僅存的六個陸軍旅儼然轉型成為最大營級（約 500 名）特遣隊的「兵力庫」。換言之，從大兵團作戰的部隊結構轉型成專門為長期海外任務派遣小型特遣隊的「遠征軍」型態。[26]

伍、克里米亞危機與重回大國競爭年代的掙扎

2014 年 3 月，俄羅斯在短暫且快速猛烈的行動中，成功兼併了克里米亞，加上同時間在烏克蘭東部頓巴斯地區爆發危機，俄國也成功在當地樹立了親俄政權。安全環境再次的急遽變化，就國防戰略而言，過往評估認為歐陸上再次爆發大規模戰爭，及核武攻擊的可能性不高的樂觀態度受到嚴峻挑戰，並促使德國必須修改國防政策，重新將過往的「領土與盟邦防衛」再次放入 2018 年修訂的《聯邦國防軍概念》（Konzeption der Bundeswehr）文件，恢復為德軍的主要任務之一。

---

24 正式名稱為「最終解決德國問題條約」（The Treaty on the Final Settlement With Respect to Germany），其參加國為東西德兩個分裂德國外，還包括了美國、蘇聯、英國、法國等當初分區占領德國的四強，因此又稱為「2＋4 條約」。

25 「2＋4」條約中限制統一後的德國應在三到四年間，將陸海空三軍兵力縮減至 37 萬名以下。

26 Rainer Meyer zum Felde, "Deutsche Verteidigungspolitik – Versäumnisse und nicht eingehaltene Versprechen," *SIRIUS – Zeitschrift für Strategische Analysen*, Vol. 4, No. 3 (2020), pp. 315-332, https://www.degruyter.com/document/doi/10.1515/sirius-2020-3007/html.

一、大國衝突再現與德國國防戰略緩慢轉向

　　長時間廢弛的武備與低度的國防預算投資，使德國軍隊的準備狀態嚴重不足，各種裝備是否妥善的問題叢生；同時，德國因後冷戰時期歐陸已無實質武力衝突威脅，及承擔國際責任、強化海外任務的需求，而將聯邦國防軍改組為遠征軍式的軍隊後，更有多種大國衝突環境下需要的作戰能力必須重新建立。

　　除此之外，在克里米亞及頓巴斯戰爭等武裝衝突中，也逐漸出現了搭配新科技的新型態威脅，例如網路攻擊及與現代的「混合戰」等層面，而這些作為在承平時期也形成安全威脅；這些與過往不同的安全問題，使德國實際上面對更巨大的安全挑戰。針對死灰復燃的俄羅斯軍事威脅，北約的指揮結構、戰備狀況、防務規劃等都需做出改變，並且加強德軍在東歐盟國的軍事存在（Presence），即北約自 2017 年以來進行的「強化前線部署」（Enhanced Forward Presence），率領以德軍加強營為核心的北約多國編隊駐紮在立陶宛，以及建立能更快反應的機動戰力。[27]

　　雖然「領土與盟邦防衛」、後冷戰的延伸安全概念，以及德國日益增加的國際責任共同載於 2016 年《國防白皮書》中，然而由於此時德軍在領土與盟邦防衛外，實際上仍需面對前述諸多新型態安全威脅，因此其所肩負之任務其實已較冷戰時期更為艱鉅。加以聯邦國防軍在後冷戰時期的多次軍事轉型，及長時間投入反恐戰爭，部隊已亟需大幅重整、重建能力以因應新的威脅型態與安全需求。

　　2016 年《國防白皮書》是梅克爾時代的第二份也是最後一份白皮書，充分反映梅克爾內閣對安全環境的觀點及國防戰略上的構想。整體而言，德國政府雖已在此份白皮書中確認了 2014 年烏克蘭危機後俄國對歐陸造成的安全威脅，然而在此文件中，軍事的重要性仍然屬於次要。換言之，梅克爾時期德俄的良好關係使得聯邦政府儘管開始承認俄國對歐陸造成威

---

27 "Auftrag Landes- und Bündnisverteidigung," *Bundesministerium der Verteidigung*, June 2020, https://www.bundeswehr.de/resource/blob/5031820/8bcff03f523a3962a028ef20484f3f0b/auftrag-landes-und-buendnisverteidigung-data.pdf.

脅，其軍事威脅卻未巨大到推動德國進行快速且劇烈的國防戰略轉向。

　　白皮書中的第一部分主要關於德國國防政策，其安全威脅的認知仍然是十分廣泛，延伸至不僅包含國際恐怖主義、國家間衝突、大規模毀滅性武器擴散等層面，更包含如網路安全、脆弱國家與治理不善、氣候變遷、難民問題與大規模傳染病流行等。儘管嘗試勾勒出充滿雄心的藍圖，並且試著減少過去在對外政策上的「克制」、強調將更進一步承擔國際責任，然而德國仍然更重視、強調軍事武力手段以外的各種多邊、整合的途徑，進行對各種新舊型態衝突的管理與預防；除此之外，德國在 2016 年《國防白皮書》中高度強調各種型態威脅的「韌性」（Resilienz），但並未進一步闡述更具體的方法與行動的細節。[28]

二、德國國防軍事力量的重新整建規劃

　　隨著白皮書的更新，聯邦國防軍也開始進行重建能力的規劃與行動，不僅在 2017 年時開始逐步規劃武裝部隊的能力重整，計畫在 2032 年時重新具備完整的「領土與盟邦防衛」能力；德國軍方在 2018 年的《聯邦國防軍概念》文件中，更進一步從白皮書的構想規劃戰略與概念，並在 2018 年 9 月通過非公開的內部規劃文件《聯邦國防軍能力概況》（*Fähigkeitsprofil der Bundeswehr*），確認需求與現代化的步驟。根據規劃，聯邦國防軍的重建將以 2023、2027 及 2031 年三個年份作為關鍵節點，將首先滿足 2023 年北約「高度戰備聯合特遣隊」（Very High Readiness Joint Task Force）的需求，在 2027 年時達成部分的能力重建（例如陸軍完成第一個重裝作戰師的重新編整），並在 2031 年後達成目標。然而整體的規劃與進行，仍有待國防預算開支的逐年持續增加，才能確實達成目標。[29] 其中，恢復歐洲大陸上的大兵團作戰能力，是德軍高度重

28　*Weißbuch 2016: zur Sicherheitspolitik und zur Zukunft der Bundeswehr* (Bundesministerium der Verteidigung, 2016), https://www.bundesregierung.de/resource/blob/975292/736102/64781348c12e4a80948ab1bdf25cf057/weissbuch-zur-sicherheitspolitik-2016-download-data.pdf.

29　"Neues Fähigkeitsprofil komplettiert Konzept zur Modernisierung der Bundeswehr," *Bundeswehr*, September 4, 2018, https://www.bmvg.de/de/aktuelles/neues-faehigkeitsprofil-der-bundeswehr-27550.

視的關鍵，像是在 2011 年後以裁減至 4 個營的砲兵兵力，就規劃將重新提升為 14 個營，以因應重回大國對抗的地面戰場需求；就初期的規劃而言，德軍甚至認為應追加額外的 27 個營的兵力，才能因應大國戰場的需求。[30] 近年，針對歐陸戰場上的大規模陸戰需求，由於德國已經不再若冷戰時期般位處於最前線，因此在快速馳援東歐盟國的新型態作戰需求下，更開始探討以輪甲車等具備戰略機動性的「中型部隊」（Mittlere Kräfte）之新結構，並預計將部分單位改編為「中型部隊」。[31]

　　值得注意的是，長時間採取軍事以外途徑以確保國防與國家安全的德國，近年也開始注意中國崛起帶來的威脅。儘管德國與中國之間有高度的經貿依賴，然習近平上臺後，中國逐漸在周邊地區包括臺海、南海、甚至東海與日本海採取更加強硬與擴張性的行動，造成區域的不穩定；與此同時，美中的對抗在前川普總統（Donald Trump）執政時期更進一步升級，甚至發動了美中貿易戰。在這種情況下，因應世界局勢的變化，在針對新型態威脅重新調整、規劃重建武裝部隊之餘，也開始重新評估新的戰略思維。2020 年 9 月，德國外交部推出德國版「印太戰略」，報告中德國仍避免將軍事能力作為其印太投入的重心，同時仍以多邊主義與國際合作為核心，確保美中競逐態勢下的印太穩定，同時也將減少對中國的經濟依賴。[32] 此外，在 2021 年時派遣巡防艦「拜仁號」（FGS *Bayern*, F217）前往印太地區進行航行任務，也可視為逐步在大國競爭環境的態勢中，以派遣兵力強調軍事存在的作為，協助戰略的進行。換言之，儘管過去並未直接受到中國威脅，然而因高度依賴對外貿易，所以德國政府將國防安全、整體區域與國際環境做整合連結為優先，直到近年感到中國崛起的威脅，德國開始才逐漸研討規劃因應之道。因此，德國國防部在 2021 年 2 月 9 日發布

30　Thomas Wiegold, "Neue 'schwere' Heeresstruktur, mehr Artillerie, 27 zusätzliche Bataillone? (Nachtrag: BMVg)," *Augen Geradeaus!*, April 6, 2017, https://augengeradeaus.net/2017/04/neue-schwere-heeresstruktur-mehr-artillerie-27-zusaetzliche-bataillone/comment-page-2/.

31　Gerhard Heiming, "Hochmobile Kampfkraft durch die Mittleren Kräfte," *Europäische Sicherheit & Technik*, June 22, 2023, https://esut.de/2023/06/fachbeitraege/42219/hochmobile-kampfkraft-durch-die-mittleren-kraefte/.

32　"Leitlinien zum Indo-Pazifik," *Auswärtiges Amt*, September 1, 2020, https://www.auswaertiges-amt.de/blob/2380500/33f978a9d4f511942c241eb4602086c1/200901-indo-pazifik-leitlinien--1-data.pdf.

《對未來聯邦國防軍的思考》（*Gedanken zur Bundeswehr der Zukunft*）立場文件，將崛起、且具備強大影響力的中國視為重要行為者，並將中國與印太權力對抗的動態變化等兩個關鍵因素，定義為德國面臨的安全風險與威脅。[33]

三、與中俄競合突顯德國非軍事手段安全途徑之侷限性

全球大國競爭環境的逐漸成形，也讓德國逐漸需要重新審視過往在國防安全上，較軍事力量更為重要、長期受德國政府倚賴的和解與對話途徑。儘管這些途徑同前所述，在德國經常被認為是兩德和平統一的主要因素，然而重新審視其互動過程，尤其是「以貿易促進轉變」原則，可注意到德國在這一方面，實際上低估了西方陣營中，美國的支持在外交與嚇阻上所提供的協助。然而，西德的和解政策既是在冷戰「低盪」時期前後背景脈絡下開始的作為，那麼東西陣營雙方以核武器為首的強大軍事實力和這些實力為對手帶來的嚇阻力量，實際上或許可以視為是冷戰時期西德和解政策得到成功的重要基礎關鍵。由此角度觀之，缺乏自身軍事實力作為後盾的後冷戰時期德國，要遂行「以貿易促進轉變」原則是有限的。此外在冷戰時期，和解過程中也相當程度地淡化了東西雙方的政治與意識形態差異，如前總理施密特就同意東德共黨領導人何內克（Erich Honecker）的看法，認為 1981 年波蘭共黨政權發布戒嚴令以鎮壓團結工聯（Solidarność）的活動有其必要，以避免外國如同 1968 年「布拉格之春」般地進一步介入，維持情勢穩定；將穩定的重要性置於民主、人權等意識形態差異之上。[34]

---

33 "Positionspapier: Gedanken zur Bundeswehr der Zukunft," *Bundesministerium der Verteidigung*, February 9, 2021, https://bit.ly/38F1NF5.

34 Detlev Brunner, "... eine große Herzlichkeit? Helmut Schmidt und Erich Honecker im Dezember 1981," *Bundeszentrale für politische Bildung*, November 16, 2011, https://www.bpb.de/themen/deutschlandarchiv/53078/eine-grosse-herzlichkeit/; Stephen F. Szabo, "No Change Through Trade," *Berlin Policy Journal*, August 6, 2020, https://berlinpolicyjournal.com/no-change-through-trade/.

　　前述的「以貿易促進轉變」政策方向，在冷戰結束後仍為德國所奉行，繼續作為與俄國及中國等國家交往的重要依據與原則。[35] 儘管就「和解」的途徑而言，或許在一定程度上相互理解，包含理解共產陣營國家的作為有其重要性，然而這似乎也顯示在意識形態對抗的環境中，重視和解、嘗試以「接近」甚或「貿易」促進對手變化的德國，不一定能堅守自己的價值立場。事實上，近年的發展也確實顯示，透過貿易所促進的轉變，實際上可能轉變的是柏林當局與德國企業的立場，例如單方面的貿易而非互惠導致了德國對中國的高度依賴，反而使德國對中國「過度謹慎」、避免批評，以免遭受中國在貿易上的「懲罰」，而中國則有效運用西方價值觀，及其建構出來的國際體系與組織，例如世界貿易組織（WTO）等謀求利益，同時避開在意識形態上受到西方價值的影響。[36]

　　這樣的現象不啻是「以貿易促進轉變」政策的失敗；也正因此，重新審視這些作為在後冷戰時期是否確實對俄國與中國等獨裁政權產生影響，促進其產生變化、向西方價值靠攏，實有必要。同時，回顧冷戰結束後德國與俄國與中國的關係，可以注意到儘管貿易關係日趨緊密，俄中兩國在諸多西方關切的問題，像是威權、人權問題、政治與司法體系的腐敗等層面上，卻並未有明確的改善，而過度的依賴卻導致了柏林方面無法採取對有經貿依賴的國家對抗的路線，形成了對美國前總統川普強硬批評，卻對於非自由主義政權的國家像中國、俄國、匈牙利等出現較不在意價值的貿易政策。[37] 而就近年的發展而言，更可說因為過往三十年沒有政治性破壞

35 Andreas Heinemann, "Russland-Politik in der Ära Merkel," *SIRIUS*, Vol. 6, No. 4 (November 29, 2022), https://www.degruyter.com/document/doi/10.1515/sirius-2022-4002/html; Frank Umbach, "Strategische Irrtümer, Fehler und Fehlannahmen der deutschen Energiepolitik seit 2002," *SIRIUS*, Vol. 6, No. 4 (November 29, 2022), https://www.degruyter.com/document/doi/10.1515/sirius-2022-4003/html?lang=de; Thorsten Benner, "Von 'umfassender strategischer Partnerschaft' zu Systemrivalität," *Bundeszentrale für politische Bildung*, April 21, 2023, https://www.bpb.de/shop/zeitschriften/apuz/deutsche-aussenpolitik-2023/520205/von-umfassender-strategischer-partnerschaft-zu-systemrivalitaet/.

36 Stefan Sack, "Stefan Sack: 'Wandel durch Handel' war für China eine erfolgreiche Strategie," *table. china*, May 16, 2022, https://table.media/china/standpunkt/stefan-sack-wandel-durch-handel-war-fuer-china-eine-erfolgreiche-strategie/.

37 Stephen F. Szabo, *loc. cit.*

因素的全球化時代已然告終，因而在這些國家強化貿易關係、求取商業利益與安全、甚至推動價值的政策無法成功，反而成為用以威脅德國及西方陣營的工具。[38]

值得注意的是，儘管梅克爾政府已將俄國等對手所帶來的威脅，逐漸調整部隊的結構，進行重新評估與規劃未來的再次轉型，然而同時德國仍持續增加對俄中的能源與經濟依賴，顯見在整體的國防戰略，甚至更高層級、國家對安全的思考與戰略規劃，並未有良好的整合與協調。在德國進行派遣巡防艦前往印太的政策討論與實施過程中，就曾經出現類似情況。跟隨盟國腳步，派遣海軍艦艇前往印太地區的構想，在 2019 及 2020 年時都曾為時任國防部部長克蘭普—卡倫鮑爾（Annegret Kramp-Karrenbauer）提出過，[39] 不過在相關的探討與規劃過程中，德國政府內部就是否與中國對抗的態度上產生分歧，因此部署計畫又再次進行了調整，以避免過度刺激中國。[40]

陸、俄烏戰爭與德國安全政策的「轉捩點」

2022 年 2 月 27 日俄羅斯對烏克蘭發動全面入侵後，德國總理蕭茲在德國聯邦議會（Bundestag）發表了「時代轉捩點」（Zeitenwende）演說。[41] 蕭茲不僅宣布將軍援烏克蘭，並強調將提撥 1,000 億歐元特別基金

38 Andreas Landwehr and Matthias Arnold, "Kein Wandel durch Handel': China und das Problem mit der Abhängigkeit," *n-TV*, May 26, 2022, https://www.n-tv.de/wirtschaft/China-und-das-Problem-mit-der-Abhaengigkeit-article23358690.html.

39 "Zweite Grundsatzrede der Verteidigungsministerin," *Bundesministerium der Verteidigung*, November 17, 2020, https://bit.ly/2Oveo6l.

40 Hans Kundnani and Michito Tsuruoka, "Germany's Indo-Pacific Frigate May Send Unclear Message," *Chatham House*, May 4, 2021, https://www.chathamhouse.org/2021/05/germanys-indo-pacific-frigate-may-send-unclear-message; Mike Szymanski, "Flagge zeigen in schweren Gewässern," *Süddeutsche Zeitung*, August 2, 2021, https://www.sueddeutsche.de/politik/marineschiff-indopazifik-china-1.5371077; Axel Berkofsky, "Europe's Involvement in the Indo-Pacific Region: Determined on Paper, Timid in Reality," *Institute for Security & Development Policy*, August 2021, https://isdp.eu/content/uploads/2021/08/Europes-Involvement-in-the-Indo-Pacific-Region-26.08.21-Final-w-Cover.pdf.

41 "Bundeskanzler Olaf Scholz: Wir erleben eine Zeitenwende," *Deutscher Bundestag*, June 19, 2022, https://www.bundestag.de/dokumente/textarchiv/2022/kw08-sondersitzung-882198.

（Sondervermögen）重整聯邦國防軍的實力，而在整體國防及安全戰略層面上，更將讓德國國防預算每年達到北約 2014 年威爾斯峰會（Welsh Summit）制定之國防預算 GDP 2% 的標準，[42] 以及宣布將改變原先高度依賴俄羅斯能源的政策。德國聯邦政府的政策轉變再次引起對於德國、乃至於歐洲是否重回地緣政治舞臺的討論。[43] 長期以來經常受到批評、被認為在安全議題上缺乏戰略觀的戰後德國，[44] 似乎在烏克蘭戰爭的催化之下，將推動國防、乃至於國家戰略的巨大變動。

　　與此同時，德國外長貝爾博克（Annalena Baerbock）在 2022 年 3 月 18 日正式宣布將研討並推出德國的第一個《國家安全戰略》（*Nationale Sicherheitsstrategie*）。在新的整體國家安全戰略推出前，目前德國在國防上所遵循的，仍是 2016 年頒布的《國防白皮書》的國防政策框架。儘管貝爾博克仍強調俄羅斯發動的侵略戰爭對歐洲地緣政治帶來的關鍵性影響，[45] 然而此次德國《國家安全戰略》的制定並不僅因為受到烏克蘭戰事的刺激才開始著手進行，而是在「紅綠燈內閣」（Ampelkoalition）成立的執政協議中就已載明將制定此一戰略。[46] 事實上，在 2021 年聯邦議會大選中落敗的前執政黨基督教民主聯盟

---

42 在威爾斯峰會中，北約盟國達成協議，要求各國的國防預算應達 GDP 的 2%，以及國防預算中的裝備投資應達 20%。參見 "Wales Summit Declaration," *NATO*, https://www.nato.int/cps/en/natohq/official_texts_112964.htm.

43 Jonathan Hackenbroich and Mark Leonard, "The Birth of a Geopolitical Germany," *European Council on Foreign Relations*, February 28, 2022, https://ecfr.eu/article/the-birth-of-a-geopolitical-germany/; Roderick Kefferpütz, "Will Germany's Geopolitical Awakening Last?" *Atlantic Council*, March 1, 2022, https://www.atlanticcouncil.org/blogs/new-atlanticist/will-germanys-geopolitical-awakening-last/; Alexandra de Hoop Scheffer and Gesine Weber, "Russia's War on Ukraine: The EU's Geopolitical Awaken," *The German Marshall Fund*, March 8, 2022, https://www.gmfus.org/news/russias-war-ukraine-eus-geopolitical-awakening.

44 James D. Bindenagel and Philip A. Ackermann, "Germany's Troubled Strategic Culture Needs to Change," *The German Marshall Fund*, October 2018, https://www.gmfus.org/news/germanys-troubled-strategic-culture-needs-to-change.

45 "Außenministerin Annalena Baerbock bei der Auftaktveranstaltung zur Entwicklung einer Nationalen Sicherheitsstrategie," *Auswärtiges Amt*, March 18, 2022, https://www.auswaertiges-amt.de/de/newsroom/baerbock-nationale-sicherheitsstrategie/2517738.

46 "Lesen Sie hier den Koalitionsvertrag im Wortlaut," *Spiegel*, November 24, 2021, https://www.spiegel.de/politik/koalitionsvertrag-der-ampel-parteien-im-wortlaut-darauf-haben-sich-spd-gruene-und-fdp-geeinigt-a-3e25c4da-088a-4971-8a4d-4797a4ecf089.

（Christlich Demokratische Union Deutschlands）也曾在選戰中提出德國應升格目前主要僅探討武器外銷議題的「聯邦安全會議」（Bundessicherheitsrat）、建立自己的「國家安全會議」（Nationale Sicherheitsrat），[47] 顯見近年來國際安全情勢與地緣政治的急遽變化，使德國政治人物必須進一步考慮國防與安全上更大幅度的改革。

就而，相關報告文件的催生仍然遭遇了諸多阻礙，直至 2023 年 6 月 14 日，德國政府才終於推出第一份《國家安全戰略》，其中經歷了多次延宕。也因此，報告真正推出時，距離貝爾伯克外長原先期望的 2022 年底，已經延後了超過半年之久。在德國內部的斡旋過程中，主要的爭論焦點在於，武器出口、國際發展合作，以及對中政策方面的議題；除此之外，德國聯邦政府與地方各邦之間的協調與整合，以及關於前述國家安全會議的設置與否，都導致了德國《國家安全戰略》文件制定的延宕。[48]

就其內容而言，德國《國家安全戰略》嘗試概括所有德國遭遇的傳統、非傳統安全威脅，包含戰爭（如俄烏戰爭）、脆弱國家成為恐怖分子根據地、他國內部衝突擴散、恐怖主義、極端主義、組織犯罪、非法資金流動，乃至於能源與原物料、國際經貿、單方面依賴、氣候變遷、疾病、貧窮、環境破壞等各面向，可說包含了所有能預想的層面，而德國將以「防禦」、「韌性」、「永續」等三個核心途徑加以應對；並將以包含軍事力量在內的國內、國際等多層次途徑，從國際層面的跨大西洋夥伴關係、北約、歐盟、國際發展合作，到國內的外交、軍隊、警察、消防、乃至於公民社會以及網路安全、供應鏈安全整合在一起。[49] 在這份文件中，德國確實強調了聯邦國防軍在國家安全中扮演的關鍵角色，這與「時代轉

47 Johannes Leithäuser, "Laschet will Nationalen Sicherheitsrat einrichten," *Frankfurter Allgemeine*, May 19, 2021, https://www.faz.net/aktuell/politik/inland/laschet-will-nationalen-sicherheitsrat-fuer-deutschland-17349166.html.

48 Valerie Höhne, Hans Monath and Christopher Ziedler, "Nationale Sicherheitsstrategie: Droht der nächste Ampel-Streit?" *Tagesspiegel*, December 30, 2022, https://www.tagesspiegel.de/politik/nationale-sicherheitsstrategie-weiterhin-viele-ungeklarte-punkte-innerhalb-der-ampel-9107671.html.

49 Auswärtiges Amt, "Nationale Sicherheitsstrategie: Integrierte Sicherheit für Deutschland," Bundesregierung, June 2023, https://www.bmvg.de/resource/blob/5636374/38287252c5442b786ac5d0036ebb237b/nationale-sicherheitsstrategie-data.pdf.

振點」中，對重建軍隊的強調相符，不過軍事力量在整體途徑的框架下，儘管關鍵仍只是其中的一個支柱，並未完全脫離戰後德國長期以來避免過度強調軍事力的路線。同時，整份《國家安全戰略》就內容而言，相較於「紅綠燈聯盟」執政以來宣布的各種政策路線調整，並未提出全新的觀點，更缺乏執行的方式與其細節；針對這個問題，德國聯邦政府認為《國家安全戰略》是一份原則性之「基礎文件」，其核心目的在於建立一個戰略框架，各項執行細節則將由德國聯邦政府的各個部門另外推出其他「子戰略」予以補強。[50]

　　值得注意的是，相較於貝爾博克外長對俄羅斯與中國戰線的強硬態度，這份戰略文件則採取了儘管相對強硬但仍是較為模糊的態度，將中國同時定位為「合作夥伴」、「競爭者」以及「體制性對手」。雖然明確地顯示德中關係，乃至於中國在全球安全環境上的複雜定位，以及德國內部對於中國觀點的歧異，然而其複雜性也可能會造成在實際實施政策的困難。

　　2023 年 7 月 13 日，德國外交部進一步推出第一份《中國戰略》（China-Strategie），[51] 雖有前述《國家安全戰略》所提及之各部會之「子戰略」色彩，仍屬於一橫亘德國聯邦政府與地方各邦之重要指導文件。在這份文件中，德國外交部進一步定義中國在前述三個角色中，「體制性對手」的角色日趨明顯，因而形成嚴重威脅。德國外交部在《中國戰略》文件中強調必須對中採取「去風險」（De-Risking），企圖透過在供應鏈、人才與資金等各層面上，以多元化的手段結束對中國的單方面依賴。同樣地，儘管在此戰略文件中，德國雖然不以軍事能力作為主軸，仍可以注意到在目前國家安全戰略方向上之政策方向的調整。整體來說，甚至可說顯示出徹底翻轉冷戰時期「新東方政策」的傾向。

50　Thorsten Jungholt, "Die engen Grenzen von Baerbocks 'integrierter Sicherheit'," *Welt*, June 15, 2023, https://www.welt.de/politik/deutschland/plus245861210/Nationale-Sicherheitsstrategie-Durchzogen-von-Widerspruechen-und-wolkigen-Versprechungen.html?cid=socialmedia.linkedin.shared.web.

51　"China-Strategie der Bundesregierung," *Auswärtiges Amt*, July 13, 2023, https://www.auswaertiges-amt.de/de/aussenpolitik/asien/china-strategie/2607934.

柒、結語

冷戰結束後，不再作為東西方對抗第一線的德國，對國防與安全的理解採取進行了極大的調整，其中軍事力量的逐漸裁減與轉型是其關鍵部分；同時德國對於國防與安全的策略及規劃，更是進一步整合除經貿外，包含氣候、人權等各種綜合性的概念加以推行，並將視角擴大到歐陸以外的地區。然而，這樣的想法在面對大國武裝衝突陰影再現的現在，遭遇到了挑戰。同時民主與威權國家陣營的對抗，也使長期服膺於「以貿易促進轉變」政策的德國，遭遇了嚴重挑戰。

俄國在 2022 年 2 月對烏克蘭發動的全面入侵，儘管促使德國正式改變其政策，然而國際戰略情勢的轉變，實際上早在 2014 年的克里米亞與烏東危機爆發之時，就已開始逐漸明朗化；加上中國自習近平上臺以來，逐漸在臺海、南海、乃至於東海等地採取的侵略性政策，可以說德國自 1970 年代以來奉為圭臬的「以貿易促進轉變」政策，將逐漸因為國際上不同陣營間的對抗逐步加劇，而逐步降低其效力。而第四次梅克爾內閣（2018～2021）後期的發展，如德國往印太地區派遣海軍船艦的作為，明確顯示出了內部如外交與國防部門在戰略上雖開始逐漸轉向，但仍有高度的不協調，顯示出對中國施展強硬態度的顧慮。這樣的顧慮不僅再次限縮了德國國防政策選擇，也造成盟國對德國立場的疑慮。儘管在目前進入「紅綠燈聯盟」的年代，德國在國防與對外政策上採取較過往更積極主動的態度，重新開始嘗試填補軍力的長期空缺，並且對俄中等國採取更自信、強硬的立場，不過仍有蕭茲總理就漢堡港口設施爭議，在內閣強烈反對下卻強行開放中國「中遠集團」入股等作為，使得前述的疑慮在現今仍持續存在。

因此，對德國而言，不僅重新檢討、反思冷戰以來和解政策在現代戰略環境下的適用性有其必要，內部也應儘快進行戰略路線的廣泛辯論。而過往儘管在安全政策與戰略上，德國國防部會針對其面對之安全情勢訂定白皮書文件，然而，前述德國政府內部的不協調，也顯示其確實需要政府中央整合的戰略指導，才能讓相關的作為順利推動。因此 2023 年德國

《國家安全戰略》文件的推出，正是亟需的作為。儘管如此，由於文件仍然需要進一步由各部會的「子戰略」來完善其細節，德國在國防戰略上的不確定性與搖擺，則可能還需要數年以上的時間才可能逐漸穩定。

在俄烏戰爭爆發與蕭茲總理發表「時代轉捩點」演說後，德國宣示採取了包含重建軍力與加緊提供裝備援烏等層面上的各種不同措施，然而相關的進度十分緩慢，諸多重大作為如提供「豹 2A6」（*Leopard* 2A6）、「貂鼠 1A3」（*Marder* 1A3），甚或後續的「豹式戰車聯盟」（Leopard Panzer Koalition）、援烏裝備的後續補充籌構，以及德軍的軍力重建進度，均在第二任國防部部長皮斯托瑞斯（Boris Pistorius）於 2023 年初上任後才開始快速推動。顯見，儘管政策轉向，仍需要政治人物的進一步強力推動，才能站穩腳跟繼續發展。同時，由於德國的新《國家安全戰略》文件要求各部會針對發展細項提出自身的子戰略文件加以完善，因此國防戰略的後續推動強化，也需要相關文件的訂定，以及重建軍力的進一步投入。

就後者而言，德國國防部雖得到進一步的預算能用於緊急強化部隊實力，然而重建進度相對於其他國家的重新擴軍而言，仍較為緩慢。目前德國軍方以完成其為北約提供的安全承諾，例如前述部隊改革規劃中所提之陸軍重裝師等，為其主要目標，然而軍事能力在裁撤後的重新取得，將需要德國政府繼續支持國防力量的建設，持續投入龐大資金、資源，才有可能兌現其安全承諾。

參考文獻

一、中文部分

楊世發等譯，《一九七九年西德國防白皮書》（臺北：國防部史政編譯局，1984 年）。

二、外文部分

"Auftrag Landes- und Bündnisverteidigung," *Bundesministerium der Verteidigung*, June 2020, https://www.bundeswehr.de/resource/blob/5031820/8bcff03f523a 3962a028ef20484f3f0b/auftrag-landes-und-buendnisverteidigung-data.pdf.

"Außenministerin Annalena Baerbock bei der Auftaktveranstaltung zur Entwicklung einer Nationalen Sicherheitsstrategie," *Auswärtiges Amt*, March 18, 2022, https://www.auswaertiges-amt.de/de/newsroom/baerbock-nationale-sicherheitsstrategie/2517738.

"Bundeskanzler Olaf Scholz: Wir erleben eine Zeitenwende," *Deutscher Bundestag*, June 19, 2022, https://www.bundestag.de/dokumente/textarchiv/2022/kw08-sondersitzung-882198.

"Entwicklung der Militärausgaben in Deutschland von 1925 bis 1944 und in der Bundesrepublik Deutschland von 1950 bis 2015 im Verhältnis zur gesamtwirtschaftlichen Leistung," *Bundestag*, March 9, 2017, https://www.bundestag.de/resource/blob/503294/493c4e3a31e0705bd3b62a77d449bc76/wd-4-025-17-pdf-data.pdf.

"Germany and NATO," *North Atlantic Treaty Organization*, https://www.nato.int/cps/en/natohq/declassified_185912.htm.

"Leitlinien zum Indo-Pazifik," *Auswärtiges Amt.*, September 1, 2020, https://www.auswaertiges-amt.de/blob/2380500/33f978a9d4f511942c241eb4602086c1/200901-indo-pazifik-leitlinien--1--data.pdf.

"Lesen Sie hier den Koalitionsvertrag im Wortlaut," *Spiegel*, November 24, 2021, https://www.spiegel.de/politik/koalitionsvertrag-der-ampel-parteien-im-wortlaut-darauf-haben-sich-spd-gruene-und-fdp-geeinigt-a-3e25c4da-088a-4971-8a4d-4797a4ecf089.

"NATO's Nuclear Sharing Arrangements," *North Atlantic Treaty Organization*, February 2022, https://www.nato.int/nato_static_fl2014/assets/pdf/2022/2/pdf/220204-factsheet-nuclear-sharing-arrange.pdf.

"Neues Fähigkeitsprofil komplettiert Konzept zur Modernisierung der Bundeswehr," *Bundeswehr*, September 4, 2018, https://www.bmvg.de/de/aktuelles/neues-faehigkeitsprofil-der-bundeswehr-27550.

"Positionspapier: Gedanken zur Bundeswehr der Zukunft," *Bundesministerium der Verteidigung*, February 9, 2021, https://bit.ly/38F1NF5.

"Schuman Declaration May 1950," *European Union*, https://european-union.europa.eu/principles-countries-history/history-eu/1945-59/schuman-declaration-may-1950_en.

"Was ist ein Weißbuch?" *Bundesministerium der Verteidigung*, February 16, 2015, https://www.bmvg.de/de/themen/dossiers/weissbuch/grundlagen-weissbuch/was-ist-ein-weissbuch-12236.

"Zweite Grundsatzrede der Verteidigungsministerin," *Bundesministerium der Verteidigung*, November 17, 2020, https://bit.ly/2Oveo6l.

Bailes, Alyson J. K. and Graham Messervy-Whiting, "Death of an Institution: The End for Western European Union, a Future for European Defence?" *Egmont – The Royal Institute for International Relations*, May 2011, pp. 9-11, http://aei.pitt.edu/32322/1/ep46.pdf.

Benner, Thorsten, "Von 'umfassender strategischer Partnerschaft' zu Systemrivalität," *Bundeszentrale für politische Bildung*, April 21, 2023, https://www.bpb.de/shop/zeitschriften/apuz/deutsche-aussenpolitik-2023/520205/von-umfassender-strategischer-partnerschaft-zu-systemrivalitaet/.

Berkofsky, Axel, "Europe's Involvement in the Indo-Pacific Region: Determined on Paper, Timid in Reality," *Institute for Security & Development Policy*, August 2021, https://isdp.eu/content/uploads/2021/08/Europes-Involvement-in-the-Indo-Pacific-Region-26.08.21-Final-w-Cover.pdf.

Biehl, Heiko, "Zwischen Bündnistreue und militärischer Zurückhaltung: Die strategische Kultur der Bundesrepublik Deutschland," in Ines-Jacqueline Werkner and Michael Haspel (eds.), *Bündnissolidarität und ihre friedensethischen Kontroversen* (Springer 2019), pp. 37-58, https://link.springer.com/chapter/10.1007/978-3-658-25160-4_3.

Bindenagel, James D. and Philip A. Ackermann, "Germany's Troubled Strategic Culture Needs to Change," *The German Marshall Fund*, October 2018, https://www.gmfus.org/news/germanys-troubled-strategic-culture-needs-change.

Bösch, Frank, "Energiewende nach Osten," *Zeit*, October 10, 2013, https://www.zeit.de/2013/42/1973-gas-pipeline-sowjetunion-gazprom.

Brunner, Detlev, "... eine große Herzlichkeit? Helmut Schmidt und Erich Honecker im Dezember 1981," *Bundeszentrale für politische Bildung*, November 16, 2011, https://www.bpb.de/themen/deutschlandarchiv/53078/eine-grosse-herzlichkeit/.

Burr, William, "NATO's Original Purpose: Double Containment of the Soviet Union and 'Resurgent' Germany," *National Security Archive of the George Washington University*, December 11, 2018, https://nsarchive.gwu.edu/briefing-book/nuclear-vault/2018-12-11/natos-original-purpose-double-containment-soviet-union-resurgent-germany.

Chazan, Guy, "How War in Ukraine Convinced Germany to Rebuild its Army," *Financial Times*, May 23, 2022, https://www.ft.com/content/a9045654-f378-4f42-a012-e35f9e43b135.

Felde, Rainer Meyer zum, "Deutsche Verteidigungspolitik – Versäumnisse und nicht eingehaltene Versprechen," *SIRIUS – Zeitschrift für Strategische Analysen*, Vol. 4, No. 3 (2020), pp. 315-332, https://www.degruyter.com/document/doi/10.1515/sirius-2020-3007/html.

Fried, Daniel and Kurt Volker, "Opinion: The Speech in which Putin Told Us Who He Was," *Politico*, February 18, 2022, https://www.politico.com/news/magazine/2022/02/18/putin-speech-wake-up-call-post-cold-war-order-liberal-2007-00009918.

Giegerich, Bastian and Maximilian Terhalle, "Verteidigung ist Pflicht – Deutschlands außenpolitische Kultur muss strategisch werden – Teil 2," *SIRIUS – Zeitschrift für Strategische Analysen*, Vol. 5, No. 4 (2021), pp. 386-409, https://www.degruyter.com/document/doi/10.1515/sirius-2021-4007/html.

Hackenbroich, Jonathan and Mark Leonard, "The Birth of a Geopolitical Germany," *European Council on Foreign Relations*, February 28, 2022, https://ecfr.eu/article/the-birth-of-a-geopolitical-germany/.

Heiming, Gerhard, "Hochmobile Kampfkraft durch die Mittleren Kräfte," *Europäische Sicherheit & Technik*, June 22, 2023, https://esut.de/2023/06/fachbeitraege/42219/hochmobile-kampfkraft-durch-die-mittleren-kraefte/.

Heinemann, Andreas, "Russland-Politik in der Ära Merkel," *SIRIUS*, Vol. 6, No. 4 (November 29, 2022), https://www.degruyter.com/document/doi/10.1515/sirius-2022-4002/html.

Jolly, Carlo, "Hans-Peter Bartels zum Sondervermögen: Warum die 100 Milliarden längst keine 100 Milliarden sind," *SHZ*, September 12, 2022, https://www.shz.de/startseite-hh/artikel/100-milliarden-was-das-sondervermoegen-der-bundeswehr-wert-ist-43162816.

Kefferpütz, Roderick, "Will Germany's Geopolitical Awakening Last?" *Atlantic Council*, March 1, 2022, https://www.atlanticcouncil.org/blogs/new-atlanticist/will-germanys-geopolitical-awakening-last.

Kundnani, Hans and Jonas Parello-Plesner, "China and Germany: Why the Emerging Special Relationship Matters for Europe," *European Council on Foreign Relations*, May 2012, https://www.ab.gov.tr/files/ardb/evt/1_avrupa_birligi/1_11_dis_iliskiler/China_Germany_and_the_EU.pdf.

Kundnani, Hans and Michito Tsuruoka, "Germany's Indo-Pacific Frigate May Send Unclear Message," *Chatham House*, May 4, 2021, https://www.chathamhouse.org/2021/05/germanys-indo-pacific-frigate-may-send-unclear-message.

Landwehr, Andreas and Matthias Arnold, "'Kein Wandel durch Handel': China und das Problem mit der Abhängigkeit," *n-TV*, May 26, 2022, https://www.n-tv.de/wirtschaft/China-und-das-Problem-mit-der-Abhaengigkeit-article23358690.html.

Leithäuser, Johannes, "Laschet will Nationalen Sicherheitsrat einrichten," *Frankfurter Allgemeine*, May 19, 2021, https://www.faz.net/aktuell/politik/

inland/laschet-will-nationalen-sicherheitsrat-fuer-deutschland-17349166. html.

Rink, Martin, "Die Bundeswehr im Kalten Krieg," *Bundeszentrale für politische Bildung*, May 1, 2015, https://www.bpb.de/themen/militaer/deutsche-verteidigungspolitik/199277/die-bundeswehr-im-kalten-krieg/.

Sack, Stefan, "Stefan Sack: 'Wandel durch Handel' war für China eine erfolgreiche Strategie," *table.china*, May 16, 2022, https://table.media/china/standpunkt/ stefan-sack-wandel-durch-handel-war-fuer-china-eine-erfolgreiche-strategie/.

Scheffer, Alexandra de Hoop and Gesine Weber, "Russia's War on Ukraine: The EU's Geopolitical Awaken," *The German Marshall Fund*, March 8, 2022, https://www.gmfus.org/news/russias-war-ukraine-eus-geopolitical-awakening.

Siousiouras, P. and N. Nikitakos, "European Integration: The Contribution of the West European Union," *European Research Studies*, Vol. IX, No. 1-2 (2006), pp. 115-116, https://www.ersj.eu/repec/ers/papers/06_part_7.pdf.

Szabo, Stephen F., "No Change Through Trade," *Berlin Policy Journal*, August 6, 2020, https://berlinpolicyjournal.com/no-change-through-trade/.

Szymanski, Mike, "Flagge zeigen in schweren Gewässern," *Süddeutsche Zeitung*, August 2, 2021, https://www.sueddeutsche.de/politik/marineschiff-indopazifik-china-1.5371077.

Umbach, Frank, "Strategische Irrtümer, Fehler und Fehlannahmen der deutschen Energiepolitik seit 2002," *SIRIUS*, Vol. 6, No. 4 (November 29, 2022), https:// www.degruyter.com/document/doi/10.1515/sirius-2022-4003/html?lang=de.

Weber, Kathrin, "Willy Brandts Ostpolitik und der Kniefall von Warschau," *Norddeutscher Rundfunk*, December 7, 2020, https://www.ndr.de/geschichte/ koepfe/Willy-Brandts-Ostpolitik-und-der-Kniefall-von-Warschau,ostpolitik101. html.

Weißbuch 1994: Zur Sicherheit der Bundesrepublik Deutschland und zur Lage und Zukunft der Bundeswehr (Bundesministerium der Verteidigung, 1994).

Weißbuch 2006: zur Sicherheitspolitik Deutschlands und zur Zukunft der Bundeswehr (Bundesministerium der Verteidigung, 2006), http://archives. livreblancdefenseetsecurite.gouv.fr/2008/IMG/pdf/weissbuch_2006.pdf.

Weißbuch 2016: zur Sicherheitspolitik und zur Zukunft der Bundeswehr (Bundesministerium der Verteidigung, 2016), https://www.bundesregierung. de/resource/blob/975292/736102/64781348c12e4a80948ab1bdf25cf057/ weissbuch-zur-sicherheitspolitik-2016-download-data.pdf.

第 ⑧ 章　日本的國防戰略：呼應美日安保機制演進*

林彥宏

壹、前言

　　日本在 2013 年制定《國家安全保障戰略》及在 2015 年頒布的和平安全法，讓日本在遭受武力攻擊或面對生存危機、重要影響及重大緊急情況時，可根據相關法令來對應。從日本在 2018 年公布的防衛計畫大綱及中期防備力整備計畫中，可瞭解日本正在進行相關防衛政策的調整，試圖把重心擺在太空、網路及電磁波領域，逐步建構全方面的威懾力，以面對可能的綜合威脅。2022 年 2 月 24 日，俄羅斯（俄國）入侵烏克蘭之舉，顛覆了戰後由西方國家建立的現有國際秩序，區域的安全已經不可同日而語。美中之間在政治、經濟、軍事等各方面緊張局勢不斷升高的情況下，宛如已形成「第二次冷戰」。由於美中霸權之爭愈演愈烈，雙方在東亞的軍事活動愈來愈活躍，區域的安全受到前所未有的挑戰。近年來，中國在臺灣周邊海空域的軍事化活動變得頻繁及活躍，日本處於此衝突的最前線，周邊的安全環境亦不寧靜。

　　然而，俄國這種片面以武力改變現狀並企圖破壞歐洲區域安全環境的作為，在印太地區的東亞亦有類似的情境。當今在歐洲出現的破壞國際秩序的局面，並不保證在未來不會發生在東亞。尤其是中國、北韓、俄國正在逐漸加強軍事力量、頻繁軍事活動的同時，日本國防正被迫採取應對措施，並朝強化反擊能力來邁進。在這種前所未有的情況下，日本為了保護國家的獨立、國民生命和財產的安全、領土、自由、民主、人權等基本的價值觀，日本必須努力實現「自由開放的印太地區」，並且跳脫和平憲法對軍事的約束，強化反擊與防衛能力以確保日本國家安全。

---

*　本文由林彥宏主筆，黃恩浩與鍾志東修改及補充。部分內容曾發表於林彥宏，〈日本的國防戰略思維〉，《國防情勢特刊》，第 11 期（2021 年 8 月 26 日），頁 42-53。

在 2022 年烏克蘭戰爭爆發後，日本為大幅強化防衛能力，岸田文雄政府正式宣布未來五年內（在 2027 年度）將國防預算增加到國內生產毛額（GDP）的 2% 水準，以及制定新的「國家安全保障戰略」、「防衛計畫大綱」、「中期防衛力整備計畫」。[1] 日本為維持和平，通過大幅加強日本自身的防衛能力，例如：提高必須的威懾力以及加強防衛力量和應對能力。此外，日本嘗試與具有共同價值觀的國家在各個領域進行合作，以應對前所未有的嚴酷安全環境，亦是日本當前積極努力的目標。2022 年岸田內閣正就「國家安全保障戰略」、「防衛計畫大綱」、「中期防衛力整備計畫」等三個文件的制定進行討論。「國家安全保障戰略」為日本整體國家安全最高的指導方針，「防衛計畫大綱」、「中期防衛力整備計畫」則是防衛省的建軍整備原則。

本文分析方向主要著重在日本國防政策（安全保障政策）的決策過程，以及日本國防武力（自衛隊）未來的建設方向。更確切地說，此研究主要是以日本官方的相關政策文獻為基礎，分析日本國家安全保障戰略的制定過程和內容、日本當前所面對安全保障的挑戰，以及未來日本國家安全戰略的方向。

貳、安全保障政策的決定過程

一、首相官邸重回主導性

進入 21 世紀後，日本國內政治在自民黨與公明黨合組的聯合政權下，依舊維持安定與保守。但日本民眾早已經厭倦無作為的政府，部分民意要求進行政治改革。在 2001 年，時任改革派首相小泉純一郎宣稱要「摧毀」傳統的自民黨，該口號立刻得到了日本民眾的大力支持。自民黨內部的重心開始從擁有壓倒性力量竹下派的「平成研」轉向小泉首相所屬的「清和會」。在巨大的輿論浪潮支持下，小泉首相順利執政五年，小泉

1　黃名豐，〈日相岸田指示增防衛經費 目標 2027 年占 GDP 比例 2%〉，《中央社》，2022 年 11 月 29 日，https://www.cna.com.tw/news/aopl/202211290070.aspx。

誓言要與中曾根首相一樣，立志將日本官邸的政治型態塑造與總統制的國家一樣，具有強力的主導性。[2]

於安全保障政策方面，美國於 2001 年 9 月 11 日發生恐怖攻擊事件後，小泉首相制定了《特別措施法》，實現了自衛隊等在印度洋的補給行動，展現了日本在這次戰爭的存在感。此外在隨後的美國對伊拉克戰爭中，日本制定了《伊拉克特別措施法》，實現了自衛隊的人道主義援助。小泉首相並著手制定以「武裝攻擊情況法」為中心的《緊急立法》（日文稱「有事立法」），並實現了除戰時法庭措施外的緊急情況所需的法律規範。[3]

2006 年第一次安倍政權成立，當時安倍曾試圖批准行使集體自衛權並設立「國家安全保障會議」（National Security Council, NSC），但由於安倍本身健康問題，對於安全保障的問題只進行了一半。安倍第一次政權結束時，自民黨在參議院選舉中失利（2007 年），眾／參兩院扭曲現象再次出現。追隨安倍政權後塵的福田康夫首相在眾／參兩院的扭曲下遭遇了「無法確定的政治」。

在 2008 年，自民黨麻生太郎首相奉行現實主義的安全保障政策，同年因雷曼兄弟衝擊後，自民黨在眾議院解散選舉中，被反對黨民主黨擊敗。眾／參議院的扭曲，因民主黨接管眾議院而告終，日本民主黨政府因此誕生。而主導民主黨最關鍵的人物即是 —— 小澤一郎。然而，小澤一郎在民主黨的角色，與他之前在新生黨或新進黨一樣，都在暗地裡發揮領導的作用。但與新生黨不同的是，民主黨從一開始成立後，黨的方向就是傾向左派，主要的代表人物有戰後革新世代擔任首相的鳩山由紀夫、菅直人等。因此，民主黨的安保政策讓原本強韌的美日同盟如同漂流，無法發揮任何作用。

民主黨最後一屆野田佳彥政權保守務實，比左翼還加更保守。回顧當時，民主黨甫成立時，日本國民對該政權所推動的政策抱有不滿，導致

---

2 牧原出，〈政策決定における首相官邸の役割〉，《nippon.com》，2013 年 6 月 27 日，https://www.nippon.com/ja/features/c00408/。

3 〈安保法制，25 年來的發展歷程〉，《走進日本》，2015 年 9 月 15 日，https://www.nippon.com/hk/features/h00112/。

在 2012 年眾議院選舉，民主黨政權無法獲得民心，選舉結果是民主黨慘敗，自民黨重新奪回政權，安倍第二次政權正式誕生。安倍第二次政權在 2013 年贏得參議院選舉，自民黨掌控眾／參兩院超過半數的席次。

第二次安倍政權的特色主要是結束「五十五年體制」（保守體制），開創嶄新的日本政治。在五十五年體制下，日本國內相關重要的議題如修改憲法、安保政策（集體自衛權問題）、歷史認知等，都成二分法（贊成與不贊成）、無太大變化。在第二次安倍政權期間，安倍首相積極在上述議題上進行改變，尤其是面對東北亞戰略情勢的迅速改變的情況下，日本在安全保障政策上，內閣法制局通過同意行使集體自衛權、修改《周邊事態法》及《協助聯合國維持和平活動（PKO）法案》、制定《國家安全保障戰略》、成立國家安全保障會議、修訂《新防衛裝備外銷三原則》、[4]制定《特定秘密保護法》，以及特別針對二戰的歷史發表戰後七十年的談話。[5]

第二次安倍政權展開全方面的政治改革。這次的改革本質在追求強而有力且可預期看見成果的政策改革。因此在政策推行上，官僚經常感受到來自高層的壓力及緊張感。如此的改革方式與五十五年體制當時政府與官僚的腐敗情況，形成強烈的對比，安倍的政治改革獲得大部分的日本國民支持。因此，過往的日本公務體系內，「官僚支配；官僚主導」，在安倍政權時，已無法發揮作用，特別是在安保政策上，全數回歸政治主導，「政高官低」的時代正式來臨。

二、「國家安全保障會議」及「國家安全保障局」

第一次安倍政權成立時，[6]前安倍首相試圖嘗試成立日本版的（大臣級）「國家安全保障會議」，並對內閣官邸的組織進行改組。然而，當時的時空背景，傳統的官僚體系外務省與防衛省態度並非很積極，甚至連內

4　白石隆，〈通過「防衛裝備轉移三原則」草案的理由〉，《走進日本》，2014 年 4 月 25 日，https://www.nippon.com/hk/column/f00027/。

5　〈安倍戰後 70 年談話全文〉，《中央社》，2015 年 8 月 15 日，https://www.cna.com.tw/news/firstnews/201508150002.aspx。

6　第一次安倍政權從 2006 年 9 月 26 日起至 2007 年 8 月 27 日止。

閣法制局最初亦表示反對安倍首相所推行的政策。內閣法制局宣稱，首相除主持內閣會議外，不能授予首相任何其他權力。然而，在安倍首相強力的主導下，該法案雖得以起草，但不幸因安倍首相生病及辭職，建立「國家安全保障會議」和「國家安全保障局」（National Security Secretariat, NSS）的構想暫時被擱置。

　　第二次安倍政權成立後，[7] 在安倍首相強力的主導及倡議下，2013 年 12 月 4 日正式成立「國家安全保障會議」。[8] 該單位是日本近代史上第一次在首相任內設立的監督和協調外交和國防的專責單位，或者更簡單地說，該單位是外交和國防事務的最高司令塔。其特色在於與過往呈現不同的樣貌；早期關於國家安全保障會議主要有「九大臣會議」（總理副總理、官房長官、外務大臣、防衛大臣、財務大臣、經濟產業大臣、國土交通大臣、總務大臣、國家公安委員長）。這次安倍首相新設立「四大臣會議」〔總理（副總理）、官房長官、外務大臣、防衛大臣〕，最主要的目的是讓會議的舉行能更具機動性。關於九大臣會議及四大臣會議的區別，將在下一節內容詳述。

　　「國家安全保障會議」，主席為內閣總理大臣，除主要大臣出席會議外，內閣官房副長官（主管事務）、內閣危機管理總監、負責安全保障總理輔佐官、國家安全保障局副局長（外務省及防衛省的兩位次長）、內閣情報官、外務省總合外交政策局長、防衛省防衛政策局長、自衛隊統合幕僚長等亦會出席會議，自衛隊的陸海空幕僚長也會列席參加。

　　於 2014 年 1 月，安倍首相成立「國家安全保障局」，外務省、防衛省、自衛隊、警察廳、國土交通省、海上保安廳、總務省、財務省、經濟產業省、文部科學省、公安調查廳等相關的公務人員被派遣到「國家安全保障局」進行相關業務協調，而該單位隸屬內閣官房管轄。[9] 於 2020 年

7　第一次安倍政權從 2012 年 12 月 26 日起至 2014 年 9 月 3 日止。

8　原野城治，〈国家安全保障会議（日本版 NSC）が発足〉，《nippon.com》，2013 年 12 月 5 日，https://www.nippon.com/ja/behind/l00050/。

9　古涵詩，〈新安保法制之戰略意涵與影響〉，《國會季刊》，第 46 卷第 2 期（2018 年 6 月），頁 84-106。

後，「國家安全保障局」內成立經濟組，經濟產業省、財務省、外務省等與經濟有關的相關省廳亦派遣相關優秀幹部到局內工作。

「國家安全保障局」局長由內閣官房副長官（主管事務）所管轄，其位階與內閣危機管理總監相同。「國家安全保障局」副局長（主管外政及危機管理）由外務省及防衛省的官員擔任。國家安全保障局設置在官房長官內，主要的任務是針對外交及防衛等議題進行事務上的協調，是備受期待且相當重要的單位。

三、「九大臣」及「四大臣」會議性格的差異

如前述，新成立的國家安全保障會議，在制度上，除了原固定的「九大臣」會議外，新設置「四大臣」會議，兩種會議的形式在制度上及性格上相當不同。當然，除了這兩種固定的會議外，內閣總理大臣可以根據事態的發展，隨時召集大臣舉行重要會議。「九大臣」會議主要的目的是，例如：自衛隊出兵以及防衛預算的認定。關於自衛隊出兵的情況有：若日本受到武力攻擊事態或是生存危機事態等需派遣自衛隊（例如：自衛權或集體自衛權的行使，即是所謂的武力行使）、向美軍進行後方支援；重要影響事態或國際和平共同應處事態等協助美軍支援等；國際維和合做法派遣自衛隊；海外國民救助等保護措施。根據法律規定，內閣總理大臣必須召開國家安全保障會議的「九大臣」會議進行意見諮詢，才能下令自衛隊出兵進行任務執行。

尤其是派遣自衛隊進行防衛出動時，一般程序是，內閣總理大臣經過國家安全保障會議同意後可下令自衛隊進行出兵，經過國會同意後，內閣總理大臣才能自由地指揮自衛隊。假設事態緊急，可事後再請國會追認同意。[10] 相對地，「四大臣」會議，主要是對外交與軍事進行事務性的協調，平時進行外交和國防情勢的分析及安全保障事務的處理。例如：美國國家安全會議平時約有 70% 的工作是在處理外交案件。國家安全保障會議成

---

10 兼原信克，《安全保障戰略》（日本：日本經濟新聞出版，2021 年），頁 63-64。

立後，經常召開「四大臣」會議，會議時間約 30 分鐘或 1 小時，進行相關外交案件的處理。

　　「四大臣」會議是仿效美國及英國的國家安全會議所成立的會議型態。目的是讓內閣總理大臣（首相），特別是在安全保障領域中，隨時可掌握外交與國防的相關事宜，並可進行立即性的處理。安全保障的判斷與危機管理一樣，必須面對很多突發狀況，例如：在當下面對急迫的問題該如何處理？處理後會有什麼結果？……必須經過通盤的判斷，所以「四大臣」會議必須要有較高的機動性。[11]

參、當前日本所面臨的安全挑戰

一、日本對中國持續軍事擴張的因應

（一）日本最新「國安戰略三文件」對中國威脅的認定

　　日本在後安倍時所提出的日本國安戰略三文件為《國家安全戰略》、《國家防衛戰略》與《防衛力整備計畫》，日本當局在 2022 年 12 月 16 日同時公布這三份戰略文件，與過去這三大文件依其各自不同時程公布的方式相當不同。顯示一開始日本就是有意識在確立這三大文件內在邏輯的一致性，首度將對中國的威脅認知順序排在北韓之前，更明確提出中國是日本最嚴肅的安全關切與最重大的戰略挑戰，這顯示出日本官方對中國威脅問題開始直球對決。在這三份文件中，值得重視的是日本《國家安全戰略》。因為這是在 2013 年第一次推出國安戰略後，經過長達九年時間才再度公布的最高戰略指導文件。由於 2013 年的國安戰略是時任首相安倍主導，因此在 2022 年底推出的這個新國安戰略就有了代表後安倍時代日本國安思維的時代意義。[12] 這次日本《國家安全戰略》是用「挑戰」來

11　同前註，頁 65-67。

12　賴怡忠，〈後安倍時代的日本國安戰略三文件，首度將中國的威脅順序排在北韓之前〉，《關鍵評論》，2022 年 12 月 16 日，https://www.thenewslens.com/article/178506。

形容中國威脅，這基本上顯示出日本對中國的描述與美國類似，用的都是「挑戰」來描述，因此這也代表日本與美國對中國威脅的認知是一致的。

如同 2021 年 11 月 3 日美國國防部公布的《中國軍事與安全發展報告 2021》（*Military and Security Developments Involving the People's Republic of China*）指出，[13] 長期以來，美國一直將中國視為競爭對手，日本當然也不例外。正如該報告所述，中國是唯一能夠結合其經濟、外交、軍事和技術力量對穩定和開放的國際體係持續發起「挑戰」的競爭者。在中國的野心和意圖愈來愈清晰的情況下，北京尋求提升軍事力量、重塑國際秩序，以符合其威權制度和國家利益的作為就愈明顯。該報告還提及，中國到 2030 年可能會擁有約 1,000 枚核彈頭，在生物和化學武器方面也將有所發展。[14]

在日本最新的「國安戰略三文件」中值得關注的是，為了因應中國先進的飛彈系統，日本明確提到自衛隊飛彈系統須具備對「敵地」的攻擊能力，不再只是具備「遠距」（Stand-Off）攻擊能力，這似乎是為了因應中國、俄國與北韓日益增強的飛彈系統與極音速武器。從俄烏戰爭的經驗中，日本在國安戰略上對此特別解釋，認為遭受攻擊時，日本不能只是攔截與迎擊來犯的飛彈或武器，為了能有效防衛日本，日本必須能夠對「敵地」武器設施予以消滅，也就是源頭打擊的概念。這「對敵地攻擊能力」嚴格來說就是日本「專守防衛」的一部分，日本也特別將其描述為「反擊」而非攻擊。

需補充說明的是，日本對於中國在海上安全方面的挑戰也是有所顧慮的。中國使用海上執法船和飛機在尖閣諸島（釣魚臺）附近海域巡邏，不僅作為中國主權主張的明顯體現，而且還旨在提高準備狀態並速應對潛在的突發事件。2020 年，中國擴大在尖閣諸島的毗連區和領海進行定期巡邏，並通過增加巡邏的持續時間和加強巡邏力度，加大力度挑戰日本對這

---

13 *2021 Annual Report to Congress: Military and Security Developments Involving the People's Republic of China* (DC: Department of Defense, 2021), https://media.defense.gov/2021/Nov/03/2002885874/-1/-1/0/2021-CMPR-FINAL.PDF.

14 斯洋，〈五角大廈公布 2021 中國軍力報告，中國 2030 年或擁有 1000 枚核彈頭〉，《洞新聞》，2021 年 11 月 4 日，https://taiwandomnews.com/%E5%85%A9%E5%B2%B8/16935/。

些島嶼的控制。[15] 同年 7 月，兩艘中國海警船在 12 海里領海內進行了創紀錄的巡邏，歷時 39 小時 23 分鐘。這是自 2012 年以來中國船隻在尖閣諸島領海內連續作業的最長時間。中國海警船於 2020 年的例行巡邏行動中也屢屢對日本施加壓力，多次跟蹤在尖閣諸島領海內作業的日本漁船並命令它們離開。儘管日本政府於 2020 年 11 月下旬提出嚴正抗議，當時中國船隻在當年已經第 306 次進入日本毗連區，這進一步加劇了往後中日在尖閣諸島問題上的緊張關係。[16]

（二）中國在臺海周邊軍演習對日本的衝擊

2022 年 8 月 2 日，美國眾議院議長裴洛西（Nancy Pelosi）不畏中國警告率團訪臺。中國為了抗議美國眾議院議長裴洛西訪臺，在裴洛西離臺後，中國解放軍對臺海周邊進行包圍式的軍演。這次解放軍的軍演範圍甚至比 1996 年第三次臺海危機的範圍更大。中國解放軍所發射的飛彈，有五枚落入日本「專屬經濟區」（Exclusive Economic Zone, EEZ），這也是中國飛彈首次落在日本 EEZ。[17]

針對解放軍於臺海周邊所進行的軍演，日本防衛大臣岸信夫表示，中國發射 9 枚飛彈，其中有 5 枚落入日本 EEZ，「這事關我國安全和人民安全的嚴重問題」。岸信夫已透過外交管道向中國表達強烈抗議。日本共同社報導，中國軍演飛彈據知距日本最近者落在「與那國島北北西方約 80 公里處」。[18] 根據日本防衛省報導指出，這五枚飛彈是從浙江省及福建省的沿岸發射，飛行距離約 500 至 600 公里左右，最後落入日本的 EEZ。這次解放軍所發射的彈道飛彈比 2022 年 3 月 24 日北韓所發射的新型彈道飛

15 茅原郁生，《中国人民解放軍》（日本：PHP 新書，2018 年），頁 302-303。

16 海上保安庁，〈尖閣諸島周辺海域における中国海警局に所属する船舶等の動向と我が国の対処〉，2022 年 10 月 27 日，http://www.kaiho.mlit.go.jp/mission/senkaku/senkaku.html。

17 日本防衛省，〈中国弾頭ミサイル発射について〉，2022 年 8 月 4 日，https://www.mod.go.jp/j/press/news/2022/08/04d.html。

18 〈中國藉口裴洛西訪臺軍演恫嚇 國際反感一次看〉，《自由時報》，2022 年 8 月 4 日，https://news.ltn.com.tw/news/world/breakingnews/4015058；〈岸防衛相、中国の軍事演習「強い懸念」〉，《産経新聞》，2022 年 8 月 8 日，https://www.sankei.com/article/20220808-5F7RKX44GJK2BO7SGGSVKC3ZV4/。

彈（當時北韓的飛彈約落在青森縣海域 150 公里處）更接近日本的 EEZ。因飛彈落點距離沖繩縣與那國島的魚場相當近，也造成附近漁民無法順利進行工作，經濟亦受到影響。因這個季節附近海域有許鯛魚類的魚群迴游，漁民若按正常出海捕魚，一天約有 20 萬日幣的收入，這次解放軍連日的軍演讓漁民苦不堪言。[19]

關於解放軍的軍演，日本 NHK 電視臺對日本民眾進行問卷調查。調查結果有高達 82% 的日本民眾表示，這次中國所實施的軍事演習對日本安全保障環境造成嚴重的影響。[20] 解放軍刻意破壞區域和平安全的行為，讓日本民眾對中國的好感度愈來愈低。然而，這次解放軍的軍演被日本國內各大媒體相繼大幅度報導，日本國內對「臺海有事，就是日本有事」緊張意識有逐漸提高的趨勢。換句話說，解放軍的飛彈落入日本的經濟海域後，曾質疑這說法的聲音似乎已消失。

二、中俄兩國軍艦繞行對日本的挑戰

2022 年 2 月 24 日俄國大軍入侵烏克蘭後，至今已經持續八個多月，戰事呈現膠著。3 月 1 日，日本政府為了譴責俄國軍事行動的行為，日本內閣決議決定對普欽總統及俄國的中央銀行進行資產凍結。除此之外，日本亦隨著西方的民主國家對俄國進行經濟制裁。[21] 對此俄國亦不甘示弱，3 月 10 日，俄國海軍派遣 10 艘軍艦，穿越津輕海峽，接近日本領海，觸動日本戰略敏感神經。3 月 14 日，又有 6 艘軍艦穿越宗谷海峽，特別在 2022 年 6 月份及 7 月份，俄國聯手中國共同對日本列島進行大規模的機艦繞島，無疑地對日本在安全保障上造成嚴重的挑戰。

19 佐々木貴文，〈臺湾近海「中国軍事演習」から見えてくる「日本漁業」の窮状〉，《新潮社 Foresight》，2022 年 9 月 15 日，https://www.fsight.jp/articles/-/49178。

20 〈中国の軍事演習 日本の安全保障環境に「影響を与える」82%〉，《NHK》，2022 年 8 月 9 日，https://www3.nhk.or.jp/news/html/20220809/k10013759131000.html。

21 経済産業省，〈対ロシア等制裁関連〉，https://www.meti.go.jp/policy/external_economy/trade_control/01_seido/04_seisai/crimea.html。

三、北韓向日本海試飛彈對日本的威脅

自從 2012 年金正恩上臺後，共發射 122 次飛彈及實施 4 次（2013 年 1 次、2016 年 2 次、2017 年 1 次）核爆試驗。[22] 關於北韓近年飛彈試射的次數，根據防衛省所公布的數據顯示，2019 年北韓發射 13 次（共 25 發）、2020 年 4 次（共 8 發）、2021 年 4 次（共 7 發）。於 2022 年，北韓就發射 95 枚飛彈，創歷史新高。[23] 北韓發射飛彈的行為已經嚴重違反聯合國安理會的決議及破壞區域的安全與和平。尤其是，2022 年 10 月 4 日北韓所發射的彈道飛彈，直接飛越日本上空，已經對日本國民生命與財產造成重大的影響。日本內閣官房長官松野博一稱，日本政府將檢討包括反擊能力在內，即是攻擊敵方基地的能力，以確保日本的和平與安全。[24]

肆、持續深化美日軍事同盟關係

美日在 2015 年 4 月 27 日公布新《美日防衛合作指針》（*The Guidelines for Japan-U.S. Defense Cooperation*），這是雙方自 1997 年以來首度修訂防衛合作指針，以作為 21 世紀美日同盟轉型的綱領性文件。該文件主要是從目前國際與區域安全環境的主要變化趨勢，來規劃同盟的分工調整與結構轉型，內容包括：防衛合作與指針目的、基本前提與原則、強化同盟調整、無縫確保日本安全、區域與全球安全合作、太空與網路合作、美日安全合作基礎與指針修訂程序等。該文件列出美日安保合作的四大戰略情境：「平時」、「重要影響事態」、「存立危機事態」和「日本有事」，[25]

22 外務省，〈最近の北朝鮮のミサイル発射（PDF）〉，https://www.mofa.go.jp/mofaj/area/n_korea/kakumondai/index.html。

23 防衛省・自衛隊，〈北朝鮮のミサイル等関連情報〉，https://www.mod.go.jp/j/approach/defense/northKorea/index.html；外務省，〈北朝鮮による弾頭ミサイル等発射事案〉，https://www.mofa.go.jp/mofaj/files/100043970.pdf。

24 〈首相「生命財産に重大な影響も」北朝鮮ミサイル被害の確認指示〉，《KYOKO》，2022 年 10 月 4 日，https://news.yahoo.co.jp/articles/aca790abfa3d9e066fb677d1a1224e3174 8c4518。

25 郭育仁，〈解構 2015 年美日防衛合作指針〉，《臺北論壇》，2015 年 5 月 18 日，http://140.119.184.164/view_pdf/ 解構 2015 年美日防衛合作指針 %20 郭育仁 .pdf。

以回應中國持續擴張軍力對區域安全的威脅。該文件明確擴大日本自衛隊在國際的角色，跨越地域限制並在「全球範圍」和美國進行軍事合作，範圍涵蓋防禦彈道飛彈、網路與太空攻擊，以及海上安全等。[26] 由此可見，在美日軍事同盟關係的深化之下，日本國防發展將是維護印太區域安全的關鍵。以下就提供幾個面向來分析美日軍事同盟發展的必要性與不可分性：

一、從國防預算編列的角度

防衛大學的武田康裕教授及武藤功教授在 2012 年所出版《コストを試算！「日米同盟解体」── 国を守るのに、いくらかかるのか》（中譯：試算成本！「美日同盟解體」── 保衛國家，需要花多少錢）。該書清楚計算假設美日同盟解體，日本必須要進行核武裝等，需要編列多少預算，才能維持日本最基本的防衛力。這兩位教授把「美日同盟的成本」分成兩個部分：第一，根據美日安保條約維持美軍的防衛合作，日本直接要負擔的預算；第二，提供在日美軍基地所造成利潤損失的間接成本。經過計算所得到的結果。就第一點而言，日本政府提供溫馨預算給美國以及基地對策維持費用等，一年約花費 4,374 億日幣；就第二點而言，把駐日美軍基地算成其他（例如：不動產的經營買賣等）所產生的經濟效果，大約 1 兆 3,284 億日幣。換言之，維持美日同盟日本所要花費的預算約 1 兆 7,700 億日幣（該數字為 2012 年所計算）。[27]

另外，關於日本嘗試在國防領域進行自主防衛所需要的預算，這兩位教授也約略算出所需要的成本，亦把它分成兩個項目。第一，購買新裝備所需要的直接費用；第二，自主防衛所造成利益損失的間接成本。就第一點而言，包含添購航母機動部隊及戰鬥機約花費 4 兆 2,069 億日幣。就第

26　〈美日防衛合作範圍擴至全球〉，《自由時報》，2015 年 4 月 28 日，https://news.ltn.com.tw/news/world/paper/875465。

27　武田康裕、武藤功，《コストを試算！日米同盟 ── 国を守るのに、いくらかかるのか》（日本：每日新聞社，2012 年），頁 13-15。

二點而言，因貿易規模縮小，GDP 也減少約 7 兆日幣，以及股票、國債、外匯等的價格下跌約 12 兆日幣，兩項合起來約 19 兆 8,250 日幣至 21 兆 3,250 億日幣。以上兩項約要花費 24 兆至 25 兆 5,000 億日幣。這個金額尚未加上自衛隊的人事費用。換言之，倘若日本朝自我防衛發展，且維持跟美日同盟的軍力，每年需花費約 22 兆至 24 兆日幣。如此龐大的國防預算，以目前日本的財政是吃不消的。[28]

二、從軍事基地部署的角度

自二戰結束後，美日兩國在西太平洋安全防衛上就逐漸形成相輔相成的安全關係，美國不可能放棄美日同盟。對日本而來說，美日安保條約不單單只是提供基地給美軍。美國在全世界與有同盟關係的國家中，美日同盟可說是最堅定也最穩固。美國與其他國家的同盟關係，若以企業來做比喻，美國在這些國家部署的基地，比較像是海外的分店或營業所。而美國在日本的基地，可喻為跟美國本土總公司一樣的水準，重要性相當高。例如：美國海軍在日本儲存的原油燃料有三處，鶴見（橫濱）約 570 萬桶、佐世保（長崎）約 530 萬桶、八戶（長崎）約 7 萬桶，合計共 1,107 萬桶原油。這些原油可讓海上自衛隊在平時足足可使用兩年。1992 年美軍從菲律賓蘇比克灣（當時號稱是美軍海外最大的軍事據點）撤軍，該處海軍基地的原油儲存 240 萬桶，約佐世保的一半而已。關於彈藥，美國陸軍在廣島縣內的秋月（江田島）、川上（東廣島）、廣（吳）等三個地點儲存大量的彈藥，約有 11 萬 9,000 噸。美國在日本所儲存彈藥要比整個自衛隊所擁有的 11 萬 6,000 噸還要多出 3,000 噸。[29]

---

28 同前註，頁 20。
29 小川勝久，《日米同盟のリアリズム》（日本：文春新書，2017 年），頁 20-21。

三、從美日情報共享的角度

　　日本是美國海外情報蒐集的重要據點，尤其是在東北亞地區。日本青森縣三澤基地是美日情報蒐集網的中心，與戰後由英語系國家（美國、英國、加拿大、澳洲、紐西蘭）所建構以美國為中心的全球情報自動攔截、監控與轉報系統，外界稱為「梯隊系統」（ECHELON），有很大的關聯。從以上理由可得知，駐日美軍基地的重要性幾乎是與美國本土的美軍基地同等重要。根據 2017 年的數據，美軍在日本的軍事基地有高達 84 個，包含從沖繩及部署在日本橫須賀海軍基地的第七艦隊及海軍陸戰隊，美軍的活動範圍差不多已達地球的一半。廣義地來看，從太平洋換日線到印度洋海域幾乎都是美軍的管轄範圍。也就是說，能夠與美軍配合並支援美軍這麼大能量的只有日本。從經濟規模的角度來看，韓國、臺灣及新加坡亦無法大規模地支援美軍。日本的工業力、技術力、資金力等，對美國來說，缺一不可。因此，可以說日本列島已成為美國戰略的根據地。

伍、日本安全保障政策的修改與走向

　　於 2013 年所公布的《國家安全保障戰略》，該內容闡述日本政府盼建構一個能夠整體防衛日本的綜合防衛體系。[30] 日本政府體會到，當前日本周邊的安全環境相當嚴峻，為確保日本的和平與安全，將致力發展高效能的聯合防衛力量，並根據戰略環境和國力狀況的變化展開各項行動。自衛隊將深化與政府機構及地方政府和民間機構部門的合作，以無縫接軌對應從武裝攻擊到大規模自然災害的各種情況，欲建立一個全面性的體制。安倍政府時期，日本內閣會議於 2014 年 4 月 1 日通過新版「防衛裝備移轉三原則」，以「防衛裝備」替代「武器」一詞，並將「出口」改為「轉移」，試圖解禁集體自衛權。這新三原則內容包括：第一，禁止向爭端當事國或在違反聯合國決議的情況下出口；第二，僅限於有利於和平貢

---

30 內閣官房，〈国家安全保障戦略について〉，https://www.cas.go.jp/jp/siryou/131217anzenhoshou/nss-summary-j.pdf。

獻與日本安全等情況下，且須經過嚴格審查；第三，應確保防衛裝備不會用於其他目的或轉移至第三國的情況，原則上認可出口。[31] 再者，日本在 2014 年 7 月做出內閣決議，通過修憲部分解禁了歷屆內閣所限制的「集體自衛權」，之後又推動國會在 2015 年 9 月通過了安全保障相關法。[32] 由此可見，日本的防衛政策的修改已經逐漸朝強化與擴大「專守防衛」方向邁進。

而 2015 年《美日防衛合作指針》可謂是美日軍事合作邁向全球化的一個指標，依據該《美日防衛合作指針》的內容，有以下重點。[33] 第一，日本將根據國家安全保障戰略及防衛計畫大綱，維持基礎的防衛能力；第二，日本政府致力保衛本國人民和領土，對日本的武力攻擊將立即採取行動回應；第三，美國將與日本密切協調並提供適當援助，並將通過包括核戰力在內的各種能力向日本提供擴大的威懾力；第四，美國亦將保持在亞太地區前沿部署戰備力量的能力，並迅速增援這些力量。

然而，2022 年 2 月發生俄國入侵烏克蘭事件，因烏克蘭未擁有充分的防衛能力，導致無法有效嚇阻俄國的侵略，造成嚴重的傷害。因此，日本近期在調整防衛政策時，將把主要的目標放在兩方面，第一，禁止片面以武力改變現狀；第二，假設威懾力遭到破壞，日本將負起責任來應對敵人的入侵，並在同盟國的支援下，消弭及排除侵略。為了達成上述目標，日本政府將著重以下兩項：第一，致力於強化國家的防衛力；第二，以上述為前提將與同盟國強化合作（擴大威懾力），並展現出能夠保護日本國民的生命、財產、領土、領海、領空的意志及能力。[34] 為了因應俄烏戰爭影響下未來的國際局勢，岸田首相在 2023 年 1 月曾提到：日本需要打造

31 陳柏廷，〈日通過「防衛裝備轉移 3 原則」〉，《中時新聞網》，2014 年 3 月 11，https://www.chinatimes.com/realtimenews/20140311005903-260401?chdtv。

32 小山，〈安倍堅持有必要全面解禁集體自衛權〉，《法國國際廣播電臺》，2016 年 1 月 3 日，https://www.rfi.fr/tw/ 政治 /20160301- 安倍堅持有必要全面解禁集體自衛權。

33 外務省，〈日米防衛協力のための指針〉，2015 年 4 月 27 日，https://www.mofa.go.jp/mofaj/files/000078187.pdf。

34 內閣官房，〈防衛力の抜本的強化（防衛省提出資料）〉，2022 年 10 月 20 日，https://www.cas.go.jp/jp/seisaku/boueiryoku_kaigi/dai2/siryou1.pdf。

「不再完全依賴美國的打擊能力」。[35]

　　在強化軍事能力建設方面，日本防衛省在 2022 年曾公布了「七項國防建設」（另稱「七大支柱」）方針，作為在 2022 年 12 月修訂「國安戰略三文件」的目標，該方針主要是要加強國防能力的具體措施。主要將重點擺在，可在敵人的射程範圍外對敵人進行攻擊的「遠距防衛能力」（敵基地攻擊能力）及使用無人機「無人化資產的防衛能力」。以及為了應對除了核武器威脅之外的所有行動，防衛省的「七項國防建設」大幅加強其防衛能力，該構想主要是參照俄烏戰爭期間，俄軍實際進行的行動來做分析，所以提出七項國防建設來做因應，包括：一、遠距防衛能力；二、綜合防空和導彈防禦能力；三、無人資產防禦能力；四、跨領域作戰能力；五、指揮控制和情報相關功能；六、移動部署能力；七、可持續性和彈性。[36] 其中，防衛省指出要大力加強「未來防禦能力核心領域」中的「遠距防衛能力」和「無人資產防禦能力」這兩項。[37]

　　防衛省指出，作為一種思考防衛目標的方式，日本有必要成為一個具有遠距防禦能力的國家，使敵方認為入侵日本是非常困難的。加強防禦能力的時間表分為兩項：第一，「從現在至 2027 年，這五年期間」；第二，「從現在開始約十年左右時間」。防衛省亦指出，到 2027 年，日本將承擔起應對對日本入侵的主要責任，並在獲得同盟國支持的同時，發展一支能夠威懾和擊退敵人的防禦力量。關於「綜合導彈和防空能力」，例如，加強對高超音速武器和小型無人機的對應能力。在「無人資產防禦能力」方面，防衛省提到擴大無人機的使用範圍及加強實際作戰能力。預計在十年後「進一步努力使防禦概念更加可靠」，並導入先進的「遠距」（Stand-Off）彈道飛彈系統等設備。

35　〈岸田文雄：日本今後或「不再完全依賴美國的打擊能力」〉，《日本華僑報》，2023 年 3 月 3 日，http://www.jnocnews.co.jp/news/show.aspx?id=109384。

36　〈政府、防衛力整備「７つの柱」を公表 無人機の活用拡大など〉，《Yahoo! Japan ニュース》，2022 年 10 月 20 日，https://news.yahoo.co.jp/articles/ad9ae29705540ea34b52d1bc73ca436475f3b953。

37　同前註。

陸、結語

　　當今，印度太平洋地區的安全保障環境正逐漸惡化。特別在 2022 年迄今，中國在臺灣海峽及日本經濟海域附近進行的軍演、北韓試射導彈、中俄聯合對日本進行繞島等，已嚴重威脅到日本的國家安全。

　　面對中國的巨大威脅，單單只靠駐日美軍的第七艦隊以及加上日本海上自衛隊所擁有實力已不易維持區域的和平與穩定。[38] 日本除了本身必須強化國防能力外，特別在 2022 年底，公布的三份國安文件也有對未來國防方向進行重大修改。然而，以當前的情勢發展，未來日本與周邊國家在安全保障上的合作已刻不容緩；前在韓美軍司令官艾布拉姆斯（General Robert B. Abrams）表示，假設臺灣海峽發生戰事，在韓國的美軍一定會有所動作。臺灣海峽一旦有事，韓國絕對脫離不了關係。[39]

　　因此，讓敵人不能輕易發動戰爭，最重要的方式，就是擁有與敵人相當的實力，讓敵人出兵前三思而行。再者，除了美日同盟、美韓同盟外，與美國有同盟關係的澳洲，亦是「四方安全對話」的重要成員之一。美日韓及美日印澳的安保合作，正可對強大的中國軍事能力進行抗衡。日本不僅在 2022 年 1 月 6 日已經與澳洲簽《軍隊互訪協定》，雙方也在 2022 年 12 月 22 日簽署新版的《日澳安全保障共同宣言》。[40] 將來可預期，日本政府在未來除了逐年增加防衛預算，盼能達到 GDP 2% 與北約盟國看齊外，在維護區域的安全上，日本政府將會積極與美國為首的自由民主國家進行更多雙邊合作，承擔更多的責任。

---

38 トシ・ヨシハラ，武居智久監譯，《中国海軍 VS 海上自衛隊》（日本：株式会社ビジネス社，2020 年），頁 35-40。

39 〈臺湾有事に在韓米軍投入の可能性か 韓国国防部「対北抑止が最優先」〉，《聯合ニュース》，2022 年 9 月 27 日，https://jp.yna.co.kr/view/AJP20220927002500882。

40 外務省，〈日豪会談〉，2022 年 10 月 22 日，https://www.mofa.go.jp/mofaj/area/n_korea/kakumondai/index.html。

參考文獻

一、中文部分

〈中國藉口裴洛西訪臺軍演恫嚇 國際反感一次看〉，《自由時報》，2022年8月4日，https://news.ltn.com.tw/news/world/breakingnews/4015058。

〈安保法制，25年來的發展歷程〉，《走進日本》，2015年9月15日，https://www.nippon.com/hk/features/h00112/。

〈安倍戰後70年談話全文〉，《中央社》，2015年8月15日，https://www.cna.com.tw/news/firstnews/201508150002.aspx。

〈岸田文雄：日本今後或「不再完全依賴美國的打擊能力」〉，《日本華僑報》，2023年3月3日，http://www.jnocnews.co.jp/news/show.aspx?id=109384。

〈美日防衛合作範圍擴至全球〉，《自由時報》，2015年4月28日，https://news.ltn.com.tw/news/world/paper/875465。

小山，〈安倍堅持有必要全面解禁集體自衛權〉，《法國國際廣播電臺》，2016年1月3日，https://www.rfi.fr/tw/政治/20160301-安倍堅持有必要全面解禁集體自衛權。

古涵詩，〈新安保法制之戰略意涵與影響〉，《國會季刊》，第46卷第2期（2018年6月），頁84-106。

白石隆，〈通過「防衛裝備轉移三原則」草案的理由〉，《走進日本》，2014年4月25日，https://www.nippon.com/hk/column/f00027/。

郭育仁，〈解構2015年美日防衛合作指針〉，《臺北論壇》，2015年5月18日，http://140.119.184.164/view_pdf/解構2015年美日防衛合作指針%20郭育仁.pdf。

陳柏廷，〈日通過「防衛裝備轉移3原則」〉，《中時新聞網》，2014年3月11日，https://www.chinatimes.com/realtimenews/20140311005903-260401?chdtv。

斯洋，〈五角大廈公布2021中國軍力報告，中國2030年或擁有1000枚核彈頭〉，《洞新聞》，2021年11月4日，https://taiwandomnews.com/%E5%85%A9%E5%B2%B8/16935/。

黃名璽，〈日相岸田指示增防衛經費目標 2027 年占 GDP 比例 2%〉，《中央社》，2022 年 11 月 29 日，https://www.cna.com.tw/news/aopl/202211290070.aspx。

賴怡忠，〈後安倍時代的日本國安戰略三文件，首度將中國的威脅順序排在北韓之前〉，《關鍵評論》，2022 年 12 月 16 日，https://www.thenewslens.com/article/178506。

二、外文部分

〈中国の軍事演習 日本の安全保障環境に「影響を与える」82%〉，《NHK》，2022 年 8 月 9 日，https://www3.nhk.or.jp/news/html/20220809/k10013759131000.html。

〈岸防衛相、中国の軍事演習「強い懸念」〉，《産経新聞》，2022 年 8 月 8 日，https://www.sankei.com/article/20220808-5F7RKX44GJK2BO7SGGSVKC3ZV4/。

〈政府、防衛力整備「7つの柱」を公表無人機の活用拡大など〉，《Yahoo! Japan ニュース》，2022 年 10 月 20 日，https://news.yahoo.co.jp/articles/ad9ae29705540ea34b52d1bc73ca436475f3b953。

2021 Annual Report to Congress: Military and Security Developments Involving the People's Republic of China (DC: Department of Defense, 2021), https://media.defense.gov/2021/Nov/03/2002885874/-1/-1/0/2021-CMPR-FINAL.PDF.

トシ・ヨシハラ，武居智久監譯，《中国海軍 VS 海上自衛隊》（日本：株式会社ビジネス社，2020 年）。

小川勝久，《日米同盟のリアリズム》（日本：文春新書，2017 年）。

閣官房，〈国家安全保障戦略について〉，2015 年 12 月 17 日，https://www.cas.go.jp/jp/siryou/131217anzenhoshou/nss-summary-j.pdf。

閣官房，〈防衛力の抜本的強化（防衛省提出資料）〉，2022 年 10 月 20 日，https://www.cas.go.jp/jp/seisaku/boueiryoku_kaigi/dai2/siryou1.pdf。

外務省，〈日米防衛協力のための指針〉，2015 年 4 月 27 日，https://
　www.mofa.go.jp/mofaj/files/000078187.pdf。

外務省，〈日豪会談〉，2022 年 10 月 22 日，https://www.mofa.go.jp/mofaj/
　area/n_korea/kakumondai/index.html。

外務省，〈北朝鮮による弾頭ミサイル等発射事案〉，https://www.mofa.
　go.jp/mofaj/files/100043970.pdf。

外務省，〈最近の北朝鮮のミサイル発射（PDF）〉，https://www.mofa.
　go.jp/mofaj/area/n_korea/kakumondai/index.html。

佐々木貴文，〈臺湾近海「中国軍事演習」から見えてくる「日本漁
　業」の窮状〉，《新潮社 Foresight》，2022 年 9 月 15 日，https://www.
　fsight.jp/articles/-/49178。

防衛省自衛隊，〈北朝鮮のミサイル等関連情報〉，https://www.mod.go.
　jp/j/approach/defense/northKorea/index.html。

防衛省自衛隊，〈中国海軍艦艇の動向について〉，2022 年 7 月 4 日，
　https://www.mod.go.jp/j/press/news/2022/07/04a.html。

防衛省統合幕僚監部，〈報導発表 2022〉，https://www.mod.go.jp/js/press/。

武田康裕、武藤功，《コストを試算！日米同盟 —— 国を守るのに、い
　くらかかるのか》（日本：毎日新聞社，2019 年）。

牧原出，〈政策決定における首相官邸の役割〉，《nippon.com》，2013
　年 6 月 27 日，https://www.nippon.com/ja/features/c00408/。

茅原郁生，《中国人民解放軍》（日本：PHP 新書，2018 年）。

兼原信克，《安全保障戦略》（日本：日本経済新聞出版，2021 年）。

原野城治，〈国家安全保障会議（日本版 NSC）が発足〉，《nippon.
　com》，2013 年 12 月 5 日，https://www.nippon.com/ja/behind/l00050/。

海上保安廳，〈尖閣諸島周辺海域における中国海警局に所属する船舶等
　の動向と我が国の対処〉，2022 年 10 月 27 日，http://www.kaiho.mlit.
　go.jp/mission/senkaku/senkaku.html。

經濟產業省，〈対ロシア等制裁関連〉，https://www.meti.go.jp/policy/
　external_economy/trade_control/01_seido/04_seisai/crimea.html。

第（九）章　印度的國防戰略：理想與現實的更迭 *

章榮明

壹、前言

　　印度位於南亞次大陸樞紐，戰略地位相當重要，亦是核子俱樂部的成員之一，[1] 於 2003 年因經濟發展的潛力被列入金磚四國，其戰略角色非常值得關注。特別是近年來印度與中國、巴基斯坦持續因邊界衝突而屢次躍上國際檯面；持續多年的馬拉巴爾演習（Malabar Exercise）更突顯出印度在美國印太戰略下的重要性。因此，本文要探討的重點是印度的國防戰略思維及未來的國防發展。

　　印度於 1947 年建國時剛好是冷戰初始，國際社會主要分為由美國與蘇聯分別領頭的兩大陣營，及第三世界國家。就區域而言，與印度邊界接壤的國家中計有巴基斯坦、中國、尼泊爾、不丹與緬甸等國，其中僅以巴基斯坦與印度相處較不和睦，對印度較具威脅性。考量當時冷戰的國際環境，及印度剛脫離英國而獨立建國，經濟凋敝、軍備不興，時任印度總理尼赫魯（Jawaharlal Nehru）採取了「不結盟」以及「睦鄰」兩個政策。

　　「不結盟」表現在不加入冷戰時的美蘇任何一陣營，以免強權介入而干擾印度的發展；但與位於亞洲與非洲的第三世界國家，基於被殖民的共同歷史與後殖民的共同命運，則積極發展關係。尼赫魯甚至將這個思維向第三世界國家擴展，於 1955 年於印尼萬隆（Bandung）舉辦會議。更與志同道合的外國元首，如埃及的納塞（Gamal Abdel Nasser）及南斯拉夫的狄托（Josip Broz Tito）創建「不結盟運動」（Non-Alignment Movement），

---

* 本文部分內容曾發表於章榮明，〈印度的國防戰略思維〉，《國防情勢特刊》，第 11 期（2021年 8 月 26 日），頁 54-62。

1 2023 年為止全球共有八個國家已經成功試爆核子武器，因此這些國家被外界稱為「核子俱樂部」。就《核武禁擴條約》的認定，聯合國安全理事會的五個常任理事國為「核子武器擁有國」，即美國、俄國、英國、法國及中國。自從 1972 年《核武禁擴條約》簽訂之後，印度、巴基斯坦和北韓三個未簽署該條約的國家也陸續發展各自的核子武器，因此進入擁核國家行列。

也就是希望不以軍事力量而能在國際間施展力量。[2]

印度「睦鄰」政策的具體表現則在於與鄰國「和平共處」。該名詞首次出現於 1954 年 4 月 29 日印度與中國於北京簽署的《關於中國西藏地方和印度之間的通商和交通協定》（*Agreement on Trade and Intercourse between the Tibet Region of China and India*），其中明確列舉了五項原則，後被稱為「和平共處五原則」（The Five Principles of Peaceful Co-Existence）。[3] 和平共處五原則的影響很大，甚至出現在上述 1955 年的萬隆會議。

但上述兩種政策只能說是對鄰國釋出善意是奠基於理想，而非現實。在缺乏世界政府、各國僅能依賴「自助」（Self Help）的情況下，善意無法保障印度的國家安全。換句話說，真正要能維護印度的國家安全，必須有賴其他的政策。而這個政策就是「權力平衡」（Balance of Power）。事實上印度不若世界上的一些國家，對於國防戰略具有一套完整的論述。也就是由於印度缺乏一套完整的國防戰略，因而其國防戰略可說是依附在外交政策之下。換句話說，印度的國防戰略與其外交戰略密不可分；瞭解了印度的外交戰略，等於是瞭解了大部分的印度國防戰略。

本文共分六節：第壹節為前言；第貳節說明權力平衡與印度國防安全思維；第參節略述印度國防戰略思維的發展；第肆節觸及印度國防戰略的體現；第伍節探討印度國防戰略的未來發展；第陸節為結語。

貳、「權力平衡」與印度國防戰略思維

一、「權力平衡」理論

「權力平衡」可說是研究國際關係相當古典的理論，以學者摩根索（Hans Morganthau）為代表，又被稱為「現實主義」（Realism）。[4] 其

---

2 A. Z. Hilali, "India's Strategic Thinking and Its National Security Policy," *Asian Survey*, Vol. 41, No. 5 (2001), p. 739.

3 「和平共處五原則」包括：一、互相尊重領土主權；二、互不侵犯；三、互不干涉內政；四、平等互惠；五、和平共處。

4 Hans Morganthau, *Politics among Nations, the Struggle for Power and Peace*, 6th ed. (New York: McGraw-Hill, 1985).

主要論點為國家的目標在於追求「權力」（Power），而追求「權力」的背後原因在於擔心本國的總體力量無法與他國相比，而受他國宰制。在本國「權力」無法迅速增加與獲得的情況下，國家之間以建立「聯盟」（Alliance）的方式，在總體實力上與對手國相抗衡。如國家 A 與國家 B 結盟後，兩國國力相加大於國家 C 或與國家 C 不致相差太大的方式，追求國家 A 加上國家 B 與國家 C 之間「權力」的平衡，以維持國家安全乃至於國際秩序的穩定。這樣的模式在 19 至 20 世紀的歐洲大陸上演多次，也多次成功維持了自 1815 年拿破崙戰敗後的維也納會議，至 1914 年第一次世界大戰爆發前，這一百年來歐洲的和平。離我們所處時代最近，或許也最為人熟知的便是冷戰時期美國與蘇聯兩大陣營進行的「權力平衡」。

然而，進一步來看，競逐並取得「權力」可能並非國與國之間進行「權力平衡」的最主要緣故；而一個國家對其他國家造成的「威脅」，可能才是國家之間進行合縱連橫以為平衡的原因。換句話說，強國的存在並非原罪，具威脅性的強國恐怕才是其他國家需要團結一致對抗的對象。沃特（Stephen Walt）於是以「權力平衡」為基礎，提出「威脅平衡」（Balance of Threat）一說，具有四個要素，分別為：總體力量、地理鄰接性、攻勢能力，以及攻勢意圖。[5]

緊接著「威脅平衡」，同樣奠基於「權力平衡」理論，另外發展出「利益平衡」（Balance of Interests）的構想。主要論點在於小國之間的聯合並非對抗大國的權力，亦非對抗潛在的威脅，而是基於小國的生存利益。[6] 易言之，小國並非必然與其他小國聯合對抗大國；小國也可能選擇與大國同進退，當此舉更能保護小國最重要的國家利益，亦即生存。

值得注意的有兩點：第一，「非國家行為者」（Non-State Actor）不在上述理論探討的範圍之內。「權力平衡」與「威脅平衡」提出的時間點均在冷戰期間，因而該概念的行為者仍為國家。[7] 隨著冷戰的結束，能夠

---

5 Stephen Walt, *The Origins of Alliances* (Ithaca: Cornell University Press, 1990).

6 Randall Schwellerl, "Bandwagoning for Profit: Bringing the Revisionist State Back in," *International Security*, Vol. 19, No. 1 (1994/Summer), pp. 72-73.

7 「利益平衡」提出的時間點是冷戰結束後，但仍以國家為其研究主體。

對一國造成威脅的行為者已不僅限於國家，尚包括非國家行為者，如從事「恐怖主義」（Terrorism）的非政府組織。第二，國家角色的重要性不若以往。自約莫 2000 年以降的「全球化」（Globalization）浪潮衝擊了「權力平衡」等理論，使得傳統上視國家為國際社會主要行為者的觀點受到挑戰。本文的重點仍放在國家，恐怖組織亦須由國家在背後支持。「孤狼」型的恐怖組織並不在討論之列。

持平而論，「權力平衡」理論一開始提出時，只是一個鬆散的概念。摩根索在其著作中，甚至完全未提權力是什麼，是一種看不見、摸不到的東西。然而，在這個理論的發展過程中，權力的概念被逐步具體化，並縮小至威脅與利益等兩個面向。或者我們可以這麼來看，「權力平衡」是一個大的概念，無時無刻不存在於國際社會；「威脅平衡」與「利益平衡」則出現在特定的期間與對象。換句話說，國家 A 可在極大化增強本國權力的同時，與國家 B 合作對抗國家 C 造成的威脅；而國家 D 則可能與國家 A 或國家 C 合作來保護本國的生存利益。也就是說，「權力平衡」、「威脅平衡」與「利益平衡」這三種概念可以同時出現，端視我們從何種面向來觀察。接下來，以「權力平衡」的相關概念檢證印度的國防戰略思維。

二、「權力平衡」與印度地緣安全

事實上，在南亞這個區域，印度的領土面積、人口數量及其他生產要素綜合起來，非第一大國莫屬。相形之下，印度周邊的國家與其差距甚巨。而這些小國卻因各種因素而未能團結合作、對抗印度。這是「權力平衡」理論的一大缺陷，也就是無法解釋為何「權力平衡」未能在南亞的小國之間出現。同樣地，「威脅平衡」也未在南亞大陸出現。

在此，筆者用「威脅平衡」的四個要素來檢驗：（一）總體力量。在印度建國之初，周邊國家的總體力量較大者為巴基斯坦與中國。然而，當時正值第二次世界大戰結束，南亞各國忙於國內的復原與重建，除非有重大原因，否則對外擴張力量的興趣不大。（二）地理鄰接性。與印度領土接壤最多、紛爭最多的是巴基斯坦，而巴基斯坦又因印度建國而被迫分

為東巴基斯坦（於 1971 年獨立並改國號為孟加拉）與西巴基斯坦（即現今的巴基斯坦）。東巴基斯坦之獨立肇因於西巴基斯坦對其進行的武裝鎮壓，因而獨立為孟加拉後，更不可能與西巴基斯坦聯合對印度進行「威脅平衡」。緬甸、尼泊爾與不丹雖均與印度陸地接壤，但相安無事；斯里蘭卡與馬爾地夫孤懸海上，與印度亦無糾紛情事。（三）攻勢能力，與（四）攻勢意圖合在一起看，印度在建國後基於首任總理尼赫魯的「睦鄰政策」，雖然具有攻勢能力但不具有攻勢意圖，因此並未對周邊國家造成「威脅」，即便受印度威脅最大的巴基斯坦欲聯合周邊國家建立「威脅平衡」也缺乏根基。

雖然小國並未「平衡」印度，中國卻可以，而且已經進行了數十年。巴基斯坦原本就與印度不睦，其與中國於 1961 年建立起的緊密關係更是嚴重威脅印度的國家安全。可以視為小國（巴基斯坦）聯合大國（中國）以「平衡」可能會發展成霸權的印度。面對這樣的發展，印度選擇與前蘇聯靠攏，等於建立抗衡中巴聯盟的「權力平衡」或「威脅平衡」。這是「權力平衡」在印度運作的第一個例子。

印度在歷史上曾經是亞洲南部的大國，擁有過輝煌的歷史。恢復往昔榮光的想法存在印度的菁英分子心中，如印度建國之初的首任總理尼赫魯。如果我們把視野放大到南亞區域的話，在巴基斯坦與中國建立聯盟，共同「平衡」印度的同時，巴基斯坦更將觸手伸向阿富汗，期盼能在印度入侵巴國時，進入阿富汗躲避以增加戰略縱深。印度同時也在阿富汗運作，目的便在於讓巴基斯坦無功而返。[8] 這是「權力平衡」在印度運作的第二個例子。

巴基斯坦於 1998 年試爆原子彈成功，成功晉升擁核國家之一。就印度而言，中國與巴基斯坦原本就對印度造成威脅；反之亦然。中國技術援助巴基斯坦建造原子彈，等於是將威脅的程度提升到新的高度。[9] 兩國的

---

8 Larry Hanauer and Peter Chalk, "India," and "Pakistan," in *India's and Pakistan's Strategies in Afghanistan* (Washington, D.C.: RAND Corporation, 2012), pp. 11-36.

9 John Dori and Richard Fisher, "The Strategic Implications of China's Nuclear Aid to Pakistan," *The Brookings Institution*, June 16, 1998, https://www.heritage.org/asia/report/the-strategic-implications-chinas-nuclear-aid-pakistan.

緊密關係可以視為用來「平衡」印度所造成的威脅，也就是「威脅平衡」
的例子。在這個例子中，儘管印度並非「威脅平衡」的參與者，卻是受害
者，也使得「威脅平衡」與印度牽起了關係。作為反制，印度亦於同年步
入擁核國家的行列。這是「權力平衡」在印度運作的另一個例子。

　　如果把視野在放大到全球的話，2023 年為止的世界局勢是美國與印
度合作，對中國的勢力進行「權力平衡」。儘管印度多次表示對美國與中
國的競爭不感興趣，也沒意願加入美國陣營，但印度的作為在在顯示美國
與印度聯合的事實，是「權力平衡」在印度運作的另一個例子。此外，印
度與中國在印度洋的競逐，也使得周邊國家面臨選邊站的抉擇，可視為是
「利益平衡」的實例。

參、印度國防戰略思維的演變

　　印度的國防戰略思維不僅受到外部因素（國際環境與區域環境）的制
約，也受到內部因素（地理、歷史、政治與經濟發展）的主導。在此需特
別說明的是，由於印度歷史悠久，屬於四大古文明之一，因此下文的重點
放在 1947 年印度獨立建國之後，以免失焦。

　　復從內部因素來看，印度國土分為山區、平原與高原。歷史上，入侵
印度的方向均來自印度北方的陸地，尤其是山區的隘口；南方海域分屬孟
加拉灣、印度洋與阿拉伯海，反倒成為屏障。使得印度在建國之初，國防
戰略的重心放在北邊的國界。[10] 印度的國防戰略思維可分為兩條主軸：一
條主軸是維護印度在南亞的區域霸權地位。由於印度在建國之初，除了巴
基斯坦之外並無其他可慮的外患，因而印度採取「睦鄰」政策。另一條主
軸則是在南亞區域之外倡導「多邊主義」（Multilateralism），在冷戰時期
以「不結盟運動」作為美蘇兩大陣營外的另一股勢力。

---

10 吳東林，〈印度武裝力量與大國之路〉，《臺灣國際研究季刊》，第 2 卷第 4 期（2006 年冬
　季號），頁 104-105。

一、維持「不結盟運動」

印度建國之初所採行的「不結盟」政策，所指涉的是不加入美蘇任一陣營，但並非保持中立，甚至是孤立。由於不結盟，印度反倒左右逢源，坐收與美蘇個別交好的成果。雖然在冷戰期間，印度與前蘇聯的友好程度比印美關係來得佳，印度甚至自 1951 年起開始採行以每五年為期的「計畫經濟」而非「市場經濟」。然而，印度仍然維持了「不結盟」政策。冷戰結束後，國際體系由雙極變為單極，即使不結盟政策失去了根本性的意義，印度也改行了資本主義下的市場經濟，但印度仍未揚棄「不結盟」政策。1991 年開啟了與東南亞及東亞各國增加交往的「東望政策」（Look East Policy），在這些國家中，以越南與印度基於兩千年來的經濟活動與文化淵源，雙邊關係發展得最好。[11] 1992 年則是開始與美國展開「馬拉巴爾演習」。

二、「睦鄰」政策的浮沉

儘管「和平共處五原則」的名氣很響亮，但維持的時間並不長。這是因為印度要維護主權獨立與領土完整，必須妥善處理對於印度的外在威脅。茲舉三例：第一，1948、1965、1971 年印度與巴基斯坦為了喀什米爾（Kashmir）地區而開戰，1999 年則在卡吉爾（Kargil）地區爆發軍事衝突；第二，1961 年印度出兵兼併葡萄牙殖民地果亞（Goa）；第三，1959 年，西藏的達賴喇嘛受到美國中央情報局的暗助，取道印度成功出逃。印度庇護達賴喇嘛的舉動，形同破壞了和平共處五原則下的不干涉他國內政，等於單方面破壞了與中國的協議，與中國的關係從此不睦，1962 年中印邊界戰爭的爆發因之有跡可循。自這些武裝衝突後，印度與中巴兩國在邊界進行了長期的武力對峙。等於宣告了「睦鄰」政策的結束。

---

11 Dipanjan Roy Chaudhury, "India-Vietnam Relations: Contextualising the Indo-Pacific Region," *The Economic Times*, June 11, 2021, https://reurl.cc/YORWaX.

隨著時間演進，大規模武裝衝突雖不復見，但非傳統安全的攻擊行動卻開始出現。譬如巴基斯坦便開始使用恐怖攻擊的方式處理對印關係，如 2001 年 12 月攻擊印度國會大廈，以及 2008 年 11 月的孟買（Mumbai）恐怖攻擊事件。晚近的發展則是在喀什米爾地區對印度控制的地區進行滲透。印度國防部發布的最新一期年度報告（2018～2019）便指出，在喀什米爾地區違反停火（Ceasefire Violations）的事件逐年升高，2016 年有 228 起，2017 年有 860 起，2018 年則高達 1,689 起。恐怖分子自境外滲透的情事亦時有所聞，2017 年印度陸軍破獲 33 起滲透事件並擊斃 59 名恐怖分子；2018 年則防止了 15 起滲透事件並擊殺 35 名恐怖分子。由印度國防部新聞局發布的 2020 年年度回顧則指出，喀什米爾地區雖然仍出現少數恐怖分子的滲透行動，但均遭印度陸軍成功攔阻。[12] 2020 年 6 月 15 日中印邊防軍在加萬河谷（Galwan Valley）進行的衝突，直接升高了該地區的緊張情勢。

三、1962 年印中邊境戰爭改變印度國防戰略

1962 年發生的印中邊境戰爭，以印度失敗坐收，使得印度的國家安全嚴重受損。若缺乏軍事力量作為後盾以維持本國的領土完整，何能奢言「互相尊重領土主權」、「互不侵犯」與「和平共處」？因而，印度的國際聲望受到重創，也使得印度的國防戰略必須改弦更張。自 1962 至 1991 年，印度開始放下理想主義，而採取現實主義。雖然印度仍保持「不結盟」的精神，但事實上與當時的蘇聯相當靠近，只差一紙建立聯盟的條約。值得注意的是，印度向前蘇聯靠攏，不僅表現在購買軍火、科學方面的合作、承認前蘇聯占領阿富汗，及 1971 年簽署的印蘇友好合作條約。[13]

12　Indian Ministry of Defence, *Annual Report 2018-19* (2019), https://www.mod.gov.in/sites/default/files/MoDAR2018.pdf; Indian Ministry of Defence, "Year End Review – 2020," January 1, 2020, https://pib.gov.in/Pressreleaseshare.aspx?PRID=1685437.

13　Sameer Lalwani, Frank O'Donnell, Tyler Sagerstrom, and Akriti Vasudeva, "The Influence of Arms: Explaining the Durability of India-Russia Alignment," *Journal of Indo-Pacific Affairs*, January 15, 2021, https://www.airuniversity.af.edu/JIPA/Display/Article/2473328/the-influence-of-arms-explaining-the-durability-of-indiarussia-alignment/.

究其原因，1962 年印度在與中國的邊境戰爭中大敗，造成印度的國防戰略轉向，從與美蘇兩大陣營保持等距離，演變成向前蘇聯靠攏。

四、冷戰結束後印度國防戰略再次改變

冷戰結束後的 1991 至 2001 年間，國際體系從美蘇兩極突然變成單極，印度開始思考其在國際新秩序下的角色。最主要的轉變有二：首先是在前蘇聯垮臺後，印度的安全缺乏保障，因而必須增加軍備以維護國家安全。同時，印度已經無邊可選，需要和美國交好。而 2001 年在美國發生的 911 恐怖主義攻擊事件，提供了印度絕佳的機會和美國建立友好關係。[14]須知，印度自獨立後便與巴基斯坦在喀什米爾地區有著邊界糾紛。在國力不敵印度的情況下，巴基斯坦採取的是恐怖主義。911 事件後，獨立對抗恐怖攻擊數十年的印度可以用感同身受來形容，因而在立場上理所當然地與美國達成一致。

五、實施核子嚇阻

印度於 1974 年進行首次核試爆，但之後並未積極發展。十數年後才轉趨積極，於 1998 年核試爆成功，順利成為核子俱樂部之一員。[15]印度在擁有與使用核子武器上有幾項特點，包含：（一）對於擁有核武的對手國「不率先使用」（No First Use）核武；對於未擁核的對手國絕不使用。因此，印度最可能對中國與巴基斯坦這兩個擁核國使用核武，一旦這兩國對印度首先使用核武的話。而印度周邊未擁核的國家則不必畏懼印度的核武器，因為不會對他們使用。（二）在使用的動機上，其核武政策為「拒止性嚇阻」（Deterrence by Denial）而非「懲罰性嚇阻」（Deterrence by

---

14 Dennis Kux, "India's Fine Balance," *Foreign Affairs*, May/June 2002, https://www.foreignaffairs.com/articles/asia/2002-05-01/indias-fine-balance.

15 陳牧民，〈南亞核武議題：歷史發展與現況〉，《全球政治評論》，第 38 期（2012 年），頁 16-17。

Ppunishment）。從印度使用核武的動機，可以得知印度的核子嚇阻屬於防衛的性質，而非攻擊的性質。（三）在擁有核武的數量上，印度僅需要具備「最低可信度核子嚇阻」（Minimum Credible Nuclear Deterrence）即可。[16] 根據非營利組織「武器管制協會」（Arms Control Association）2023 年的推估，印度約擁有 164 枚核彈頭（全球有 1 萬 2,512 枚）。[17]

六、持續強化並擴張海軍力量

印度對於海軍的發展其來有自。延續大英帝國的傳統，印度在 1947 年建國後，獨力維持了印度沿海的安全。儘管印度自建國以來便長時期採取計畫經濟，以封閉而自給自足的方式運作，但印度對於資源的需求邊增，往往需要從國外進口，運輸的路線便成為印度發展的命脈。在運輸的路線上，以來自海運居多。因而，印度重視海軍的發展，其實就是在維持印度的經濟命脈。根據 2016 年的資料，印度通過印度洋的貿易額占全國貿易額的 95%。[18] 放眼今日，這個數字應該大致相同，甚至更高。

印度對於海軍的發展除了自建國以來持續地發展外，另有幾個重要的時間點。由於英國不堪長年在印度洋周邊派駐海軍的負擔，於 1971 年決定退出蘇伊士運河以東的範圍。這使得印度維持本國安全乃至區域安全的負擔大幅增加。[19] 在冷戰結束後的 1990 年代初，國際環境改變，使得印度在南亞的重要性大增，是印度發展藍水海軍的近因。自 1991 年開始的東望政策，派出敦睦艦隊至東亞及東南亞各國進行訪問。2007 年 5 月，印度海軍發表了《自由使用海洋：印度海洋軍事戰略》（*Freedom to Use*

---

16 Gurmeet Kanwal, "India's Doctrine and Policy," *Strategic Analysis: A Monthly Journal of the IDSA*, February 2001, https://ciaotest.cc.columbia.edu/olj/sa/sa_feb01kag01.html.

17 Arms Control Association, *2023 Estimated Global Nuclear Warhead Inventories* (2023), https://www.armscontrol.org/factsheets/Nuclearweaponswhohaswhat.

18 Dhruva Jaishankar, "Indian Ocean Region: A Pivot for India's Growth," *The Brookings Institution*, September 12, 2016, https://www.brookings.edu/opinions/indian-ocean-region-a-pivot-for-indias-growth/.

19 Walter K. Andersen, "Emerging Security Issues in the Indian Ocean: An American Perspective," in Selig Harrison and K. Subrahmanyam (eds.), *Superpower Rivalry in the Indian Ocean: Indian and American Views* (New York: Oxford University Press, 1989), pp 15-16.

the Seas: India's Maritime Military Strategy），強調建設大海軍以維護印度的海洋權益，並且使用海軍的力量來保護其國家安全。[20] 因應世界安全重心由大西洋轉移至印度洋與太平洋，2015 年 10 月印度海軍公布了《保障海洋安全：印度海洋安全戰略》（*Ensuring Secure Seas: Indian Maritime Security Strategy*），不僅提出印度在海洋上的全方位利益，亦擴大了印度海軍的角色，使其能應對傳統與非傳統的任務。[21]

肆、印度國防戰略的實際作為

在探討了印度的國防戰略思維後，接著進入印度國防戰略的實際作為。以下依照印度的陸軍、空軍、海軍的順序，由於海軍的重要性高，因而所用篇幅較長。根據「國際戰略研究所」（The International Institute for Strategic Studies, IISS）2022 年 2 月出版的《軍事平衡 2022》（*The Military Balance 2022*）報告，印度現役兵力約為 146 萬 350 人。此外尚有海巡兵力 1 萬 2,600 人、憲兵及準軍事部隊兵力 160 萬 8,150 人及後備兵力 115 萬 5,000 人。[22]

一、印度陸軍與空軍的建設

印度在第二次世界大戰期間曾展開全國性的動員，以至於軍隊數量非常可觀，巔峰時期達到 225 萬人之鉅。即使戰爭已於 1945 年結束，但在 1947 年印度建國前，儘管先解編了 100 萬軍人，[23] 仍有 100 多萬的部隊有待復員。少部分英國技術軍官留下協助剛獨立的印度，武器裝備則都來自英國。由於印度在建國前尚須與巴基斯坦完成分治，因而人員數量與武

20　Indian Ministry of Defence, *Freedom to Use the Seas: India's Maritime Military Strategy* (2007), https://www.scribd.com/doc/31917366/India-s-Maritime-Military-Strategy.

21　Indian Ministry of Defence, "Ensuring Secure Seas: Indian Maritime Security Strategy," October 2015, https://www.indiannavy.nic.in/sites/default/files/Indian_Maritime_Security_Strategy_Document_25Jan16.pdf.

22　"Chapter Six: Asia," *The Military Balance*, Vol. 122, No. 1 (2022), pp. 50-51.

23　*The Statesman's Yearbook 1947* (London: Palgrave MacMillan), pp. 121-123.

器裝備更形薄弱。獨立建國的隔（1948）年，印度在陸軍方面，僅能編成完整的 3 個步兵師、1 個裝甲師與 1 個空降師。[24]

在印度建國之後陸軍成立三個軍區，分別為位於蘭契（Ranchi）的東部軍區司令部、位於德里（Delhi）的西部軍區司令部與位於浦那（Poona/Pune）的南部軍區司令部。東部軍區司令部曾於 1955 年遷至鄰近尼泊爾的勒克瑙（Lucknow），但在 1962 年印中邊境戰爭後，遷至靠近孟加拉的加爾各答（Calcutta/Kolkata）。[25] 1962 年印中邊境戰爭後，印度陸軍選擇在勒克瑙增設中央軍區司令部。[26] 由此，可以看出印中戰爭對於印度造成的國防安全衝擊，以及印度對於敗戰所做出的立即回應。印度陸軍共設立六個司令部（北部軍區、西部軍區、中央軍區、南部軍區、東部軍區及西南軍區）及一個訓練司令部，兵力達 123 萬 7,000 人。[27] 在運用上，可達到西防、北守、中部機動的效果。[28]

除了以地點為分類的方式，亦可從性質區分印度陸軍，如主要性質為打擊（Striking）的軍便有 4 個，而擔任守備（Holding）性質的軍則有 10 個。以兵力而言，在裝甲部隊方面，計有 2 個裝甲師（各下轄 3 個裝甲旅及 1 個砲兵旅／ 2 個砲兵團）、[29] 1 個裝甲師（下轄 3 個裝甲旅及 1 個自走砲旅／ 2 個自走砲團）及 8 個獨立裝甲旅。在機械化部隊方面，計有 6 個（快速）[30] 機械化步兵師（下轄 1 個裝甲旅、2 個機械化步兵旅、1 個

---

24 *Ibid.*

25 Jayanta Gupta, "Eastern Command Celebrates Its 93rd Raising Day," *Times of India*, October 13, 2013, http://timesofindia.indiatimes.com/articleshow/25010570.cms?utm_source=contentofinterest&utm_medium=text&utm_campaign=cppst.

26 "Central Command," *Indian Army*, https://indianarmy.nic.in/Site/FormTemplete/frmTempSimple.aspx?MnId=UkUAS8xS9dfK8B24++lPMA==&ParentID=iKSXU2xWjS+ejR4E7fRkCg==&flag=GhiUd5IUsAAQ9EIzi20nqQ==.

27 *The Military Balance 2022*, p. 266.

28 沈明室，〈印度軍事戰略發展與實踐〉，那瑞維主編，《印度崛起》（臺北：政大國關中心，2013 年），頁 72-77。

29 此處的旅，為英文 Brigade 之翻譯；此處的團，翻自英文 Regiment。

30 此處「快速」的原文為 RAPID，係 Re-organized Army Plain Infantry Division 之縮寫，其原意為「整編陸軍平原步兵師」。但因下轄 2 個機械化步兵旅，因而行進速度較一般步兵旅來得快，故稱之為「快速」師並無不妥。請參考 "Indian Army Divisions," *GlobalSecurity.org*, https://www.globalsecurity.org/military/world/india/divisions.htm.

砲兵旅）及 2 個獨立機械化步兵旅。在輕裝部隊方面，計有 15 個步兵師（2 至 5 個步兵旅加 1 個砲兵旅）、1 個獨立步兵師（組建中）、7 個獨立步兵旅、12 個山地師（3 至 4 個山地步兵旅加 1 個砲兵旅）、2 個獨立山地旅。

就空中機動而言，則有 1 個空降旅。就戰鬥支援而言，有 3 個砲兵師（各轄 2 個砲兵旅及 1 個多管火箭旅）、2 個獨立砲兵旅、4 個工兵旅。在直升機部隊方面，有 25 個直升機中隊。在防空上，有 8 個防空旅。在地對地飛彈上，有配備「烈火 1 型」（*Agni*-I）的短程飛彈（SRBM）旅 1 個、配備「烈火 2 或 3 型」（*Agni*-II/III）的中程飛彈（IRBM）旅 1 個、配備「丹努什 2 型」（*Prithvi* II）的短程飛彈（SRBM）旅 2 個、配備「布拉莫斯」（*Brahmos*）的陸射巡弋飛彈（GLCM）團 3 個。[31]

在空軍方面，2022 年印度空軍兵力為 13 萬 9,850 人，計有五個地區司令部，分別是位於新德里（New Delhi）的西部戰區司令部、位於甘地那加（Gandhinagar）西南戰區司令部、位於西隆（Shillong）的東部戰區司令部、位於阿拉哈巴德（Allahabad）的中央戰區司令部，及位於特利凡莊（Trivandrum）的南部戰區司令部。另有兩個支援司令部，位於納格坡（Nagpur）的維修司令部及位於班加羅爾（Bangalore）的訓練司令部。[32]

由於印度在建國之前便與巴基斯坦「分家」，因而印度空軍在 1947 年僅有 7 個戰鬥機中隊與 1 個運輸機中隊。[33] 但至 1972 年為止，印度空軍已擁有 36 個戰鬥機中隊與 9 個運輸機中隊。[34] 至 1977 年為止，戰鬥機中隊的數量保持為 36 個，但運輸機中隊的數量增至 15 個，甚至出現了 14 個直升機中隊。[35] 此後，印度空軍的機型雖有變動，但總量大致維持不變。

以 2022 年 2 月為例，印度空軍在戰鬥機方面擁有 3 個中隊的「米格 29」（MiG-29）戰鬥機。在戰鬥機／對地攻擊機方面，4 個中隊的「美洲

---

31 *The Military Balance 2022*, p. 266.
32 *Ibid.*, p. 269.
33 *The Statesman's Yearbook 1947* (London: Palgrave MacMillan), pp. 121-123.
34 *Ibid.*, pp. 121-123.
35 *Ibid.*, pp. 121-123.

豹」（*Jaguar* IB/IS）攻擊機；6 個中隊的「米格 21」（MiG-21）戰鬥機；3 個中隊的「幻象 2000」（*Mirage* 2000E/ED/I/IT）戰鬥機；2 個中隊的「飆風」（Rafale DH/EH）戰鬥機；11 個中隊的「蘇 30」（Su-30MKI）（側衛）；2 個中隊的「光輝」（*Tejas*）戰鬥機。在情報、監視、偵查方面，擁有 1 個小組的「灣流 IV」（*Gulfstream* IV SRA-4）。在空降與早期預警上，擁有 1 個中隊的「伊留申 76」（IL-76）。在加油機方面，擁有 1 個中隊的「伊留申 78」（IL-78）。在運輸機方面，機型較多，計有「C130」（C130J-30）1 個中隊、「C17」（C17A）1 個中隊、「安托諾夫 32」（An32/An32RE）5 個中隊、「波音 737」（B-737/B-737BBJ/EMB-135BJ）1 個中隊。「多尼爾 228」（Do-228）與「霍克西德利」（HS-748）共 4 個中隊；「伊留申 76」1 個中隊；「霍克西德利」1 個小隊。在訓練方面，有「蘇 30」1 個中隊。[36]

除此之外，編制在印度空軍之下的尚有直升機，包含了武裝直升機與運輸直升機兩類。在武裝直升機方面，計有兩個中隊，一個中隊配備「米 25」（Mi-25）與「米 35」（Mi-35）；另一個中隊配備「米 25」、「米 35」及「阿帕契直升機」（*Apache* AH-64E）。在運輸直升機方面，數量相當龐大，計有 5 個中隊印度自製的「北極星」輕型直升機；7 個中隊的「米 17」（Mi-17/Mi-17-1V）；12 個中隊的「米 17」（Mi-17V-5）；2 個中隊的「雲雀 III 型」（SA316B *Alouette* III）輕型直升機；1 個小隊的「米 26」（Mi-26）重型直升機；2 個小隊的「羊駝」（SA315B *Lama*）輕型直升機；2 個小隊的「雲雀 III 型」輕型直升機。值得一提的是，印度空軍擁有 5 個中隊的無人機（UAV），包括以色列生產的「蒼鷺」（*Heron*）與「搜索者」（*Searcher* Mk II）。[37]

---

36 "Chapter Six: Asia," *The Military Balance*, Vol. 122, No. 1 (2022), pp. 50-51.
37 *Ibid.*

二、印度海軍的建設

　　印度海軍建軍的成效明顯，在海上無明顯威脅的情況下，印度持續投入海軍的建設可說是為了恢復往日南亞霸權的榮光。此外，如前所述，印度的海軍建設在相當程度上是為了維持海上貿易線的安全。印度建國後，海軍僅有巡防艦（Frigate）2 艘、小型護衛艦（Corvette）1 艘、觀測艦（Surveying Vessel）1 艘、現代化帆船（Sloop）4 艘與漁船（Trawler）4 艘。[38]截至 1952 年為止，也僅擁有巡洋艦（Cruiser）1 艘、驅逐艦（Destroyer）3 艘、巡防艦 5 艘（含 1 艘訓練用艦）、觀測艦 1 艘、掃雷艇 9 艘、快艇（Motor Launch）4 艘、坦克登陸艦（Tank Landing Ship）1 艘、坦克登陸艇（Tank Landing Craft）6 艘、油輪（Oiler）2 艘、拖船（Ocean Tug）1 艘。[39]

　　由圖 9-1 可見印度的海軍兵力在 1947 年建國後僅有 1 萬 1,000 人，在 1957 年時減少至 7,700 人，之後呈現緩步增加的趨勢。有兩個時期的成長幅度特別大：1967 年的海軍兵力數量（1 萬 9,500）較之於 1957 年（7,700），成長的幅度超過一倍；1977 年（4 萬 6,000）的海軍兵力又幾乎是 1972 年（2 萬）的兩倍。另外兩個成長幅度比較大的時期，則為 1987 年（4 萬 7,000）至 1992 年（5 萬 5,000）以及 2017 年（5 萬 5,000）至 2022 年（6 萬 7,700）。[40]

　　然而，在 1952 至 1962 年這十年間，印度海軍的軍力開始增強，舉其大者包括納編了 1 艘航艦（Aircraft Carrier）、5 艘反潛巡防艦（Anti-Submarine Frigate）及 3 艘防空巡防艦（Anti-Aircraft Frigate）。[41] 該輕型航艦係 1961年自英國購入，並更名為「維克蘭特號」（INS *Vikrant* R-11）。[42] 至 1972年為止，印度海軍已擁有 4 艘潛艦。[43] 至 1987 年為止，印度海軍的水面

38 *The Statesman's Yearbook 1948* (London: Palgrave MacMillan), pp. 121-123.

39 *Ibid.*

40 關於 2022 年的印度海軍兵力，*The Statesman's Yearbook* 顯示為 6 萬 7,700 人，*The Military Balance* 則顯示為 7 萬 900 人。造成差異的原因或許在於資料來源的管道不同。

41 *The Statesman's Yearbook 1962* (London: Palgrave MacMillan), pp. 121-123.

42 "Fair Winds and Following Seas: India's First Naval Aircraft Carrier Reborn as INS Vikrant," *India Today*, September 2, 2022, http://www.mdc.idv.tw/mdc/navy/othernavy/india_carrier.htm.

43 *The Statesman's Yearbook 1972* (London: Palgrave MacMillan), pp. 121-123.

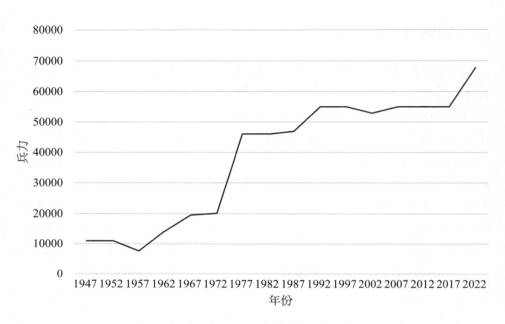

圖 9-1 印度海軍兵力一覽（1947～2022）

資料來源：章榮明繪製自 *The Statesman's Yearbook* (London: Palgrave MacMillan, 1947, 1952, 1957, 1962, 1967, 1972, 1977, 1982, 1987, 1992, 1997, 2002, 2007, 2012, 2017, 2022)。

說明：1. 原始資料之海軍兵力分為軍官與船員，此處顯示之數字為兩者相加。
2. 由於 1947 至 2022 年跨越七十五年，資料龐大，且在一般情況下兵力不會大幅增加或減少，因而以每五年為區間蒐集原始資料，目的在於掌握趨勢，而非逐年的資料。

軍力因第二艘航艦的加入而大幅提升，驅逐艦的數量亦增加至 12 艘（包含 2 艘自製與 4 艘購自前蘇聯）；水下軍力則有 10 艘潛艦之譜（1 艘購自德國、9 艘來自前蘇聯）。[44] 印度海軍的第二艘航艦於 1986 年自英國購入，命名為「維拉特號」（INS *Viraat* R-22）。第一艘航艦「維克蘭特號」於 1997 年除役；第二艘航艦「維拉特號」於 2017 年除役。[45] 以 2022 年

---

44 *Ibid.*
45 "Goodbye INS Viraat: After 33 Years of Serving Indian Navy, Warship Put to Rest," *Business Today*, September 20, 2020, https://www.businesstoday.in/latest/economy-politics/story/goodbye-ins-viraat-after-33-years-of-serving-indian-navy-warship-put-to-rest-274220-2020-09-29.

而言，印度僅擁有 1 艘航艦，甫於 9 月 2 日開始服役，其特點除為自製外，亦被取名為「維克蘭特號」，乃是沿用印度第一艘航艦的名字而來。[46]

　　在不考慮各型艦艇火力及噸位的情況下，若將航艦、巡洋艦、驅逐艦、巡防艦及潛艦視為主力艦，並將其數量加總，可表示成圖 9-2。我們可以看到印度海軍的主力艦自 1947 年建國後加速成長，1962 至 1967 年是第一個成長停滯期，之後繼續快速成長直到 1987 至 1992 年。之後的十年出現負成長的情形，直到 2002 年再度恢復成長，呈現出緩慢成長的幅度。

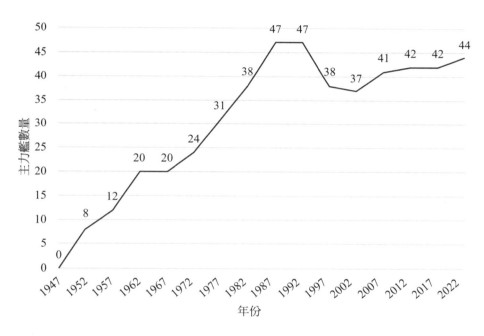

圖 9-2　印度海軍主力艦數量一覽

資料來源：章榮明繪製自 *The Statesman's Yearbook* (London: Palgrave MacMillan, 1947, 1952, 1957, 1962, 1967, 1972, 1977, 1982, 1987, 1992, 1997, 2002, 2007, 2012, 2017, 2022)。

說明：折線上方的數字代表主力艦加總的數量。

---

46 Dennis Kux, "India's Fine Balance," *Foreign Affairs*, May/June 2002, https://www.foreignaffairs.com/articles/asia/2002-05-01/indias-fine-balance.

　　印度海軍的兵力約為 70,900 人（含 7,000 海軍航空兵及 1,200 海軍陸戰隊），除海軍總部設於新德里外，尚有位於孟買的西部戰區司令部、位於維沙哈巴南（Vishakhapatnam）的東部戰區司令部、位於柯枝（Kochi）的南部戰區司令部及布萊爾港（Port Blair）的遠東聯合戰區司令部。[47]

　　在艦艇方面，印度海軍至 2022 年 2 月為止，共計潛艦 17 艘，包含核動力可發射彈道飛彈的「殲敵者」級（Arihant）戰略潛艦 1 艘與戰術潛艦 16 艘；戰術潛艦包含「西舒馬」級（Shishumar）4 艘、「海洋吶喊」級（Sindhughosh）8 艘、「虎鯊」級（Kalvari）4 艘。主力水面艦計有 28 艘，包含 1 艘航艦、10 艘驅逐艦及 17 艘巡防艦。「維克拉瑪蒂亞號」（Vikramaditya）為唯一的航艦，其艦載武裝包含 3 具八聯裝的閃電 1 型（Barak 1）垂直發射面對空飛彈系統（SAM）、4 具 AK-630M 近迫武器系（CIWS）、12 架米格 29K 戰鬥機與 6 架直升機（Ka-28/Ka-31）。10 艘驅逐艦包含「德里」級（Delhi）驅逐艦 3 艘、「加爾各答」（Kolkata）級驅逐艦 3 艘、「維沙卡帕特南」（Visakhapatnam）級驅逐艦 1 艘及「拉傑普特」級（Rajput）驅逐艦 3 艘。17 艘巡防艦中包含「格莫爾達」級（Kamorta）反潛巡防艦 4 艘，其餘 13 艘為飛彈巡防艦，其中「布拉馬普特拉」級（Brahmaputra）3 艘、「哥達瓦里」級（Godavari）1 艘、「什瓦利克」級（Shivalik）3 艘、「塔爾瓦」級（Talwar）6 艘。[48]

　　由於印度環海的領土面積甚廣，因而在近海防衛方面的海軍兵力相當龐大，海岸巡防艇共計 169 艘，包含：護衛艦 8 艘，其中「庫里」（Khukri）級與「哥拉」級（Kora）各為 4 艘；近海防衛艇（PSOH）10 艘，「薩拉烏」級（Saryu）4 艘、「蘇坎亞」級（Sukanya）6 艘；快艇（PCFGM）8 艘，其中「維爾」級（Veer）6 艘與「普拉巴」級（Prabal）2 艘；及各型巡邏艇（PCMT、PCC、PCF、PBF）143 艘。在兩棲作戰方面，計有船塢登陸艦（LPD）1 艘、中型登陸艦（LSM）3 艘、坦克登陸艦（LST）5 艘、氣墊登陸艇（LCT）8 艘、步兵登陸艇（LCM）4 艘。其餘尚有後勤支援船艦 43 艘。[49]

47　*The Military Balance 2022*, p. 267.

48　*Ibid.*, p. 268.

49　*Ibid.*

伍、印度國防戰略的未來走向

如前所述，印度自建國以來的國防戰略一直均為陸海並重。儘管印度過往在陸地上受到的威脅較大，如來自巴基斯坦與中國的領土糾紛，似乎應該在陸軍的投資上較為注重，但印度並未忽視海軍的發展。而從印度自建國以來的海軍發展來看，其成長的幅度更是顯而易見。然而，印度在印度洋海權的發展上無疑已受到已經崛起的中國所帶來的威脅，對於依靠海上交通以維持並促進經濟發展的印度來說，是未來印度最需要妥善處理的項目之一。以下簡述印度國防戰略的未來發展。

一、力保本國主權獨立與領土完整

承襲英國殖民時期的防衛北方政策並未過時，從這幾年與中國及巴基斯坦的衝突可以看出。在喀什米爾問題未解決前，以及中國與巴基斯坦對印度所造成的威脅不消失的情況下，未來印度仍將繼續在北方與西北邊境維持大軍，以平衡中國與巴基斯坦所造成的威脅，並確保本國主權獨立與領土完整。甚至若中國與巴基斯坦合作，同時或先後對印度發動武裝攻擊的話，印度將需要進行兩面作戰。印度對這種想定並非全然陌生，印度陸軍參謀長拉瓦特（Bipin Rawat）將軍在 2017 年 9 月的一場研討會上便表示，不能排除印度與中巴兩國同時作戰的可能性，並表示印度陸軍已經有所準備。[50] 甚至，未來發生在印度的軍事衝突，可能不僅在陸地上，亦有可能在印度洋上。然而，美國智庫史汀生中心（Stimson Center）於 2021 年 4 月所發布的研究報告則指出，印度軍方在資源受限、兵力不足的不利情況下，兩線作戰十分不利。[51] 無論如何，中國與巴基斯坦對印度造成的威脅仍然存在，印度也不會掉以輕心。

---

50 Sudhi Ranjan Sen, "War with China, Pakistan at the Same Time Cannot be Ruled Out, Warns Army Chief General Bipin Rawat," *India Today*, September 6, 2017, https://www.indiatoday.in/india/story/china-pakistan-war-army-chief-general-bipin-rawat-1039236-2017-09-06.

51 Sushant Singh, "The Challenge of a Two-Front War: India's China-Pakistan Dilemma," *The Henry L. Stimson Center*, April 19, 2021, https://www.stimson.org/2021/the-challenge-of-a-two-front-war-indias-china-pakistan-dilemma/.

二、參與「四方安全對話」以抗衡中國

　　由美國、日本、印度、澳洲等四國所構成的「四方安全對話」
（Quadrilateral Security Dialogue, QUAD），一般被認為是針對中國崛起的
國際合作，但並非一個正式的聯盟。印度雖參與其中，卻不願涉入過深。
在 2021 年 3 月 12 日「四方安全對話」成員國的領袖高峰視訊會議後，各
成員國的高級官員相繼發表對於臺海情勢的看法，這些發言諸如美國總統
拜登（Joe Biden）與日本前首相菅義偉（Suga Yoshihide）於雙邊高峰會
後所強調臺海和平穩定的重要性，該發言是過往五十二年所未見。又如時
任澳洲國防部部長杜登（Peter Dutton）指稱「不應低估」中國因臺灣爆
發軍事衝突的可能性。唯獨印度高階官員並未就同一議題發言。[52] 由此可
見，印度雖然參與「四方安全對話」，但仍保有「戰略自主性」（Strategic
Autonomy），並未隨其他成員國而起舞。也就是說，印度並未明白表示
在距離印度相當遙遠的地域，對抗中國的國防戰略思維。

三、鞏固印度在印度洋區域的強權地位

　　承上，印度並未追隨「四方安全對話」其他三國對於臺海情勢的
發言，進行該國立場的闡述。推敲其原因，印度仍然是打算對抗中國，
只是對抗的地域並非在臺灣周邊，而是在印度洋。這是由於中國在第三
世界國家以協助發展基礎建設為由，讓貸款成功進入這些國家。在無力
償還貸款之時，則以長期租借港口相抵，如租借斯里蘭卡的漢班托塔港
（Hambantota Port）九十九年即為一例。一旦中國將這些設施轉為軍事用
途，則後果不堪設想。特別是若中國將位於印度洋的島嶼之機場與港口

52　Shunsuke Shigeta and Rieko Miki, "Taiwan in US-Japan Statement: Show of Resolve or Diplomatic
　　Calculus?" *Nikkei Asia*, April 18, 2021, https://asia.nikkei.com/Politics/International-relations/
　　Taiwan-in-US-Japan-statement-show-of-resolve-or-diplomatic-calculus; Sarah Martin, "Australian
　　Defence Minister Says Conflict over Taiwan Involving China 'Should Not Be Discounted'," *The
　　Guardian*, April 21, 2021, https://www.theguardian.com/world/2021/apr/25/australian-defence-
　　minister-says-conflict-over-taiwan-involving-china-should-not-be-discounted.

大量轉為軍事用途（或稱「珍珠鏈戰略」），則各國軍艦將無停泊、補給之處。由印度國防部部長辛赫（Rajnath Singh）所領導的國防採購委員會，便於 2021 年 6 月 4 日批准代號為「印度 P-75 號」專案計畫（Project 75-I）的 6 艘潛艦建造案，[53] 購置 6 艘潛水艇以對抗中國勢力在印度洋的擴張。該次潛艦建造案的通過，達成了 1999 年所制定三十年造艦計畫的目標。由此可知，印度的重點仍在鞏固自身於印度洋的地位，以應對中國可能的軍事企圖。

四、重新重視並實踐「睦鄰」政策

構成上述「珍珠鏈戰略」所需的港口，恰好出現在印度的鄰國，使得印度產生被中國包圍之危機感。印度因而需要進一步修補並維護與鄰國的關係，避免這些港口為中國所用，藉此使「珍珠鏈」斷鏈。舉例而言，除了前述斯里蘭卡的漢班托塔港，「珍珠鏈」尚包括巴基斯坦的瓜達爾港（Gwadar Port）、孟加拉的吉大港（Chittagong）及緬甸的皎漂港（Kyaukpyu）。儘管印度與巴基斯坦的對立關係使得修補兩國關係的困難度極高，但為了印度的國家安全，修補並維護與印度領土接壤的國家仍然勢在必行。印度外交部部長席林格拉（Harsh Vardhan Shringla）便曾於 2021 年 6 月 30 日在印度「維卡南達國際基金會」（Vivekananda International Foundation）演講時，提出印度應優先重視鄰國的想法。[54]

五、強化與非洲地區的安全連結

印度將繼續擴展在非洲的影響力，尤其是瀕印度洋的非洲國家。印度過去幾年來在非洲大陸以協助建設為名擴展影響力，一方面促進印度的經

---

53 Vivek Raghuvanshi, "Indian Navy to Float $6 Billion Tender for Six Submarines," *Defense News*, June 7, 2021, https://www.defensenews.com/global/asia-pacific/2021/06/07/indian-navy-to-float-6-billion-tender-for-six-submarines/.

54 Dipanjan Roy Chaudhury, "Foreign Secretary Lists Five Pillars of Indian Diplomacy for Strategic Autonomy & Global Good," *The Economic Times*, July 1, 2021, https://reurl.cc/Lm5p04.

濟發展，一方面抗衡中國在該地區的影響力。由於地緣的關係，印度在瀕印度洋的非洲國家擁有大量僑民。藉由這些僑民，印度更容易進入非洲國家的市場，也有助於印度維繫與非洲的關係。基本上，非洲國家提供印度原物料，如原油與礦產；經印度加工後，回銷石油與藥品至非洲。換句話說，在印度向強權邁進的過程中，非洲扮演了相當重要的角色。[55]

陸、結語

印度建國初期的國防戰略，很明顯地是承襲英國殖民印度時期的政策而來。值得注意的是，這樣的戰略屬於守勢，亦即堅守隘口等固定陣地，依托有利地理位置，即可防範敵人入侵。因而陸軍的數量不需過多。此外，英國以船堅炮利破壞印度洋固有的帆船貿易並殖民印度，繼之以大英帝國海軍防衛印度的海洋安全，使得印度在建國之初並未面臨來自鄰近國家的迫切威脅，海洋的屏障亦使得當時的印度能夠採取「無為而治」的國防政策。可以這麼說，印度剛建國的時期，採取的是獨善其身、確保本國主權獨立與領土完整的戰略，無意於本國安全以外的事務。兼以印度首任總理尼赫魯採行的「睦鄰」與「不結盟」政策，使得印度並未對周邊國家造成「威脅」，這些國家也就無需相互聯合，加以「平衡」。推行「不結盟」運動僅是基於「道德」（Morality）或理想主義。[56] 從另一個角度來看，印度建國之初正值第二次世界大戰甫結束，且印度脫離英國後缺乏了殖民母國在經濟與軍事上的強大力量作為後盾，當時又無其他大國提供印度援助，印度即便不甘於現狀，想要發展成區域性大國恐也無能為力。

印度的國防戰略思維隨著時代的演進而演化，建國之初採行的「不結盟」政策仍然維持至今；「睦鄰」政策則是在揚棄後再度受到重視。冷

---

55 Harsh Pant and Abhishek Mishra. "Is India the New China in Africa?" *Foreign Policy*, June 17, 2021, https://foreignpolicy.com/2021/06/17/india-china-africa-development-aid-investment/; Ruhita Beri, "India-Africa Trade," *The Diplomat*, January 4, 2020, https://diplomatist.com/2020/01/04/india-africa-trade/; Christian Kurzydlowski, "What Can India Offer Africa?" *The Diplomat*, June 27, 2020, https://thediplomat.com/2020/06/what-can-india-offer-africa/.

56 Aparajita Gangopadhyay, "India's Foreign Policy in the Twenty-First Century: Continuity and Change," in *TEKA of Political Science and International Relations* (July 2012), pp. 119-120.

戰結束後的印度更體認到自身地理位置在國際間的戰略價值，而開始擴大自身在國際社會的影響力。自 1990 年代起，印度便以發展藍水海軍為目標，將目光放向印度洋以外的區域。短期內，印度與巴基斯坦及中國的領土爭端恐不易獲得圓滿的解決，而印度與中國的競合關係則是全球關注的焦點。印度參與的「四方安全對話」會如何發展值得關注，而印度在「四方安全對話」中的戰略自主性更值得關注。換句話說，如果四方安全對話的其他三個成員主張該機制朝向軍事化對抗中國發展，甚至是打臺灣牌，則印度將如何回應將是關注的重點。

參考文獻

一、中文部分

吳東林，〈印度武裝力量與大國之路〉，《臺灣國際研究季刊》，第 2 卷第 4 期（2006 年 12 月），頁 103-129。

沈明室，〈印度軍事戰略發展與實踐〉，那瑞維主編，《印度崛起》（臺北：政大國關中心，2013 年），頁 72-77。

陳牧民，〈印度國家安全戰略分析〉，《臺灣國際研究季刊》，第 2 卷第 4 期（2006 年 12 月），頁 81-101。

陳牧民，〈南亞核武議題：歷史發展與現況〉，《全球政治評論》，第 38 期（2012 年），頁 15-20。

二、外文部分

"Central Command," *Indian Army*, https://indianarmy.nic.in/Site/FormTemplete/frmTempSimple.aspx?MnId=UkUAS8xS9dfK8B24++lPMA==&ParentID=iKSXU2xWjS+ejR4E7fRkCg==&flag=GhiUd5IUsAAQ9EIzi20nqQ==.

"Fair Winds and Following Seas: India's First Naval Aircraft Carrier Reborn as INS Vikrant," *India Today*, September 2, 2022, http://www.mdc.idv.tw/mdc/navy/othernavy/india_carrier.htm.

"Goodbye INS Viraat: After 33 Years of Serving Indian Navy, Warship Put to Rest," *Business Today*, September 20, 2020, https://www.businesstoday.in/latest/economy-politics/story/goodbye-ins-viraat-after-33-years-of-serving-indian-navy-warship-put-to-rest-274220-2020-09-29.

Andersen, Walter K., "Emerging Security Issues in the Indian Ocean: An American Perspective," in Selig Harrison and K. Subrahmanyam (eds.), *Superpower Rivalry in the Indian Ocean: Indian and American Views* (New York: Oxford University Press, 1989).

Beri, Ruhita, "India-Africa Trade," *The Diplomat*, January 4, 2020, https://diplomatist.com/2020/01/04/india-africa-trade/.

Chaudhury, Dipanjan Roy, "Foreign Secretary Lists Five Pillars of Indian Diplomacy for Strategic Autonomy & Global Good," *The Economic Times*, June 21, 2021, https://reurl.cc/Lm5p04.

Chaudhury, Dipanjan Roy, "India-Vietnam Relations: Contextualising the Indo-Pacific Region," *The Economic Times*, June 21, 2021, https://reurl.cc/YORWaX.

Dori, John and Richard Fisher, "The Strategic Implications of China's Nuclear Aid to Pakistan," *The Brookings Institution*, June 16, 1998, https://www.heritage.org/asia/report/the-strategic-implications-chinas-nuclear-aid-pakistan.

Gangopadhyay, Aparajita, "India's Foreign Policy in the Twenty-First Century: Continuity and Change," in *TEKA of Political Science and International Relations* (July 2012), pp. 119-120.

Gupta, Jayanta, "Eastern Command Celebrates Its 93rd Raising Day," *The Times of India*, October 13, 2013, http://timesofindia.indiatimes.com/articleshow/25010570.cms?utm_source=contentofinterest&utm_medium=text&utm_campaign=cppst.

Hanauer, Larry and Peter Chalk, "India," and "Pakistan," in *India's and Pakistan's Strategies in Afghanistan* (Washington, D.C.: RAND Corporation, 2012).

Hilali, A.Z., "India's Strategic Thinking and Its National Security Policy," *Asian Survey*, Vol. 41, No. 5 (2001), pp. 737-764.

Indian Ministry of Defence, *Freedom to Use the Seas: India's Maritime Military Strategy* (2007), https://www.scribd.com/doc/31917366/India-s-Maritime-Military-Strategy.

Indian Ministry of Defence, "Ensuring Secure Seas: Indian Maritime Security Strategy," October 2015, https://www.indiannavy.nic.in/sites/default/files/Indian_Maritime_Security_Strategy_Document_25Jan16.pdf.

Indian Ministry of Defence, *Annual Report 2018-19* (2019), https://www.mod.gov.in/sites/default/files/MoDAR2018.pdf.

Indian Ministry of Defence, "Year End Review – 2020," January 1, 2020, https://pib.gov.in/Pressreleaseshare.aspx?PRID=1685437.

Jaishankar, Dhruva, "Indian Ocean Region: A Pivot for India's Growth," *The Brookings Institution*, September 12, 2016, https://www.brookings.edu/opinions/indian-ocean-region-a-pivot-for-indias-growth/.

Kurzydlowski, Christian, "What Can India Offer Africa?" *The Diplomat*, June 27, 2020, https://thediplomat.com/2020/06/what-can-india-offer-africa/.

Kux, Dennis, "India's Fine Balance," *Foreign Affairs*, May 6, 2002, https://www.foreignaffairs.com/articles/asia/2002-05-01/indias-fine-balance.

Lalwani, Sameer, Frank O'Donnell, Tyler Sagerstrom, and Akriti Vasudeva, "The Influence of Arms: Explaining the Durability of India-Russia Alignment," *Journal of Indo-Pacific Affairs*, January 15, 2021, https://www.airuniversity.af.edu/JIPA/Display/Article/2473328/the-influence-of-arms-explaining-the-durability-of-indiarussia-alignment/.

Martin, Sarah, "Australian Defence Minister Says Conflict over Taiwan Involving China 'Should Not Be Discounted'," *The Guardian*, April 21, 2021, https://www.theguardian.com/world/2021/apr/25/australian-defence-minister-says-conflict-over-taiwan-involving-china-should-not-be-discounted.

Morganthau, Hans, *Politics among Nations, the Struggle for Power and Peace*, 6th ed. (New York: McGraw-Hill, 1985).

Pant, Harsh and Abhishek Mishra, "Is India the New China in Africa?" *Foreign Policy*, June 17, 2021, https://foreignpolicy.com/2021/06/17/india-china-africa-development-aid-investment/.

Raghuvanshi, Vicek, "Indian Navy to Float $6 Billion Tender for Six Submarines," *Defense News*, June 7, 2021, https://www.defensenews.com/global/asia-pacific/2021/06/07/indian-navy-to-float-6-billion-tender-for-six-submarines/.

Schweller, Randall, "Bandwagoning For Profit: Bringing the Revisionist State Back In," *International Security*, Vol. 19, No. 1 (1994/Summer), pp. 72-107.

Sen, Sudhi Ranjan, "War with China, Pakistan at the Same Time Cannot Be Ruled Out, Warns Army chief General Bipin Rawat," *India Today*, September 6, 2017, https://www.indiatoday.in/india/story/china-pakistan-war-army-chief-general-bipin-rawat-1039236-2017-09-06.

Shunuke, Shigeta and Rieko Miki, "Taiwan in US-Japan Statement: Show of Resolve or Diplomatic Calculus?" *Nikkei Asia*, April 18, 2021, https://asia.nikkei.com/Politics/International-relations/Taiwan-in-US-Japan-statement-show-of-resolve-or-diplomatic-calculus.

Singh, Sushant, "The Challenge of a Two-Front War: India's China-Pakistan Dilemma," *The Henry L. Stimson Center*, April 19, 2021, https://www.stimson.org/2021/the-challenge-of-a-two-front-war-indias-china-pakistan-dilemma/.

The Statesman's Yearbook, 1947, 1948, 1952, 1957, 1962, 1967, 1972, 1977, 1982, 1987, 1992, 1997, 2002, 2007, 2012, 2017, 2022 (London: Palgrave MacMillan).

Walt, Stephen, *The Origins of Alliances* (Ithaca: Cornell University Press, 1990).

第（十）章　澳洲的國防戰略：「前進防衛」的建構[*]

黃恩浩、洪銘德

壹、前言

　　澳洲是一個位於南太平洋區域的「中等國家」，[1]不僅在區域上具有一定的政治經濟與軍事影響力，且更具有全球外交信譽，其地理位置因遠離紛擾的北半球而相對安全。面對國際安全環境的變化與中國軍事影響力迅速擴張，澳洲近年來就不斷地在強化國防軍力和深化同盟關係，以期能夠因應未來印太局勢的變化，澳洲學者戴維斯（Malcolm Davis）因此稱澳洲是一個「崛起中的中等國家」（A Rising Middle Power）。[2]在國防安全方面，儘管澳洲聯邦行政會議（澳洲政府最高行政機關）[3]不曾發布「大戰略」層級的整體「國家安全」戰略規劃，僅由國防部、外交暨貿易部或總理內閣部不定時公布國防白皮書、外交政策白皮書或國家安全等相關政府政策文件，[4]但能在沒有結構性威脅的地緣政治背景下維持國家安全，主要歸功於將國防與外交有效地結合在一起的務實國防戰略思維與作為。

---

[*]　本文由黃恩浩主筆。部分內容曾發表於黃恩浩、洪銘德，〈澳洲的國防戰略思維〉，《國防情勢特刊》，第 11 期（2021 年 8 月 26 日），頁 63-72。

[1]　Carl Ungerer, "The 'Middle Power' Concept in Australian Foreign Policy," *Australian Journal of Politics and History*, Vol. 53, No. 4 (December 2007), p. 539.

[2]　Malcolm Davis, "Australia as A Rising Middle Power," *RSIS Working Paper*, No. 328 (Singapore: S. Rajaratnam School of International Studies, April 23, 2020).

[3]　依據《澳洲憲法》第 62 條，澳洲「聯邦行政會議」（Federal Executive Council）是澳洲的國家最高行政機關。聯邦行政會議的地位大約等同其他大英國協國家的行政會議以及英國與加拿大的樞密院，該會議在國家政治體制上的地位如同我國的行政院。《澳洲憲法》第 64 條規定，所有國務部長（包括：部長和政務次長）都是行政會議成員。傳統上，行政會議任命為終身制，但一般開會時只有現任部長會參加，行政權力由總理所領導的澳洲內閣行使，澳洲聯邦行政會議的功能是正式批准內閣已經通過的決定。

[4]　2013 年 1 月，時任總理吉拉德（Julia Gillard）公布《澳洲國家安全戰略》（*Strong and Secure: A Strategy for Australia's National Security*），此可謂是澳洲首次以「國家安全戰略」為名提出的政府報告，是由總理與內閣部（Department of Prime Minister and Cabinet）公布，該部層級跟國防部外交暨貿易部一般。

　　根據澳洲國防部資訊，澳洲永久追求的國防目的有二：第一，捍衛澳洲及其國家利益；第二，保護和推進澳洲的戰略利益。[5] 為了追求這兩個目的，國防戰略因此成為必要的規劃方向。澳洲學者杜龐特（Alan Dupont）認為，「國防戰略」是指「國家通過僱用和使用專業國防力量所尋求的總體戰略成果。另一方面，軍事戰略則是需要解釋如何在實踐中達成這些戰略成果」。[6] 然而，由於澳洲國防戰略長期以來一直就存在過於廣泛、模糊且缺乏連慣性的問題，而不像美國或英國有一套完整且清晰的戰略體系。因此，為能深入瞭解澳洲國防戰略的本質，本文嘗試從戰略文化、外交政策和軍事規劃角度來探討澳洲國防戰略思維與實務。

貳、澳洲國防戰略思維的淵源

　　澳洲國防戰略有兩個總體目標，第一是協助塑造國際和區域安全環境，支持以規則為基礎的自由民主秩序；第二則為在必要時制止並挫敗針對國家領土、人民和重要利益的武裝襲擊。[7] 儘管這兩個戰略目標方向有些許不同，但卻是相互依存的，並且是澳洲國防戰略自 1976 年以來基本且長久的重要特徵。重要的是，此兩項國防戰略目標更是與澳洲的地理位置息息相關。換言之，澳洲的國防安全乃奠基於穩定的國際安全環境，藉此免於潛在威脅的侵襲。基本上，澳洲國防戰略思維的淵源有兩條脈絡，分述如下：

一、依賴相對安全的地理位置

　　從地緣戰略的角度觀察，毫無疑問，地理位置的確為澳洲提供了「不變」且「持久」的戰略利益。由於該澳洲大陸與大多數全球衝突和跨國挑

5　Department of Defence, "Defence Organisation Structure Chart," Australia Government, September 21, 2015, https://defence.gov.au/publications/docs/DefenceOrgChart.pdf.

6　Alan Dupont, *Full Spectrum Defence: Re-Thinking the Fundamentals of Australian Defence Strategy* (Sydney: Lowy Institute for International Policy, March 2015), p. 3.

7　*Ibid.*, p. 3.

戰的相對距離較遠，澳洲在全球的地理位置為澳洲人提供了一定程度的保護，而避免受他國直接的軍事威脅。再者，澳洲雖擁有廣大領土和豐富天然資源，但是因為人口數相對較少，所以建國以來就已確立無法自力防衛的國防戰略思維。[8] 在這種有限國防的認知下，澳洲獨立後的國家安全政策主要是以尋求「巨大而且強而有力的朋友」與「公認的安全保障者」作為安全保證的結盟目標，先是英國然後美國。[9] 在此安全結盟制約下，澳洲都是跟隨著歐美強權參與對外戰爭，未曾為自己的領土打過一場戰役。

　　儘管澳洲在地緣上是相對安全與和平的，僅有領土北方靠近東南亞區域的印尼才是防禦的重心，但在戰略前景上卻具相當程度的憂慮感和脆弱感。[10] 當二戰結束後，英國於 1960 年代後期逐漸將軍事力量撤離東南亞地區時，澳洲因而轉向尋求與美國安全結盟，以持續履行其國家安全戰略，因而造成澳洲在地緣戰略需求上與實際軍事結構處於分離的狀態。從地緣戰略角度，澳洲若僅是要實行「大陸防衛」（Continental Defence）來捍衛自身國土安全確實不需要一支強大軍隊，但是澳洲國家安全需要長期倚賴一個穩定的國際安全環境，加上其藉由與強權結盟來建構向外「前進防禦」（Forward Defence）或稱「前進存在」（Forward Presence）國防軍力之戰略慣性，所以造成其在國防政策規劃上與「大陸防衛」存在脫節的狀況。[11]

二、偏好與理念相近強權結盟

　　就戰略文化而言，澳洲作為一個擁有歐洲認同和自由民主理想的國家，在第一次大戰中身為大英國協最忠實成員並協助其在澳洲境內測試原

8　Paul Dibb, "Is Strategic Geography Relevant to Australia's Current Defence Policy?" *Australian Journal of International Affairs*, Vol. 60, No. 2 (August 2006), pp. 247-248.

9　Graeme Cheeseman, "Back to 'Forward Defence' and the Australian National Style," in Graeme Cheeseman and Robert Bruce (eds.), *Discourses of Danger & Dread Frontiers: Australian Defence and Security Thinking after the Cold War* (Canberra: Allen & Unwin Australia Pty Ltd., 1996), pp. 258-262.

10　Nick Bisley, *Australia's Strategic Culture and Asia's Changing Regional Order, The Strategic Asia Program NBR Special Report#60* (The National Bureau of ASIAN Research, 2016), pp. 2-9.

11　Dibb, *op. cit.*, pp. 247-264.

子武器（Atomic Weapons），[12] 以及在二次大戰中作為美國盟軍中澳紐聯軍（The Australian and New Zealand Army Corps, ANZAC）並支援其在太平洋的軍事部署之經驗，[13] 使得對歐洲民族認同觀念一直深植在澳洲國家與社會中。這種由身分、自由主義意識形態和持續的脆弱感所構成的戰略文化，促使澳洲在國家安全方面加深了對理念相同強權所提供之安全保護傘的依賴。

　　同時，從澳洲近幾年所發布的國防白皮書中亦可瞭解到，為能在複雜的強權世界中追求國家主權與權力平衡，澳洲戰略決策菁英乃視澳洲為一個重視利用各種聯盟機制來制衡外部潛在威脅的中等國家。因此，這種重視聯盟承諾的戰略傳統被澳洲學者懷特（Hugh White）形容為：「對結盟強烈的偏好就是澳洲特有的戰略文化。」[14] 此種偏好與強權結盟的戰略思維，更進而影響到澳洲自身的國防與外交政策發展，甚至是建軍備戰方向，像是參與強權全球行動的遠征傳統。

　　值得深入思考的是，在軍事科技高度發展的今天，地理（距離和位置）可謂不再是一個安全屏障或障礙，因為全球化正以飛快的速度持續縮小物理空間。現代先進武器系統的迅速擴散，導致澳洲面對當前全球威脅的脆弱性不斷提高，特別是增程型常規彈道飛彈和極音速武器系統等。再者，跨國恐怖組織活動的出現，能夠在很少或者根本不考慮主權的情況下跨越國界帶來安全威脅。更甚者，網路犯罪集團更以網路作為戰略競爭和跨國衝突的新舞臺，對其國家安全的威脅愈來愈高，這也是澳洲現在與未來需要跳脫傳統地緣思考與面對的當代國防安全新問題。

12　Arnold Lorna, *A Very Special Relationship: British Atomic Weapon Trails in Australia* (London: Her Majesty's Stationary Office, 1987), pp. 20-21, 26-27.

13　Joseph A. Camilleri, *ANZUS: Australia's Predicament in the Nuclear Age* (Sydney: Macmillan Company of Australia, 1987), pp. 5-6.

14　Hugh White, "Australian Defence Policy and the Possibility of War," *Australian Journal of International Affairs*, Vol. 56, No. 2 (July 2002), p. 257.

參、澳洲國防戰略思維的內容

在達成國家安全目的這一前提下，「戰略」的操作性定義主要包含以下三個面向。首先，戰略涉及「目標」（意指國家利益與安全政策目標）與「途徑」（意指追求國家利益與安全的背景下，使用各種軍事資源以因應組織暴力的能力）之間的關係。其次，戰略目的和途徑之間的關係並非國內政策協調的問題，戰略設計是指國家透過安全規劃過程來塑造更廣闊的安全環境，包含從拉攏親密盟友到應付潛在敵手都要有戰略規劃。再者，戰略與抉擇有所關聯，必須在有限資源分配的情況下做出選擇，包含國家在追求安全目標時採取的角色地位與態勢。[15] 歸納上述界定，「戰略思維」內容實際上可包含三個面向：安全目標與戰略途徑、安全同盟關係的建構、國家安全的戰略抉擇。以下將試圖從上述三面向分析澳洲近期的外交與國防白皮書，探索其國防戰略思維。

一、安全目標與戰略途徑

澳洲《2016 年國防白皮書》（*2016 Defence White Paper*）不僅概述近期國防戰略構想，亦具體說明自身的國家安全目標，包括：為遏止他國直接對澳洲安全進行侵害；因應「迫近周邊」（Immediate Neighbourhood）安全危機；支持美國主導的全球行動。因此，澳洲在軍事手段上需要建立「一支具有區域優勢，且擁有最高軍事能力與科技水準的國防軍（Australian Defence Force, ADF）」。[16] 該報告書指出，澳洲的安全目標與手段主要以澳美「堅強及深厚的聯盟」作為其安全與國防規劃的基礎，並在這基礎上企圖「擴大與深化」澳洲國防軍於「第三同心圓」的全球聯盟行動（澳洲戰略利益同心圓：以澳洲國土安全為核心、澳洲近鄰的南太

---

15 Robert Ayson, "Discovering Australia's Defence Strategy," *Security Challenges*, Vol. 12, No. 1 (2016), pp. 41-42.

16 Australian Government, *2016 Defence White Paper* (Canberra: Department of Defence, 2016), p. 8.

小國為第二同心圓、澳洲外圍東南亞區域或全球區域為第三同心圓）。[17]
此種戰略思維就是一種外交聯盟與國防政策相結合的「前進防禦」概念，
澳洲國家安全有賴國際安全環境穩定。

　　事實上，澳洲對於「前進防禦」的國防戰略構想，並非澳洲政府內部
一開始就有的共識。雖然在近期的國防白皮書皆提及，澳洲的國防戰略、
軍事部署和部隊結構都應優先考慮「迫近周邊」或「鄰近周邊」（Near-
Neighbourhood）而不是更遠地區。事實上，周邊安全只能被視為澳洲規劃
未來部隊部署時必須考量的眾多變數之一，因為鄰近性必須優先於遠方，
且被視為澳洲戰略的決定性原則，但是這個原則卻隨著中國威脅提升且與
美國印太戰略浮現而不斷進行調整。例如：1976 年，澳洲在《澳洲的國
防》（Australian Defence）報告提到，東北亞是一個遙遠的地區，澳洲國
防軍將在該地區以外開展有意義的防禦活動，[18] 但 2009 年的國防白皮書
則開始出現轉折，認為澳洲在亞太地區有著廣泛且持久的利益。[19] 同時，
2013 與 2016 年版的國防白皮書更進一步宣布且確定這戰略利益，並且提
到包含東北亞、印度和東印度洋大部分地區在內更廣闊的「印太地區」
（Indo-Pacific Region）已成為澳洲的「優先戰略焦點」（Priority Strategic
Focus）。[20]

　　由於當今「國防」一詞已成為一個全面性的概念，澳洲在 2013 年的
國防白皮書相當強調太空和網路空間在現代軍事行動中發揮的關鍵作用。
該白皮書提及，「空基系統」（Space-Based Systems）是現代網路化軍事
能力的關鍵推動力，因此澳洲國防必須優先考慮保護空基系統安全。[21]
該系統包括情報、通信和全球定位衛星，是現代澳洲國防軍至關重要的

---

17 Dibb, op. cit., p. 253.

18 Department of Defence, Australian Defence (Canberra: Australian Government Printing Service, 1976), p. 6.

19 Department of Defence, Defending Australia in the Asia Pacific Century: Force 2030 (Canberra: Department of Defence, 2009), pp. 12-16.

20 Australian Government, 2013 Defence White Paper (Canberra: Department of Defence, 2013), p. 7; 2016 Defence White Paper, pp. 13-15.

21 Australian Government, 2013 Defence White Paper, p. 80.

「指揮、管制、通信、資訊、情報、監視和偵察」（Command, Control, Communications, Computers, Intelligence, Surveillance, and Reconnaissance, C4ISR）平臺，因為空基系統對於軍事指揮和控制、識別、定位和摧毀目標以及提供彈道飛彈襲擊的早期預警至關重要。目前，澳洲非常重視「寬頻全球衛星通信系統」（Wideband Global SATCOM System）的安全，因為該系統不僅能為軍隊部署提供快速和安全的通信，並且可將澳洲的新型防空驅逐艦、兩棲艦艇、無人機和各種武器平臺系統進行連結。

　　可預期的是，現代無所不在的電腦與網路通訊將使得網路空間成為未來發生戰爭的場域，敵人攻擊可能來自任何領域和方向，且攻擊源頭將難已精準追蹤認定。因此，為能因應「第四領域」（Fourth Domain）與「第五領域」（Fifth Domain）[22] 戰爭，也就是在太空與網路空間領域的戰爭，澳洲國防戰略正朝發展自身的網路武器系統，以期能保護網路安全免受潛在對手威脅或攻擊。

二、安全同盟關係的建構

　　鑑於與美國結盟是澳洲國防戰略規劃中的重要支柱，美國戰略思維的轉變對澳洲國防來說都會產生連動性的影響，例如：國防預算編列、國防政策制定、軍事部署變化等。自美國前總統歐巴馬（2009～2017）至現今的拜登總統，美國在全球的戰略角色發展已經開始從一個傳統「全球安全提供者角色」，轉向「區域安全增強者角色」。美國戰略思維轉變的原因在於，以美國為中心的國際秩序正受到挑戰，所以華府希望從盟友和夥伴方面建構一個集體防禦力量，以因應潛在的挑戰與威脅。[23]

　　這種戰略轉變結果所帶來的影響是，美國將有限制地向盟國或夥伴提供軍事力量，且愈來愈依賴盟友和夥伴來共同承擔國際安全責任，以實現

---

22 Lesley Seebeck, "Why the Fifth Domain is Different," *The Strategist*, September 5, 2019, https://www.aspistrategist.org.au/why-the-fifth-domain-is-different/.

23 US Department of Defense, *Quadrennial Defense Review 2014* (Washington DC: Department of Defense, March, 2014), p. 63.

共同的安全目標，所以被美國學者葛林（Michael J. Green）等人稱之為「結盟防禦」（Federated Defense）。[24] 這個現象可從美國川普政府與拜登政府所公布之兩份「印太戰略」（Indo-Pacific Strategy）報告內容中清楚看出，[25] 連帶使得澳洲的國防與外交發展也受到一定程度的影響與牽動。

澳洲《2017 年外交政策白皮書》（*2017 Foreign Policy White Paper*）明確指出，要以「穩定繁榮的印太」地區的核心利益為主，以增強國家安全並維持經濟增長。該白皮書強調，維護其國家安全的重要支柱是「美國的全球領導力、國際制度和規則，以及澳洲在區域和全球發揮作用的義務」。換言之，支持美國在全球的領導地位，包括維持同盟實力，為促進聯盟行動以支持全球和區域安全做出貢獻，且這些亦都符合澳洲的利益。[26] 同時，該報告並強調，為了與附近地區和更廣闊的印太地區分享自由、安全與繁榮的議程，澳洲願意與志同道合的國家進行合作。由此可知，優先維持一個以美國為中心的國際安全環境是澳洲安全不可或缺的部分。儘管澳洲並未在這份外交白皮書提及以美國為中心的國際秩序正在瓦解，但是澳洲政府似乎已經感受到全球已經不再是穩定的「一超多強」局面，美國與中國的戰略競爭會直接影響到區域安全，故澳洲非常強調要深化和擴大與美國聯盟以外國家（日本與印度）的合作關係，且與區域（東南亞諸國）發展緊密安全夥伴關係。

在建構國家安全的前提下，為了因應可能的中國軍事威脅，澳洲國防除了必須強化其自身的武裝力量，包括：建構戰力更強的海軍、強化陸軍兩棲戰力與升級空軍的戰機與飛彈系統等；澳洲也正在強化與其國際安全同盟與民主夥伴之間的關係，在美國印太戰略框架下，擴大區域戰略性多邊、三邊和雙邊夥伴關係，包括：恢復並深化與美日印三國的「四方安全

---

24 Michael J. Green, Kathleen H. Hicks, and Zack Cooper, "Federated Defense in Asia," *A Report of the Federated Defense Project* (Washington DC: Center for Strategic and International Affairs, December 2014), p. 5.

25 US Department of Defense, *Indo-Pacific Strategy Report: Preparedness, Partnerships, and Promoting a Networked Region* (Washington DC: The Department of Defense, June 1, 2019); Indo-Pacific Strategy of the United States (Washington DC: The White House, February 2022).

26 Australian Government, *2017 Foreign Policy White Paper* (Canberra: Department of Foreign Affairs and Trade, 2017), p. 7.

對話」（Quadrilateral Security Dialogue, QUAD）關係、加強美國聯盟在澳洲的部隊態勢安排、透過在 2021 年 9 月 15 日成立的「澳英美三方安全夥伴關係」（AUKUS）共同進行軍事科技能力研發、情資交流，加強區域軍事聯合演習，擴大在太平洋和東南亞區域的外交和安全合作。[27]

三、國家安全的戰略抉擇

　　儘管多年來澳洲的國防戰略規劃與預算因執政黨輪替而有不同，但仍主要擺盪在向外的「前進防禦」思維（自由黨國家聯盟的戰略思維強調區域或全球防禦）和向內的「大陸防衛」思維（工黨的戰略思維強調大陸防禦並降低國防預算）之間。[28] 目前，澳洲的主流國防戰略概念還是傾向維持在以「第三個同心圓」優先的「前進防禦」戰略思維。雖然澳洲自由黨籍的前總理莫里森（Scott Morrison）政府在《2020 年國防戰略革新》（*2020 Defence Strategic Update*）報告提到，澳洲已將國防重點從「印度洋東北方延伸至東南亞海陸區域，延伸至巴布亞新幾內亞和太平洋西南方」，但該報告同時表示，澳洲國防戰略仍抉擇傾向加強與國際夥伴交往、提升與區域共享安全利益、支持美國軍事力量在印太區域的存在，並繼續深化澳美軍事同盟關係。[29]

　　據此，可瞭解澳洲近年來的國防安全方向一直往海洋領域擴張。澳洲未來國防安全合作將會著重在提高區域海上監視和應急能力、情報資訊共享，以及對軍事教育和培訓的戰略性投資，希冀以相對較小的國防支出來獲得較大比例的安全報酬。同時，為有助於實現自身國防戰略的總目標，澳洲也將持續強化聯盟和非聯盟安全夥伴關係的連結，而不僅止於與周邊

---

27 黃恩浩，〈澳洲公布最新《2023 國防戰略檢討》報告的戰略意涵〉，《國防安全雙週報》，第 79 期（2023 年 5 月 12 日），頁 27-34。

28 Sam Fairall-Lee, "'Defence of Australia' or 'Core Force': We Can't Have Both," *The Strategist*, January 23, 2020, https://www.aspistrategist.org.au/defence-of-australia-or-core-force-we-cant-have-both/.

29 Australian Government, *2020 Defence Strategic Update* (Canberra: Department of Defence, 2020), pp. 6-7.

區域或國家進行國防行政方面的接觸與交流。可見，澳洲認知到，面對詭譎多變的國際環境以及美國實力的下降，要在美澳同盟的基礎上因應一場國家安全保衛戰所要付出的代價極高。因此，澳洲在國家安全戰略選擇可分為兩個重要面向：

第一，就面對傳統威脅而言，澳洲獨自因應崛起中強大國家之能力有限，所以選擇以與美國聯盟作為自身國防戰略的基礎，這也就是為什麼坎培拉必須繼續強化與華盛頓的聯盟關係。隨著美國戰略思維與行動轉向印太區域，並與澳洲的國家戰略利益趨於一致，澳洲因此成為美國建構印太安全的主要提供者，並與美國在軍事上發展更為緊密的「相互操作性」（Interoperability）。這也似乎可以解釋，澳洲的軍購政策之所以相當重視採購美國武器系統和裝備技術，以及澳洲與美國情報合作，這對澳洲國防能力和國防預算而言是淨收益。[30]

第二，就面對非傳統威脅而言，美國的核保護傘和強大常規軍事力量無法有效遏止非國家行為者和網路駭客攻擊，因為攻擊者的身分和位置難以捉摸或無法被證實。對此，澳洲作為一個強大的中等強國，仍必須擁有國防自主的能力來遏止和擊敗非國家行為者的威脅，而非僅依賴美國安全的保護傘。

值得注意的是，於 2022 年澳洲工黨政府執政後，為了全面重整澳洲的國防戰略，總理艾班尼斯（Anthony Norman Albanese）在同年 8 月 3 日正式啟動「國防戰略檢討」（Defence Strategic Review）計畫，並在 2023 年 24 日公布長達 100 多頁的最新《2023 年國防戰略檢討》（*National Defence: Defence Strategic Review 2023*）報告。該報告可以說是對前政府於 2020 年 7 月 1 日公布的《2020 年國防戰略革新》和《2020 年兵力結構計畫》（*2020 Force Structure Plan*）[31] 兩份國防文件的回顧與延伸，由此可見澳洲工黨與自由黨聯盟的國防戰略有趨同之勢。該新檢討報告開宗明義就提到，澳洲的同盟夥伴美國已不再是印太地區的單極領導者，當代的

30　Alan Dupont, *op. cit.*, pp. 10-11.

31　Australian Government, *2020 Force Structure Plan* (Canberra: Department of Defense, 2020), https://www.defence.gov.au/StrategicUpdate-2020/docs/2020_Force_Structure_Plan.pdf.

中國比過往更具威脅性，也正在挑戰美國主導的西太平洋安全秩序。該地區正面對大國戰略競爭態勢的回歸，這也將是當代印太區域的決定性特徵，對此澳洲將在與過去「截然不同」（Radically Different）的安全環境中建構投射範圍更遠的軍事力量，並將此遠程防衛概念界定為「拒止戰略」（Strategy of Denial）。[32] 嚴格來說，澳洲工黨所提出來的「拒止戰略」概念，不外乎就是對自由黨政府「前進防衛」戰略思維的重新詮釋。

肆、澳洲國防戰略的實際作為

在美中競爭激烈的今天，面對更為低靡的澳中關係，加上更為嚴峻的中國軍事威脅，澳洲國防軍近年來正逐年擴大對於軍事投資的規模，除了陸軍的大批主力戰車採購案外，空軍也有 F-35 戰機採購案以及與美國和合作發展極音速衝壓飛彈計畫。至於海軍，則對外採購飛彈驅逐艦，以及在美英技術支持下要打造核動力潛艦等。顯然，澳洲正全面升級國防軍的軍事裝備等級，強化自身的「反介入／區域拒止」（Anti-Access/Area-Denial, A2/AD）能力，以為將來大國競爭局面下的印太環境預做準備。澳洲近幾年的國防戰略有下列發展方向：

一、將澳洲國防軍打造成「全域」部隊

根據《全球火力》（Global Fire Power）網站在 2022 年的最新分析，澳洲軍力在全球參與統計的 140 個國家中排名第 17 名，在亞太地區排第 9 名。[33] 依《2022 年軍力平衡》（The Military Balance 2022）年鑑統計，澳洲目前軍事人員約 7 萬 9,000 名，其中現役部隊人數約有 5 萬 9,600 名（包括：陸軍 2 萬 9,400 名、海軍 1 萬 5,300 名、空軍 1 萬 4,900 名），

---

32 Australian Government, *National Defence: Defence Strategic Review 2023* (Canberra: Department of Defence, April 24, 2023), https://www.defence.gov.au/about/reviews-inquiries/defence-strategic-review.

33 "2022 Military Strength Ranking," *Global Firepower 2022*, https://www.globalfirepower.com/countries-listing.php.

後備兵力約 2 萬 9,750 名（包括：陸軍 2 萬 100 名、海軍 3,950 名、空軍 5,700 名）。[34] 另外，依據澳洲國防部資料，2021 至 2022 年國防預算約 446 億澳幣，較 2020 至 2021 年的國防預算增加 4.37%，占全國 GDP 2.1%。[35] 以下就澳洲國防軍目前兵力結構發展進行分析。

（一）澳洲陸軍

澳洲陸軍（Australian Army）組織在陸軍司令部下轄「第 1 師」（1st Division Headquarter）、「部隊指揮部」（Forces Command）以及「特種作戰指揮部」（Special Operations Command）等三個部分。首先，第 1 師（守備師）下轄 3 個旅，主要負責高階軍事訓練活動，包含能夠從進行軍事部署到指揮大規模地面行動。該司令部並未有任何戰鬥單位，但可以在訓練活動期間指揮軍事單位，並且由陸地戰備中心向師部報告。再者，部隊指揮部下轄第 2 師（作戰師），該師是澳洲陸軍軍力的主軸，下轄 5 個打擊旅（第 1、3、6、7、17 旅）與 6 個後備旅（第 4、5、8、9、11、13 旅）。大多數陸軍部隊皆向該指揮部報告，該指揮部負責監督各部隊的戰備狀態，並為作戰做好準備。2021 年 12 月 2 日，澳洲陸軍宣布成立「陸軍航空指揮部」（Army Aviation Command）並納入第 2 師編制，負責指揮澳軍現有第 16 航空旅及陸軍航空訓練中心，以提升陸軍指管與訓練靈活性，強化部隊作戰能力。[36] 最後，澳洲陸軍亦設有 1 個特種作戰指揮部，其地位與總部第 1 師及部隊指揮部平行，主要擔負進行特殊任務與訓練。

在裝備方面，澳洲陸軍共擁有約 59 輛 M1A1 *Abrams*（艾布蘭）[37] 主戰坦克、766 輛 M113 裝甲運兵車、257 輛 *Piranha*（食人魚）裝甲車、289 輛機動步兵車，以及 54 臺拖曳火砲，包括：裝備 L118/105 公釐榴彈砲、

---

34 The International Institute for Strategic Studies, *The Military Balance 2022* (London: IISS, February 2022), p. 248.

35 Max Blenkin, "2021-2022 Defence Budget," *The Australian Defence Business Review*, October 16, 2021, https://adbr.com.au/2021-2022-defence-budget/.

36 "Army Stands up a New Aviation Command," *Australian Defence Magazine*, December 3, 2021, https://www.australiandefence.com.au/defence/land/army-stands-up-a-new-aviation-command.

37 澳洲現役的 M1A1 為 AIM（Abrams Integrated Management）升級版本，非原來舊的 M1A1。

M777 型 155 公釐超輕型榴彈砲等。[38] 至於直升機，則有 12 架美製 CH-47F *Chinook*（契努克）、34 架 S-70A-9 *Black Hawk*（黑鷹），以及 22 架歐洲 *Tiger*（虎式）與 41 架北約直升機工業 MH90-TTH/MRH-90 Taipan（太攀蛇）等。在未來聯合作戰與多領域作戰環境中，多款直升機將能提供澳軍航空偵察、火力支援、空中突擊、戰術運輸以及戰場支援與監視的能力。[39]

　　另外，為強化陸地作戰能力，澳洲國防軍於 2022 年初宣布，擬斥資 25 億美元向美國採購 75 輛最新版本的 M1A2 SEPv3 *Abrams* 戰車，加上先前採購的 29 輛 M1150 排雷車、17 輛 M1074 聯合攻擊架橋車和 6 輛 M88A2 裝甲回收車，此次採購案將有助於大幅提升澳洲陸軍的現代化戰力。需補充說明的是，澳洲向美國採購的 M1A2 系統增強套件第三版（System Enhancement Package Version 3, SEPv3），是該型戰車最新型的改良版，主要升級的重點項目包括：全新的發電和配電系統、車輛妥善檢查系統、整合式抗簡易爆炸裝置（Integrated Counter-Improvised Explosive Device），以及由以色列拉斐爾公司（Rafael）開發的「戰利品主動防禦系統」（Trophy Active Protection System, Trophy APS）。[40] 澳洲國防軍原本希望以新舊搭配的方式，將主力戰車數量維持在 90 輛，但最後宣布將以新型 M1A2 戰車全數取代從 2006 年服役至今的 59 輛老舊 M1A1 戰車。首批向美國新採購的軍事車輛將於 2024 年交付，預計 2025 年投入陸軍服役。

（二）皇家澳洲海軍

　　皇家澳洲海軍（Royal Australian Navy）的全名稱是由英王喬治五世（King George V）在 1911 年 7 月 10 日賜予澳洲海軍「皇家」頭銜而來。

---

38 "2022 Australia Military Strength," *Global Firepower 2022*, https://www.globalfirepower.com/country-military-strength-detail.php?country_id=australia.

39 Department of Defense, Australia Government, "Army Aviation Command Established," *Defense News*, December 2, 2021, https://news.defence.gov.au/service/army-aviation-command-established.

40 Thomas Newdick, "Australia Buys M1A2 SEPv3 Advanced Abrams Tanks to Lead Its Major Armor Upgrade," *The Drive*, January 10, 2022, https://www.thedrive.com/the-war-zone/43820/australia-buys-m1a2-sepv3-advanced-abrams-tanks-to-lead-its-major-armor-upgrade.

該海軍是南太平洋地區規模最大、最先進的海軍力量之一，該部隊能夠在印太區域和全球範圍進行「前進部署」，主要任務是支持國防軍事行動和全球維和任務。

就澳洲海軍組織而言，海軍司令部下轄兩個指揮部：「艦隊指揮部」（Fleet Command）與「海軍戰略指揮部」（Naval Strategic Command）。同時，艦隊指揮部下轄 4 個指揮部：第一，海軍航空兵（Fleet Air Arm），前身是澳洲海軍航空團（Australian Navy Aviation Group）。目前該航空兵是由兩個前線直升機中隊（一個專注於反潛和反艦作戰，另一個專注於運輸）、兩個訓練中隊和一個試驗中隊所組成。第二，專責水雷戰、掃雷、水文氣象觀測和巡邏的海軍部隊，統稱為澳洲海軍的「小型艦隊」（Minor War Vessels）。第三，潛艇部隊，主要操作 6 艘柯林斯級（Collins-Class）潛艦。第四，水面部隊，負責操作所有的水面戰艦（與護衛艦同等或更大的艦船）。[41]

目前澳洲海軍軍艦總數共有約 43 艘，包括：2 艘坎培拉級（Canberra-Class）直升機兩棲攻擊艦、3 艘霍巴特級（Hobart-Class）驅逐艦、1 艘貝級（Bay-Class）船塢登陸艦、8 艘安扎克級（ANZAC-Class）護衛艦、6 艘柯林斯級常規潛艦、12 艘巡邏艦、4 艘胡恩級（Huon-Class）水雷作戰艦等。[42] 澳洲近年來相當重視水下兵力的建設，隨著澳洲柯林斯級潛艦的老舊與不符合未來國防需求，曾經有意向日本與法國採購新式常規潛艦，[43] 更試圖藉由與外國合作開發潛艦來帶動國內的軍工產業。

為了發展潛艦以提升水下機動力與嚇阻能力，澳洲、英國與美國在 2021 年 9 月共同宣布成立 AUKUS，[44] 澳洲更於同年 11 月 22 日與英美兩國簽署《海軍核動力推進資訊交換協議》（The Exchange of Naval Nuclear

---

41 "Defence Organisational Structure Chart," *Defence Publications*, Department of Defence, Australian Government, June 22, 2020, https://defence.gov.au/publications/docs/DefenceOrgChart.pdf.

42 "2022 Australia Military Strength," *op. cit.; The Military Balance 2022*, op. cit., p. 249.

43 郭育仁，〈日本國防工業的非競爭體質與澳洲潛艦個案〉，《臺北論壇》，2016 年 5 月 16 日，https://www.taipeiforum.org.tw/article_d.php?lang=tw&tb=3&cid=24&id=7661。

44 "UK, US and Australia Launch New Security Partnership," *Prime Minister's Office*, September 15, 2021, https://www.gov.uk/government/news/uk-us-and-australia-launch-new-security-partnership.

Propulsion Information Agreement, ENNPIA）。[45] 這可謂是國際社會自冷戰結束以來的首個軍事安全合作同盟，AUKUS 為美國拜登政府印太戰略的一部分，其首要目標是協助澳洲建造一支至少 8 艘核動力常規潛艦的艦隊。同時，該聯盟還包含分享軍事情報和量子技術，以及同意巡弋飛彈採購等項目。[46] 在俄國入侵烏克蘭事件發生後，AUKUS 成員國於 2022 年 4 月 5 日宣布要合作發展極音速武器（飛彈與滑翔器）和反制武器，並擴大資訊分享和加深國防創新合作，以因應可能或類似的威脅。[47] 對於未來的核潛艦，澳洲規劃要在澳洲東岸開發一個全新的海軍基地，以利於澳洲海軍未來核潛艦維護與補給的運作。[48] 儘管 AUKUS 聯盟的成立未明言劍指中國，但卻明顯標誌著澳洲國防安全觀與美國印太戰略從守勢積極轉向攻勢的變化，目的就是要制衡中國軍力擴張與威脅。[49]

（三）皇家澳洲空軍

　　皇家澳洲空軍（Royal Australian Air Force）的全名稱同樣是由英王喬治五世於 1921 年 3 月 31 日賜予澳洲空軍「皇家」頭銜而來，其前身是 1912 年 3 月成立的澳洲飛行隊（Australian Flying Corps），並於 1921 年

---

45 Dzirhan Mahadzir, "Australia Signs Nuclear Propulsion Sharing Agreement with U.K., U.S.," *USNI News*, November 22, 2021, https://news.usni.org/2021/11/22/australia-signs-nuclear-propulsion-sharing-agreement-with-u-k-u-s.

46 Media Statement, "Australia to Pursue Nuclear-Powered Submarines through New Trilateral Enhanced Security Partnership," *Prime Minister of Australia*, September 16, 2021, https://www.pm.gov.au/media/australia-pursue-nuclear-powered-submarines-through-new-trilateral-enhanced-security.

47 Dan Sabbagh and Daniel Hurst, "Aukus Pact Extended to Development of Hypersonic Weapons," *The Guardian*, April 5, 2022, https://www.theguardian.com/politics/2022/apr/05/aukus-pact-extended-to-development-of-hypersonic-weapons.

48 Charbel Kadib, "Is Canberra's Long-Sighted Defence Strategy Failing to Uphold the Nation's Interests in a Rapidly Deteriorating Regional and Global Security Environment?" *Defence Connect*, March 18, 2022, https://www.defenceconnect.com.au/key-enablers/9693-does-canberra-need-to-radically-rethink-its-defence-strategy.

49 黃恩浩，〈澳洲與英美簽署《海軍核動力推進資訊交換協議》之觀察〉，《國防安全雙週報》，第 44 期（2021 年 12 月 24 日），頁 77-82。

3 月獨立成軍而成為當時世界上第二支空軍。[50] 澳洲的空防主要是實行海陸空合一的防禦策略，軍事戰略目標是保衛領空，對來犯之敵實施空中突擊；為澳洲陸軍提供近距空中支援，為盟軍提供戰略空中支援；協同海軍執行反潛作戰，提供海上空中救援；實施戰略、戰術空中偵察等。

　　澳洲空軍司令部為澳洲空軍的最高行政機關，並依國防部部長和國防軍指揮官的授權，負責空軍體制編制、機構建設、行政管理、教育訓練以及防務政策的制定等工作。空軍司令部下轄各指揮部與聯隊，包括：空中戰鬥聯隊（第 78、81、82 聯隊）、空中機動聯隊（第 84、86 聯隊）、監控反應聯隊（第 41、42、44、92 聯隊）、戰鬥支援聯隊（第 95、396、醫療聯隊）、整合作戰聯隊（飛機研究發展單位、飛機系統工程中隊、飛機儲備相容工程中隊、航空醫學研究所、空軍靶場局等）、空軍訓練聯隊等。

　　除了主要負責執行空中作戰任務（遠程攻擊和空中戰鬥）之外，澳洲空軍還必須執行三項任務：執行偵察、反潛和反水面戰任務；執行近距離空中支援和戰場遮斷任務，以為地面部隊提供支援；執行空運任務，確保澳洲國防軍快速部署和物資運輸。隨著近年印太地區國家採購大量先進戰鬥機、空中預警機和空中加油機，加上 2010 年澳洲空軍全數除役 F-111G/C *Aardvark*（土豚）戰鬥轟炸機，相對上弱化了自身長期在區域上所保持的空中優勢。因此，受到 2020 年澳洲空軍進入轉型影響，澳洲國防部於 2021 年 11 月 29 日正式決定讓服役長達三十七年（1984～2021）的 F/A-18A/B *Hornet*（大黃蜂）戰機正式退役，且僅保留 8 架。[51] 另外，在汰除大多數老舊戰機的同時，澳洲也引進先進最新戰機，包括：F/A-18F *Super Hornet*（超級大黃蜂）戰機、F-35A *Lighting* II（閃電）匿蹤多用途戰機、無人機和先進空中預警機等。

---

50 "Australian Flying Corps in World War I," *Anzac Portal*, Department of Veterans' Affairs, Australian Government, https://anzacportal.dva.gov.au/wars-and-missions/ww1/military-organisation/australian-flying-corps.

51 Hannah Dowling, "Classic Hornet Retired after over 30 Years of Service," *Aviation*, November 29, 2021, https://australianaviation.com.au/2021/11/classic-hornet-retired-after-over-30-years-of-service/.

目前澳洲空軍的軍機總數約有 236 架，其中包含：戰鬥機 68 架（24 架 F/A-18F 與 44 架 F-35A *Lighting* II）、反潛機 12 架（P-8A *Poseidon*）、預警機與電子干擾與防空制壓機 13 架（2 架 AP-3C *Orion*、11 架 EA-18G *Growler*）、預警管制機 6 架（B-737-700 *Wedgetail*/E-7A）、空中加油機 7 架（A330 MRTT/ KC-30A）、戰略戰術運輸機 47 架（8 架 C-17A *Globemaster* III、10 架 C-27 *Spartan*、12 架 C-130J-30 *Hercules*、12 架 Beech 350 *King Air*、2 架 B-737BBJ、3 架 Dassault *Falcon* 7X）、訓練機約 82 架（33 架 *Hawk* MK127、49 架 PC-21）等。[52] 同時，還包括澳洲與美國波音公司合作研製型號為 MQ-28 的「靈蝠」（*Ghost Bat*）無人機，計有 2 架原型機。[53]

二、重視「內弧」與「印太戰略」接軌

過去澳洲國防規劃就試圖把北領地自治區（Northern Territory）與印尼之間緩衝地區（所謂的「內弧」地區）界定為「主要戰略利益領域」，其戰略思維就是要將該地區的海上交通和空域安全結合為一體以確保北澳安全，但直到澳洲《2016 年國防白皮書》才確立此戰略方向。[54] 自從美國提倡「印太戰略」以來，澳洲就企圖將內弧區域與美國印太區域軍事部署進行連結，藉此展現美澳軍事同盟在印太戰略中的堅定合作立場。為因應中國軍事向南太區域擴張，澳洲強化「內弧」空間將可擴大澳洲在第二島鏈南端的防禦範圍，甚至向北推進至第一島鏈南方，以壓縮中國軍事威脅的空間。其做法有二：

---

52 *The Military Balance 2022, op. cit.*, p. 249.

53 Alessandra Giovanzanti, "Australia Progressing Loyal Wingman Development Programme," *Janes*, November 8, 2021, https://www.janes.com/defence-news/news-detail/australia-progressing-loyal-wingman-development-programme.

54 李哲全、黃恩浩主編，〈第四章：澳洲與南太之安全情勢發展〉，《2020 印太區域安全情勢》（臺北：國防安全研究院，2020 年 12 月），頁 59-60。

（一）升級北領地達爾文的空軍基地

澳洲在 2020 年 2 月 21 日宣布將投入約 11 億澳幣升級位於北領地的汀達爾空軍基地（RAAF Base Tindal），升級計畫包含：擴建跑道長度，以供澳洲 KC-30A 多用途加油機、美國 B-52 戰略轟炸機，或日本、印度等其他盟邦軍機使用；建設新航站大樓、新燃料存儲設施；提升該基地相關基礎設施，並為駐紮當地部隊提供現代化營舍。

（二）採購美國製之遠程反艦飛彈系統

在強化北澳內弧空間安全這一前提下，2020 年澳洲向美國採購 200 枚 AGM-158C 遠程反艦飛彈（Long Range Anti-Ship Missile, LRASM），該飛彈射程最遠可達約 560 公里，能夠裝載在澳洲現役 F/A-18 大黃蜂戰機與 F-35A 匿蹤多用途戰機上。[55] 根據澳洲在 2020 年 7 月 1 日所公布之《2020 年國防戰略革新》[56] 和《2020 年兵力結構計畫》（*2020 Force Structure Plan*）[57]，為能「可信且有效阻遏」未來的軍事衝突，澳洲國防部將持續向美國購買遠程反艦導彈，且將與美國國防部共同投資研發可攻擊數千公里以外的遠程目標之極音速武器系統（極音速飛彈與滑翔載具），也就是「南十字星整合飛行研究實驗」（The Southern Cross Integrated Flight Research Experiment, SCIFiRE）計畫。[58]

三、深化澳美雙邊在印太的軍事同盟

澳洲位於南印度洋與南太平洋之間，維護全球海洋資源、確保國際海洋法規範，以及捍衛區域航行自由與飛越權等皆為其重要國家利益。就目

55 Paul Dibb, "How Australia Can Deter China," *The Strategist*, March 12, 2020, https://www.aspistrategist.org.au/how-australia-can-deter-china/.

56 Australian Government, *2020 Defence Strategic Update, op. cit.*

57 Australian Government, *2020 Force Structure Plan* (Canberra: Department of Defense, 2020).

58 Garrett Reim, "Pentagon Joins with Australia to Develop SCIFiRE, an Air-Breathing Hypersonic Missile," *Flight Global*, December 1, 2020, https://www.flightglobal.com/fixed-wing/pentagon-joins-with-australia-to-develop-scifire-an-air-breathing-hypersonic-missile/141370.article.

前南海而言，由於全球 60% 海上貿易通過亞洲、全球三分之一商船行經南海，[59] 該地區為印度洋與太平洋之間的海上交通要地，因此該地區安全對澳洲經貿發展的重要性不言而喻，促使澳美兩國在印太戰略架構中更聚焦於南海區域安全的軍事合作。

美國在 2019 年 6 月發布的《印太戰略報告》（*Indo-Pacific Strategy Report*）提及，南海是太平洋的一個重要部分，中國在南海填海造島並於區域島嶼上部署反艦巡弋飛彈與長程地對空飛彈，對該區域的自由與航行權帶來極大挑戰。2022 年 2 月，拜登政府公布《印太戰略報告》，指出美國面臨來自中國愈來愈嚴峻的挑戰，中國正在結合經濟、外交、軍事與技術實力以建立自身的區域勢力範圍，並力求成為世上最具影響力的國家。在印太地區，中國採取脅迫與侵略作為，例如對澳洲進行經濟脅迫以及欺凌東海和南海鄰國，美國的區域盟友和夥伴承擔了中國有害行為的大部分代價。[60] 據 1951 年美澳所簽訂之《澳紐美安全條約》（ANZUS），任何攻擊行經南海的澳籍船艦，就會啟動美國軍事反應。在美國印太戰略架構下，美澳雙方持續強化在南海的巡弋行動、情資分享，以及參與雙邊或多邊海上合作或軍演，乃是必然的作為。[61] 可見，在印太戰略架構下，澳洲在南海安全扮演的角色相當重要。[62]

另外，美澳在 2023 年 7 月 29 日舉行雙邊外交國防「2＋2」部長級諮商會議，宣示雙方將持續擴大演訓與部署規模，美國允諾在澳洲擴大國防科技產業與製造先進防衛武器的投資。[63] 同時，美國將與澳洲合作升級北領地空軍基地，並尋求在新地點展開重要基礎設施項目，以增強「相互

---

59 US Department of Defense, *Indo-Pacific Strategy Report: Preparedness, Partnerships, and Promoting a Networked Region* (Washington DC: The Department of Defense, June 1, 2019), p. 1.

60 The White House, "Indo-Pacific Strategy of the United States," February 2022, p. 5, https://reurl.cc/akX4VD.

61 US Department of Defense, *op. cit.*, pp. 29, 49.

62 Matthew Knott and Farrah Tomazin, "We Make Our Own Decisions: Australia-US Vow to Counter China at AUSMIN Talks," *The Sydney Morning Herald*, July 29, 2020, https://www.smh.com.au/world/north-america/we-make-our-own-decisions-australia-us-vow-to-counter-china-at-ausmin-talks-20200729-p55gdz.html.

63 賴名倫，〈美澳 2 加 2 會談 深化合作確保印太穩定〉，《青年日報》，2023 年 7 月 30 日，https://www.ydn.com.tw/news/newsInsidePage?chapterID=1603775。

操作性」來因應可能的區域危機。同時，美國將持續增加在澳洲的軍事部署，包括美軍海上巡邏機和偵察機在澳洲基地的輪調，以提升美澳在南太的海上安全合作。[64]

四、擴大與日本印度的軍事交流合作

首先，就澳日關係而言，自從澳洲前總理霍華德（John Howard）與日本前首相安倍（Shinzo Abe）於 2007 年 3 月 13 日簽訂《聯合安全合作聲明》（*Joint Declaration on Security Cooperation*）後，[65] 雙邊安全關係就開始進入新的里程碑，雙方視彼此為美國以外的重要安全夥伴與「準同盟國」，以因應中美大國競爭下的國際局勢。在這安全合作之基礎上，雙方安全關係發展就不斷地拉近，例如：雙方在 2013 年達成共享軍事資源協議、在 2017 年將共享範圍拓展到彈藥、在 2020 年 11 月達成《軍隊互訪協定》（*Reciprocal Access Agreement*）原則性協議，[66] 在 2021 年進行外交與國防部部長 2＋2 對話，以深化及確保雙邊在國家安全及防衛上的合作，以及於 2022 年 1 月 6 日正式簽署《軍隊互訪協定》達成雙方軍隊聯訓的法律依據。[67]

其次，關於澳印關係，澳洲總理莫里森與印度總理莫迪（Narendra Modi）在 2020 年 6 月 4 日舉行首次視訊高峰會，雙方在會中決定建立「全面戰略夥伴關係」（Comprehensive Strategic Partnership），將國防、

64 "Australia-US Joint Press Conference Following the Australia-US Ministerial Consultations (AUSMIN)," *US Department of Defense*, July 29, 2023, https://www.defense.gov/News/Transcripts/ Transcript/Article/3476106/australia-us-joint-press-conference-following-the-australia-us-ministerial-cons/.

65 Tomohiko Satake, "Australia-Japan Security Cooperation," *Australian Outlook*, Australian Institute of International Affairs (AIIA), February 18, 2016, https://www.internationalaffairs.org.au/ australianoutlook/australia-japan-security-cooperation/.

66 Oleg Paramonov, "Japan and Australia: What the Reciprocal Access Agreement Is All About," *Modern Diplomacy*, December 15, 2020, https://moderndiplomacy.eu/2020/12/15/japan-and-australia-what-the-reciprocal-access-agreement-is-all-about/.

67 Grant Newsham, "Japan-Australia Defence Deal Opens up Opportunities for Closer Cooperation," *The Strategist*, January 17, 2022, https://www.aspistrategist.org.au/japan-australia-defence-deal-opens-up-opportunities-for-closer-cooperation/.

外交 2 + 2 對話升級為部長對話，並簽署《後勤相互支援協定》（*Mutual Logistics Support Agreement*）以強化雙方軍事合作。該協定不僅允許雙方在遭遇緊急狀況時，可以使用彼此的軍事後勤設施與軍事基地，並允許雙方進行更複雜的聯合軍事演習以提升軍隊協同作戰能力。[68]

五、鞏固在南太區域的安全領導地位

澳洲在 2018 年宣布「太平洋升級」（Pacific Step-up）戰略，同時並成立「太平洋融合中心」（Pacific Fusion Centre）[69]，因為此中心被納入澳洲的「太平洋海洋安全項目」（Pacific Maritime Security Program）中，其不僅屬於該戰略的重要一環，亦是澳洲主導加強南太安全的承諾，更是對 2018 年與紐西蘭、南太平洋島國所共同發表之《波伊區域安全宣言》（*2018 Boe Declaration on Regional Security*）[70] 的回應。2020 年 10 月 19 日，澳洲政府表示，於萬那杜（Vanuatu）首都維拉港（Port Vila）所籌設之「太平洋融合中心」，預定於 2021 年開始正式運作，並聚焦於南太平洋島國所關切的安全議題。[71] 簡言之，澳洲設立太平洋融合中心，主要戰略思維不外乎就是要鞏固澳洲對南太安全的領導地位，[72] 並有助該區域能抗衡中國的影響力。

另外，《紐約時報》（*The New York Times*）在 2022 年 3 月 25 日報導指出，「中國和索羅門群島即將簽署一項安全協議，可能為中國軍隊和軍艦進入這個在二戰中發揮關鍵作用的太平洋島國打開大門」。[73] 目前該

---

68 "Amid China Tensions, Australia Signs Comprehensive Strategic Partnership with India," *SBS News*, June 4, 2020, https://www.sbs.com.au/news/amid-china-tensions-australia-signs-comprehensive-strategic-partnership-with-india.

69 Pacific Fusion Centre, https://www.pacificfusioncentre.org/.

70 "Boe Declaration on Regional Security," Pacific Inlands Forum Secretariat, https://www.forumsec.org/2018/09/05/boe-declaration-on-regional-security/.

71 "Pacific Fusion Centre to be established in Vanuatu," *Reliefweb*, October 19, 2020, https://reliefweb.int/report/world/pacific-fusion-centre-be-established-vanuatu.

72 李哲全、黃恩浩主編，前揭文，頁 63-64。

73 Damien Cave, "China and Solomon Islands Draft Secret Security Pact, Raising Alarm in the Pacific," *The New York Times*, March 25, 2022, https://www.nytimes.com/2022/03/24/world/asia/china-solomon-islands-security-pact.html.

協議雖被標記為草案，卻突顯出中國已提升自身在南太地區的影響力，並削弱澳洲的外交影響力。[74] 傳統上，索國屬於美國、澳洲、紐西蘭等國的勢力範圍，澳洲國防軍聯合作戰參謀長比爾頓（Greg Bilton）中將對此表示，中國此舉將會響澳洲的軍事行動考量，並迫使其改變國防規劃。[75] 可預期，為能持續鞏固自身的南太地區領導地位，澳洲將與美紐等國合作以遏制中國的擴張。

六、重返東南亞地區以抗衡中國勢力

2020 年 3 月 11 日，美國駐澳洲大使格瓦浩斯（Arthur Culvahouse）於「澳洲金融評論報商業高峰會」（The Australian Financial Review Business Summit）演講指出，澳洲正「處於這個時代重大戰略競爭前沿」，應該要將「太平洋升級」戰略延伸至東南亞地區。[76] 面對中國在東南亞持續擴張的影響力，澳洲改變自 2014 年來持續削減援助東南亞經費的做法。[77] 時任澳洲總理莫里森在 2020 年 11 月 14 日於「東南亞國家協會—澳洲峰會」（ASEAN-Australia Summit）上即宣布，澳洲將投入 5 億 5,000 萬澳幣推動一系列重返東南亞的援助計畫，特別是針對與中國關係密切之國家。

於 2021 年 10 月，東協與澳洲同意建立「全面戰略夥伴關係」，突顯坎培拉當局欲在東南亞地區扮演更重要的角色，[78] 以利於抗衡中國勢力。

74 黃恩浩，〈中國與索羅門群島簽署《安全合作協議》對澳洲安全的衝擊〉，《國防安全雙週報》，第 52 期（2022 年 4 月 22 日），頁 127-133。

75 Andrew Greene, "Australian General Says Chinese Military Presence in Solomon Islands would Force ADF Rethink," *ABC News*, March 31, 2022, https://www.abc.net.au/news/2022-03-31/defencegeneral-warnings-chinese-military-solomon-islands/100954752.

76 Andrew Greene, "US urges Australia to Expand Pacific Push to South-East Asia to Counter China's Expansion," *ABC News*, March 12, 2020, https://www.abc.net.au/news/2020-03-12/us-ambassador-pacific-step-up-us-china-battle/12048780.

77 Stephen Dziedzic, "Scott Morrison Unveils Government Plans to Reassert Australia's Influence in South-East Asia," *ABC News*, February 16, 2021, https://reurl.cc/xG73n4.

78 〈強化合作 澳洲與東協允建立全面戰略夥伴關係〉，《中央社》，2021 年 10 月 28 日，https://www.cna.com.tw/news/aopl/202110280042.aspx。

同時，2022 年 4 月，第十二屆東協—澳洲合作聯合委員會會議再次重申雙方加強合作的承諾。同時，雙方強調在東協印太展望中四個關鍵領域以及其他領域加強合作的重要性，例如：打擊恐怖主義和暴力極端主義；海上合作；因應氣候變化；可持續發展基礎設施和連結性；網路安全以及支持東協整合倡議等。[79]

另外，澳洲「官方發展援助」（Official Development Assistance）提供八年 3,000 萬美元（約 8.5 億臺幣）「湄公河—澳洲打擊跨國犯罪」計畫，目的為幫助湄公河流域國家打擊毒品、人口販賣、性犯罪、金融犯罪等跨國性案件。雖然澳洲宣稱是為了維持東南亞區域繁榮與穩定，但主要真正目的是藉此抗衡中國在東南亞地區不斷擴大的政治與經濟影響力。[80]

伍、結語

自 1970 年代澳洲懷特廉（Gough Whitlam）政府以來，澳洲國防戰略規劃就一直圍繞著兩個關鍵原則，一個是「澳洲防衛」（Defence of Australia），另一個是「核心武力」（Core Force）。前者認為，澳洲應該把其防衛能力集中在保護澳洲大陸免受武裝襲擊的威脅，主要戰略途徑是強調「防禦性海上拒止」（Defensive Sea Denial），在海空領域阻止潛在敵人的威脅，因此需要擁有更多先進的潛艇和戰鬥機。後者則認為，由於澳洲大陸不存在遭受直接武裝襲擊的風險，因此部隊結構可以維持在最低限度的「核心力量」，且能夠在需要時擴大，但該原則卻存在建軍備戰的時間差問題。[81] 然而，隨著印太區域國際安全環境的變化與中國的威脅，使得這兩個原則變得愈來愈不相容，依目前澳洲的國防現狀，似乎只能在美國印太架構下以第一個原則為目標。而這個以前進防禦為拒止戰略基礎

79　"ASEAN, Australia Commit to Strengthen Cooperation Following Establishment of Comprehensive Strategic Partnership," *ASEAN*, April 11, 2022, https://asean.org/asean-australia-committed-to-strengthen-cooperation-following-establishment-of-comprehensive-strategic-partnership/.

80　王毓健，〈澳洲 8 年 8.5 億計畫瞄準東南亞 專家解析動機：降低陸主導地位〉，《中時新聞網》，2021 年 2 月 2 日，https://www.chinatimes.com/realtimenews/20210202001965-260410?chdtv。

81　Sam Fairall-Lee, *op. cit.*

的澳洲國防方向，其實與澳洲最新公布《2023 國防戰略檢討》強調要建構遠程打擊兵力與前進部署的「拒止戰略」概念不謀而合。

　　面對中國軍力擴張的壓力，在「捍衛澳洲」的原則下，澳洲的國防戰略思維似乎已跳脫了地緣戰略的概念，開始重視「反介入／區域拒止」與「前進部署」並重，並全面提升澳洲國防軍的全域力量。例如：2022 年 3 月澳洲總理莫里森曾聲明，澳洲將規劃耗資 2,500 億澳幣的十年擴軍計畫，以實現澳洲國防軍在陸、海、空、太空和網路等所有作戰領域的現代化。其中，莫里森宣布將投資 380 億澳幣，將澳洲國防軍擴編 30%，到 2040 年軍隊數量將增加 1 萬 8,500 人，估計屆時澳洲軍隊總數將可達到 8 萬人。[82] 澳洲此舉不僅有利強化自身國家安全、塑造更有能力拒止遠方的潛在威脅之區域戰略環境。加上，受到依附強權的戰略文化影響下，澳洲認為支持強權主導的國際安全環境，國家安全才能獲得保障，所以其目前建軍備戰思維與作為幾乎與美國印太戰略方向一致。

　　另外，澳洲國防相當重視以美澳同盟為中心的多邊主義，就 QUAD 而言，由於美日澳印已先後簽署後勤支援協定，使得這四邊合作機制將更緊密，遇到區域緊急狀態時，四國可以利用彼此的軍事基地和領空，進行物資補給和軍事協作。此協定不僅有助於在後勤支援協定基礎上進行靈活的軍事部署，亦能提升 QUAD 對中國軍事擴張的制衡效果。就 AUKUS 而言，在澳洲在英美兩國的協助下以及共同軍事科技分享的架構下將會獲得先進武器系統，而這亦將對中國在印太區域的軍事擴張形成嚇阻。可預見，隨著中國對印太區域軍事威脅日益上升，這種以外交多邊安全與軍事科技合作作為國防戰略重要的思維與作為，未來仍會繼續展現於澳洲國防戰略規劃與政策之中。

82　Charbel Kadib, *op. cit.*

參考文獻

一、中文部分

〈強化合作 澳洲與東協允建立全面戰略夥伴關係〉，《中央社》，2021
　年 10 月 28 日，https://www.cna.com.tw/news/aopl/202110280042.aspx。

王毓健，〈澳洲 8 年 8.5 億計畫瞄準東南亞 專家解析動機：降低陸主導地
　位〉，《中時新聞網》，2021 年 2 月 2 日，https://www.chinatimes.com/
　realtimenews/20210202001965-260410?chdtv。

李哲全、黃恩浩主編，〈第四章：澳洲與南太之安全情勢發展〉，《2020
　印太區域安全情勢》（臺北：國防安全研究院，2020 年 12 月），頁
　59-60。

郭育仁，〈日本國防工業的非競爭體質與澳洲潛艦個案〉，《臺北論壇》，
　2016 年 5 月 16 日，https://www.taipeiforum.org.tw/article_d.php?lang=tw
　&tb=3&cid=24&id=7661。

黃恩浩，〈澳洲與英美簽署《海軍核動力推進資訊交換協議》之觀察〉，
　《國防安全雙週報》，第 44 期（2021 年 12 月 24 日），頁 77-82。

黃恩浩，〈中國與索羅門群島簽署《安全合作協議》對澳洲安全的衝擊〉，
　《國防安全雙週報》，第 52 期（2022 年 4 月 22 日），頁 127-133。

黃恩浩，〈澳洲公布最新《2023 國防戰略檢討》報告的戰略意涵〉，《國
　防安全雙週報》，第 79 期（2023 年 5 月 12 日），頁 27-34。

賴名倫，〈美澳 2 加 2 會談 深化合作確保印太穩定〉，《青年日報》，
　2023 年 7 月 30 日，https://www.ydn.com.tw/news/newsInsidePage?chapter
　ID=1603775。

二、外文部分

"2022 Australia Military Strength," *Global Firepower* 2022, https://www.
　globalfirepower.com/country-military-strength-detail.php?country_id=australia.

"2022 Military Strength Ranking," *Global Firepower* 2022, https://www.globalfirepower.com/countries-listing.php.

"Amid China Tensions, Australia Signs Comprehensive Strategic Partnership with India," *SBS News*, June 4, 2020, https://www.sbs.com.au/news/amid-china-tensions-australia-signs-comprehensive-strategic-partnership-with-india.

"Army Stands up a New Aviation Command," *Australian Defence Magazine*, December 3, 2021, https://www.australiandefence.com.au/defence/land/army-stands-up-a-new-aviation-command.

"ASEAN, Australia Commit to Strengthen Cooperation Following Establishment of Comprehensive Strategic Partnership," *ASEAN*, April 11, 2022, https://asean.org/asean-australia-committed-to-strengthen-cooperation-following-establishment-of-comprehensive-strategic-partnership/.

"Australian Flying Corps in World War I," *Anzac Portal*, Department of Veterans' Affairs, Australian Government, https://anzacportal.dva.gov.au/wars-and-missions/ww1/military-organisation/australian-flying-corps.

"Australia-US Joint Press Conference Following the Australia-US Ministerial Consultations (AUSMIN)," *US Department of Defense*, July 29, 2023, https://www.defense.gov/News/Transcripts/Transcript/Article/3476106/australia-us-joint-press-conference-following-the-australia-us-ministerial-cons/.

"Boe Declaration on Regional Security," *Pacific Inlands Forum Secretariat*, September 5, 2018, https://www.forumsec.org/2018/09/05/boe-declaration-on-regional-security/.

"Defence Organisational Structure Chart," *Defence Publications*, Department of Defence, Australian Government, June 22, 2020, https://defence.gov.au/publications/docs/DefenceOrgChart.pdf.

"Pacific Fusion Centre to be established in Vanuatu," *Reliefweb*, October 19, 2020, https://reliefweb.int/report/world/pacific-fusion-centre-be-established-vanuatu.

"UK, US and Australia Launch New Security Partnership," *Prime Minister's Office*, September 15, 2021, https://www.gov.uk/government/news/uk-us-and-australia-launch-new-security-partnership.

Australian Government, *2013 Defence White Paper* (Canberra: Department of Defence, 2013).

Australian Government, *2016 Defence White Paper* (Canberra: Department of Defence, 2016).

Australian Government, *2017 Foreign Policy White Paper* (Canberra: Department of Foreign Affairs and Trade, 2017).

Australian Government, *2020 Defence Strategic Update* (Canberra: Department of Defence, 2020).

Australian Government, *2020 Force Structure Plan* (Canberra: Department of Defense, 2020).

Australian Government, *National Defence: Defence Strategic Review 2023* (Canberra: Department of Defence, April 24, 2023).

Ayson, Robert, "Discovering Australia's Defence Strategy," *Security Challenges*, Vol. 12, No. 1 (2016), pp. 41-52.

Bisley, Nick, *Australia's Strategic Culture and Asia's Changing Regional Order, The Strategic Asia Program NBR Special Report#60* (The National Bureau of ASIAN Research, 2016), pp. 2-9.

Blenkin, Max, "2021-2022 Defence Budget," *The Australian Defence Business Review*, October 16, 2021, https://adbr.com.au/2021-2022-defence-budget/.

Camilleri, Joseph A., *ANZUS: Australia's Predicament in the Nuclear Age* (Sydney: Macmillan Company of Australia, 1987).

Cave, Damien, "China and Solomon Islands Draft Secret Security Pact, Raising Alarm in the Pacific," *The New York Times*, March 25, 2022, https://www.nytimes.com/2022/03/24/world/asia/china-solomon-islands-security-pact.html.

Cheeseman, Graeme, "Back to 'Forward Defence' and the Australian National Style," in Graeme Cheeseman and Robert Bruce (eds.), *Discourses of Danger & Dread Frontiers: Australian Defence and Security Thinking after the Cold War* (Canberra: Allen & Uniwin Australia Pty Ltd., 1996).

Davis, Malcolm, "Australia as a Rising Middle Power," *RSIS Working Paper*, No. 328 (Singapore: S. Rajaratnam School of International Studies, April 23, 2020).

Department of Defence, *Australian Defence* (Canberra: Australian Government Printing Service, 1976).

Department of Defence, *Defending Australia in the Asia Pacific Century: Force 2030* (Canberra: Department of Defence, 2009).

Department of Defence, "Defence Organisation Structure Chart," Australia Government, September 21, 2015, https://defence.gov.au/publications/docs/DefenceOrgChart.pdf.

Department of Defense, Australia Government, "Army Aviation Command established," *Defense News*, December 2, 2021, https://news.defence.gov.au/service/army-aviation-command-established.

Dibb, Paul, "Is Strategic Geography Relevant to Australia's Current Defence Policy?" *Australian Journal of International Affairs*, Vol. 60, No. 2 (August 2006), pp. 247-264.

Dibb, Paul, "How Australia Can Deter China," *The Strategist*, March 12, 2020, https://www.aspistrategist.org.au/how-australia-can-deter-china/.

Dowling, Hannah, "Classic Hornet Retired after over 30 Years of Service," *Aviation*, November 29, 2021, https://australianaviation.com.au/2021/11/classic-hornet-retired-after-over-30-years-of-service/.

Dupont, Alan, *Full Spectrum Defence: Re-Thinking the Fundamentals of Australian Defence Strategy* (Sydney: Lowy Institute for International Policy, March 2015).

Dziedzic, Stephen, "Scott Morrison Unveils Government Plans to Reassert Australia's Influence in South-East Asia," *ABC News*, February 16, 2021, https://reurl.cc/xG73n4.

Fairall-Lee, Sam, "'Defence of Australia' or 'Core Force': We Can't Have Both," *The Strategist*, January 23, 2020, https://www.aspistrategist.org.au/defence-of-australia-or-core-force-we-cant-have-both/.

Giovanzanti, Alessandra, "Australia Progressing Loyal Wingman Development Programme," *Janes*, November 8, 2021, https://www.janes.com/defence-news/news-detail/australia-progressing-loyal-wingman-development-programme.

Green, Michael J., Kathleen H. Hicks, and Zack Cooper, "Federated Defense in Asia," *A Report of the Federated Defense Project* (Washington DC: Center for Strategic and International Affairs, December 2014).

Greene, Andrew, "US Urges Australia to Expand Pacific Push to South-East Asia to Counter China's Expansion," *ABC News*, June 29, 2020, https://www.abc.net.au/news/2020-03-12/us-ambassador-pacific-step-up-us-china-battle/12048780.

Greene, Andrew, "Australian General Says Chinese Military Presence in Solomon Islands would Force ADF Rethink," *ABC News*, March 31, 2022, https://www.abc.net.au/news/2022-03-31/defencegeneral-warnings-chinese-military-solomon-islands/100954752.

Kadib, Charbel, "Is Canberra's Long-Sighted Defence Strategy Failing to Uphold the Nation's Interests in a Rapidly Deteriorating Regional and Global Security Environment?" *Defence Connect*, March 18, 2022, https://www.defenceconnect.com.au/key-enablers/9693-does-canberra-need-to-radically-rethink-its-defence-strategy.

Knott, Matthew and Farrah Tomazin, "We Make Our Own Decisions: Australia-US Vow to Counter China at AUSMIN Talks," *The Sydney Morning Herald*, July 29, 2020, https://www.smh.com.au/world/north-america/we-make-our-own-decisions-australia-us-vow-to-counter-china-at-ausmin-talks-20200729-p55gdz.html.

Lorna, Arnold, *A Very Special Relationship: British Atomic Weapon Trails in Australia* (London: Her Majesty's Stationary Office, 1987).

Mahadzir, Dzirhan, "Australia Signs Nuclear Propulsion Sharing Agreement with U.K., U.S.," *USNI News*, November 22, 2021, https://news.usni.org/2021/11/22/australia-signs-nuclear-propulsion-sharing-agreement-with-u-k-u-s.

Media Statement, "Australia to Pursue Nuclear-Powered Submarines through New Trilateral Enhanced Security Partnership," *Prime Minister of Australia*, September 16, 2021, https://www.pm.gov.au/media/australia-pursue-nuclear-powered-submarines-through-new-trilateral-enhanced-security.

Newdick, Thomas, "Australia Buys M1A2 SEPv3 Advanced Abrams Tanks to Lead Its Major Armor Upgrade," *The Drive*, January 10, 2022, https://www.thedrive.com/the-war-zone/43820/australia-buys-m1a2-sepv3-advanced-abrams-tanks-to-lead-its-major-armor-upgrade.

Newsham, Grant, "Japan-Australia Defence Deal Opens up Opportunities for Closer Cooperation," *The Strategist*, January 17, 2022, https://www.aspistrategist.org.au/japan-australia-defence-deal-opens-up-opportunities-for-closer-cooperation/.

Pacific Fusion Centre, https://www.pacificfusioncentre.org/.

Paramonov, Oleg, "Japan and Australia: What the Reciprocal Access Agreement Is All About," *Modern Diplomacy*, December 15, 2020, https://moderndiplomacy.eu/2020/12/15/japan-and-australia-what-the-reciprocal-access-agreement-is-all-about/.

Reim, Garrett, "Pentagon Joins with Australia to Develop SCIFiRE, an Air-Breathing Hypersonic Missile," *Flight Global*, December 1, 2020, https://www.flightglobal.com/fixed-wing/pentagon-joins-with-australia-to-develop-scifire-an-air-breathing-hypersonic-missile/141370.article.

Satake, Tomohiko, "Australia-Japan Security Cooperation," *Australian Outlook*, Australian Institute of International Affairs (AIIA), February 18, 2016, https://www.internationalaffairs.org.au/australianoutlook/australia-japan-security-cooperation/.

Seebeck, Lesley, "Why the Fifth Domain Is Different," *The Strategist*, September 5, 2019, https://www.aspistrategist.org.au/why-the-fifth-domain-is-different/.

The International Institute for Strategic Studies, *The Military Balance 2022* (London: IISS, February 2022).

The White House, *Indo-Pacific Strategy of the United States* (Washington DC: The White House, February 2022).

Ungerer, Carl, "The 'Middle Power' Concept in Australian Foreign Policy," *Australian Journal of Politics and History*, Vol. 53, No. 4 (December 2007), pp. 538-551.

US Department of Defense, *Indo-Pacific Strategy Report: Preparedness, Partnerships, and Promoting a Networked Region* (Washington DC: The Department of Defense, June 1, 2019).

US Department of Defense, *Quadrennial Defense Review 2014* (Washington DC: Department of Defense, March 2014).

White, Hugh, "Australian Defence Policy and the Possibility of War," *Australian Journal of International Affairs*, Vol. 56, No. 2 (July 2002), pp. 253-264.

第 ⑪ 章　南韓的國防戰略：追求國防軍事自主

翟文中

壹、前言

　　朝鮮半島位於亞洲東北部，半島北部與中國和俄羅斯接壤，東、西、南三面臨海與日本諸島隔海相望。這種特殊的地理位置，使其成為日本東進亞洲大陸的跳板、俄羅斯南下的要隘與中國抵抗日本入侵的橋頭堡。自16世紀以來，朝鮮半島與其周邊不時出現國際衝突，例如早期王朝的「壬辰衛國戰爭」[1]與「中日甲午戰爭」等。長期以來，朝鮮歷代王朝皆以中國與日本間的實力消長調整自身的安全政策，形塑出扈從大國用以保護自身安全的戰略思維。這個富含歷史底蘊且長期發生效用的戰略文化要素，係朝鮮王國所處地緣政治環境與區域強權競爭相互作用所形成的產物。然而，韓國在日本殖民統治期間的全力抵抗，彰顯出其不願扈從強者與追求國家自主的強烈意圖。

　　1945年，日本於二次大戰戰敗後撤出朝鮮半島，前蘇聯與美國旋即占領該地並以北緯38度線為界劃分占領區。1948年，在美國與蘇聯的個別扶植下，38度線以南成立了大韓民國（Republic of Korea, ROK，以下簡稱「南韓」或「韓國」）；38度線以北成立了朝鮮民主主義人民共和國（Democratic People's Republic of Korea, DPRK，以下簡稱「北韓」），朝鮮半島迄今處於分裂狀態。[2] 1950年6月，北韓軍隊越過北緯38度線攻擊韓國，歷經三年戰鬥之後，中國、北韓與美國為首的聯合國部隊於1953年7月簽署了停戰協定。韓戰結束後，韓國由於無力保障自身安全，時任

1　這是一場涉及中國、日本與朝鮮的國際戰爭，日本欲以占領朝鮮為跳板進攻明朝的軍事行動最終失敗。戰爭經過參見〈朝鮮壬辰衛國戰爭〉，《壹讀》，2017年3月7日，https://read01.com/zh-tw/gR3xB5P.html#.Y1Yg-HZByUk。

2　吳東林，〈韓國國防武力與東北亞安全〉，《臺灣國際研究季刊》，第6卷第4期（2010年冬季號），頁111-112。

李承晚（Rhee Syngman）政府除與美國簽署《美韓共同防禦條約》（*U.S.-ROK Mutual Defense Treaty*）確立軍事同盟外，並將韓國軍隊的作戰指揮權讓渡給美國為主體的聯合國司令部（United Nations Command）。其後，韓國的國防政策與部隊指揮唯美國馬首是瞻，這種為防禦敵國入侵而犧牲國家主權的做法，經常被各國解讀為韓國完全倒向美國，實則係韓國在國際情勢下被迫做出的痛苦選擇。

　　為防範北韓軍事威脅與維持朝鮮半島和平穩定，韓國始統維持著一支數量龐大的武裝部隊。2022 年時，韓國部隊規模約 55 萬 5,000 人（陸軍 42 萬、海軍 7 萬、空軍 6 萬 5,000），後備部隊規模約有 310 萬。[3] 由於韓國政府並未制頒國防戰略（韓國國家安全戰略與國防政策架構圖參見圖 11-1），我們無法透過官方宣示對其國防戰略的本質與轉變對其軍隊發展進行深入地瞭解。然而，存於戰略與政策的連動性卻為我們研究韓國國防戰略思維提供了一個簡明清晰的途徑。在韓國政府歷年頒布的《國防報告書》中，均清楚地宣示了國防政策的要旨，這些政策皆是為了達成戰略目標與支援戰略的行動計畫，具有明確的操作性並揭示落實戰略必須處理的各項議題。[4] 因此，只要將國防政策與處理議題結合後進行溯源分析，即可推得國防戰略思維的若干基本方向。

　　在下文中，將以 2018 與 2020 年兩版《國防報告書》中提出的國防政策要旨，綜合歸納為「應對北韓核武威脅」、「取回戰時指揮權」、「尋求國防自主」與「回應區域軍事競爭」四個議題，從而對韓國國防戰略思維的本質與演變進行扼要地說明。本文研究時間跨度，起自韓國建國開始，終於文在寅政府下臺止，結語部分將對新任尹錫悅政府的國防政策重大轉變進行補充說明。

3　The International Institute for Strategic Studies, *The Military Balance 2022* (London: IISS, February, 2022), p. 282.

4　"Difference between Strategy and Policy," *QS Study*, https://qsstudy.com/difference-between-strategy-and-policy/.

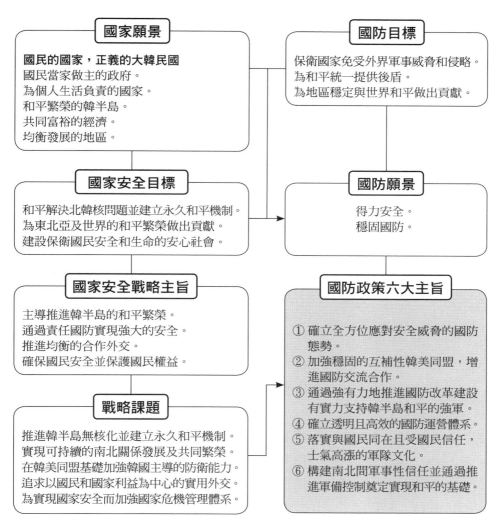

圖 11-1　韓國國家安全戰略與國防政策架構

資料來源：Ministry of National Defense Republic of Korea, *2020 Defense White Paper* (Seoul, ROK: Ministry of National Defense, 2021), p. 48.

貳、應對北韓核武威脅

　　北韓核武問題一直是東北亞區域安全的焦點，這個議題不僅攸關南北韓的軍力平衡，更涉及美國、中國與日本等區域內外強國間的權力互動，

因此短期內甚難達成各造都能接受的解決方案。就本質言，美國將北韓核武危機定位為核子擴散和挑戰國際安全的重大議題，韓國則視其為兩韓統一進程的一部分。[5] 1994 年 5 月，首次北韓核危機後，韓國不主張使用武力解決北韓核武威脅或推翻平壤政權。1998 年 2 月，韓國提出「陽光政策」（後易名為「和平繁榮政策」），希望透過共存合作而非競爭，用來處理南北韓分裂對抗的敵對情勢。[6]

　　雖然韓國不斷地用善意向北韓遞出橄欖枝，但是北韓核武危機迄今始終無法圓滿解決。多年以來，北韓無視國際社會呼籲持續地進行核子試爆與彈道飛彈試射，企圖透過「戰爭邊緣政策」（Brinkmanship）達其脅迫對手就範目的。2018 年初，北韓突然拋出「朝鮮半島無核化」的議題。在當年與 2019 年兩度舉行的「川金會」（Trump-Kim Summit）中，美國與北韓領導人曾就「無核化」進行了廣泛討論。最初美國的目標係要求北韓必須做到「完全、可驗證且不可逆的裝備拆卸」（Complete, Verifiable, and Irreversible Dismantlement, CVID），[7] 其後這項政策修正為當前採行的「最終、充分驗證的無核化」（Final, Fully Verified Denuclearization, FFVD）目標。[8]

　　相較韓國對北韓採取較寬容立場，美國要求北韓「無核化」須一步到位，且兩韓和解進程應與朝鮮半島「無核化」同步。由於美國將這兩個複雜的政治議題綁在一起，化解北韓核武危機變得更加地雪上加霜。北韓將「無核化」議程作為解除美國對其經濟制裁的籌碼，堅持「分階段、同步走」的棄核原則。同時，北韓認為美國應給予其安全上的保障，美方則認為雙方維持「雙暫停」（北韓暫停核試，美韓暫停軍事演習）已是可接受

5　Jong-Yun Bae, "South Korean Strategic Thinking toward North Korea: The Evolution of the Engagement Policy and Its Impact upon U.S.-ROK Relations," *Asian Survey*, Vol. 50, No. 2 (March/April 2010), pp. 352-353, 355.

6　*Ibid.*, p. 345.

7　胡敏遠，〈北韓核武危機：川普強制外交策略之分析〉，《遠景基金會季刊》，第 20 卷第 3 期（2019 年 7 月），頁 103。

8　盧信吉，〈朝鮮半島「無核化」政策之分析〉，《全球政治評論》，第 68 期（2019 年），頁 106-108。

的最大限度。[9] 由於雙方認知不同存有相當大的歧見，美國仍將持續施壓逼迫平壤當局就範。

　　由於北韓對韓國的核武威脅與日俱增，部分韓國政治人物開始鼓吹擁有核子武器。2013 年 2 月，北韓第三次引爆核子裝置後，韓國進行的兩次民調結果顯示 64% 與 66% 的受訪者認為，韓國應建立自己的核武庫存。[10] 根據美國《華爾街日報》（Wall Street Journal）的報導，韓國政府已敦請美國協助其建立核燃料再處理能力，如此一來韓國可獲得製造核子武器必須的武器級鈽。[11] 即便如此，韓國在 2018 與 2020 年頒布的《國防白皮書》中，仍將「構建南北間軍事性信任並通過推進軍備控制奠定實現和平的基礎」列為國防政策六大要旨之一，顯示文在寅政府仍期望透過增進雙方互信從而化解北韓核武威脅，[12] 同時將核武問題與兩韓統一脫鉤處理。

　　2017 年 10 月，韓國軍方提出「三軸體系」作戰構想，作為回應北韓對其核武攻擊因應措施。此體系由三個元素組成，包括了「殺傷鏈」（Kill Chain）、「空中與飛彈防禦」（Korea Air and Missile Defense）、「巨型懲罰與報復」（Korea Massive Punishment and Retaliation）。「三軸體系」運作流程如下：首先，當韓國的偵察系統發現北韓有對其發射核武或彈道飛彈徵候時，韓國空軍 F-15K 戰機將使用「金牛座」（Taurus）空對地飛彈，對北韓的核武設施發起先制打擊，韓國自行研發的玄武系列飛彈亦可支援這項任務的執行。[13] 當北韓飛彈來襲時立即進入攔截階段，據此韓國將部署四座反彈道飛彈早期預警雷達系統（Anti-Ballistic Missile Early

---

9　李明，〈河內川金二會破局的觀察〉，《海峽評論》，第 340 期（2019 年 4 月），https://haixia-info.com/articles/10891.html。

10　Toby Dalton and Yoon Ho Jin, "Reading into South Korea's Nuclear Debate," *PacNet*, Number 20, March 18, 2013, https://csis-website-prod.s3.amazonaws.com/s3fs-public/legacy_files/files/publication/Pac1320.pdf.

11　Jay Solomon, "Seoul Seeks Ability to Make Nuclear Fuel," *Wall Street Journal*, April 3, 2013, https://www.wsj.com/articles/SB10001424127887324883604578399053942895628.

12　Ministry of National Defense Republic of Korea, *2018 Defense White Paper* (Seoul, ROK: Ministry of National Defense, 2019), p. 44; Ministry of National Defense Republic of Korea, 2020 Defense White Paper (Seoul, ROK: Ministry of National Defense, 2021), p. 48.

13　黃文正，〈南韓克敵從防禦變攻擊〉，《中時新聞網》，2017 年 10 月 17 日，https://tw.news.yahoo.com/%E5%8D%97%E9%9F%93%E5%85%8B%E6%95%B5-%E5%BE%9E%E9%98%B2%E7%A6%A6%E8%AE%8A%E6%94%BB%E6%93%8A-215006084.html。

Warning Radar Systems）、籌獲更多 P-8 海洋巡邏機並自力研發長程地對空飛彈，藉由前揭各項資產整合用以提升攔截飛彈能力。[14] 最後，韓國將以玄武系列巡弋與彈道飛彈對平壤發起打擊，對象包括北韓高層政軍人物。

　　2019 年 1 月，韓國軍方鑑於朝鮮半島緊張情勢舒緩，決定將「三軸體系」各要素更名，避免刺激平壤當局，於是殺傷鏈更名為「戰略目標打擊」（Strategic Target Strike）；空中與飛彈防禦更名為「飛彈防禦」（Korea Missile Defense）；巨型懲罰與報復更名為「強烈回應」（Overwhelming Response），各階段的作戰任務依照原先規劃未做更動。[15] 藉由以上說明可知，韓國因應北韓核武威脅所採取的軍事行動，係以先制攻擊與大舉報復作為核心的嚇阻政策，當嚇阻失敗時則以強大軍力做後盾用以贏得戰爭的勝利。2022 年，北韓全年試射的巡弋與彈道飛彈數量高達 95 枚，為歷年來最多。[16] 加上，北韓曾多次以戰術核武威脅韓國，此舉將迫使韓國思考要求美軍於朝鮮半島重行部署戰術核武的可能性，未來朝鮮半島的核子態勢更加地難以預測並充滿著不確定性。

參、取回戰時指揮權

　　韓國是當前全球唯一將本國軍隊戰時指揮權交付他國的國家，這個奇特現象源自韓戰時韓國無力自保的軍事困境。1950 年 6 月，北韓軍隊越過北緯 38 度線入侵韓國，為阻止北韓軍事行動，聯合國會員國組成「聯合國軍」參戰，並成立「聯合國司令部」（United Nations Command, UNC）統一指揮各國部隊。[17] 1950 年 7 月，為了讓美軍與韓軍可更有效率地對

14　Jun Ji-hye, "3 Military Systems to Counter N. Korea: Kill Chain, KAMD, KMPR," *The Korea Times*, November 1, 2016, https://www.koreatimes.co.kr/www/news/nation/2016/11/205_217259.html.

15　Noh Ji-won, "Defense Ministry Changes Terminology for 'Three-Axis System' of Military Response," *HANKYOREH*, January 13, 2019, https://english.hani.co.kr/arti/english_edition/e_national/878208.html.

16　林雨萱，〈北韓去年試射 95 彈，恐將核試〉，《自由時報》，2023 年 1 月 1 日，https://news.ltn.com.tw/news/world/paper/1560216。

17　"Under One Flag," *United Nations Command*, https://www.unc.mil/About/About-Us/.

抗北韓，時任韓國總統的李承晚簽署《大田協定》（*Taejon Agreement*），他將韓國部隊的指揮權移交給當時的聯合國部隊指揮官麥克阿瑟（Douglas MacArthur）將軍。1953 年 10 月，韓戰休戰後，美韓簽署《美韓共同防禦條約》，該條約將韓國部隊的作戰指揮權賦予聯合國司令部。[18] 1957 年 7 月，為支援「聯合國司令部」，美國成立「駐韓美軍司令部」（United States Forces Korea, USFK），該司令部隸屬於「美國太平洋司令部」（United States Pacific Command, USPAC）。2018 年，「美國太平洋司令部」更名為「美國印太司令部」（United States Indo-Pacific Command, USIDOPACOM）。[19]

　　1978 年 11 月，美韓兩國經協商後成立「美韓聯合司令部」，戰時「駐韓美軍司令部」所屬部隊將由「美韓聯合司令部」（U.S.-ROK Combine Forces Command, CFC）進行指揮管制，其任務係對韓國的外來侵略進行嚇阻或在需要時使用武力將其擊退。「美韓聯合司令部」的正副主官分由美國與韓國的四星上將擔任，在整個指揮架構中，首長是韓國人，副首長則為美國人，反之亦然。[20] 這種指揮架構安排可說間接地侵犯了韓國國家主權，隨著韓國軍事力量日漸茁壯，韓國在許多軍事議題上不再亦步亦趨地完全遵循美方的意見。1990 年代中期，「美韓聯合司令部」發展出代號「作戰計畫 5029」（OPLAN 5029）的應急作戰計畫安排，此計畫係對北韓發生的不可預期事件進行回應，包括政權崩潰、發生起義與大量難民湧入。2005 年，韓國國家安全會議否決了「作戰計畫 5029」提案，原因係擔心此緊急作戰計畫可能侵害韓國主權並且過度刺激平壤政權。[21] 文在寅

---

18 Clint Work, "The Long History of South Korea's OPCON Debate: President Moon Has Once Again Raised the Issue of Transferring OPCO to South Korea. What Would that Actually Look Like?" *The Diplomat*, November 1, 2017, https://thediplomat.com/2017/11/the-long-history-of-south-koreas-opcon-debate/.

19 "USINDOPACOM History," *U.S. Indo-Pacific Command*, https://www.pacom.mil/About-USINDOPACOM/History/.

20 "Mission of the ROK/US Combined Forces Command," *United States Forces Korea*, https://www.usfk.mil/About/Combined-Forces-Command/.

21 權浩，〈韓美為防備朝鮮劇變，明確指示應對方案〉，《中央日報》，2011 年 12 月 21 日，http://chinese.joins.com/news/articleView.html?idxno=38504；Jong-Yun Bae, "South Korean Strategic Thinking toward North Korea: The Evolution of the Engagement Policy and Its Impact upon U.S.-ROK Relations," *Asian Survey*, Vol. 50, No. 2 (March/April 2010), pp. 337-338.

就任韓國總統後，為避免被美國拖入與北韓的不必要衝突中，多次強調美國對北韓採取行動前必須徵得韓國同意。[22] 就此觀之，韓國反對美國對北韓的個別軍事行動，意味韓國在軍事行動上將更為自主而非唯美國馬首是膽。

隨著韓國軍事力量提升，加上國民國家意識持續高漲，韓國政府與民間要求美韓平等往來的呼聲愈來愈強。在這種情況下，美國迫於壓力只得在 1994 年 12 月將承平時期的作戰指揮權交還韓國政府。然而，長期以來懸而未決的是，倘若韓國進入戰爭狀態，指揮韓國部隊的不是民選總統而是「美韓聯合司令部」的美籍司令官。2005 年 9 月，當時盧武鉉政府向美國提出收回戰時指揮權的要求，其後經過多次協商，美方同意將此權力返還韓方，惟移交時間卻再三延宕，由最初提出的 2012 年 4 月延至 2015 年 12 月，再向後推遲到 2020 年代中期。[23]

為了順利完成戰時指揮權的移轉，美韓兩國國防部部長於 2018 年 10 月磋商後簽署《戰時指揮權移轉指導性原則》（*Guiding Principles Following the Transition of Wartime Operational Control*），作為雙方執行後續工作依據。[24] 由於未設定戰時指揮權移轉的特定目標年份（Specific Target Year），美軍採取三階段評估方式作為戰時作戰權返還韓國軍方的標準，這三階段依序為「初始作戰能力」（Initial Operational Capability, IOC）、「全面作戰能力」（Full Operational Capability, FOC）與「完整任務能力」

---

22 〈對北韓動武美要廢緊箍咒〉，《中國時報》，2017 年 8 月 21 日，https://tw.stock.yahoo. com/news/%E5%B0%8D%E5%8C%97%E9%9F%93%E5%8B%95%E6%AD%A6-%E7%BE%8E %E8%A6%81%E5%BB%A2%E7%B7%8A%E7%AE%8D%E5%92-215008881.html。

23 鄭鏞洙，〈戰時作戰指揮權返還時間延期到 2020 年代中期〉，《韓國中央日報中文版》，2014 年 10 月 24 日，https://chinese.joins.com/news/articleView.html?idxno=62556。

24 "Defense Minister Says 'Foundation for OPCON Transfer Has Been Laid'," *Hankyoreh*, November 1, 2018, http://english.hani.co.kr/arti/english_edition/e_international/868406.html；《戰時指揮權移轉指導性原則》詳細內容，參見 "Resolution of the Department of Defense of the United States of America and the Ministry of National Defense of the Republic of Korea: Guiding Principles Following the Transition of Wartime Operational Control," *U.S. Embassy & Consulate in the Republic of Korea*, October 31, 2018, https://kr.usembassy.gov/103118-resolution-of-the-department-of-defense-of-the-united-states-of-america-and-the-ministry-of-national-defense-of-the-republic-of-korea/.

（Full Mission Capability, FMC）。[25] 截至目前為止，韓國雖然大力提升軍隊戰力，惟在美方認為其尚不具單獨因應北韓軍事威脅的情況下，韓國能否取回戰時指揮權端視其何時能達成美方三階段評估所要求的能力。

肆、尋求國防自主

　　長期以來，韓國的國家安全完全仰賴美國的協助，因此其軍事政策自然以美國馬首是瞻。即便如此，韓國與美國在軍事安全議題上仍不時出現歧見，前文提及的「作戰計畫5029」即其中一例。為能建立強大軍力，儘快由美國手中取回戰時指揮權，韓國軍方持續推動國防改革，俾能早日達成「自主國防」目標。在本世紀短短二十年間，韓國軍方共推出了五份國防改革計畫，[26] 這些計畫都是因應安全環境變遷所進行的軍事政策調整。韓國軍方現進行的《國防改革2.0計畫》，目標係使其能有效因應朝鮮半島與國際安全環境的動態改變，並充分適應人口數量遽減或「資訊與通信技術」（Information and Communication Technology）進步的社會變遷。[27]

　　2018年7月，韓國國防部對外發布《國防改革2.0計畫》，其要點包括以下幾個面向：第一，大幅增加國防預算，2019至2023年間，國防預算的年平均成長率將維持7.5%；第二，精簡優化兵力結構規模，總兵力由61萬8,000人縮減至50萬人，將官員額由436人裁減至360人；第三，改革兵役制度，縮短服役年限；第四，加大對三軸體系的投資；第

25　Jina Kim, "Military Considerations for OPCON Transfer on the Korean Peninsula: Military Consideration, Not Political Aspirations, Should Guide the Transfer," *Council on Foreign Relations*, March 20, 2020, https://www.cfr.org/blog/military-considerations-opcon-transfer-korean-peninsula. 有關美韓軍事同盟關係、韓國現行指揮架構與美韓戰時指揮權移轉等議題，參見謝志淵，〈從軍事外交觀點分析2020年美韓作戰指揮關係可能發展〉，《海軍學術雙月刊》，第54卷第4期（2020年8月），頁9-19。

26　這五份國防改革計畫包括了：盧武鉉政府的《國防改革基本計畫（2006～2020）》、李明博政府的《國防改革基本計畫（2009～2020）》與《國防改革計畫基本計畫（2012～2030）》、朴瑾惠政府的《國防改革計畫（2014～2030）》、文在寅政府的《國防改革2.0計畫》。

27　Lee Young-bin, "The 2021-2025 Mid-Tern Defense Plan for the Successful Completion of Defense Reforms and a Strong Innovative Military," *ROK Defense Policy Newsletter*, No. 225 (September 2020), p. 2.

五，推動國防採購改革，情況緊急時可簡化採購流程；成立國防科技規劃機構，用以協助國防產業研發。[28] 對於進行大規模的部隊人數裁減，許多人認為將會削弱韓國的軍事力量，整個計畫能否獲得足夠財力支援亦是另一難題。

韓國近年積極追求自主國防的主要推動力，應與美國要求其承擔更多的防務責任有關，美軍以作戰能力是否達標作為返還戰時指揮權的評估標準更是關鍵性因素。如駐日美軍所處境遇般，美軍駐韓基地不受在地人民歡迎，為防止此議題發酵成為政治困局，韓國內部要求駐韓美軍降低部隊層級，以及將其駐地由城市遷往鄉村的呼籲不絕於耳。[29] 美韓政府歷經多年磋商，2017 年 7 月原駐防首爾龍山營區（Yongsan Garrison）的美軍及其家眷，開始向南搬遷至平澤市的漢佛萊斯營（Camp Humphreys）駐防。[30] 對美軍部隊言，其南遷至平澤駐防後可避開北韓砲火直接攻擊，在戰略布局和撤離非戰鬥人員擁有較寬裕時間進行謀劃。

對韓國部隊言，其必須有能力在前線抵抗來自北韓的先制攻擊用以爭取時間等待美軍馳援。因此，建立早期預警與長程情監偵（Intelligence, Surveillance, and Reconnaissance, ISR）能力就成為國防自主建設的首要工作。為擺脫對美國提供情資的過度依賴，韓國積極研製國產偵察衛星，同時引進中高空無人偵察機，俾能快速及時掌握朝鮮半島的地面動態與周遭海空情資，早期發現北韓挑釁行動與動武徵候。為了建立此一能力，韓國軍方規劃執行代號「425 計畫」，預計於 2023 年時部署五枚軍事偵察衛星。[31]

28 〈韓軍正式開啟新一輪國防和軍隊改革〉，《人民網》，2018 年 8 月 24 日，http://korea. people.com.cn/BIG5/n1/2018/0824/c407914-30249159.html; Sungyoung Jang, "How Will 'Defense Reform 2.0' Changes South Korea's Defense? A Closer Look at Moon Jae-in's Ambitious Defense Modernization Plan," *The Diplomat*, August 27, 2018, https://thediplomat.com/2018/08/how-will-defense-reform-2-0-change-south-koreas-defense/.

29 Robert Haddick，童光復譯，《海上交鋒：中共、美國與太平洋的未來》（*Fire on the Water: China, America, and the Future of the Pacific*）（臺北：國防部政務辦公室，2017 年 2 月），頁 232。

30 李靖棠，〈耗資 3 千億駐韓美軍 60 年來首次南遷〉，《中時新聞網》，2017 年 7 月 14 日，https://www.chinatimes.com/realtimenews/20170714003062-260417?chdtv。

31 Felix Kim, "South Korea to Strengthen Reconnaissance Satellite Capabilities," *Indo-Pacific Defense Forum*, October 19, 2018, https://ipdefenseforum.com/2018/10/south-korea-to-strengthen-reconnaissance-satellite-capabilities/. 除軍事偵察衛星外，韓國在太空軍事領域進行大量投資

　　促使韓國採取自主國防政策的另一項因素，則是盡可能地避免捲入中美兩國間日益尖銳的軍事對抗。為能有效遏阻中國彈道飛彈威脅，美國要求韓國部署「終端高空區域防禦」（Terminal High Altitude Area Defense, THAAD，俗稱「薩德」）系統，此舉使韓國遭中國施予限韓令的強制報復，對其政經情勢與中韓貿易形成強烈的衝擊。為避免未來選邊的兩難困境，韓國在處理涉及中國的許多議題並未表態，即在外交政策採取模稜兩可的平衡政策，[32] 惟須強大軍力為後盾的自主國防政策方能給予必要支援。在可預見未來，駐韓美軍防務費用分擔是韓國採取自主國防時須妥為解決的另項挑戰。時任美國總統川普（Donald Trump）就任後，不斷呼籲日韓等盟國應支付更多防衛費用以減輕美國負擔。

　　2019 年 2 月，美韓簽署第 10 期《防衛費用分擔特別協定》（*Special Measures Agreement*），韓國同意將其承擔軍費額度增加 8.2%。[33] 2021 年 3 月，在第 11 期《防衛費用分擔特別協定》中，韓國分擔軍費額度較前次協定再提高到 13.9%，該份協議有效期為 2020 至 2025 年，往後四年均按前年度韓國國防費用增加比率進行相應調整。[34] 雖然韓國負擔駐韓美軍的費用逐年增加，但不及當時美國總統川普要求 50 億美元的一成；此起事

並獲得相當進展，例如 2020 年 7 月，其成功發射了首枚 Anasis-II（Army Navy Air Force Satellite Information System-II）軍事通信衛星，其可擴大通信有效距離，並使韓國軍方擁有快速處理資訊能力。韓國軍方人士指出，擁有軍事通信衛星後，將大幅地提升韓國部隊的獨立作戰能力，這對打造回收戰時指揮權美方要求的核心戰力極為重要。此外，2021 年 9 月，韓國國防部宣布將進行新型太空發射載具（Space Launch Vehicle, SLV）的研發與操作，此發射載具可將微型偵察衛星送入低地球軌道（Low Earth Orbit, LEO），對偵測區內的異常跡象提供早期預警。羅翊宬，〈南韓首顆軍用衛星發射成功！提升「單獨作戰能力」有望抗電磁干擾〉，《ETtoday 新聞雲》，2020 年 7 月 21 日，https://www.bg3.co/a/nan-han-shou-ke-jun-yong-wei-xing-fa-she-cheng-gong-ti-sheng-dan-du-zuo-zhan-neng-li-you-wang-kang-dian-ci-gan-rao.html; Jr Ng, "South Korea pushes indigenous military space development," *Asian Military Review*, September 17, 2021, https://www.asianmilitaryreview.com/2021/09/south-korea-pushes-indigenous-military-space-development/.

32　Lee Chi-dong, "S. Korea Seeks Synergy between New Southern Policy, Indo-Pacific Strategy," *Yonhap News Agency*, September 13, 2018, https://en.yna.co.kr/view/AEN20180912006000315.

33　"ROK and US Reach Agreement on 10th Special Measures Agreement," *Ministry of Foreign Affairs*, Republic of Korea, February 10, 2019, https://www.mofa.go.kr/eng/brd/m_5676/view.do?seq=320383.

34　詹詠淇，〈上漲 13.9%！駐韓美軍防衛費分擔敲定，南韓支付新臺幣 28 億〉，《新頭殼 Newtalk》，2021 年 9 月 1 日，https://newtalk.tw/news/view/2021-09-01/629820。

件引發韓國人民不滿，96% 受訪者反對政府為駐韓美軍付出更多費用。[35]
韓國在積極尋求國防自主的同時，面臨的是一個兩難選擇，不是順應美方
增加防務費用，就是盡可能地降低駐韓美軍人數。倘若韓國選擇後者，須
投入更多資源方能彌補美軍撤離形成的戰力空隙。

伍、回應區域軍事競爭

　　北韓是韓國國家安全與軍事戰略上最直接與迫切的挑戰。然而，韓
國的能源輸入與經貿外銷完全依賴順暢與安全的海上交通，這才是攸關
其經濟發展與國計民生的核心安全問題。當前，韓國雖和中國維持著緊
密的經貿關係，然而兩國間存在著「專屬經濟區」（Exclusive Economic
Zone, EEZ）的劃界爭議，中國漁民與韓國海岸防衛隊間經常出現衝突，[36]
中國不斷增長的海軍軍力更令韓國國防計畫者憂慮，擔心在未來可能的衝
突中無法提供海上交通線足夠的保護。值得一提的，韓國與日本間的獨島
（Dokdo，日本稱「竹島」）主權爭議，不僅是海洋權益問題甚且是歷史
宿怨延續，韓國海軍更將其一艘新型兩棲突擊艦命名為「獨島號」。[37]整
體而論，除北韓軍事威脅外，韓國面對的區域軍事挑戰聚焦於海洋面向，
這源自於區域國家確保海洋權益與維持經濟發展的強烈需求，東北亞隱然
成形的海軍軍備競賽與海洋權益各聲索國日趨強硬的立場，使得區域各國
不約而同地積極建立一支強大的海上武力。[38]在這種情況下，韓國海軍亦
追隨中日兩國的腳步現代化其海軍兵力，期能建立一支具遠洋作戰的海上
武力，可對其海洋權益與海上交通安全提供強而有力保障。

---

35 曾筠淇，〈喊價 50 億美元防衛費，南韓不滿川普「漲價」轉向靠中國〉，《ETtoday 軍武新聞》，2019 年 11 月 12 日，https://www.ettoday.net/news/20191122/1585728.htm。

36 "Korea Must Get Tough on Illegal Chinese Fishing," *Chosun Ilbo*, November 18, 2011; 轉引自 Bernard D. Cole，李永悌譯，《亞洲怒海戰略》（*Asian Maritime Strategies: Navigating Troubled Waters*）（臺北：國防部政務辦公室，2015 年 12 月），頁 132。

37 李永悌譯，前揭書，頁 133。

38 谷火平，〈排水量 3 萬噸！韓國終於忍不住要建航母了，搭載 16 架 F35 垂直起降型〉，《壹讀》，2019 年 7 月 24 日，https://read01.com/L2zNA0B.html#.YigBOXpByUk。

　　1980 年代末期，韓國開始進行海軍現代化計畫，當中最重要者係「韓國攻擊潛艦」（Korean Submarine, KSS）與「韓國驅逐艦實驗」（Korean Destroyer Experimental, KDX）兩項計畫，這兩項造艦計畫均分三階段依序執行。潛艦計畫第一階段引進德製 209 型潛艦（張保皋級），首艦在德國製造，後續 8 艘由韓國大宇重工裝配；第二階段引進德製 214 型潛艦（孫元一級），德方授權韓國現代重工集團在地建造，此型潛艦配備「質子交換膜」燃料電池單元的「絕氣推進系統」（Air Independent Propulsion, AIP），靜音效能優異並可長期水下巡航；第三階段自力研製 3,000 噸排水量的「島上安昌浩」級潛艦，首艦於 2021 年 8 月成軍，同年 9 月成功完成潛射彈道飛彈（Submarine Launch Ballistic Missile, SLBM）試射，顯示韓國海軍已具「海基式嚇阻」（Sea-Based Deterrence）的能力。[39] 在驅逐艦造艦計畫方面，第一階段建造 3 艘 3,800 噸的「廣開土大王級」驅逐艦；第二階段建造 6 艘 5,500 噸的「忠武公李舜臣級」驅逐艦；第三階段建造 3 艘「世宗大王級」驅逐艦，此型驅逐艦係以美國海軍勃克級（*Arleigh Burke*-Class）驅逐艦作為藍本，韓國成為繼日本後亞太地區第二個海軍艦船配備神盾（*Aegis*）系統的國家。[40] 當這些先進艦船加入韓國海軍戰鬥序列後，不僅拉近與中國、日本間的海軍軍力差距，同時在其面臨海洋權益衝突時能給予必要支持。

　　除提升海軍戰力外，韓國軍方現正進行地面部隊重整，期能使其具有快速反應能力，俾能滿足未來聯合作戰需求。為達此一目標，韓國陸軍積極籌建並強化監視與偵察能力，當中最著者係研發並部署「無人機器人戰鬥系統」（Dronebot Combat System）。此系統可用以執行偵察、攻擊與電子作戰等任務，具有優異的打擊與機動能力。[41] 當北韓對韓國發起軍事行動後，「無人機器人」戰鬥系統可以蜂群方式快速地對北韓的軍事部隊

39　"Korean Attack Submarine Program," *Wikipedia*, https://en.wikipedia.org/wiki/Korean_Attack_Submarine_program.

40　"Korean Destroyer Experimental," *Wikipedia*, https://en.wikipedia.org/wiki/Korean_Destroyer_eXperimental; "Sejong the Great Class/KDX-III Class Destroyer," *Naval Technology*, September 28, 2010, https://www.naval-technology.com/projects/sejongthegreatclassd/.

41　Ministry of National Defense Republic of Korea, *2020 Defense White Paper*, pp. 63-64.

與重要目標施予打擊。在此同時，韓國空軍亦積極開展現代化計畫，為取得並持續維持空中優勢，韓國空軍現已引進並計畫採購更多數量的 F-35A 戰機。為延伸與擴大空中的監視與偵察能力，韓國空軍引進了中高高度偵察用無人空中載具，其目的係在對北韓軍事行動提供早期預警，俾能提早進行因應。[42] 由於南北韓地理上鄰接，缺乏足夠縱深進行戰略預警，因此韓國陸軍與空軍強化情監偵能力是極其自然的發展。此外，韓國軍方亦可將此能力轉化為對周邊安全環境的全面監控與早期預警，這對提升其軍事戰備與發起先制打擊將可提供必要協助。

　　除北韓外，韓國與日本的關係一直處於緊張狀態，這主要來自韓國對日本的歷史宿怨，尤其是從 1910 至 1945 年被日本殖民統治的悲痛經驗。即以獨島主權爭議為例，韓國採取強硬手段進行回應，這絕非著眼於該島水域蘊藏的豐富資源，而是獨島已成為韓國國家認同與反日情緒的象徵。[43] 2018 年 12 月，韓國軍艦以射控雷達鎖定日本海上自衛隊的反潛機，此起事件引發雙方關係緊張。2019 年 7 月，日韓兩國因慰安婦與日本戰時強徵韓國勞工鬧得不可開交時，日本突然宣布對出口韓國的半導體關鍵材料進行嚴格管制，韓國旋即終止《韓日軍事情報保護協定》（*General Security of Military Information Agreement*）。接著，在該協定正式終止前夕，韓國青瓦臺通知日方停止 8 月發出的「終止協定通告」，並將該協定效期自動更新一年。各界咸認韓國立場退縮，最大原因可能來自美國強烈施壓。[44] 除美日兩國對韓國的影響外，中國的崛起亦對東北亞既有權力平衡形成嚴苛挑戰，[45] 韓國基於「區域權力結構對比」制定的安全政策與軍事戰略必

42　*Ibid.*, pp. 65-66.

43　Dong-Joon Park and Danielle Chubb, "Why Dokdo Matters to Korea: The Dispute over Dokdo/ Takeshima is about More Than Geography for South Koreas. It's about National Identity," *The Diplomat*, August 7, 2011, https://thediplomat.com/2011/08/why-dokdo-matters-to-korea/.

44　李忠謙，〈3 個月前強硬通知日本「停止軍事情報合作」，青瓦臺最後關頭「吞下去」：前面說的不算數，我們繼續合作吧〉，《風傳媒》，2019 年 11 月 22 日，https://www.storm. mg/article/1979011。

45　韓國對中國的憂慮日深，其認為中國不僅會成為亞洲強權，甚至會成為全球性強權。參見 Lee Chung Min, "South Korea's Strategic Thinking on North Korea and Beyond," *The Asan Institute for Policy Studies*, October 7, 2013, https://theasanforum.org/south-koreas-strategic-thinking-on-north-korea-and-beyond/.

須進行調整。[46] 在這種情況下，韓國政府一方面要維持美韓同盟關係；另一方面則要深化中韓「全面合作夥伴關係」。因此，韓國在面臨區域安全與軍事挑戰時，形成了截然不同的兩個派別，改革派認為崛起的中國可以制衡美國，這是擺脫向美一面倒的良機；保守派認為面對中國的軍力擴張，更應與美國保持緊密的聯盟關係。[47] 在可預見未來，中美兩國在朝鮮半島的大國權力競逐，加上北韓、日本與俄羅斯等國的不同戰略利益考量，韓國面對著將是更複雜的區域權力結構與隱形軍備競賽。

陸、結語

　　長期以來，朝鮮半島國家都是基於中日兩國實力消長，採動態方式不斷地調整本身安全政策。在韓國獨立建國後，基於對抗北韓軍事需要，其與美國建立了同盟關係。韓戰期間，為了讓美韓部隊更有效率地執行軍事任務，韓國將戰時指揮權讓渡美國。由於韓國在建國後很長一段時間，完全仰賴美國提供軍力用以抵抗北韓，故其在政治與軍事上幾乎唯美國馬首是瞻，在美韓雙邊安全政策與軍事戰略的制定過程中毫無置喙空間。1970年代，美國總統尼克森裁減並撤離駐韓美軍的決定，帶給了韓國朴正熙政府巨大的危機感，其後韓國開始培育國防產業並積極強化戰力，開啟了追求國防自主的大門。[48] 隨著韓國軍事力量成長，加上內部民族意識高漲，美韓經過多次磋商最後達成協議，1994年12月美軍將平時指揮權交還韓

---

46 政治學學者摩根索（Hans Morgenthau）認為，小國的安全政策由其所處區域權力結構對比所決定；羅斯坦（Robert Rothstein）則主張，小國的安全政策主要取決「所在地區實力均衡的威脅」。根據前揭觀點，中國、日本與美國係韓國擬定安全政策與軍事戰略的重要考量，當前中美兩國在亞太區域進行的權力競逐更是關鍵因素。Hans J. Morgenthau, *Politics among Nations: The Struggle for Power and Peace*, 7th ed. (Beijing: Peking University Press, 2005), pp. 186-189; Robert L. Rothstein, *Alliance and Small Powers* (New York: Columbia University Press, 1968), p. 59; 轉引自曹瑋，〈戰略信譽與韓國的安全政策選擇〉，《國際政治科學》，第 5 卷第 3 期（2020 年），頁 6。

47 金炳局，〈夾在崛起的中國與霸權主義的美國之間：韓國的「防範戰略」〉，朱鋒與羅伯特‧羅斯主編，《中國崛起：理論與政策視角》（上海：人民出版社，2008 年），頁 326；轉引自曹瑋，前揭文，頁 6。

48 曹瑋，前揭文，頁 27-28。

國聯合參謀本部。由於韓國與美國長期以來對北韓軍事威脅存有不同觀點，[49] 加上美國不斷地要求韓國分擔更多駐軍費用與承擔更多防務責任，這都為韓國取回戰時指揮權形塑了有利的氛圍。更確切地說，當韓國由美國取回戰時指揮權後，方具對本國軍隊行使指揮與管理的「政治自主」能力，其後透過軍事改革並強化部隊戰力後，始能擁有真正與完整的「軍事自主」能力。

　　另一方面，在國家安全與國防戰略面向，韓國官方與民眾要求走自己路的呼聲高漲，[50] 渠等認為唯有如此，韓國才能實現真正以民族主義為基礎，具充分自主性的外交與國防政策。[51] 在這種情況下，韓國方能試圖與美國發展更為平等的聯盟關係，[52] 將美韓軍事同盟架構由「美韓聯合防衛體制」轉變成為以韓軍為主導、美軍為支援的「共同防衛體制」。[53] 因此，韓國國防政策的目標係在建立自主的國防能力，藉此可在美中日各方互動間取得動態平衡，亦可不受美方掣肘、能夠較靈活地處理北韓核武問題。2022 年 5 月，尹錫悅就任韓國總統後，在國防與安全政策上出現了重大的轉折，例如重啟中斷多年的韓日安全對話和韓日次長級戰略對話，同時公開宣示如果來自北韓的核武威脅加劇，韓國就應發展自身的核子武器，並在境內部署戰術性核武器。[54] 在北韓核武威脅升高與美國全面遏阻中國

49　例如，韓國總統盧武鉉主政時，當時韓國政府未將北韓的軍事力量與發展中的核武能力視為安全威脅。因此，韓國積極地回收被視為自主國防指標的戰時指揮權，藉此亦可達成政治自主目標。曹瑋，前揭文，頁 39-28。

50　2020 年 10 月，韓國駐美大使李秀赫（Lee Soo-hyuck）在以視訊方式出席國會外交統一委員會國政監察會時表示：「韓國七十年前選擇了美國，不代表未來七十年會繼續選擇美國。」前揭說法雖非當前韓國官方政策，就發言人的身分與職位而論，這隱涵著韓國亟欲走出自己的路，韓國在外交與軍事上不再完全以美國馬首是瞻，在順利由美方取回戰時指揮權後，可能採取更為平衡與自主的國防政策。〈「70 年前選美國不代表未來 70 年也是」，南韓駐美大使言論惹議〉，《自由時報》，2020 年 10 月 13 日，https://news.ltn.com.tw/news/world/breakingnews/3319722。

51　Phillip C. Saunders 等編，李永悌譯，《中共海軍：能力擴大、角色演進》（*The Chinese Navy: Expanding Capabilities, Evolving Roles*）（臺北：國防部政務辦公室，2013 年 12 月），頁 55。

52　Leon Whyte, "The Evolution of the U.S.-South Korea Alliance," *The Diplomat*, June 13, 2015, https://thediplomat.com/2015/06/the-evolution-of-the-u-s-south-korea-alliance/.

53　曹瑋，前揭文，頁 44。

54　〈「韓國該有自己的核武！」南韓總統尹錫悅語出驚人，韓媒也說「國家命運不該仰賴美國」〉，《風傳媒》，2023 年 1 月 13 日，https://www.storm.mg/article/4697147。

的情況下，韓國只能選擇與美國強化軍事聯盟關係，並與日本進行更密切的軍事交流與安全合作。因此，韓國固然在安全上取得了較佳的保障，惟在美韓不對稱同盟關係下，韓國取回戰時指揮權的困難程度日增，其追求軍事自主甚或政治自主的進程亦將因此延宕。

參考文獻

一、中文部分

〈「70 年前選美國不代表未來 70 年也是」，南韓駐美大使言論惹議〉，《自由時報》，2020 年 10 月 13 日，https://news.ltn.com.tw/news/world/breakingnews/3319722。

〈「韓國該有自己的核武！」南韓總統尹錫悅語出驚人，韓媒也說「國家命運不該仰賴美國」〉，《風傳媒》，2023 年 1 月 13 日，https://www.storm.mg/article/4697147。

〈朝鮮壬辰衛國戰爭〉，《壹讀》，2017 年 3 月 7 日，https://read01.com/zh-tw/gR3xB5P.html#.Y1Yg-HZByUk。

〈對北韓動武美要廢緊箍咒〉，《中國時報》，2017 年 8 月 21 日，https://tw.stock.yahoo.com/news/%E5%B0%8D%E5%8C%97%E9%9F%93%E5%8B%95%E6%AD%A6-%E7%BE%8E%E8%A6%81%E5%BB%A2%E7%B7%8A%E7%AE%8D%E5%92%92-215008881.html。

〈韓軍正式開啟新一輪國防和軍隊改革〉，《人民網》，2018 年 8 月 24 日，http://korea.people.com.cn/BIG5/n1/2018/0824/c407914-30249159.html。

Cole, Bernard D.，李永悌譯，《亞洲怒海戰略》（*Asian Maritime Strategies: Navigating Troubled Waters*）（臺北：國防部政務辦公室，2015 年）。

Haddick, Robert，童光復譯，《海上交鋒：中共、美國與太平洋的未來》（*Fire on the Water: China, America, and the Future of the Pacific*）（臺北：國防部政務辦公室，2017 年）。

Saunders, Phillip C. 等編，李永悌譯，《中共海軍：能力擴大、角色演進》（*The Chinese Navy: Expanding Capabilities, Evolving Roles*）（臺北：國防部政務辦公室，2013 年）。

吳東林，〈韓國國防武力與東北亞安全〉，《臺灣國際研究季刊》，第 6 卷第 4 期（2010 年），頁 111-137。

李忠謙，〈3 個月前強硬通知日本「停止軍事情報合作」，青瓦臺最後關頭「吞下去」：前面說的不算數，我們繼續合作吧〉，《風傳媒》，2019 年 11 月 22 日，https://www.storm.mg/article/1979011。

李明，〈河內川金二會破局的觀察〉，《海峽評論》，第 340 期（2019 年 4 月），https://haixia-info.com/articles/10891.html。

李靖棠，〈耗資 3 千億駐韓美軍 60 年來首次南遷〉，《中時新聞網》，2017 年 7 月 14 日，https://www.chinatimes.com/realtimenews/20170714003062-260417?chdtv。

谷火平，〈排水量 3 萬噸！韓國終於忍不住要建航母了，搭載 16 架 F35 垂直起降型〉，《壹讀》，2019 年 7 月 24 日，https://read01.com/L2zNA0B.html#.YigBOXpByUk。

林雨萱，〈北韓去年試射 95 彈，恐將核試〉，《自由時報》，2023 年 1 月 1 日，https://news.ltn.com.tw/news/world/paper/1560216。

胡敏遠，〈北韓核武危機：川普強制外交策略之分析〉，《遠景基金會季刊》，第 20 卷第 3 期（2019 年 7 月），頁 101-150。

曹瑋，〈戰略信譽與韓國的安全政策選擇〉，《國際政治科學》，第 5 卷第 3 期（2020 年 7 月），頁 5-46。

曾筠淇，〈喊價 50 億美元防衛費，南韓不滿川普「漲價」轉向靠中國〉，《ETtoday 軍武新聞》，2019 年 11 月 12 日，https://www.ettoday.net/news/20191122/1585728.htm。

黃文正，〈南韓克敵從防禦變攻擊〉，《中時新聞網》，2017 年 10 月 17 日，https://tw.news.yahoo.com/%E5%8D%97%E9%9F%93%E5%85%8B%E6%95%B5-%E5%BE%9E%E9%98%B2%E7%A6%A6%E8%AE%8A%E6%94%BB%E6%93%8A-215006084.html。

詹詠淇，〈上漲 13.9%！駐韓美軍防衛費分擔敲定，南韓支付新臺幣 28 億〉，《新頭殼 Newtalk》，2021 年 9 月 1 日，https://newtalk.tw/news/view/2021-09-01/629820。

鄭鏞洙，〈戰時作戰指揮權返還時間延期到 2020 年代中期〉，《韓國中央日報中文版》，2014 年 10 月 24 日，https://chinese.joins.com/news/articleView.html?idxno=62556。

盧信吉，〈朝鮮半島「無核化」政策之分析〉，《全球政治評論》，第 68 期（2019 年 10 月），頁 93-110。

謝志淵，〈從軍事外交觀點分析 2020 年美韓作戰指揮關係可能發展〉，《海軍學術雙月刊》，第 54 卷第 4 期（2020 年 8 月），頁 6-21。

羅翊宬，〈南韓首顆軍用衛星發射成功！提升「單獨作戰能力」有望抗電磁干擾〉，《ETtoday 新聞雲》，2020 年 7 月 21 日，https://www.bg3.co/a/nan-han-shou-ke-jun-yong-wei-xing-fa-she-cheng-gong-ti-sheng-dan-du-zuo-zhan-neng-li-you-wang-kang-dian-ci-gan-rao.html。

權浩，〈韓美為防備朝鮮劇變，明確指示應對方案〉，《中央日報》，2011 年 12 月 21 日，http://chinese.joins.com/news/articleView.html?idxno=38504。

二、外文部分

"Defense Minister Says 'Foundation for OPCON Transfer Has Been Laid'," *HANKYOREH*, November 1, 2018, http://english.hani.co.kr/arti/english_edition/e_international/868406.html.

"Difference between Strategy and Policy," *QS Study*, https://qsstudy.com/difference-between-strategy-and-policy/.

"Korean Attack Submarine program," *Wikipedia*, https://en.wikipedia.org/wiki/Korean_Attack_Submarine_program.

"Korean Destroyer eXperimental," *Wikipedia*, https://en.wikipedia.org/wiki/Korean_Destroyer_eXperimental.

"Mission of the ROK/US Combined Forces Command," *United States Forces Korea*, https://www.usfk.mil/About/Combined-Forces-Command/.

"Resolution of the Department of Defense of the United States of America and the Ministry of National Defense of the Republic of Korea: Guiding Principles Following the Transition of Wartime Operational Control," *U.S. Embassy & Consulate in the Republic of Korea*, October 31, 2018, https://kr.usembassy. gov/103118-resolution-of-the-department-of-defense-of-the-united-states-of-america-and-the-ministry-of-national-defense-of-the-republic-of-korea/.

"ROK and US Reach Agreement on 10th Special Measures Agreement," *Ministry of Foreign Affairs*, Republic of Korea, February 10, 2019, https://www.mofa. go.kr/eng/brd/m_5676/view.do?seq=320383.

"Sejong the Great Class/KDX-III Class Destroyer," *Naval Technology*, September 28, 2010, https://www.naval-technology.com/projects/sejongthegreatclassd/.

"Under One Flag," *United Nations Command*, https://www.unc.mil/About/About-Us/.

"USINDOPACOM History," *U.S. Indo-Pacific Command*, https://www.pacom. mil/About-USINDOPACOM/History/.

Bae, Jong-Yun, "South Korean Strategic Thinking toward North Korea: The Evolution of the Engagement Policy and Its Impact upon U.S.-ROK Relations," *Asian Survey*, Vol. 50, No. 2 (2010), pp. 335-355.

Chi-dong, Lee, "S. Korea Seeks Synergy between New Southern Policy, Indo-Pacific Strategy," *Yonhap News Agency*, September 13, 2018, https://en.yna. co.kr/view/AEN20180912006000315.

Chung Min, Lee, "South Korea's Strategic Thinking on North Korea and Beyond," *The Asan Institute for Policy Studies*, October 7, 2013, https://theasanforum. org/south-koreas-strategic-thinking-on-north-korea-and-beyond/.

Dalton, Toby and Yoon Ho Jin, "Reading into South Korea's Nuclear Debate," *PacNet*, No. 20 (March 18, 2013), https://csis-website-prod.s3.amazonaws. com/s3fs-public/legacy_files/files/publication/Pac1320.pdf.

Jang, Sungyoung, "How Will 'Defense Reform 2.0' Changes South Korea's Defense? A Closer look at Moon Jae-in's Ambitious Defense Modernization Plan," *The Diplomat*, August 27, 2018, https://thediplomat.com/2018/08/how-will-defense-reform-2-0-change-south-koreas-defense/.

Ji-hye, Jun, "3 Military Systems to Counter N. Korea: Kill Chain, KAMD, KMPR," *The Korea Times*, November 1, 2016, https://www.koreatimes.co.kr/www/news/nation/2016/11/205_217259.html.

Ji-won, Noh, "Defense Ministry Changes Terminology for 'Three-Axis System' of Military Response," *HANKYOREH*, January 13, 2019, https://english.hani.co.kr/arti/english_edition/e_national/878208.html.

Kim, Felix, "South Korea to Strengthen Reconnaissance Satellite Capabilities," *Indo-Pacific Defense Forum*, October 19, 2018, https://ipdefenseforum.com/2018/10/south-korea-to-strengthen-reconnaissance-satellite-capabilities/.

Kim, Jina, "Military Considerations for OPCON Transfer on the Korean Peninsula: Military Consideration, not Political Aspirations, Should Guide the Transfer," *Council on Foreign Relations*, March 20, 2020, https://www.cfr.org/blog/military-considerations-opcon-transfer-korean-peninsula.

Ministry of National Defense Republic of Korea, *2018 Defense White Paper* (Seoul, ROK: Ministry of National Defense, June 2019).

Ministry of National Defense Republic of Korea, *2020 Defense White Paper* (Seoul, ROK: Ministry of National Defense, June 2021).

Ng, Jr, "South Korea Pushes Indigenous Military Space Development," *Asian Military Review*, September 17, 2021, https://www.asianmilitaryreview.com/2021/09/south-korea-pushes-indigenous-military-space-development/.

Park, Dong-Joon and Danielle Chubb, "Why Dokdo Matters to Korea: The Dispute over Dokdo/Takeshima Is about More than Geography for South Koreas. It's about National Identity," *The Diplomat*, August 7, 2011, https://thediplomat.com/2011/08/why-dokdo-matters-to-korea/.

Solomon, Jay, "Seoul Seeks Ability to Make Nuclear Fuel," *Wall Street Journal*, April 3, 2013, https://www.wsj.com/articles/SB10001424127887324883604578399053942895628.

Whyte, Leon, "The Evolution of the U.S.-South Korea Alliance," *The Diplomat*, June 13, 2015, https://thediplomat.com/2015/06/the-evolution-of-the-u-s-south-korea-alliance/.

Work, Clint, "The Long History of South Korea's OPCON Debate: President Moon Has Once Again Raised the Issue of Transferring OPCO to South Korea. What Would that Actually Look Like?" *The Diplomat*, November 1, 2017, https://thediplomat.com/2017/11/the-long-history-of-south-koreas-opcon-debate/.

Young-bin, Lee, "The 2021-2025 Mid-Term Defense Plan for the Successful Completion of Defense Reforms and a Strong Innovative Military," *ROK Defense Policy Newsletter*, No. 225 (2020), pp. 1-4.

第（十二）章　北韓的國防戰略：金氏政權的柱石

吳自立、林志豪

壹、前言

國防戰略對國家而言，是保衛國家安全與維繫國家利益的指導思想，亦是國家最高當局對包含軍事、政治、經濟、科技、文化等綜合國家力量各方面活動的基本準則。[1] 國防戰略可成為一個國家生存的主要柱石，在國家生存環境遭到威脅時期尤其明顯。北韓（又稱「朝鮮」）由於其軍事獨裁政權本質，其國防戰略即以軍事發展戰略為核心，支撐其經濟、外交的發展運作來達到維繫政權穩固安全的目的。[2] 北韓因韓半島戰爭造成的國家分裂和以美國為主的西方國家長期經濟封鎖，自金日成建國之始即走向世襲專政軍事獨裁的道路，形成當代獨一無二的金氏王朝政權，北韓因而成為被國際社會孤立的國家。北韓的國防戰略無疑相當於國家大戰略，[3] 牽動著半島和平穩定形式，進而影響地緣戰略態勢的變化，探究北韓的國防戰略，對於預判北韓核武問題和東北亞地區局勢的前景具有重要意義。

就軍事組織而言，北韓是以「朝鮮人民軍最高司令官」兼「黨中央軍事委員長」金正恩為中心建構其軍事指揮體系，下轄「總政治局」、「總參謀部」、「國防省」、「保衛局」、「護衛司令部」等五大單位。「總政治局」負責管理軍隊內部組織政治思想，「總參謀部」負責執行軍事作戰的軍令權，統籌陸軍、海軍、航空與反航空軍、戰略軍、特殊作戰軍等五大兵種。「國防省」對外代表北韓執行軍事外交，對內負責軍需、財務等軍政權。「保衛局」負責北韓國內所有軍事犯罪搜查、預審、處刑等業

1　《國軍軍語辭典》（2003 年修訂本）（臺北：國防大學軍事學院，2004 年）。
2　本文根據「韓國國際廣播電臺」（KBS World Radio）的中文編譯規則，將南北韓政權分別以「韓國」和「北韓」稱呼之。
3　王付東、孫茹，〈經濟建設與北韓戰略路線的調整〉，《外交評論》（外交學院學報），第 3 期（2021 年 3 月），頁 132-154。

務。「護衛司令部」擔任鎮壓政變、為最高指導者與家族成員提供隨扈警戒。[4]

　　本文回顧北韓既往國防戰略路線的演進及動因，以金正恩就任為節點分為兩個部分，分別論述金日成與金正日等二代領導人國防戰略路線的沿襲與演變，進而探討金正恩時代國防戰略的背景與主要內容，同時評估2022年俄烏戰爭和COVID-19疫情對北韓國防戰略的衝擊與對區域態勢的影響。

貳、北韓政權與國防戰略路線發展歷史回顧

　　本節回顧與整理相關文獻，沿歷史發展的時間軸，綜述北韓金氏政權的建立，與關鍵要素軍事能力的演變，闡明北韓民主人民共和國發展成形的脈絡輪廓，再引入維繫國家政權的國防戰略路線的發展過程。

一、國家的建立

　　北韓20世紀的歷史對於瞭解北韓的國家利益和目標至關重要。直到1945年第二次世界大戰結束前，朝鮮半島上一千多年來所延續的一直是單一民族和文化的國體。二戰後的國際政治現實讓半島上的人民又經歷了韓戰的歷程，到1948年，以北緯38度線為界在朝鮮半島南北分別建立了兩個政府：蘇聯支持的「朝鮮民主主義人民共和國」（北韓）與美國支持的「大韓民國」（韓國），各自聲稱對整個朝鮮半島擁有主權，兩國都以尋求最終統一為國家政策目標。[5]

　　北韓第一任領導人金日成的性格、生活經歷和思想對北韓各層面產生深遠的影響。金日成的世界觀和對政權與國家的看法，受到他在中國所受早期學校教育和中國共產黨的思想訓練，以及他作為中國共產黨抗日游擊隊員經歷的影響。二戰期間他在滿洲里接受蘇聯的軍事訓練和進一步的

4　대한민국 국방부，《2020 국방백서》（서울: 대한민국 국방부，2020 年 12 月），頁 23。
5　Homer Hodge, "North Korea's Military Strategy," *Parameters*, Vol. 33, No. 1 (2003/Spring), p. 71.

政治教育，戰時的蘇聯則成為金日成創建北韓政權的典範。金日成早期共黨思想訓練及游擊隊經歷，成為金日成往後在北韓國內的重要政治資本，這種民族主義係以過去從朝鮮王朝末期到日據時代抗日獨立運動思潮所影響，再加上金日成擁有極其豐富的抗日游擊隊經驗，利用歷史仇恨心理，從精神上強調國族的純潔，反對所有外來思想污染，強調游擊隊精神不僅是至高無上的，而且是重建統一朝鮮半島的唯一合法基礎。[6]

　　北韓自 1948 年建國以來，軍事與國防優先政策一直是該國家政權特徵，是該政權戰略文化的一個關鍵要素，維持強大的軍事力量一直是該政權存續的基礎。這種觀點貫穿於金日成與金正日一生的思想，並反映在金正恩的政策、著作和演講中。這種「維持強大軍事力量，維持軍隊忠誠度，提高對外危機意識」的措施也是這三代領導人應對國內嚴重民生經濟危機時的主要工具。[7] 1998 年金日成被推舉為「共和國永遠的國家主席」，並推舉金正日為國家最高領導人，「國防委員長」成為國家實質最高領導職位，進一步強調了將軍隊優先政策為政權生存根本基礎的意識形態承諾。北韓以軍事為主體的國防戰略體現了這一承諾。[8]

二、北韓軍事力量與戰略思維的發展

　　北韓國防戰略發展歷程最早可追溯至抗日戰爭時期的游擊戰理論，其形成之初部分借鑑了蘇聯的軍事思想，發展和完善主要受韓國戰爭、越南戰爭、中東戰爭以及冷戰後幾場局部戰爭的啟示和影響。北韓軍事力量源自 1930 年代的抗日游擊隊和後來的東北抗日聯軍教導旅、朝鮮義勇軍、新四軍、八路軍等共軍單位的朝鮮人，以及在蘇聯紅軍服役的高麗人，他們成為初期北韓軍事力量的架構核心。二戰結束後至韓戰爆發前，北韓一直未形成現代國防軍事戰略理論，1948 年 2 月 8 日在蘇聯軍事指導下，

6　*Ibid.*, p. 72.

7　*Ibid.*

8　和田春樹，許乃雲譯，《北韓 —— 從游擊革命的金日成到迷霧籠罩的金正恩》（臺北：聯經出版，2015 年），頁 228-229。

北韓正式成立制度化的軍事組織 —— 朝鮮人民軍（簡稱人民軍）。為了解放朝鮮半島，北韓人民軍從 1949 年開始的主要任務即是透過計畫、組織和訓練武裝力量達成軍事統一朝鮮半島。北韓軍事的組織、訓練與學說密切反映了當時蘇聯的軍事思想。[9] 北韓人民軍 1950 年 6 月 25 日發動了以武力統一朝鮮半島的軍事行動，直到 1953 年 7 月 27 日南北韓簽訂軍事停戰協定才停止軍事行動。韓戰結束後北韓開始進行國家重建工作，最初以經濟重建為首要任務，軍事建設次之，隨者經濟的改善，北韓人民軍到 1958 年中已恢復戰備水準，1960 年北韓人民軍部隊規模已達約 43 萬人。[10] 韓戰結束前的北韓以軍事戰略為主，韓戰結束以後才開始推動在政權安全為前提下，支持經濟民生發展的國防戰略路線。

參、北韓國防戰略路線的演變：經濟與軍事權重的交疊

　　觀察北韓自建國以來，隨國內外形勢的變化，會在特定時期推出具有北韓政權特色的戰略路線，以凝聚全黨、全國人心，聚焦核心目標。金氏家族藉灌輸「白頭山革命血統」思想，長期執掌國家政權，其戰略路線往往具有全域性和長期性，對於外界判斷北韓的戰略意圖和政策重點具有指標作用。[11]

一、2011 年以前戰略路線的演變

　　北韓迄今明確提出的戰略路線共有四條，自 1960 年代中期至 2011 年，北韓實行過二條戰略路線。這二條戰略路線雖有一定區別，但具有很大的共通性，都將軍事建設放在最重要的位置，為了軍事甚至不惜犧牲經濟發展。

9　和田春樹，前揭書，頁 64。

10　Homer Hodge, *op. cit.*, p. 75。

11　和田春樹，前揭書，頁 202-204；Bryan Lisman, "North Korea's Grand Strategy," *Foreign Policy Blogs*, October 13, 2017, https://reurl.cc/e6gkdQ。

（一）金日成「經濟與國防並進」路線（1966～1994）

　　1950 年代，北韓主要進行戰後經濟重建和社會主義改造，並未明確提出戰略路線，主要是因為韓戰期間，中國曾多次強行主導軍事作戰計畫，引起北韓不滿。戰後又因為勞動黨內派系鬥爭，導致「宗派事件」，黨內延安派、蘇聯派先後被金日成肅清，使得中蘇兩國直接出手介入干預，引起金日成對中蘇兩國的戒心。再加上中國人民志願軍於 1958 年底全部撤離北韓之後，留下相當龐大的防務空缺，迫使金日成決心把國防政策放在優先路線。[12] 在此同時，自 1960 年代起，韓美《共同防禦條約》與《美日共同合作與安全保障條約》陸續簽署，國際環境對北韓的壓力日益加大，北韓則與中蘇分別締結《相互友好合作互助條約》，構建北方中蘇朝三角同盟，來對抗南方的美日韓安全同盟。[13] 冷戰加劇、第二次柏林危機、古巴飛彈危機以及兩韓嚴重對峙，中蘇分裂更是加劇了北韓的不安。1960 年代中後期，韓國經濟發展速度開始超過北韓，日韓建交、韓國向越南派兵等推動美日韓三邊共助體制強化，北韓的危機意識持續升高。

　　在上述背景下，北韓將主要精力用於建軍和備戰，推動經濟的軍事化、重工業化以及分散化。北韓勞動黨於 1962 年 12 月第四屆五中全會提出「經濟建設和軍事建設的並進路線」。該路線雖名為「並進」，實質上是將軍事建設放在最重要的位置，經濟建設成為次要目標。勞動黨於 1966 年 10 月舉行的第二屆黨代表會議上正式推廣該路線，保持對軍事的高投入，啟動核武與彈道飛彈發展計畫，將軍事經濟與普通經濟的管理體制分開，重心轉向軍事建設。軍事經濟占據了一般國民經濟的大量資源，嚴重限制了民生經濟發展，但是由於當時中國、蘇聯和東歐國家的大量經濟援助，所以北韓初期的經濟計畫大多可以勉強達成預定目標。

　　1970 年 11 月 2 日召開的勞動黨第五屆全國代表大會，針對北韓人民軍未來發展，金日成提出了「四大軍事路線」，也就是「全軍幹部化、全

---

12 현상일，《북한의 국가전략과 파워엘리트》（선인，2011 年 3 月 14 日），頁 73。
13 河凡植，〈北韓的並進路線與對外戰略：持續與轉變〉，《全球政治評論》，第 52 期（2015 年），頁 121。

民武裝化、全軍現代化、全國要塞化」，簡而言之，北韓當時的國防政策主要集中在「理念教育」和「人民動員」，不放棄以武力統一朝鮮半島。金日成當年所提出的「四大軍事路線」之後被編入 1992 年北韓憲法，成為北韓往後軍事國防政策的核心指標，並延續至今。以有限的國防資源，把「小國國防」發揮到最大效果，建構符合北韓自身所需的國防戰略計畫。[14]

　　因此之故，韓戰結束後，美重兵駐韓國並部署戰術核武器，促使北韓決心「擁核自保」，在蘇聯支援下開始祕密研究和發展核武與彈道飛彈項目，[15] 為 1990 年代後的擁核戰略奠定了重要基礎。[16] 在 1960 至 1980 年代，寧邊核子設施初具規模，同時也自行研發系列中短程彈道飛彈。此一時期北韓亦從中國、蘇聯獲得大量無償物資援助、借款和優惠的貿易待遇。北韓自 1980 年代初開始進行放鬆計畫管制、增加市場彈性和經濟組織自主性的改革。

　　「經濟與國防並進路線」使北韓軍事建設得到加強，是世界上軍事色彩最濃厚的國家之一，對韓國具有強烈的攻勢意涵。但該戰略的實施也導致此前表現亮眼的經濟發展速度和整體水準落後於南韓，經濟日益陷入停滯，最終在蘇聯解體劇變後遭遇嚴重危機。

（二）金正日「先軍政治」路線（1994～2011）

　　冷戰結束後，北韓面臨前所未有的內憂外患。在國際上，因韓國「北方政策」外交路線獲得成功，先後與俄羅斯、中國和東歐國家建交。相形

---

14 정영태，《북한의 국방계획 결정체계》（서울: 민족통일연구원，1998 年 2 月 16 日），頁11。

15 北韓曾經於 1985 年宣布加入《核不擴散條約》，但北韓當時未依照規定在加入的十八個月以內簽署《保障協議》（Safeguards Agreement），遲至 1992 年 1 月才正式簽署。即便如此，北韓實際上也未向國際核能組織提出完整的報告，並隱匿數個未告知的核提煉設施，也公開違反《保障協議》，拒絕國際核能組織的特別調查。因此之故，韓美也於 1993 年重新舉行「關鍵決心」（Team Spirit）聯合軍演作為回應，北韓也因此宣布退出《核不擴散條約》，實際上北韓在這段期間從未停止開發核武，也從未有試圖進行廢核的跡象。

16 牧野愛博，林巍翰譯，《金正恩的外交遊戲：你不知的北韓核武真相（北朝鮮核危機！全內幕）》（新北：八旗文化，2018 年 7 月），頁 22-23。

之下，北韓自冷戰結束之後，國際地位漸趨孤立，因此北韓採取「全方位外交」方式，積極與歐洲國家建立經貿關係。[17] 然而，因政治體系的先天限制，實質效果極其有限。1993 年 3 月第一次北韓核武危機爆發，美國與北韓雙方於 1994 年 10 月達成了《日內瓦協議》，但是美國對北韓政策並未發生根本改變。[18] 在國內方面，1994 年金日成突然去世，金正日接掌政權之後，宣布北韓進入三年遺訓統治時期（1994～1997），金正日於 1995 年視察部隊之後，首度提出「先軍革命路線」，將主要資源集中於軍事建設，此時正逢蘇聯解體和東歐國家政權更替，國內同時接連發生嚴重水旱災，使得北韓經濟體系和糧食供應體系瀕臨全面崩潰，迫使北韓發起「苦難行軍」度過難關。

金正日於 1997 年 10 月被推舉為朝鮮勞動黨總書記，正式宣布結束遺訓統治。並在 1998 年 2 月宣布北韓開始「社會主義強行軍」，[19] 開啟「苦難行軍」的序幕。金正日試圖用各種手段方式維持經濟運作，為了獲取外援，北韓曾短暫開放外資企業團體進入北韓，但基於政權穩定考量，最終於 2000 年重新開始加強內部管控，對外提高對中國經濟的依賴，緩解國際孤立的影響。

金正日於 1998 年 8 月 31 日成功發射「白頭山 -1 號（大浦洞 -1 號）」長程導彈之後，發表「強盛大國」路線，依照順序是「思想強國、政治強國、軍事強國、經濟強國」四大目標。為了實現「強盛大國」的目標，開始拉攏元老將領和軍部勢力，[20] 強調「強盛大國建設的勝利，就是先軍政治的價值」，「先軍政治是一種邁向強盛大國的戰略或手段」，[21] 此路線後來被金正恩執政所繼承，並以此發展出新的並進路線，完成「軍事強國」建設，進而到「經濟強國」的最終目標。

---

17 實際上北韓在冷戰結束之後，建交國家大幅增加，當時除了法國以外，北韓已和大部分的歐洲國家建交。

18 和田春樹，前揭書，頁 208-211。

19 〈최후승리의 강행군을 다그치자〉，《로동신문》，1998 年 2 月 16 日。

20 最具代表性的人物是當時的「人民武力部部長兼人民軍總政治局局長吳振宇（1917～1995）」與「國防委員會第一副委員長兼人民軍總政治局長趙明祿（1928～2010）」，他們先後在金日成末期和金正日時期的擔任北韓黨政機構的重要角色，確保金正日順利接班執政。

21 〈북한의 선군정치 추진실태와 향후 전망〉，《치안정책연구소 책임연구보고서》（치안정책연구소，2008 年 12 月 26 日），頁 9，https://reurl.cc/zN04oy。

　　北韓雖然在核武發展達成重要突破，維護了政權穩定，成為蘇聯解體後少數免於被顛覆的社會主義國家之一。但由於北韓持續將主要資源投入軍方和國防領域，又招致國際制裁，民生、經濟非常困難，導致「強盛大國」等經濟發展目標受到阻滯。

　　北韓於 1998 年第十屆最高人民會議一次會議修改憲法，將國防委員會委員長確定為「國家的最高領導人」，金正日被推舉為國防委員長。軍隊成為國家治理、建設的中心。[22] 於 2009 年，北韓首度將「先軍政治」寫入憲法，提升為政治思想理論，稱為「先軍思想」，獨占「主體思想」解說權，軍隊成為主要統治依據，強化金氏世襲體制正當性，因此該部憲法也被稱為「金正日憲法」。[23] 在金正日統治期間，勞動黨多年未召開全代會、黨代會。黨中央軍事委員會、政治局會議和書記處等機制的作用被國防委員會所代替，透過人民軍總政治局管理軍隊，黨機器在政權決策中扮演的角色逐漸淡化。[24]

　　「先軍思想」在軍事領域主要包括四方面內容：一是突出軍人的優先地位；二是以治軍方式推動全社會工作；三是優先保障國防支出；四是用軍人精神凝聚國民。金正日稱，「在革命運動史上第一次提出先軍後工的思想，把人民軍隊視為革命的核心部隊、主力軍」，「先軍政治的獨創性就是以人民軍隊為核心和主力的政治」。先軍路線最突出的表現是，北韓冒著被制裁的壓力優先發展核武與彈道飛彈，共進行了兩次核子試驗和多次彈道飛彈試驗。經濟上，北韓實行「先軍時代經濟建設路線」，國民經濟服務和從屬於國防，經濟發展受到影響。[25]

　　簡而言之，金正日在其執政期間，北韓的國防政策是以「遇強則強，以牙還牙」[26] 為主要路線，在國民經濟始終處在嚴重困難的局面下，仍繼

22 和田春樹，前揭書，頁 228-229。

23 박정원，〈북한의 2009 년 개정헌법의 특징과 평가〉，《헌법학연구》，第 15 卷第 4 號（2009 年 12 月），頁 260，https://reurl.cc/m3a4mj。

24 和田春樹，前揭書，頁 230-231。

25 王付東、孫茹，前揭文，頁 138。

26 原文為「강박에는 강타로, 응진에는 징벌로」，意思為「用強打代替強迫，用逞罰代替逞戒」，該論述是源於 2003 年 1 月 12 日《勞動新聞》社論，該篇社論闡述了金正日的對美路線和基本態度，以強硬姿態回應美國的非核立場和制裁。這可以和金正恩的「強對強，正面對決」互做比較。原文參見〈강박에는 강타로, 응징에는 징벌로〉，《로동신문》，2003 年 1 月 12 日。

續維持龐大的軍事力量和前重後輕的進攻性部署態勢。同時積極尋求實現擁核目標，努力發展中遠程飛彈，擴充特種部隊，並把大量遠程火炮部署在可覆蓋南韓首都的前線陣地上。

二、2013 年以後金正恩戰略路線的演變

　　2011 年金正日去世後，繼任的金正恩面臨非常嚴峻的國內外環境。在國際上，面對美國、南韓持續的高壓，北韓仍缺乏足夠軍事威懾力來維護政權安全。在內政方面，由於金正恩就任之前僅有五年接班準備期，所以金正恩於 2012 年執政初期是以金正日的施政路線為基礎，維持一定程度的先軍政治體系，在經過多次鬥爭與整肅之後，2013 年隨即展開新一輪的戰略路線，金正恩於 2013 年 1 月 1 日首度親自發表新年演講，當中提出以「金日成—金正日主義」為基礎的「強盛國家建設路線」，主要可以分為國防和經濟兩個層面，簡而言之，就是以「富國強兵」為目標的施政路線。在國防領域裡，金正恩認為「軍力就是國力，在強化軍事力量的道路上，有強盛國家，也有人民的安寧與幸福」，「國防工業部門必須要完成可以實現黨軍事戰略思想的尖端武器裝備，實現白頭山革命強軍的兵工廠」。在經濟領域裡，他認為「經濟強國建設是社會主義強盛國家偉業當中最重要的課題」，「必須全民、全黨、全國、全軍總動員，在今年可以讓經濟強國建設和提高人民生活獲得決定性的轉變」，[27] 而這也成了金正恩往後不論是在經濟與核武的並進路線，或是以核武為基礎的經濟優先路線的主要參考根據之一。

（一）金正恩「經濟建設與核武建設並進路線」（2013～2018）

　　金正恩早年在海外的留學經歷開拓其視野，好勝心強，不因循守舊，不希望國家長期落後，將經濟和民生作為自身政績的主要重心，宣示「再

---

27 有關金正恩在 2013 年的新年演講內容，可參照以下連結。〈[전문] 2013 년 북한 새해 신년사〉，《DailyNK》，2013 年 1 月 1 日，https://reurl.cc/xQdy31。

也不讓人民勒緊腰帶生活，要讓他們享受到社會主義的榮華富貴」。[28] 金正恩在處理問題時多採取主動果敢的措施，敢於正視本國經濟發展存在的問題和落後的局面。在發展核武方面，可以邁開大踏步前進，在發展經濟和對外開放方面也不會畏手畏腳。2013 年 3 月 31 日，金正恩在朝鮮勞動黨中央全體會議提出了「經濟建設和核武力建設並進路線」，[29] 為了落實並進路線，北韓強化「唯一領導（領袖）體制」，恢復勞動黨機制的正常運行，金正恩在這段期間重新召開「黨代表大會」和「黨代表者大會」，重整中央軍委人事，大幅撤換高階將領，貫徹全軍幹部年輕化，降低軍方在最高決策中的影響力，提升經濟幹部的比重和位階，改變了過去將主要資源和決策權集中於軍隊的做法。金正恩更在 2015 年的新年賀詞當中，提出了「為了人民軍隊強軍化的軍隊建設戰略路線」，簡稱為「四大戰略路線」，[30] 這是以金日成的「四大軍事路線」為基礎所出的北韓國防發展政策，也就是「政治思想強軍化、道德強軍化、戰法強軍化、多兵種強軍化」，此思維後來也反映在金正恩後續的核武研發、戰略武器研發、大型軍演進行的過程當中，是相當重要的指標。

　　2016 年 6 月 29 日，北韓最高人民會議第十七屆第四次會議提出修憲案，原國防委員會的相關職權被國務委員會取代，與金正日時期「先軍思想」體系分道揚鑣，重新確立北韓為社會主義國家的「黨政軍體制」。

　　金正恩的並進路線一直持續到 2018 年 4 月為止。金正恩在這段期間，集中開發核武應用技術和傳統國防產業、技術強化，並盡可能達到軍民產業能夠互相移轉的水準。主因在於北韓過去對於傳統武器開發和經濟計畫始終未能達到預期目標，效果極其有限，[31] 必須以有限的資源，發揮最大功效。金正恩說，「新的並進路線不會增加軍事費用，而是以很少的

28　西野純也，〈北韓、韓國新政權上臺後的朝鮮半島形勢〉《nippon.com》，2013 年 2 月 6 日，https://reurl.cc/rRYnAk。

29　〈조선로동당 중앙위원회 2013 년 3 월전원회의에서 한 결론〉，《조선의 오늘》，2013 年 3 月 31 日，https://reurl.cc/YXZ74o。

30　〈[전문] 북한 김정은 2015 년 신년사〉，《뉴스 1》，2015 年 1 月 1 日，https://reurl.cc/D3a45Q。

31　조남훈，〈새로운 국가전략노선에 기반한 북한 군수 공업의 변화 및 전망〉，《KDI 북한경제리뷰》，2020 年 2 月 4 日，頁 106，https://www.kdi.re.kr/research/monNorth?&pub_no=16438。

費用就能提高軍事力量（核武能力），從而把主要精力投入經濟建設」，「完成經濟強國建設和提高人民生活是當前我們黨最重要的任務」。[32] 這是因為北韓認為核武力量已經建設完成，相關應用技術也成熟，可作為「準核武國家」的依據，並以此作為解除經濟制裁的談判條件，改善國內經濟。

金正恩在執行初期，有鑑於過去金正日時代貨幣改革失敗的經驗，為了刺激經濟發展，在多個領域進行有限度市場化改革，設置經濟特區，允許地方經營「綜合市場」或「農民市場」，同時大幅提高核武與彈道飛彈導試驗頻率，在金正恩上任執政十年內，北韓進行了四次核子試驗以及上百次短、中、長程飛彈和潛射飛彈試驗，核武技術突飛猛進。而金正日在執政十七年內，才進行了兩次核子試驗和四次長程飛彈試驗。北韓核武器在小型化、實戰化方面取得重大進展，核武數量持續攀升，長程飛彈也接近具備威脅美國本土的攻擊能力，金正恩的並進路線獲得了明顯的突破。

（二）金正恩「經濟優先戰略」路線（2018～2021）

金正恩在 2018 年初宣布北韓已經完善了其核能力。同年 4 月 20 日召開勞動黨七屆三中全會，宣布「經濟建設與核武力建設並進路線的偉大勝利」，將會「集中全力進行社會主義經濟建設和提高人民生活水準的新戰略路線」，並稱這是「里程碑式的國家發展戰略轉變」，宣布「國家經濟五年計畫」，以挽救之前失敗的經濟政策。將在未來五年以內，「實現所有工廠企業的生產正常化和農業的豐收」，長期目標是「高水準實現國民經濟的主體化、現代化、資訊化、科學化，使全體人民享受富裕文明的生活」。[33] 從上述表述看，北韓首次將經濟建設作為重要的戰略目標，建設

---

32 〈金正恩在朝鮮勞動黨中央委員會全體會議上的報告（2013 年 3 月 31 日）〉，《勞動新聞》，2013 年 4 月 1 日。

33 〈조선로동당 중앙위원회 제 7 기 제 3 차전원회의 진행 조선로동당 위원장 김정은동지께서 병진로선의 위대한 승리를 긍지높이 선언하시고 당의 새로운 전략적로선을 제시하시였다〉，《조선중앙통신》，2018 年 4 月 21 日，http://kcna.kp/kp/article/q/78c8df20542ea3227fa34e29c3b4a7bb.kcmsf。

完成的軍事力量成為經濟建設的後盾，與此前優先發展軍事建設的路線有
著本質的區別。

1. 恢復「領袖─黨─政─軍」體制，集中發展經濟加強軍隊管理

　　金正恩執政後，擺脫金正日時代為因應艱苦挑戰的先軍路線，實現黨
政國家機制的正常化，目的在建構以經濟和民生為中心的正常國家體制。
2019 年 4 月，北韓新修訂的憲法，提出了「金日成─金正日主義」，整
合了金日成的「主體思想」和金正日的「先軍思想」等政治思想論述，因
此該部憲法也被稱為「金日成─金正日憲法」。並加入金正恩所提帶有市
場化特點的「社會主義企業責任管理制」和「革命性經營方式」，肯定市
場化改革的有效性和正當性。[34] 即使在河內峰會破裂後，北韓 2019 年底
召開的七屆五中全會仍然宣示，北韓面臨的中心任務是集中全力進行經濟
建設、鞏固社會主義的物質基礎，從先前的謀求對外經濟突破轉為依靠自
力更生的「正面突破戰」實踐途徑。[35]

　　在黨與軍隊關係方面，從金正恩過去對經濟改革內容來看，除了民
生經濟之外，他也加強了以國防軍工事業為主的「第二經濟體系」的掌控
程度，降低軍事將領出身的黨代表人數比例。從 2020 年 8 月開始，在朝
鮮勞動黨底下增設「軍政指導部」，這可能是為了要強化「黨對軍隊的控
制」，取代原本負責作戰規劃的「軍事部」，指導所有軍事行政業務。
根據北韓在 2021 年 1 月新修訂的朝鮮勞動黨章程，明確規定軍隊內部的
「人民軍黨委員會」[36] 等同地方「道黨人民委員會」等級，須接受黨中央
委員會指導（第 48 條）。「總政治局」和下轄各級的「政治部」，皆為
相關黨委員會的執行組織，執行黨的政治事業（第 50 條），刪去「總政
治局具有黨中央委員會直屬單位的同等職權」，削弱總政治局的影響力。
「軍事指揮權」和「國防事業指導權」也重新回歸到黨中央軍事委員會的

34　〈조선민주주의인민공화국 헌법 (2019.4. 개정)〉，《통일법제데이터베이스》，2020 年 2
月 25 日，https://reurl.cc/bE0Zr3。

35　〈朝鮮勞動黨七屆五中全會釋放重大信號〉，《新華網》，2020 年 1 月 2 日，https://reurl.cc/
oQYnZM。

36　人民軍各級單位皆有相對應的政治機構，這裡指的是軍團級的人民軍黨委員會。

手中，強化以金正恩為中心，類似金日成時代的「領袖—黨—政—軍體制」。[37]

　　金正恩在 2021 年 1 月召開的朝鮮勞動黨第八屆代表大會上，並未提出新的戰略路線，而是標示將「補強、整備」改善權力組織結構為重點，恢復原有的總書記制度。北韓效仿中國、越南等國，繼續推進黨政運行的機制化和正常化，並制定了新的經濟發展五年計畫。八大修訂的新黨章規定，確立了黨對軍隊的絕對領導。[38]

2. 軍隊和國防工業資源投入民生經濟建設

　　金正恩在 2019 年新年賀詞中強調，國防工業部門應集中一切精力建設經濟的戰略路線。[39] 同年 2 月 8 日，北韓人民軍建軍七十一週年之際，金正恩強調，「在國家經濟發展五年戰略執行的關鍵年份，人民軍隊應該盡到自己的責任」。軍隊大範圍投入經濟建設成為常態。[40] 2021 年 2 月 8 日，《勞動新聞》發文要求人民軍在大規模建設專案和經濟發展方面發揮引領作用。[41] 軍隊為農業、林業、漁業提供了大量經濟支援，軍工廠開始大量生產民用物品。北韓還在七屆三中全會、五中全會和八大等重要會議上多次強調，大力發展科技、教育事業，加強經濟人才培養，為發展經濟提供動力。

3. 持續發展非對稱戰力建立有效軍事嚇阻力量

　　自建國以來，北韓始終面臨嚴峻的安全環境，不得不把軍事建設放在首位。金正恩時期隨著核武能力快速發展，北韓已擁有實質核嚇阻能

37 이기동，〈김정은 시기 군에 대한 당적 지도와 통제〉，《INSS 전략보고》，No. 141（2021 年 10 月 27 日），頁 11，https://reurl.cc/5peE6q。

38 李成日，〈朝鮮勞動黨八大以後朝鮮的政治經濟形勢分析〉，《世界社會主義研究》，第 6 期（2021 年），https://reurl.cc/leYqlE。

39 〈경애하는 최고령도자 김정은동지께서 하신 신년사〉，《조선의 오늘》，2019 年 1 月 1 日，https://dprktoday.com/great/songun/1225。

40 〈우리 당과 국가，군대의 최고령도자 김정은동지께서 조선인민군창건 71 돐에 즈음하여 인민무력성을 축하방문하시고 강령적인 연설을 하시였다〉，《로동신문》，2019 年 2 月 9 日，http://www.rodong.rep.kp/ko/index.php?strPageID=SF01_02_01&newsID=2019-02-09-0001。

41 〈迎軍 73 週年官媒籲軍隊帶頭建設經濟〉，《東網》，2021 年 2 月 8 日，https://reurl.cc/LMQ3Le。

力。河內峰會後，北韓多次宣稱增強自衛核嚇阻力，八大更宣示未來會發展超大型核彈頭、小型化和戰術化核彈頭、遠程飛彈、高超音速滑翔飛行器、潛射飛彈、核潛艇、軍事偵察衛星、無人機攻擊武器等尖端武器。這種強硬表態主要是為了加大對美國施壓、打破僵局、緩解經濟制裁、爭取外資。「我國人民為擁有維護和平的強大寶劍勒緊腰帶艱苦奮鬥的鬥爭圓滿結束，我們的後代有了能夠過上世上最尊嚴而幸福生活的可靠保證」，實現國家經濟的快速發展、縮小與周邊國家愈來愈大的差距，遂成為更急迫、艱巨的任務。金正恩稱，「在北韓穩定地躍居世界一流政治思想強國、軍事強國地位的當前階段，全黨、全國集中一切力量進行社會主義經濟建設，這就是我們黨的（新的）戰略路線」。[42] 近年來，北韓市場化的快速蔓延已推動該國政府治理、社會生活發生深刻變化，促使北韓開始朝向「國家資本主義」的方向發展，有效控制黨、國家企業和各地方的自主經濟體系，從客觀角度來看，北韓從金正恩時期開始，在經濟建設上確實有所成就。民眾渴望發展經濟、改善生活，但若不因應民眾需求，將會影響政權穩定。金正恩多次強調「人民大眾第一主義」，把發展經濟、改善民生作為新政府的核心要務，顯示出重視民意和輿論的現代治理方式，因應新的社會意識。[43] 同時也不斷地加強黨內宣傳，特別是在疫情發生之後，金正恩曾多次召開基層黨秘書、幹部講習會議，或視察黨內教育機構，加強愛國教育。

綜合上述可以發現，北韓的新戰略路線與此前的三條戰略路線有明顯區別，然而隨者 COVID-19 疫情的衝擊與俄烏戰爭爆發，北韓的國際與國內環境已產生不同的影響，為新戰略路線帶來新的挑戰與機會。

---

42 〈北韓關鍵決策》朝鮮勞動黨三中全會 金正恩報告全文〉，《Yahoo！新聞》，2018 年 4 月 22 日，https://reurl.cc/4pbRZX。
43 〈朝媒連日稱呼金正恩為首領或樹立其獨立執政理念〉，《韓聯社》，2021 年 11 月 11 日，https://reurl.cc/GEGrkd。

肆、北韓國防新戰略與政權維繫

一、影響北韓經濟優先戰略路線主要因素

　　北韓的國際環境隨著美中蘇戰略競爭日益加劇而改觀。自 2018 年以來，中美戰略競爭日益加劇，兩國在北韓核武問題上的合作幾乎停滯。美國希望能穩住北韓、集中精力應對中國，中國也需要與北韓保持良好關係來減少美國的戰略壓力。這為北韓提供了難得的戰略空間，但是北韓當初推出的「國家經濟發展五年戰略（2016～2020）」並未達成預定目標，經濟反而持續低迷。金正恩也於 2021 年 1 月初召開的第八屆黨大會首次承認未達經濟計畫目標，金正恩為了達成「經濟強國」的政治目標，穩定局勢，除了在當天會議當中公開承認失敗之外，也隨即發表新的經濟計畫，稱為「國家經濟發展五年計畫（2021～2025）」。在八大二中全會會上，金正恩嚴詞指摘內閣制定的經濟增長目標消極保守，顯示出國內對於經濟發展的信心不足。[44] 以下從三方面來觀察影響新戰略路線目標未能達成的相關因素。

（一）軍事與經濟的悖論是北韓國防新戰略路線的困境

　　北韓的國際環境和國內政治促使其長期堅持軍事優先路線，卻為此付出了高昂的經濟和外交代價。北韓戰略重心隨著內外環境的變化而不斷擺盪在軍事與經濟之間，試圖在兩者間維持平衡。然而，國防新戰略路線的重要前提是透過擁核實現國家安全保障，經濟發展則須北韓提出實質性去核武化措施來換取解除國際制裁。

　　在核武問題懸而未決的情況下，北韓經濟發展必然持續受到限制。由於北韓自 2019 年以來多次宣告不會再與美國進行核談判，也表示絕對不會放棄核武，顯示已不對透過擴大對外交往促進經濟發展保持樂觀的意願，反而置重點於從國內發掘經濟發展潛力。勞動黨八大更是強調實行自

44　〈北韓勞動黨召開八屆二中全會 金正恩譴責國家經濟指導機關消極保守〉，《橙 ORANGE NEWS》，2021 年 2 月 9 日，https://reurl.cc/pMp1p4。

立更生經濟和計畫經濟，並加強國家對總體經濟的管控。[45] 然而北韓雖然不斷地修定經濟政策，但是大部分地區的基礎設施和交通運輸系統仍相當老舊，更因為長期發展並進路線的關係，導致國家資源過度集中在國防產業部門，再加上國際經濟制裁始終未能獲得緩解，因此導致金正恩就任之後所推出的第一個經濟計畫最後以失敗告終。

（二）國際局勢演變和新冠肺炎疫情產生不利影響

新冠疫情降低全球的開放度、繁榮度和自由度，加速許多國家推動供應鏈本土化。在前述國際環境下，北韓透過對外開放謀取經濟發展的難度升高，反而對安全的重視程度再度提高。北韓應對新冠肺炎疫情的實踐也加劇了其政策的內傾。2020 年，北韓在春、冬兩季長期執行防疫等級最高的「超特級緊急防疫措施」，大範圍封鎖陸海空等空間和關閉邊境，取得了良好的防疫效果，但也導致北韓的對外貿易和跨國人際往來銳減，使得北韓重新開始加強管控國內經濟體系和社會秩序，減少疫情情造成的衝擊。再加上受到美國為首的多重經濟制裁，使得北韓武器進出口大幅銳減，對外軍事交流管道受到嚴重限縮，相關軍備資源取得管道也大幅受限。北韓雖然目前看似持續穩定發展不對稱戰略武器，但此舉可能會加速惡化經濟與糧食問題。

（三）北韓試圖重啟朝美關係以促進經濟發展

冷戰後，北韓外交的重要目標一直是透過核問題，實現對美關係正常化。北韓在 2018 年新加坡峰會上的主要訴求就是大幅改善兩國關係、實現正常化。儘管隨著北韓積累了更多的核能力，北韓戰略的姿態愈來愈明顯，進一步表現出其對在外交過程中做出讓步的蔑視，北韓的最終目標是成為一個擁有成熟核武技術的國家，並將其能力貨幣化成為談判籌碼。外界認為北韓的戰略概念最終目標是通過核訛詐，來獲得財政或外交回報，

---

45 〈朝鮮勞動黨八大釋放多重信號〉，《新華社》，2021 年 1 月 13 日，https://reurl.cc/m3p3Z7。

對此北韓並不屑一顧。北韓甚至可能利用國際社會持有的這種看法來混淆其從朋友和敵人那裡獲得有利的援助的真實動機。金正恩政權也從 2012年開始便持續對外公開重申北韓擁有核武器的堅持，並曾表示平壤的核武庫提供了一個「威力強大的寶劍」來支持防禦和攻擊任務。[46]「北韓永遠不會放棄核武器，也不會把核武器作為談判的籌碼。」[47]北韓確實是不可能主動放棄其所有核武器和研發技術，但是作為獲取經濟援助的籌碼的可能性是無法排除的。

北韓自新加坡、河內會談全面失敗之後，朝美關係也每況愈下，2021年美國總統拜登上臺之後，對北韓採取「精準而務實的途徑」（Calibrated, Practical Approach），持續堅持朝鮮半島非核化，並以此為前提，希望北韓「無條件」回歸談判桌。但北韓認為「這是美方所提出的無條件對話，實際上是敵對政策的延長線」，認為美國所提出的廢核條件不符合北韓的國家利益，因此北韓在拜登上任之後，反而持續擴大軍事挑釁規模，迫使美國改變廢核條件。但就目前拜登政府對朝政策的一貫立場，朝美雙方在廢核議題依舊毫無交集的情況下，短期之內應難以重新恢復關係。

二、2022 年烏克蘭戰爭對北韓國防戰略的影響

烏克蘭戰爭為北韓創造了絕佳機會，因為他們知道美國和其他大國會分心。既然北韓已經恢復了洲際彈道飛彈測試，即使俄羅斯在烏克蘭戰事持續並威脅要發動核戰爭，美國仍必須為應對北韓半島潛在衝突可能做好準備，俄羅斯入侵烏克蘭只會加倍北韓領導人金正恩擴大核武庫的決心。根據 1994 年的《布達佩斯備忘錄》（*Budapest Memorandum*），烏克蘭放棄了從蘇聯繼承的核武器，合理推論北韓會認為，如果烏克蘭仍然是一個核武大國，俄羅斯可能就不敢入侵。對於金正恩來說，烏克蘭的經歷只會

---

46 〈金正恩吐真心話：核武才是捍衛和平的安全保障〉，《中時新聞網》，2018 年 4 月 21 日，https://reurl.cc/RX2OYg。

47 〈金正恩：北韓永遠不會放棄核武器〉，《美國之音》，2022 年 9 月 9 日，https://reurl.cc/Zb217Q。

強化他對伊拉克和利比亞慘痛教訓的認知：放棄核武器計畫的國家變得脆弱，領導人面臨被推翻和殺害的嚴重風險。[48]

　　2022 年標誌著金正恩執政的第一個十年，是他父親金正日誕辰八十週年，也是他的祖父金日成誕辰一百一十週年。北韓已進行洲際彈道飛彈測試，新的核武測試傳聞亦甚囂塵上，自上臺以來，金正恩進行了四次核試驗[49] 和百餘次飛彈試驗。金正恩著手發展多彈頭洲際彈道飛彈，增強北韓用核飛彈打擊美國本土的能力，使北韓與中國及俄羅斯成為當前世界上僅有的三個擁有此能力的國家之一。北韓需要擴增核武能力以確保國際社會接受其作為核武器大國，同時為未來與美國的外交建立影響力的戰略目標。巴基斯坦在這方面是北韓的榜樣：1998 年巴基斯坦首次核試驗後，面臨美國和聯合國的制裁，但隨著美國 911 事件之後國際反恐情勢的驟變，美國向巴基斯坦提供了援助。最後，地緣政治環境特別有利於北韓飛彈試驗。俄羅斯在入侵烏克蘭問題上與西方不和，中國國家主席習近平又專注於美國的制裁對國內經濟和政治的影響。在這種情況下，莫斯科和北京都不大可能同意在聯合國安理會對北韓實施額外制裁。

三、北韓國防戰略為政權穩固的柱石

　　北韓的國防戰略路線牽動著半島無核化問題、半島和平穩定以及東北亞地緣博弈的走向。自建國至 2018 年，北韓共明確提出「經濟與軍事並進路線」、「先軍路線」、「經濟與核武並進路線」與「經濟優先戰略」等四條戰略路線，經濟的發展與軍事緊密相連，或以經濟支撐軍事，或以軍事支撐經濟，軍事扮演了政權穩固的積極角色。北韓經濟優先戰略路線的實施仍面臨難以平衡安全與發展、國際環境惡化和美朝國內政治等因素制約。金正恩繼承了前任的革命資歷和漫長的政府任期，將他作為領導人

48　簡恒宇，〈烏克蘭戰爭給北韓的啟示：簽協定不一定保障安全 智庫學者：應重建有效多邊體制〉，《Yahoo！新聞》，2022 年 4 月 29 日，https://reurl.cc/m3pZKj。

49　北韓政權至今（2023）已進行過六次核試驗，其中第一次（2006）、第二次（2009）是在金正日任內進行，其餘四次皆是在金正恩任內進行。

的個人聲望和合法性與維護其父親和祖父的遺產，特別是與維持和完善北韓的核武和飛彈計畫聯繫起來。金正恩提升了這些計畫的重要性和知名度，並將近年來的突破視為他對保衛國家的重大貢獻。

　　北韓官方媒體經常發布金正恩參加飛彈發射的消息，稱讚他是北韓創新和成功的推動力量，稱其核武器是有保障的保護措施，可以抵禦美國針對其政權的軍事攻擊和政權更迭的敵對政策。2022 年 3 月 24 日，金正恩親臨現場指導「火星 -17」型洲際彈道導彈高角度試射全過程。表示新型戰略武器的出現將讓全世界再次清楚地認識朝鮮戰略武裝力量的威力，這將成為彰顯北韓戰略武裝力量的現代性和由此進一步打造對北韓安全的擔保和信賴基礎的契機。[50] 北韓指出，美國和國際上對南斯拉夫、伊拉克、利比亞和敘利亞的干預，以及俄羅斯對烏克蘭的入侵，都證明了核武器對嚇阻敵國攻擊北韓的潛在效益。金正恩持續追求讓北韓成為一個擁有核武器的國家，讓自己的政權看起來是一個成功的政權，使他有能力威懾美國，因應對北韓的任何攻擊。金正恩在 2022 年 9 月 8 日舉行的第十四屆最高人民會議第七次會議上表示：「美國的目的當然是銷毀我們的核武器，最終目的在於迫使我們放下核武器，放棄或降低自衛權行使能力，以便隨時瓦解我國政權。」[51] 北韓對美國本土城市進行核攻擊的威脅可能足以讓北韓打破美國的核保護傘，甚至可能打破韓美聯盟。中國計畫在未來幾十年內成為全球霸主，金正恩需要一些關鍵的力量，可以用以減少中國可能對北韓施加的影響力。金正恩顯然希望將北韓恢復到歷史上如高句麗的北韓王朝所經歷的地區大國地位。

　　為穩固政權，必須要讓民生經濟發展到滿足民生需求，進而創造富裕的社會環境。在風調雨順、大自然環境條件下，如金日成建國初期，全國經濟順利發展一片欣欣向榮，人民感恩戴德，國力蒸蒸日上，然而水能載舟亦可覆舟，荒年時期的到來，國力尚未穩固下，軍事力量對內部可發揮

---

50 〈金正恩：朝鮮要建設更完善、更強大的戰略力量〉，《觀察者網訊》，2022 年 3 月 28 日，https://reurl.cc/3Yj4KR。

51 〈敬愛的金正恩同志在第十四屆最高人民會議第七次會議上發表施政演說〉，《朝中社》，2022 年 9 月 9 日，http://www.kcna.kp/cn/article/q/15f336993bdcb97a22f50fa590e6bc72.kcmsf。

壓制民怨同時投入救災與經濟建設，對外則可以用以作為向國際尋求援助的籌碼。金正恩在朝鮮勞動黨第八屆五中全會上強調自衛權，並重申守護國權上寸步不讓的「強對強、正面對決」的鬥爭原則。因此，對極權國家如北韓，以軍事為核心的國防戰略顯然是穩固金氏王朝政權的最大柱石。[52]

伍、結語

　　對於北韓的政體來說，領導人的性格、世界觀以及對國際事務的認知會對其戰略決策產生重要的影響。歷史上的朝鮮半島國家，鑑於自身的國力和半島的特殊地緣位置，往往需要依賴大國維護本國安全。二戰後，南韓主要依靠美日等盟國友邦發展經濟和保障本國安全，其代價是犧牲本國在國防、外交甚至內政上的部分自主性。而北韓從 1960 年代起就建立了「唯一領導體制」，且一直延續至今。北韓特別警惕盟國如蘇聯、中國等干預本國內政，因而格外強調自主外交，重視政治自主、經濟自立、國防自衛。由於不願意在安全上過度依靠中國、蘇聯，作為中小國家的北韓選擇了代價高昂的不斷強化國防力量的道路，耗費了大量資本應用於經濟發展的資源。基於區域國家間競合與國內政權鞏固基礎的需要，又必須改善內部經濟、民生。對於北韓的國防戰略，外界往往只關注其軍事方面，實際上發展經濟和改善民生始終是其重要目標。

　　另外也可從俄烏戰爆發之後，北韓的應對行為得知，多次對外公開支持俄國的立場，也因此與烏克蘭斷絕外交關係，北韓應是希望藉由此戰爭重新提升朝俄關係，擴大朝俄邊境貿易規模，雖然之前有許多北韓提供軍事援助或彈藥武器的傳聞，但就目前的情況來看，北韓與俄羅斯之間的邊境貿易量應已經大幅提升，或許仍未達疫情之前的規模，然而隨著俄烏戰爭的長期膠著化，朝俄邊境貿易應會持續擴大發展，並持續透過鐵路、海上船舶等方式交易，以規避聯合國制裁。雖目前仍無法得知北韓是否向俄國出口武器彈藥，但俄國已向北韓進口大批糧食，未來更有可能持續擴大

---

52 Jeongmin Kim, "Kim Jong Un Stresses DPRK's Right to Self-Defense Based on 'Power for Power'," *NK NEWS*, June 11, 2022, https://reurl.cc/VDQznA.

「哈桑—羅津」之間的鐵路運輸規模，由於北韓的羅津港對中俄兩國極具戰略價值，同時也是朝中俄三國邊境物流運輸的重要節點，因此北韓很有可能藉此改善國內糧食問題，積極提升在中俄之間的戰略樞紐地位。

　　綜上所述，北韓過度重視軍事的國防戰略存在內在的矛盾。一方面，北韓過度強調安全優先和獨立自主，使經濟民生受到嚴重影響，與周邊國家的差距持續拉大，經濟過度依賴中國，這反過來又加劇了安全憂慮，促使其在軍事領域投入更多資源。另一方面，北韓不斷增強軍事力量，反過來又加劇了地區秩序的緊張對峙，進一步惡化了地緣環境，陷入惡性循環。由於北韓領導人擔心，如果北韓政權採取全面改革，他們將破壞他們的立場。然而，如果不進行重大改革，北韓領導人就會意識到，他們可能會把自己的政權變為歷史的灰燼。平壤可能更害怕發起變革，擔心這種變革會失控，而不是很少或什麼都不做。一個真正的可能性是，北韓的主要戰略目標是建立其大規模殺傷性武器計畫，從事寄生性勒索，並通過武力獲得政治利益。保持軍事實力是該政權的首要任務。北韓的統治者受到歷史、意識形態和民族主義觀念的影響，堅定相信他們不僅會生存下來，而且能夠恢復和振興他們的政權。

　　短期來看，北韓和美國還處於戰略僵持之中，而且烏克蘭戰爭正在加速把北韓推向「朝中俄同盟」的框架當中，朝美雙方在非核化進程和取消制裁方面難以獲得共識，也不排除北韓為了打破僵局，或是迫使美國改變立場，而在軍事領域適度示強，導致半島局勢緊張上升。北韓在 2022 年共進行了多次軍事挑釁行為，其中大部分是中、短程彈道飛彈與戰術導彈試射，[53] 已違反了多項聯合國決議。但是，由於進行核試驗和長程飛彈試射會導致制裁進一步升級，加劇本已嚴峻的經濟民生困難，從近年來的政策實踐來看，北韓在核試驗和長程飛彈試射方面相對謹慎。中長期來看，美國與北韓雙方都有推動談判的動力。對北韓來說，制裁長期延續將阻礙本國經濟民生改善，進而影響政權穩定。在全新的世界體系中，北韓不可

---

53 "North Korean Missile Launches & Nuclear Tests: 1984-Present," *Missile Threat*, April 20, 2017, https://reurl.cc/KQVKxM.

能永遠保持刺蝟般的姿態和原地踏步，最終將打開國門，如果不採取任何改革措施，其經濟會持續惡化，最終威脅到政權的存續。在這種情形下，北韓的國防戰略將會在以確保金氏政權穩固的目標下，持續在建設可信毀滅性懲罰嚇阻軍事能力，與保障國內經濟民生的穩定與發展兩大面向擺盪前行。

參考文獻

一、中文部分

〈北韓勞動黨召開八屆二中全會 金正恩譴責國家經濟指導機關消極保守〉，《橙 ORANGE NEWS》，2021 年 2 月 9 日，https://reurl.cc/pMp1p4。

〈北韓關鍵決策〉朝鮮勞動黨三中全會 金正恩報告全文〉，《yahoo！新聞》，2018 年 4 月 22 日，https://reurl.cc/4pbRZX。

〈迎建軍 73 周年官媒籲軍隊帶頭建設經濟〉，《東網》，2021 年 2 月 8 日，https://reurl.cc/LMQ3Le。

〈金正恩：北韓永遠不會放棄核武器〉，《美國之音》，2022 年 9 月 9 日，https://reurl.cc/Zb217Q。

〈金正恩：朝鮮要建設更完善、更強大的戰略力量〉，《觀察者網訊》，2022 年 3 月 28 日，https://reurl.cc/3Yj4KR。

〈金正恩吐真心話：核武才是捍衛和平的安全保障〉，《中時新聞網》，2018 年 4 月 21 日，https://reurl.cc/RX2OYg。

〈金正恩在朝鮮勞動黨中央委員會全體會議上的報告（2013 年 3 月 31 日）〉，《勞動新聞（北韓）》，2013 年 4 月 1 日。

〈朝媒連日稱呼金正恩為首領或樹立其獨立執政理念〉，《韓聯社》，2021 年 11 月 11 日，https://reurl.cc/GEGrkd。

〈朝鮮勞動黨七屆五中全會釋放重大信號〉，《新華網》，2020 年 1 月 2 日，https://reurl.cc/oQYnZM。

〈朝鮮勞動黨八大釋放多重信號〉，《新華社》，2021 年 1 月 13 日，https://reurl.cc/m3p3Z7。

〈敬愛的金正恩同志在第十四屆最高人民會議第七次會議上發表施政演說〉，《朝中社》，2022 年 9 月 9 日，http://www.kcna.kp/cn/article/q/15 f336993bdcb97a22f50fa590e6bc72.kcmsf。

王付東、孫茹，〈經濟建設與北韓戰略路線的調整〉，《外交評論》，第 3 期（2021 年 3 月），頁 132-154。

西野純也，〈北韓、韓國新政權上臺後的朝鮮半島形勢〉，《nippon. com》，2013 年 2 月 6 日，https://reurl.cc/rRYnAk。

李成日，〈朝鮮勞動黨八大以後朝鮮的政治經濟形勢分析〉，《世界社會主義研究》，第 6 期（2021 年 6 月），https://reurl.cc/leYqlE。

和田春樹，許乃雲譯，《北韓 —— 從游擊革命的金日成到迷霧籠罩的金正恩》（臺北：聯經出版，2015 年）。

河凡植，〈北韓的並進路線與對外戰略：持續與轉變〉，《全球政治評論》，第 52 期（2015 年），頁 117-142。

牧野愛博，林巍翰譯，《金正恩的外交遊戲：你不知的北韓核武真相》（新北：八旗文化，2018 年 7 月）。

國防大學軍事學院，《國軍軍語辭典》（2003 年修訂本）（臺北：國防大學，2004 年）。

簡恒宇，〈烏克蘭戰爭給北韓的啟示：簽協定不一定保障安全 智庫學者：應重建有效多邊體制〉，《Yahoo！新聞》，2022 年 4 月 29 日，https:// reurl.cc/m3pZKj。

二、外文部分

"North Korean Missile Launches & Nuclear Tests: 1984-Present," *Missile Threat*, April 20, 2017, https://reurl.cc/KQVKxM.

〈[전문] 2013 년 북한 새해 신년사〉，《DailyNK》，2013 년 1 월 1 일，https://reurl.cc/xQdy31。（〈〔專文〕2013 年北韓新年詞〉，《DailyNK》）

〈[전문] 북한 김정은 2015 년 신년사〉，《뉴스 1》，2015 년 1 월 1 일，https://reurl.cc/D3a45Q。（〈〔專文〕北韓金正恩 2015 年新年詞〉，*News1*）

〈강박에는 강타로, 응징에는 징벌로〉，《로동신문》，2003 年 1 月 12 日。（〈用強打代替強迫，用逞罰代替逞戒〉，《勞動新聞》）

〈경애하는 최고령도자 김정은동지께서 하신 신년사〉，《조선의 오늘》，2019 年 1 月 1 日，https://dprktoday.com/great/songun/1225。（〈敬愛的最高領導者金正恩同志的新年致詞〉，《今日朝鮮》）

〈북한의 선군정치 추진실태와 향후 전망〉，《치안정책연구소 책임연구보고서》（치안정책연구소，2008 年 12 月 26 日），https://reurl.cc/zN04oy。（〈北韓先軍政治發展狀況與未來展望〉，《治安政策研究所研究報告書》）

〈우리 당과 국가, 군대의 최고령도자 김정은동지께서 조선인민군창건 71 돐에 즈음하여 인민무력성을 축하방문하시고 강령적인 연설을 하시였다〉，《로동신문》，2019 年 2 月 9 日，http://www.rodong.rep.kp/ko/index.php?strPageID=SF01_02_01&newsID=2019-02-09-0001。（〈黨與國家最高領導者金正恩同志於朝鮮人民軍創建 71 週年之際訪問人民武力省進行演說〉，《勞動新聞》）

〈조선로동당 중앙위원회 2013 년 3 월전원회의에서 한 결론〉，《조선의 오늘》，2013 年 3 月 31 日，https://reurl.cc/YXZ74o。（〈朝鮮勞動黨中央委員會 2013 年 3 月全體會議結論〉，《今日朝鮮》）

〈조선로동당 중앙위원회 제 7 기 제 3 차전원회의 진행 조선로동당 위원장 김정은동지께서 병진로선의 위대한 승리를 긍지높이 선언하시고 당의 새로운 전략적로선을 제시하시였다〉，《조선중앙통신》，2018 年 4 月 21 日，http://kcna.kp/kp/article/q/78c8df20542ea3227fa34e29c3b4a7bb.kcmsf。（〈朝鮮勞動黨中央委員會第七屆第三次全體會議，朝鮮勞動黨金正恩委員長提出並進路線的偉大勝利宣言〉，《朝鮮中央通信》）

〈조선민주주의인민공화국 헌법 (2019.4. 개정)〉，《통일법제데이터베이스》，2020 年 2 月 25 日，https://reurl.cc/bE0Zr3。（《朝鮮民主主義人民共和國憲法》（2019.4 修正），統一法制資料庫）

〈최후승리의 강행군을 다그치자〉，《로동신문》，1998 年 2 月 16 日。（〈抓緊最後的強行軍〉，《勞動新聞》）

Hodge, Homer, "North Korea's Military Strategy," *Parameters*, Vol. 33, No. 1 (2003/Spring), p. 71.

Kim, Jeongmin, "Kim Jong Un Stresses DPRK's Right to Self-Defense Based on 'Power for Power'," *NK NEWS*, June 11, 2022, https://reurl.cc/VDQznA.

Lisman, Bryan, "North Korea's Grand Strategy," *Foreign Policy Blogs*, October 13, 2017, https://reurl.cc/e6gkdQ.

대한민국 국방부，《2020 국방백서》（서울: 대한민국 국방부，2020 年 12 月）。〔大韓民國國防部，《2020 國防白書》（首爾：大韓民國國防部，2020 年 12 月）〕

박정원，〈북한의 2009 년 개정헌법의 특징과 평가〉，《헌법학연구》，第 15 卷第 4 號（2009 年 12 月），https://reurl.cc/m3a4mj。〔朴正元，〈北韓的 2009 年憲法修正之特徵與評估〉，《憲法學研究》，第 15 卷第 4 號（2009 年 12 月）〕

이기동，〈김정은 시기 군에 대한 당적 지도와 통제〉，《INSS 전략보고》，No. 141（2021 年 10 月 27 日），https://reurl.cc/5peE6q。〔李基棟，〈金正恩時期黨對軍隊的指導與控制〉，《INSS 戰略報告》〕

정영태，《북한의 국방계획 결정체계》（서울: 민족통일연구원，1998 年 2 月 16 日）。〔鄭英泰，《北韓國防計畫與決策體系》（首爾：民族統一研究院，1998 年 2 月 16 日）〕

조남훈，〈새로운 국가전략노선에 기반한 북한 군수 공업의 변화 및 전망〉，《KDI 북한경제리뷰》，2020 年 2 月 4 日，https://reurl.cc/jRq07n。〔趙南勳，〈新國家戰略路線為基礎的北韓軍需工業之變化與展望〉，《KDI 北韓經濟觀察》〕

현상일，《북한의 국가전략과 파워 엘리트》（서울: 선인，2011 年 3 月 14 日）。〔玄相一，《北韓的國家戰略與核心菁英》（首爾：善仁，2011 年 3 月 14 日）〕

第 ⑬ 章　新加坡的國防戰略：邁向「第四代武力」*

江炘杓

壹、前言

　　新加坡是一個典型的城市國家，1965 年獨立後，它在各方面的建設都取得相當亮眼的成績，其各屆領導人將獅城建設成宛如鑲嵌在東南亞區域中心的一顆璀璨明珠。

　　「地緣戰略」（Geostrategy）關係是指相關國家之間在自然地理和地緣環境的基礎上形成利益相關的各種戰略關係……這種關係對國家安全與發展具有根本作用，它是影響和制約戰爭、戰略的重要因素。[1] 星洲地處東南亞，北面柔佛海峽與馬來西亞僅一橋之隔；南面新加坡海峽與印尼的巴丹島相望；向東可進入南中國海；西邊是麻六甲海峽的進出口，素有「東方直布羅陀」和印太「兩洋經濟走廊」之稱；緊鄰的麻六甲海峽被美國列為全球 16 條戰略水道的「扼制點」（Choke Point）之一。

　　綜觀星洲所處的地理環境可歸納出三個地緣戰略特性：第一是地理位置剛好在麻六甲海峽的出入口，具備扼制點作用；第二是獅城位於馬來群島穆斯林人口占世界最多的地區；第三是國土面積太小，約 720 平方公里的土地，缺乏腹地縱深。[2] 新加坡這些地理特性既能為獅城帶來巨大的經濟和戰略優勢，也會引來外部勢力的過度關注甚至干預。[3]

---

*　本文部分內容曾發表於江炘杓，〈新加坡的國防戰略思維〉，《國防情勢特刊》，第 11 期（2021 年 8 月 26 日），頁 74-82。

1　軍事科學院戰略研究部，《戰略學》（北京：軍事科學出版社，2001 年），頁 66。
2　Andrew T. H. Tan, "Singapore's Survival and its China Challenge," *Security Challenges*, Vol. 13, No. 2 (December 5, 2017), pp. 13-14.
3　趙申洪，〈淺論新加坡戰略文化〉，《紅河學院學報》，第 13 卷第 6 期（2015 年 12 月），頁 77。

　　新加坡能夠崛起於東南亞並成為舉足輕重的國家之一，與其土地狹小、資源匱乏，人民普遍感應「驚輸」（Kiasu，閩南語）文化的影響，[4]唯恐輸掉與周邊國家的競爭，連帶也可能會輸掉新加坡人安身立命之所的危機感有關。「驚輸」文化其實是一種「不安全感」產生的作用，此一心理上的焦慮促使新加坡領導人必須籌謀內部力量強大以及外部環境和諧的生存之道。

　　實際上星洲領導人也確實發揮了領頭羊的典範作用，政府採取「自上而下」（Top-Down）的權威性做法，所有政策都由一個小團隊策劃，其決策模式非常類似中國家族企業，創辦人下達指導，經理人予以落實執行。迄今為止，由於經理人表現出超乎尋常的廉潔從公與聰明才智，這套方式運作相當良好，[5]政府各部門的睿智經理人竭盡所能地為新加坡的國家安全與繁榮興盛做出巨大貢獻，彰顯了「政府治理」（Governance by Government）的作用。

　　為維護新加坡安全，相關經理人總是殫精竭慮地擘劃出較適合的國防戰略構想，並且隨著不同時期安全環境的變化而調整。新加坡的國防戰略從獨立初期的「毒蝦戰略」（Poisonous Shrimp Strategy, 1970-1982）到「豪豬戰略」（Porcupine Strategy, 1982-1990），隨著安全形勢的需要，星洲的國防戰略接續向「魚群戰略」（Group Strategy, 1990-2004）、「海豚戰略」（Dolphin Strategy, 2004-2022）和建構「第四代新加坡武裝力量」又稱「第四代國防武力」（4th Gen SAF），不斷變遷轉型，追求安全極致。

　　為了落實這些戰略構想，進入 21 世紀以來，強化雙邊防衛關係以及建立區域安全架構成為新加坡國防政策的重要環節。本文首先介紹新加坡國家安全體制，接著分析星洲國防戰略變遷過程，然後探討其維護國家安全的兩道保險：「嚇阻」（Deterrence）與「外交」（Diplomacy），最後探究其強化雙邊防衛關係以及建立區域安全架構的理念和做法，以清晰呈現新加坡國防戰略的輪廓和內涵。

4　陳玉梅，〈「驚輸」的新加坡人？〉，《遠見》，第 120 期（1996 年 6 月），頁 73。
5　Murray Hunter, "Who Rules Singapore? The Only True Mercantile State in the World," *Geopolitics, History, and International Relations*, Vol. 5, No. 2 (June 2013), p. 102.

貳、國防安全體制

新加坡的國家安全體制主要透過一個「全能政府」（Whole-of-Government, WOG）的途徑，形成強大體系來落實政策、行動協調和能力發展三個關鍵的執行力，肆應危機管理需求。進入 21 世紀以來，愈來愈複雜的危機涉及更多公共服務機構和人員，強有力的領導和官員對全能政府的心態，在促進全能政府和危機管理領域變得更加重要。強大的執行力和以 WOG 為導向的架構運作，奠定新加坡「全能政府」遂行危機管理的基礎。[6] 在 WOG 概念之下，新加坡建立一套「網絡中心」（Hub）的機制來統籌國家安全事務，強化各部會和機構之間的協調聯繫工作。

發揮「全能政府」功能的主要癥結在於「人」，「人」的問題得到解決，整個社會的安全穩定以及武裝部隊和行政部門的效力才能得到保障和鞏固。具體從兩個面向著手：

一方面，透過國民兵役制度培養公民軍隊，從兩種途徑應對外部和內部威脅。第一，建立一支強大的國防力量嚇阻可能的侵略；第二，創造一個跨越種族、階級、宗教和意識形態界限的國家認同，加強社會對不穩定的抗拒能力。

另一方面，新加坡武裝部隊的獎學金計畫吸引學業優秀的新加坡人成為「軍人學者」（Soldier-Scholars），而「雙職業計畫」（Dual-Career Scheme）允許軍人學者被借調到行政部門，連結文職和軍事菁英，形成實質的「軍文融合」（Civil-Military Fusion）。[7] 許多軍人學者進入政界或公部門的高級職位，並發揮影響戰略決策和政策制定的作用。

6　James Low, "Singapore's Whole-of-Government Approach in Crisis Management: An Administrative History, 1974 -2013," paper presented at the 24th IPSA World Congress of Political Science (Poznan: IPSA, July 23-28, 2016), p. 3.

7　Isaac Neo Yi Chong, "The Management of Threats in Singapore: Civil-Military Integration," *Singapore Policy Journal*, January 3, 2020, pp. 13-14, https://spj.hkspublications.org/wp-content/uploads/sites/21/2020/01/SPJ-Submission_IsaacNeo_FINAL.pdf.

　　新加坡基於國家的規模與資源非常有限，以及追求和諧與平等的社會特性，要求星洲必須具備「總體防衛」（Total Defence）的能力。[8]「總體防衛」是一種全面的國家安全概念，必須通過「全能政府」承擔軍事、民事、經濟、社會、數位以及心理安全防衛的責任，相互協調合作，共同應對威脅。[9]「總體防衛」也是 WOG 的責任，督導星洲各個層面共同撐起國家與社會安全的大傘，概要臚列如下：[10]

　　第一，軍事防衛是建構強大的新加坡武裝部隊阻止他國侵略，確保國家安全。

　　第二，民事防衛是組織人民力量維護社會安全，確保於緊急狀況下的人民依然能夠維持正常生活。

　　第三，經濟防衛係透過政府與工商界的密切合作，追求經濟發展，克服經濟危機帶來的挑戰，建立一個具有全球競爭力並能從任何危機中復甦的強大而有韌性的經濟體系，維護國家經濟利益。

　　第四，社會防衛是將時間、精力與資源用在發展國家和社會利益，建構一個和諧與安全的環境，使人民能夠安居樂業。

　　第五，數位防衛的目標是提升獅城每一個人民的數位安全概念，使其成為應對數位安全的第一道防線。

　　第六，心理防衛是強化人民對國家未來發展的承諾、支持和信心。

　　新加坡的「總體防衛」戰略顯示，其安全責任寄希望於每一個獅城人民都能夠在星洲的安全防衛中發揮作用，是一種直接與積極的「全民國防」概念。

8　學術界對於新加坡「Total Defence」的譯名太不一致，往往易使讀者混淆。筆者參照我國國防部關於「全民國防」（All-out National Defense, AOND）、「整體防衛構想」（Over-all Defense Concept, ODC）以及「整合型後勤」（Integrated Logistics）的英文譯名，並參考克勞塞維茨（Carl von Clausewitz）《戰爭論》（On War）中「Total War」（總體戰）的譯名，以及參酌星國國防戰略有關「Total Defence」的精神，認為譯成「總體防衛」既可與我國的「全民」、「整體」、「整合」等名詞區隔，亦符合星國國防戰略的要旨，同時與「總體戰」的譯法一致。

9　Isaac Neo Yi Chong, "The Management of Threats in Singapore: Civil-Military Integration," *Singapore Policy Journal*, p. 9.

10　"What is Total Defence?" *SCDF*, https://www.scdf.gov.sg/home/community-volunteers/community-preparedness/total-defence.

　　新加坡武裝部隊（Singapore Armed Forces, SAF）和國民兵（National Service, NS）具備相當可觀的實力，[11] 為國家安全提供強而有力的保障。1975 年起，中華民國國軍先進邱永安和劉景泉以及多位軍官奉命辦理退伍，前去協助建設新加坡海空軍，[12] 對 SAF 的初期發展做出重大貢獻。

　　獅城領導人李光耀為了解決訓場不足的問題，於同年 4 月與蔣經國簽約，臺灣免費提供新方步兵、砲兵、裝甲兵和特種兵（統稱「星光部隊」）營區和訓練場地，[13] 於很大程度改善新加坡武裝部隊訓場不足的困境。

　　後來，隨著新加坡廣泛拓展軍事外交關係，取得澳洲等十幾個國家提供訓練場，每年經常維持數千名新加坡軍人分散在多個國家訓練，至於新加坡武裝部隊每年參與雙邊和多邊聯合軍事演習，數量之多已經形成常態化。

　　新加坡民防部隊（Singapore Civil Defence Force, SCDF）是執行該國民防計畫的機構，其理念為平時做好準備，才能夠肆應緊急情況，降低損害；其宗旨為培養熟悉生存和保護程序與步驟的公民，熟稔救援服務、水、血液、食物等物資的供給與發放，照顧傷兵、鼓舞前線士氣，落實於平時的訓練、疏散、急救和損害管制，以支持並落實「總體防衛」構想。[14]

---

11 新加坡國民兵制度肇始於 1967 年，類似許多國家的國民兵制度，其成員分布於軍隊、警察及民防部隊，於星國的安全與穩定中扮演重要的角色。

12 邱永安和劉景泉都是馬來西亞華僑，於 1950 年代來臺念軍校。邱永安是海軍官校 40 年班第一名畢業，曾率官兵赴美接艦，為海軍建陽軍艦首任艦長，1975 年退伍赴星擔任第一任海軍司令（1975～1985）；劉景泉為空軍官校 23 期，於臺海空戰中擊落 3 架米格 15，是空軍英雄，少將聯隊長退伍後與新加坡簽約三年，成為第一任空軍司令（1977～1980）。此外，空軍亦有多位飛行員赴新加坡擔任教官，協助軍隊建設及飛行訓練。

13 余潞，〈中新提升防務合作，臺擔心與新加坡「星光計畫」生變〉，《環球網》，2019 年 10 月 20 日，https://taiwan.huanqiu.com/article/9CaKrnKntR8。「星光部隊」在臺訓練時間安排在每年的 5 月至 9 月，步兵、砲兵、裝甲兵和突擊隊定期輪流到屏東恆春基地、雲林斗六基地、新竹湖口基地訓練。臺方免費提供場地，不收租金，「星光部隊」在臺營舍則由新方出資興建，臺方僅提供基地和訓場。然而，星光部隊在新竹新豐坑子口的靶場，近幾年遭到原地主自救會訴訟鉅額求償，雖然目前為止皆遭法院判決敗訴與上訴駁回，不過抗爭的過程可能為訓練帶來不利的影響。在新方已取得其他國家提供廣大的訓練場之下，部分軍隊仍維持在臺訓練主因為訓場免費，而其他國家並不提供免費訓場。

14 "SCDF's Role in Total Defence," *SCDF*, https://www.scdf.gov.sg/home/community-volunteers/community-preparedness/total-defence.

為落實構想，於實務面致力於提高平民面對緊急情況的處置能力，提供人力和物資，加強民眾的民防知識教育、訓練民防技能，使獅城人民於緊急情況下最起碼能夠照顧自己；必要時新加坡民防正規部隊可以在 24 小時內完成動員，應對並緩解緊急事態。星洲的民防制度顯然不是聊備一格，不僅有其正規部隊，還擁有足夠的人力和資源針對戰時或緊急情況建構所需應處力量，於承平時期加強訓練，做好準備，以應不時之需。

從國防戰略的層面觀察，新加坡武裝部隊採取重要的關鍵措施，以保護新國在一個不確定的世界環境中避免受到新的威脅。新加坡武裝部隊刻正採取三項具體途徑建構新一代武裝力量，提升其整體戰鬥能力：第一，加強網路數字情報蒐集與對抗能力，以應對網路攻擊和混合戰爭；第二，將獅城發展成為一個全球尖端軍事科技的參與者，確保星洲國防科技保持世界先進水準；第三，建立新加坡武裝部隊的「聰明智慧城市」（SAFTI City），提供地面部隊、後備部隊和國民兵部隊進行城鎮作戰、反恐作戰以及緊急狀態應變的訓練場。

星洲政府在政策階層設置安全政策審查委員會（Security Policy Review Committee, SPRC），國防、外交和內政部部長為當然成員，以發揮密切協調與合作的功能，確保國家安全層面的指揮與協調順遂；同時預防（或希望防止）資訊隔閡和機構之間非理性競爭，彼此分享專業資訊。例如，公衛和環境部門對於可能威脅國家（環境）安全的相關意見可以在委員會中提出交流。

安全政策審查委員會（SPRC）定期開會指導制定國家安全戰略與政策（Strategy and Policy, S&P），並於總理辦公室（Prime Minister's Office, PMO）之下設置國家安全協調秘書處（National Security Coordination Secretariat, NSCS），它是國家安全戰略階層的領導機構，設置常務秘書（Permanent Secretary, PS）負責國家安全政策規劃及情報協調；同時也是因應非傳統威脅（恐怖主義、嚴重傳染病、自然災害等）的指揮機構，並負責整合各單位打擊恐怖主義威脅、疫情防治以及災害防救。

國家安全協調秘書處之下設置「國家安全協調中心」（National Security Coordination Centre, NSCC）以及「聯合反恐中心」（Joint Counter

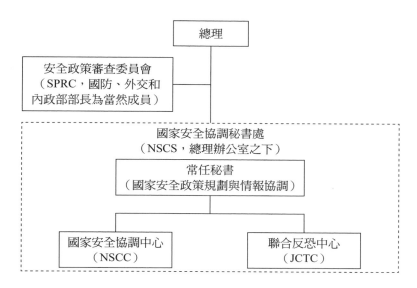

圖 13-1　　新加坡安全政策組織架構

資料來源：Bernard Loo, "Assessing the Structure of the New National Security Strategy," *IDSS Commentaries*, No. 36 (August 27, 2004), p. 1.

Terrorism Centre, JCTC），分別執行政策協調與情報職能工作。[15] 安全政策組織架構如圖 13-1 所示。

參、國防戰略變遷

　　新加坡軍事戰略變遷的四個關鍵變項是周邊安全環境的變化、自身經濟條件的變化、國際規範的變化，以及自我期許的發展願景。在這四個關鍵變項的影響或推波助瀾之下，其國防戰略經歷了五個明顯的變遷階段：

　　第一階段從 1970 至 1982 年，以恐怖平衡為嚇阻目的的「毒蝦戰略」。[16]

15　Bernard Loo, "Assessing the Structure of the New National Security Strategy," *IDSS Commentaries*, No. 36 (August 27, 2004), p. 1.

16　Allen Collins，楊紫涵譯，《東南亞的安全困境》（*The Security Dilemmas of Southeast*）（臺北：國防部史政編譯局，2004 年），頁 171。

　　第二階段從 1982 到 1990 年初發展海、空軍，以延伸防衛縱深為建軍目的的豪豬戰略。

　　第三階段 1990 年初開始，強調融入地區事務，強調與周邊國家團結與合作的魚群戰略。

　　第四階段從 2004 年起轉變為外交政策採取與人為善，軍事政策以建設第三代武裝力量（3G SAF）為目的的海豚戰略。[17]

　　第五階段從 2022 年開始啟動「第四代新加坡武裝力量」（4G SAF），雖然才剛開始，卻是謀定而後動，可以說正在經歷第四次軍事變革。

　　應對戰略環境變化的創新能力是任何軍隊生存的重要先決條件之一，[18] 而星洲軍事戰略變遷剛好得力於新方最高政治決策者的軍事創新思維和能力，以特有的「涓滴式」（Trickle Down）創新治理國防戰略，[19] 即使沒有迫在眉睫的危險，新加坡武裝力量仍然生活在競爭的戰略環境中，使適應能力成為「首要美德」（Prime Virtue）。[20] 因為創新，因此新加坡才能在不同時期的戰略環境之下，不斷調整、適應不同威脅的國防戰略。

　　在呼應新加坡國防戰略的重大轉變中，時任總理吳作棟在 1990 年代提出偏重於外交的「魚群戰略」，促使外交戰略與軍事戰略整合，使得新加坡與許多國家的合作關係不斷深化，簽訂了涵蓋政治、經濟、軍事、科技、資訊等各領域的雙邊和多邊合作協議；獅城同時也是許多國際性組織高峰會、論壇的創始國和主辦國；也是有關國家選擇高層對話的地點之一，這些成果為新加坡的安全發揮了不可替代的作用。因此，置重點於外交政策的魚群戰略亦將在本文與國防戰略的變遷中，按發展的時序分別析論。

---

17 徐子軒，〈新加坡軍隊進化史：「小國國防」的夾縫求生戰略〉，《轉角國際》，2019 年 6 月 20 日，https://global.udn.com/global_vision/story/8663/3863382。

18 Adam N. Stulberg and Michael D. Salomone, *Managing Defense Transformation: Agency, Culture, and Service Change* (Surrey: Ashgate, 2007), p. 3.

19 Evan A. Laksmana, "Threats and Civil-Military Relations: Explaining Singapore's 'Trickle Down' Military Innovation," *Defense & Security Analysis*, Vol. 33, No. 4 (October 2017), p. 348.

20 Colin S. Gray, "Technology as a Dynamic of Defence Transformation", *Defence Studies*, Vol. 6, No. 1 (2006), pp. 29-31.

一、毒蝦戰略

　　新加坡第一任總理李光耀熟諳小國生存之道，在新加坡獨立初期提出「毒蝦戰略」構想，他指出，星洲猶如一條生活在魚群當中的小蝦，在大魚吃小魚，小魚吃小蝦的世界，新加坡必須成為能產生劇毒的小蝦，小魚吃它就會中毒而亡。[21] 它既要與魚群共存，也要能避免被大魚吃掉。「毒蝦戰略」意味獅城雖然只是個城邦小國，卻足以讓侵略者難以吞嚥，當侵略者評估其所付出的代價遠遠超過其所能得到的利益時，將會更認真考慮侵略的風險和代價。

　　「毒蝦戰略」構想在 1970 至 1982 年成為新加坡「總體防衛」戰略的重要支柱，特別強調新加坡武裝部隊必須維持有效的嚇阻力量，隨時備戰便能夠迅速應對國家安全面臨的威脅。[22] 讓其他國家深刻意識不要輕易對新加坡的安全和領土主權採取任何不利的行動，以免得不償失。「毒蝦戰略」成功的基礎在於擁有強大的軍事力量，新加坡武裝部隊因此能夠傳達可信的「嚇阻態勢」（Deterrence Posture）—— 不僅能對侵略者採取迅速果斷的報復，也能夠挫敗敵人的攻勢。[23]

　　足見「毒蝦戰略」實際上是一種「嚇阻戰略」，而新加坡武裝部隊在嚇阻對星洲領土完整以及主權安全的威脅上發揮重要作用，[24] 實證了武裝部隊是嚇阻威脅，維護國家安全的主要力量。「毒蝦戰略」使新加坡成為東南亞首屈一指的戰略和經濟樞紐。澳洲戰略學者甚至因此呼籲政府採取類似姿態，以應對快速變化的地緣戰略環境，[25] 然而，澳洲在與英美等國

21　Diane K. Mauzy and R. S. Milne, *Singapore's Politics under People's Action Party* (London: Routledge, 2002), p. 170.

22　Mohamad Faisol Keling, "The Impact of Singapore's Military Development on Malaysia's Security," *Journal of Politics and Law*, Vol. 2 No. 2 (June 2009), p. 69.

23　Ng Pak Shun, *From 'Poisonous Shrimp' to 'Porcupine'* (Canberra, AU: Strategic and Defence Studies Centre, April 2005), p. 19.

24　Tim Huxley, "Singapore and the Revolution in Military Affairs: An Outsider's Perspective," in Emily O. Goldman and Thomas G. Mahnken (eds.), *The Information Revolution in Military Affairs in Asia* (New York: Palgrave Macmillan, 2004), p. 189.

25　Stephen Kuper, "Taking a Closer Look at Singapore's 'Poison Shrimp' Defence Doctrine," *Defence Connect*, February 11, 2020, https://www.defenceconnect.com.au/key-enablers/5555-taking-a-closer-look-at-singapore-s-poison-shrimp-defence-doctrine.

組成安全合作夥伴關係的「澳庫斯」（AUKUS）之後，顯然已無須再拾人牙慧擷取過時的戰略與政策。

二、豪豬戰略

1982 年，李顯龍擔任新加坡武裝部隊參謀總長的首次演講提到，「毒蝦戰略」是一種自殺或投降的選擇，既無法在新加坡的領土贏得最後勝利，亦無法禦敵於國門之外。新加坡應該向侵略者傳遞一個信號：即便獅城無法抵擋入侵者，但侵略者不僅會付出極大代價，而且無法獲得最終勝利。因此，新加坡必須擺脫「毒蝦」的形象，建立能反擊任何侵略並保護星洲安全的武裝力量。[26]

新加坡的戰略目標呈現一種有效的軍事嚇阻態勢，也就是藉由威脅理論的兩個「子集」（Subset）：透過「報復／懲罰」進行嚇阻以及通過「拒止」（Denial）進行嚇阻。[27] 為了達成這個國防戰略目標，星洲積極建設三軍部隊，以具備一定程度的預警和防衛縱深，在阻止侵略者入侵的同時，也能夠避免自身傷害，其作用就跟長滿尖刺的豪豬一樣，新加坡的國防戰略因此從毒蝦轉變成豪豬戰略。

1991 年，新加坡建立第一個聯合兵種師，將步兵、裝甲兵、戰鬥支援急戰鬥勤務支援部隊整合，以實現「機動力、防護力和火力的協同」；[28]海軍添購飛彈巡邏艦和潛艦；空軍升級戰鬥機並建置陸基防空設施（Ground-Based Air Defence, GBAD）。進入 21 世紀初期，新加坡武裝部隊已經成長為擁有強大陸、海、空軍，基本符合其「豪豬戰略」構想的嚇阻力量。

26　Tim Huxley, *Defending the Lion City: The Armed Forces of Singapore* (Crow's Nest, New South Wales, AU: Allen & Unwin, 2000), p. 57.

27　Bernard Tay, "Is the SAF's Defence Posture Still Relevant as the Nature of Warfare Continues to Evolve?" *Pointer*, Vol. 42, No. 2 (2016), p. 26.

28　"The Singapore Armed Forces," July 28, 2011, http://www.mindef.gov.sg/imindef/mindef_websites/atozlistings/army/microsites/paccpams/abt_spore/saf.html.

三、魚群戰略

　　新加坡深刻意識除需強大武裝力量自保，與人為善的外交戰略也是維護國家安全和地區穩定不可缺少的重要手段。吳作棟執政時期，將新加坡自比為小魚，提出應融入魚群當中的「魚群戰略」。星洲的戰略文化受地緣環境、政治文化和歷史記憶的影響，其政治文化主要揉合儒家思想、平等觀念等歷史記憶……強調地區的團結與合作是新加坡對外戰略的一個重要方向。[29] 在安全上非常重視聯防自保，尋求集體安全。

　　「魚群戰略」即是這種「區域主義」（Regionalism）的產物，[30] 1990年代隨著東南亞安全環境趨於和緩，新加坡與馬來西亞、印尼等鄰近國家的關係並不像表面一樣穩定，以華人為主的獅城位於馬來人環伺的環境中，反華的民族主義情結和歷史恩怨對星洲國防安全環境構成嚴峻挑戰；也會擔心印尼伊斯蘭教團體和菲律賓分離主義組織的恐怖攻擊威脅新國安全，顯示新加坡對次區域可能引發的外來威脅存有極高的安全顧慮，[31] 與人為善的「魚群戰略」成為應對當時外部環境威脅的定海神針。

　　當新加坡與東南亞國家協會（ASEAN，簡稱「東協」）成為一個集團時，任何大國都會有所顧忌；但若獅城缺乏東協的支撐，大國就可能會無視於它。因此，新國將其安全戰略與地區「魚群」緊密地聯繫在一起。[32] 包括與澳洲、英國、馬來西亞和紐西蘭建立聯防關係，也是同樣的理念。不僅如此，星洲認為加入「魚群」還不夠，還要拉住「大魚」── 美國，

---

29 趙申洪，前揭文，頁 77-78。政治文化是指「一個國家中的階級、團體和個人，在長期的社會歷史文化傳統的影響下形成某種特定的政治價值觀念、政治心理和政治行為模式」。參見王惠岩，《政治學原理》（北京：高等教育出版社，2006 年），頁 267。

30 區域主義又稱地區主義，它是一定區域內的若干國家為維護本國與本區域的利益而進行國際合作與交往的總和，是伴隨著區域組織的大量產生以及區域合作實踐的發展而產生的一種意識形態或「思潮」。參見楊青，〈新區域主義：緣起與研究〉，《學習時報》，2004 年 5 月 24 日，版 3。

31 吳東林，〈新加坡國防發展與區域安全〉，《臺灣國際研究季刊》，第 9 卷第 1 期（2013 年春季號），頁 119。

32 隆德新，〈困局與超越：小國危機意識下的新加坡東盟戰略解構〉，《東南亞研究》，第 4 期（2012 年 7 月），頁 31。

所以將美國的軍事存在引入新加坡。[33] 這種廣結善緣的外交戰略逐漸為星洲進入 21 世紀初期結合軍事戰略發展的海豚戰略奠定基礎。

四、海豚戰略

2004 年起，新加坡武裝力量面臨從第二代向第三代轉型的關鍵時刻，「聰明敏捷、機動靈活、能夠迅速規避危險，同時擁有鋒利的牙齒，機動性特強，能夠抵禦強大的掠捕者」的海豚，[34] 被星洲國防部作為建設新型武裝部隊的目標，新國國防戰略因此從「毒蝦」、「豪豬」、「魚群」轉變為更友善、靈活彈性以及身懷絕技的「海豚戰略」。

除了賡續提升三軍的武器裝備能力，結合新型態作戰的需要成立網絡司令部（Cyber Command），應對網路攻擊和「混合戰」（Hybrid Warfare）；成為全球科技發展包括機器人和人工智慧在內的參與者；並且建構新加坡武裝部隊訓練城，[35] 以應對傳統戰爭和恐怖主義。新加坡前國防軍總司令林清耀指出，「第三代武裝力量」具備三種能力：執行更全面的行動、成為一支更有能力和更有效率的戰鬥部隊以及成為新加坡人民永久的競爭優勢。[36]

海豚是很友善的動物，具備非常良好的感知能力，經常可以預先知道威脅而採取迴避或採取集體防禦。「第三代武裝力量」能夠對敵人進行迅速而敏捷的攻擊，就像海豚攻擊鯊魚一樣。因此，第三代武裝力量也尋求能夠在更遠的距離投射兵力，這就需要一支發達的海軍和高質量的戰

---

33 范盛保，〈小國的大戰略 —— 新加坡途徑〉，《臺灣國際研究季刊》，第 9 卷第 1 期（2013 年春季號），頁 82-83。

34 Bernard Loo, "Maturing the Singapore Armed Forces: From Poisonous Shrimp to Dolphin," paper present at the Asia in the New Millennium: APISA First Congress Proceedings (Singapore: Marshall Cavendish Academic, 2004), p. 182.

35 Evan A. Laksmana, *op. cit.*, p. 348. 新加坡於 2019 年開始興建武裝部隊訓練城，第一階段工程將於 2023 年竣工開放新加坡陸軍使用。

36 "3G SAF," *MINDEF*, https://www.mindef.gov.sg/web/portal/mindef/defence-matters/defence-topic/defence-topic-detail/3g-saf.

機，採購德國戰車、法國的拉法葉級（*La Fayette* Class）巡防艦和美國的 F-15SG 戰鬥機，就是基於「海豚戰略」所需要的軍隊建設和發展。

新加坡購置其力所能及的最佳武器，並與相關國家簽訂訓練協議，擁有美國的戰機、德國豹二戰車、法國軍艦、以色列無人機，外界認為星洲的安全防衛非常穩固，但對於一個城市國家來說，並非那麼美好。新加坡隔著柔佛海峽與馬來西亞相望，海峽最窄距離僅 0.75 英里，這意味一旦敵對行動開始，獅城很容易受到砲擊。[37]「第三代武裝力量」結合「交朋友」的軍事外交政策，形塑成海豚戰略，並且成為新加坡於 21 世紀前二十年的國防戰略核心。

五、第四代國防武力建構

2022 年一場俄烏戰爭（Russo-Ukrainian War）給世界各國敲響了警鐘，新加坡也從中得到深刻的啟示。2022 年 3 月 2 日，國防部部長黃永宏在新加坡國會供應委員會（Committee of Supply, COS）指出，隨著網路世界不斷發展，來自數位領域的威脅也愈來愈複雜，數量也愈來愈多，證據顯示國家和非國家實體（例如恐怖組織）在實體和數位領域發動攻擊。

黃永宏強調，新加坡武裝部隊將成立師級規模的「第四軍種」（Fourth Service）——「數位情報軍」（Digital and Intelligence Service, DIS），作為海、陸、空三支傳統武力的補充，數位情報軍將整合 2012 年建立的指管通情（C4I）系統和 2017 年編成的「網絡防衛組織」（Defence Cyber Organisation, DCO），擴大並深化獅城在數位領域的能力，以利於 2040 年實現下一代新加坡武裝部隊（Next Gen SAF）願景。[38]

37　Jonathan Gad, "Poison Shrimp, Porcupines, and Dolphins: Singapore is Packing Some Serious Heat," *Vice*, March 31, 2015, https://www.vice.com/en/article/d3jagq/poison-shrimp-porcupines-and-dolphins-singapore-is-packing-some-serious-heat.

38　Benita Teo, "SAF's Fourth Service to Defend Digital Domain," *Pioneer*, March 2, 2022, https://www.mindef.gov.sg/web/portal/pioneer/article/cover-article-detail/ops-and-training/2022-Q1/02mar22_news1.

　　新成立數位情報軍的任務是專責於數位安全，其目標是發展一支高效和現代化的數位軍隊，使獅城的脆弱性最小化，安全優勢最大化，[39] 協同星洲三軍部隊，維護新加坡的國家安全。隨著國家利益的發展需要，新方規劃 2040 年武裝力量願景，新加坡武裝部隊開始向第四代遞嬗發展。至於新加坡於新時期的國防戰略是否因為下一代武裝力量的形成而改變，可能需視其外交政策是否變化而定。

肆、嚇阻與外交

　　國際體系中的「小國」（Small Power）由於實力不足，能夠迴旋的餘地並不多。小國「很難單靠自己的力量得到安全……國家安全必須依靠其他國家和國際組織共同保障」。[40] 星洲領導人深刻理解決定新加坡安全的因素並不在於獅城本身，其命運係被外部事件的發展所決定；被國際交替上演的繁榮與衰退所決定；既被中國及日本國內事態的發展所決定；也被東京、華府和倫敦的決策所決定。[41]

　　英國聯邦秘書處（Commonwealth Secretariat）指出，小國的安全容易受到一些挑戰，包括軍事和非軍事入侵對小國領土的威脅；對政治安全的威脅，比如以影響小國國家政策為目的的行為以及破壞小國經濟的行動。儘管如此，小國仍可採取一些措施以降低其脆弱性。例如：加強國防實力；與他國簽訂防衛協定；透過經濟成長來鞏固安全；強化內部凝聚力；在雙邊和多邊層面採取完善的外交政策。[42] 而新加坡正是實施這種多面向的安全戰略來確保其國家的生存與發展。

39　Balachander Palanisamy, "Singapore's Military Modernization Program is Ambitious – But Feasible," *The Diplomate*, March 10, 2022, https://thediplomat.com/2022/03/singapores-military-modernization-program-is-ambitious-but-feasible/.

40　Robert Rothstein, *Alliances and Small Powers* (New York: Columbia University Press, 1968), p. 29.

41　C. M. Turnbull, *A History of Modern Singapore* (Labuan: NUS Press Ltd., 2005), p. 137.

42　Commonwealth Secretariat, *Vulnerability: Small States in the Globalised Society* (London: The Secretariat, 1985), p. 23.

　　新加坡的國家安全戰略不可避免地受到獅城所處地理位置的影響，其國防政策著眼於強化嚇阻和外交兩塊基石，[43] 它們也是鞏固星洲國家安全的兩道保險。嚇阻是新國生存發展的根本戰略，外交則是穩定周邊秩序的交往戰略；前者主要透過軍事現代化加快第三代武裝部隊、反恐力量以及網路防衛建設的腳步，並繼續追求第四代武裝部隊建設，使其軍事力量與其國家發展相適應；後者則經由參與、溝通和建置國際組織，落實「魚群戰略」構想。

一、嚇阻

　　新加坡武裝部隊建立嚇阻力量的具體步驟，反映在落實「軍事事務革新」（Revolution in Military Affairs, RMA）的現代化進程，其成功的要件取決於軍文關係的一致性以及應對威脅多樣性的能力。[44] 由於新國人對其國家安全具有高度的敏感性，積極尋求擺脫「安全困境」（Security Dilemma）的束縛，始終是其國防戰略的重中之重。

　　憑藉更縝密的戰略思維、更前瞻的戰略理念、更先進的武器裝備、更優化的軍事訓練、更具戰鬥力的軍隊以及更有意志力的戰略決策，塑造對自身更有利的全球、地區與周邊的安全環境，促使新國於平時和戰時應對威脅與危險的過程中，逐漸形成獨具小國特色的國防戰略。[45]

　　新加坡國防政策的第一塊基石—「嚇阻」—主要是透過國民兵制度和「總體防衛」構想，以及對國防開支採取謹慎和穩定的方法，發展一支強而有力的武裝部隊，並建設一個有韌性的新加坡。第二塊基石—「外交」—主要是與地區和世界各地的國防機構和武裝力量建立廣泛的互動與合作，維持穩定而友好的交往關係。[46]

---

43 "Defence Policy and Diplomacy," *MINDEF*, https://www.mindef.gov.sg/web/portal/mindef/defence-matters/defence-topic/defence-topic-detail/defence-policy-and-diplomacy.

44 Evan A. Laksmana, *op. cit.*, p. 348.

45 "Lunch Talk on 'Defending Singapore: Strategies for a Small State' by Minister for Defence Teo Chee Hean," *News Release*, Ministry of Defence, Singapore, April 21, 2005, p. 1, http://www.nas.gov.sg/archivesonline/data/pdfdoc/MINDEF_20050421001_1.pdf.

46 "Defence Policy and Diplomacy," *MINDEF*, https://www.mindef.gov.sg/web/portal/mindef/defence-matters/defence-topic/defence-topic-detail/defence-policy-and-diplomacy.

　　由於新加坡缺乏防禦縱深，任何爆發於星洲的戰鬥都會對自身造成嚴重破壞，因此新國國防戰略特別強調嚇阻，首須遏制任何侵略的意圖，一旦嚇阻失敗，即須傾盡全力並發揮決定性的作用擊敗入侵之敵。新加坡的嚇阻戰略係根據「總體防衛」構想來確保國家的生存與安全，[47] 建立一支強而有力、足以遂行保護國家的任務以及適應性堅強的武裝力量，[48] 乃為發展嚇阻能力的首要之務。

　　基於 1980 年代內外部安全環境的實際需要，新加坡國防部建構軍事、民事、經濟、社會和心理防衛五根支柱，並積極強化和落實。隨著網路威脅愈來愈嚴重，遂於 2016 年將「數位防衛」（Digital Defence）正式納入，成為新國「總體防衛」構想的第六根支柱。這六根支柱的意義顯示，新加坡國家安全並非僅僅寄託於軍事階層，而是依賴全民總力的無間配合與相互支撐，是一種真正的「全民國防」。

　　新加坡的軍事現代化建設以強化嚇阻能力和確保經濟發展需要的穩定環境為目的，並以建設一支能立即反應、有效反擊的武裝部隊為目標。由於組織結構深度「軍文融合」的結果，促使軍隊與政府文官體系的「價值觀、利益和國家目標」高度一致，[49] 凝聚了軍文體系對於追求軍事現代化目標的高度共識。

　　新加坡獨立五十七年以來，其武裝部隊作風始終呈現：（一）一致性（Consistence）：指通過「相容性」（Compatibility）和「相互操作性」（Interoperability）協同所發揮的作用；（二）謹慎性（Caution）：在新國軍事革新的過程顯露無遺，其意義係基於安全需要（Need），而非為了譁眾取寵（Hype）的軍備競賽；（三）連貫性（Coherence）：反映在國防機構定期對戰略戰術進行理論審查、組織結構調整、技術採購以及裝備性能提升。[50] 由於這些實事求是的作風，為新國軍事現代化帶來立竿見影的效果，進一步提高了武裝部隊的軍事嚇阻能力。

47　Tim Huxley, *Defending the Lion City: The Armed Forces of Singapore*, pp. 24-25.

48　吳賽、馬勇，〈新加坡的軍事外交及啟示〉，《東南亞縱橫》（2014 年 7 月），頁 69。

49　T. Y. Tan, "Singapore: Civil-Military Fusion," in M. Alagappa (ed.), *Coercion and Governance: The Declining Political Role of the Military in Asia* (Stanford: Stanford University Press, 2001), p. 278.

50　Samuel Chan, "Developing Singapore's Next-Generation Military," *East Asia Forum*, January 2, 2021, https://www.eastasiaforum.org/2021/01/02/developing-singapores-next-generation-military/.

二、外交

　　新加坡戰略文化的主要內容包括區域主義、大國平衡和外交與嚇阻並重。[51] 其外交戰略主要是奉行區域主義，它是指同一地區之內的各個行為體，基於共同利益而展開地區性合作的全部思想和實踐活動的總稱。[52] 亦即在一個區域內的若干國家為維護本國與區域利益而進行國際合作與交往的行為。

　　新加坡與東協各國建立的東協區域論壇（ASEAN Regional Forum, ARF），於近幾年雖逐漸見到成效，但因東協於成立初期從未想發展為軍事同盟，儘管印尼於 2023 年 9 月主辦東協成立五十六年以來的第一次聯合軍事演習，[53] 東協這個平臺仍不容易發展成一個類似「北約」（North Atlantic Treaty Organization, NATO）的軍事同盟機制。

　　區域參與畢竟有利於建立多邊安全、政治和經濟利益關係，並不僅僅只是專注於雙邊的問題而已。[54] 而且參與有助於增加互信，對話有利於促進瞭解。2018 年北京香山論壇，黃永宏演講內容援引邱吉爾（Winston Churchill）的話：「吵來吵去總比打來打去強」（To jaw-jaw is always better than to war-war），[55] 其態度顯示新加坡奉行交往與對話的原則以及致力營造一個安全環境的立場。

　　新加坡的外交與嚇阻是維護新國國家安全的兩塊基石，但星洲政府一直保持「均勢外交」，在美中大國之間採取均衡政策，維護自己的安全，保障自身的利益；與大國保持正常的對話和合作關係，但不與任一大國結成具有權利義務的同盟，以避免淪為附庸。[56] 除了保持大國平衡之外，獅

---

51 趙申洪，前揭文，頁 78-80。

52 趙華勝，《中國的中亞外交》（北京：時事出版社，2008 年），頁 133。

53 Kate Lamb and Ananda Teresia, "ASEAN to Hold First Joint Military Exercise off Indonesia," *Reuters*, June 8, 2023, https://www.reuters.com/world/asia-pacific/asean-hold-first-joint-military-exercise-off-indonesia-2023-06-08/.

54 Andrew T. H. Tan, "Singapore's Defence: Capabilities, Trends, and Implications," *Contemporary Southeast Asia*, Vol. 21, No. 3 (December 1999), p. 470.

55 Ng Eng Hen, "Minister for Defence Dr Ng Eng Hen's Speech at the 8th Beijing Xiangshan Forum's First Plenary Session," *MINDEF*, October 25, 2018, https://reurl.cc/OAz4ZA.

56 范盛保，〈李光耀的新加坡：意外的國家與絕對的生存〉，《臺灣國際研究季刊》，第 13 卷第 4 期（2017 年冬季號），頁 48。

城亦與印太地區以及世界各地的國防機構和武裝力量保持廣泛的互動和合作，建立密切友好的關係。

此外，新加坡利用外交和軟實力手段尋求其安全關係，並建立一個國際、區域和雙邊關係網。作為一個小群島國，新國意識到如果要在地區和國際上引起關注，讓自己的主權和利益得到尊重，甚至得到海外盟友的捍衛，就必須努力超越自己的實力。[57] 星洲積極尋求與各國建立一個穩固的雙邊關係，其武裝部隊始終與各國軍隊保持密切互動的友好關係，包括互訪、聯合演習以及互相參加對方的軍事訓練、[58] 智庫駐點研究等，以促進相互理解、建立信任，並且推動軍隊間的實質合作，以應對共同的安全挑戰。

新加坡亦尋求建立一個強大、開放和包容的區域安全架構，廣邀各國參與建設性對話，並確保所有利益攸關方在談判桌上都有發言權和席位，以超越對話的形式，透過實際合作共同應對安全上的挑戰。例如：於 2006 年成立東協國防部長會議（ASEAN Defence Ministers' Meeting, ADMM）；並在 2010 年增設東協國防部長擴大會議（ADMM-Plus），將東協十國以及區域內的其他八個主要國家（澳洲、中國、印度、日本、韓國、紐西蘭、俄國和美國等）國防官員聚集起來，[59] 為經驗分享、軍事互訪以及聯合演訓等國防事務建立多項合作平臺，並尋求建立個人於職務上的朋友關係。

創始於 2002 年的「香格里拉對話」（Shangri-La Dialogue, SLD）由英國智庫國際戰略研究所（Institute for International Strategy Studies, IISS）協辦，新加坡國防部主辦，每年 5 月、6 月間在獅城香格里拉酒店舉行，雖僅為期三天，卻始終冠蓋雲集，現已形成一個多邊安全的對話機制。[60]

57　Andrew T. H. Tan, "Singapore's Survival and its China Challenge," *Security Challenges*, p. 15.

58　截至 2016 年，新加坡已與澳洲、汶萊、法國、德國、印度、南非、以色列、紐西蘭、臺灣、泰國、美國等國家進行軍事訓練合作，或提供 SAF 訓場。參見 Euan Graham, *The Lion and the Kangaroo: Australia's Strategic Partnership with Singapore* (Sydney: Lowy Institute for International Policy, May 2016), p. 13.

59　吳尚書，〈東協國防部長擴大會議：不只東南亞的安全架構〉，《Thinking Taiwan／小英教育基金會》，2019 年 12 月 11 日，https://www.thinkingtaiwan.com/content/8006。

60　David Capie and Brendan Taylor, "The Shangri La Dialogue and the Institutionalization of Defence Diplomacy in Asia," *The Pacific Review*, Vol. 23, No. 3 (July 2010), p. 360.

印太地區有關的國防部部長、高級官員、戰略專家和重要人物薈萃一堂，透過非正式對話促進了區域規範的形成，也有利於進一步推動合作的關係。[61]

　　新加坡領導人敏銳地意識到，只有在主權受到尊重以及國家間的互動受到國際制度規範，小國才有生存發展空間。[62] 新國於其力所能及的範圍，以善盡國際責任，為維護國際安全努力做出貢獻的態度，從提供場地與建立平臺、交流和對話中，擴大參與地區事務，尋求安全合作與共識，致力解決跨國安全挑戰所帶來的威脅。例如，2015 年的「馬習會」及2018 年的「川金會」，都選擇於獅城對話。出借場地雖屬小事，卻為促進新加坡的安全發揮了槓桿作用。

伍、雙邊與多邊合作

一、雙邊軍事合作關係

　　新加坡非常重視與大國的安全聯繫，其武裝部隊不僅參與美國舉辦的軍事演習，也與中國進行雙邊聯合軍演。2022 年 6 月 9 日新國國防部部長黃永宏與中國國防部部長魏鳳和在獅城進行首屆星中防長對話，[63] 突顯其在美中之間保持良好平衡關係的做法。

　　星洲於過去十餘年亦與德國、印度、印尼、紐西蘭、越南及其他國家簽定《防衛合作協定》（*Defence Cooperation Agreements*, DCAs）。[64] 然而，這些雙邊的 DCAs 並非「共同防衛」的性質，更多意義體現在和平時期的軍事合作，例如，互相使用對方的港口和機場、提供後勤支援、聯合軍演，甚至通過高爾夫球比賽或卡拉 OK 歌唱等方式建立個人情誼。

61　"Defence Policy and Diplomacy," *MINDEF*.

62　*Ibid.*

63　侯姿瑩，〈星中首屆防長對話：恢復雙邊軍演，加強防衛合作〉，《中央通訊社》，2022 年6 月 9 日，https://www.cna.com.tw/news/aopl/202206090408.aspx。

64　Ho Shu Huang, "Singapore's Defence Policy: Deterrence, Diplomacy and the Soldier-Diplomat," *RSIS*, September 29, 2009, https://www.rsis.edu.sg/rsis-publication/idss/1253-singapores-defence-policy/#.YrqbZXZByUl.

於平時建立良好的軍事合作和個人職務上的互動，戰時雖未必能夠協防，但至少不會是敵人。除前述國家之外，新加坡還與汶萊、法國、以色列、南非、瑞典、臺灣、[65] 泰國和美國等建立防衛上的網絡關係。通過各國提供外交上的多樣性，最大限度地增加新國的選擇性，從而避免小國陷入「恩庇扈從陷阱」（Patron-Client Traps）。[66]

新加坡的對外關係區分為夥伴、特別夥伴、戰略夥伴、全面戰略夥伴和盟友五種不同層次的關係。[67] 新加坡武裝部隊按照不同的外交關係進行不同程度的軍事交流，透過互訪、聯合演習以及參加對方的課程，與其他國家的軍隊進行互動、促進理解、建立信任以及推動軍隊之間的實際合作，應對共同的安全威脅與挑戰。

這種做法的好處是它讓新加坡武裝部隊能夠透過交流向他國軍隊學習、借鑑，並從中受益。新國的軍事外交政策並非尋求與他國結盟，而是希望透過雙邊協定爭取長期的軍事對話，除了正式的交往，新國亦強調建立非官方或個人職務的聯繫關係。如同東協一般，國際組織之所以能夠發揮功能，個人關係的促進作用不宜忽視。

二、多邊安全合作關係

李光耀曾指出，長遠來看，加強地區合作是東南亞區域那些較小的、生存力不強的小國家，能夠在一個由兩三個超級大國稱霸的世界維持其生存的唯一辦法。[68] 在「創辦人」的指導下，新加坡的領導菁英「經理人」透過軍事嚇阻與外交參與兩手策略為其國家安全構築了雙重保險。

---

65 根據澳洲陸軍軍事研究網站「The Cove」評估，新加坡的對臺政策是東南亞國家在最近地區氣氛日益緊張情勢下走鋼絲的例子，儘管臺灣和新加坡的軍事關係仍然很牢固，但有若干跡象顯示，新加坡可能會退出幾十年來的臺印雙邊軍事交流。詳見 "Singapore – Military," *The Cove*, February 18, 2022, https://cove.army.gov.au/article/kyr-singapore-military.

66 Euan Graham, *The Lion and the Kangaroo: Australia's Strategic Partnership with Singapore*, p. 13.

67 駐新加坡代表處經濟組，〈新加坡與印度雙邊關係升格為戰略夥伴國〉，《中華民國臺灣印度經貿協會》，2016 年 6 月 29 日，http://www.taiwan-india.org.tw/newsdetail-456.html。

68 Alex Josey，安徽大學外語系譯，《李光耀》（*Lee Kuan Yew*）（上海：人民出版社，2012 年），頁 62。

新加坡與澳洲、馬來西亞、紐西蘭和英國建立「五國聯防組織」（Five Power Defence Arrangements, FPDA），該組織於新國獨立五年之後的 1971 年成立，是星洲參與為數不多以軍事協防為目的軍事安全組織。FPDA 促進五國於軍事領域緊密合作，整合了指揮管制與集體防衛。獅城不僅盡可能參加多邊安全機制，例如：ASEAN 和 FPDA。同時，新加坡希望該地區能夠超越對話，形成實際合作，以應對共同的安全挑戰。

在形成多邊安全機制之前，先建立安全對話平臺提供各方參與。例如，自 2002 年起，每年舉辦香格里拉對話，提供各國防務部門高階官員、外交和智庫學者一個溝通對話的平臺；並開辦為期四十一週的指揮參謀課程（Command and Staff Course, CSC）提供各國軍官受訓，使得原本可能老死不相往來的國家軍官也有機會在獅城互動。例如，澳洲、汶萊、中國、印度、印尼、韓國、馬來西亞、紐西蘭、泰國、美國和越南等。

除了國防和安全對話平臺之外，新加坡的學術機構，例如：拉惹勒南國際研究學院（S. Rajaratnam School of International Studies, RSIS）和李光耀公共政策學院（Lee Kuan Yew School of Public Policy, LKYSPP），每年也都有外國和新加坡的軍官共同駐點研究和進行對話。[69] 當然，新加坡武裝部隊也派遣軍官到其他國家的軍事學院或智庫受訓、駐點研究和交流。

陸、結語

新加坡的國防戰略從「毒蝦戰略」到「海豚戰略」，再朝向「第四代武裝力量」發展，猶如變形蟲一般，不斷轉型變化，以應對國際安全形勢變化的需要。這些戰略與政策的持續執行不僅顯示新國政府適應不確定性方面的一貫警惕性，而且還促使多年來軍事人力和資本的艱苦卓絕和努力不懈，為新加坡武裝部隊創造一個成長茁壯的「機會之窗」（Windows of Opportunity），[70] 並為獅城建立第四代武裝力量奠定牢靠的基礎。

---

69 Ho Shu Huang, "Singapore's Defence Policy: Deterrence, Diplomacy and the Soldier-Diplomat," https://www.rsis.edu.sg/rsis-publication/idss/1253-singapores-defence-policy/#.YrqbZXZByUl.

70 Pak Shun Ng, "From 'Poisonous Shrimp' to 'Porcupine': An Analysis of Singapore's Defence Posture Change in the Early 1980s," Working Paper No. 397 (April 2005), p. 17.

在主導新加坡國防戰略與時代環境的適應性上，李光耀和李顯龍父子都付出重大心力，也為新國的安全揮灑出濃墨重彩，而後者顯然是歷練過新加坡武裝部隊參謀總長，更能夠為星洲國防安全擘劃合適的道路。例如：以「豪豬戰略」取代李光耀的「毒蝦戰略」。並以第三代武力為發展前景的「海豚戰略」整合吳作棟以外交為導向的「魚群戰略」，讓獅城在東南亞，乃至於全世界，建立溫和卻不可輕易欺侮的形象。

為了追求國家安全，新加坡一直採取國防及外交雙管齊下的戰略與政策。實係深刻體會一味強化武裝，會刺激周邊鄰國軍備競爭的敏感神經而可能反受其害，唯有兼顧與地區國家建立和諧穩定的安全關係，才能夠降低強化國防所帶來的安全困境。不過，新國對於外交與嚇阻有深刻的戰略思考，賦予新加坡武裝部隊的任務是「透過嚇阻和外交手段加強新加坡的和平與安全，如果這些手段失敗，則確保迅速和決定性地戰勝侵略者」。

進入 21 世紀以來，新加坡已經成為世界各主要國家進出印太地區最主要的中繼基地，不僅幫助相關國家有利地延伸了戰略縱深，也成為有關國家在東南亞地區安全利益的樞紐。在內部具有堅強軍事力量做後盾，外部擁有穩定戰略夥伴做支撐的新加坡，將為新加坡人迎來更高的自信和安全感，「驚輸」文化或將因此改觀。新加坡以事實證明，這個在 1965 年 8 月才建立的國家雖然年輕，卻是一個「大國所不敢忽視的小國」，也是一個「雄立於小國當中的大國」。

參考文獻

一、中文部分

Alex Josey，安徽大學外語系譯，《李光耀》（*Lee Kuan Yew*）（上海：人民出版社，2012 年）。

Allen Collins，楊紫涵譯，《東南亞的安全困境》（*The Security Dilemmas of Southeast*）（臺北：國防部史政編譯局，2004 年）。

王惠岩，《政治學原理》（北京：高等教育出版社，2006 年）。

余潞，〈中新提升防務合作，臺擔心與新加坡「星光計畫」生變〉，《環球網》，2019 年 10 月 20 日，https://taiwan.huanqiu.com/article/9CaKrnKntR8。

吳尚書，〈東協國防部長擴大會議：不只東南亞的安全架構〉，《Thinking Taiwan ／小英教育基金會》，2019 年 12 月 11 日，https://www.thinkingtaiwan.com/content/8006。

吳東林，〈新加坡國防發展與區域安全〉，《臺灣國際研究季刊》，第 9 卷第 1 期（2013 年春季號），頁 113-137。

吳賽、馬勇，〈新加坡的軍事外交及啟示〉，《東南亞縱橫》（2014 年 7 月），頁 69-74。

侯姿瑩，〈星中首屆防長對話：恢復雙邊軍演，加強防衛合作〉，《中央通訊社》，2022 年 6 月 9 日，https://www.cna.com.tw/news/aopl/202206090408.aspx。

范盛保，〈小國的大戰略 ── 新加坡途徑〉，《臺灣國際研究季刊》，第 9 卷第 1 期（2013 年春季號），頁 75-94。

范盛保，〈李光耀的新加坡：意外的國家與絕對的生存〉，《臺灣國際研究季刊》，第 13 卷第 4 期（2017 年冬季號），頁 33-55。

軍事科學院戰略研究部，《戰略學》（北京：軍事科學出版社，2001 年）。

徐子軒，〈新加坡軍隊進化史：「小國國防」的夾縫求生戰略〉，《轉角國際》，2019 年 6 月 20 日，https://global.udn.com/global_vision/story/8663/3863382。

陳玉梅，〈「驚輸」的新加坡人？〉，《遠見》，第 120 期（1996 年 6 月），頁 73-76。

隆德新，〈困局與超越：小國危機意識下的新加坡東盟戰略解構〉，《東南亞研究》，第 8 卷第 4 期（2012 年 7 月），頁 27-38。

楊青，〈新區域主義：緣起與研究〉，《學習時報》，2004 年 5 月 24 日，版 3。

趙申洪，〈淺論新加坡戰略文化〉，《紅河學院學報》，第 13 卷第 6 期（2015 年 12 月），頁 77-80。

趙華勝，《中國的中亞外交》（北京：時事出版社，2008 年）。

駐新加坡代表處經濟組，〈新加坡與印度雙邊關係升格為戰略夥伴國〉，《中華民國臺灣印度經貿協會》，2016 年 6 月 29 日，http://www.taiwan-india.org.tw/newsdetail-456.html。

二、外文部分

"3G SAF," *MINDEF*, https://www.mindef.gov.sg/web/portal/mindef/defence-matters/defence-topic/defence-topic-detail/3g-saf.

"Defence Policy and Diplomacy," *MINDEF*, https://www.mindef.gov.sg/web/portal/mindef/defence-matters/defence-topic/defence-topic-detail/defence-policy-and-diplomacy.

"Lunch Talk on 'Defending Singapore: Strategies for a Small State' by Minister for Defence Teo Chee Hean," *News Release*, Ministry of Defence, Singapore, April 21, 2005, p. 1, http://www.nas.gov.sg/archivesonline/data/pdfdoc/MINDEF_20050421001_1.pdf.

"SCDF's Role in Total Defence," *SCDF*, https://www.scdf.gov.sg/home/community-volunteers/community-preparedness/total-defence.

"Singapore – Military," *The Cove*, February 18, 2022, https://cove.army.gov.au/article/kyr-singapore-military.

"The Singapore Armed Forces," July 28, 2011, http://www.mindef.gov.sg/imindef/mindef_websites/atozlistings/army/microsites/paccpams/abt_spore/saf.html.

"What is Total Defence?" *SCDF*, https://www.scdf.gov.sg/home/community-volunteers/community-preparedness/total-defence.

Capie, D. and B. Taylor, "The Shangri La Dialogue and the Institutionalization of Defence Diplomacy in Asia," *The Pacific Review*, Vol. 23, No. 3 (July 2010), pp. 359-376.

Chan, S., "Developing Singapore's Next-Generation Military," *East Asia Forum*, January 2, 2021, https://www.eastasiaforum.org/2021/01/02/developing-singapores-next-generation-military/.

Chong, Isaac Neo Yi, "The Management of Threats in Singapore: Civil-Military Integration," *Singapore Policy Journal*, January 3, 2020, pp. 1-19, https://spj. hkspublications.org/wp-content/uploads/sites/21/2020/01/SPJ-Submission_ IsaacNeo_FINAL.pdf.

Commonwealth Secretariat, *Vulnerability: Small States in the Globalised Society* (London: The Secretariat, 1985).

Gad, J., "Poison Shrimp, Porcupines, and Dolphins: Singapore is Packing Some Serious Heat," *Vice*, March 31, 2015, https://www.vice.com/en/article/d3jagq/ poison-shrimp-porcupines-and-dolphins-singapore-is-packing-some-serious-heat.

Graham, E., *The Lion and the Kangaroo: Australia's Strategic Partnership with Singapore* (Sydney, AU: Lowy Institute for International Policy, May 2016).

Gray, Colin S., "Technology as a Dynamic of Defence Transformation," *Defence Studies*, Vol. 6, No. 1 (2006), pp. 26-51.

Hen, Ng Eng, "Minister for Defence Dr Ng Eng Hen's Speech at the 8th Beijing Xiangshan Forum's First Plenary Session," *MINDEF*, October 25, 2018, https://reurl.cc/OAz4ZA.

Huang, Ho Shu, "Singapore's Defence Policy: Deterrence, Diplomacy and the Soldier-Diplomat," *RSIS*, September 29, 2009, https://www.rsis.edu.sg/rsis-publication/idss/1253-singapores-defence-policy/#.YrqbZXZByUl.

Hunter, M., "Who Rules Singapore? The Only True Mercantile State in the World," *Geopolitics, History, and International Relations*, Vol. 5, No. 2 (June 2013), pp. 88-117.

Huxley, T., "Singapore and the Revolution in Military Affairs: An Outsider's Perspective," in Emily O. Goldman and Thomas G. Mahnken (eds.), *The Information Revolution in Military Affairs in Asia* (New York: Palgrave Macmillan, 2004), pp. 185-208.

Huxley, T., *Defending the Lion City: The Armed Forces of Singapore* (Crow's Nest, New South Wales, AU: Allen & Unwin, 2000).

Keling, Mohamad F., "The Impact of Singapore's Military Development on Malaysia's Security," *Journal of Politics and Law*, Vol. 2 No. 2 (June 2009), pp. 68-79.

Kuper, S., "Taking a Closer Look at Singapore's 'Poison Shrimp' Defence Doctrine," *Defence Connect*, February 11, 2020, https://www.defenceconnect.com.au/key-enablers/5555-taking-a-closer-look-at-singapore-s-poison-shrimp-defence-doctrine.

Laksmana, Evan A., "Threats and Civil-Military Relations: Explaining Singapore's 'Trickle Down' Military Innovation," *Defense & Security Analysis*, Vol. 33, No. 4 (October 2017), pp. 347-365.

Lamb, K. and A. Teresia, "ASEAN to Hold First Joint Military Exercise off Indonesia," *Reuters*, June 8, 2023, https://www.reuters.com/world/asia-pacific/asean-hold-first-joint-military-exercise-off-indonesia-2023-06-08/.

Loo, B., "Assessing the Structure of the New National Security Strategy," *IDSS Commentaries*, No. 36 (August 27, 2004), pp. 1-3.

Loo, B., "Maturing the Singapore Armed Forces: From Poisonous Shrimp to Dolphin," paper present at the Asia in the New Millennium: APISA First Congress Proceedings (Singapore: Marshall Cavendish Academic, 2004), pp. 180-183.

Low, J., "Singapore's Whole-of-Government Approach in Crisis Management: An Administrative History, 1974 -2013," paper presented at the 24th IPSA World Congress of Political Science (Poznan: IPSA, July 23-28, 2016).

Mauzy, Diane K. and R. S. Milne, *Singapore's Politics under People's Action Party* (London, UK: Routledge, 2002).

Ng, Pak Shun, "From 'Poisonous Shrimp' to 'Porcupine': An Analysis of Singapore's Defence Posture Change in the Early 1980s," Working Paper No. 397 (Canberra: National Library of Australia, April 2005), pp. 1-66.

Palanisamy, B., "Singapore's Military Modernization Program is Ambitious – But Feasible," *The Diplomate*, March 10, 2022, https://thediplomat.com/2022/03/singapores-military-modernization-program-is-ambitious-but-feasible/.

Rothstein, R., *Alliances and Small Powers* (New York: Columbia University Press, 1968).

Shun, Ng P., *From 'Poisonous Shrimp' to 'Porcupine'* (Canberra, AU: Strategic and Defence Studies Centre, 2005).

Stulberg, Adam N. and Michael D. Salomone, *Managing Defense Transformation: Agency, Culture, and Service Change* (Surrey, UK: Ashgate, 2007).

Tan, Andrew T. H., "Singapore's Defence: Capabilities, Trends, and Implications," *Contemporary Southeast Asia*, Vol. 21, No. 3 (December 1999), pp. 451-474.

Tan, Andrew T. H., "Singapore's Survival and its China Challenge," *Security Challenges*, Vol. 13, No. 2 (December 5, 2017), pp. 11-31.

Tan, T. Y., "Singapore: Civil-Military Fusion," in M. Alagappa (ed.), *Coercion and Governance: The Declining Political Role of the Military in Asia* (Stanford: Stanford University Press, 2001).

Tay, B., "Is the SAF's Defence Posture Still Relevant as the Nature of Warfare Continues to Evolve?" *Pointer*, Vol. 42, No. 2 (2016), pp. 25-34.

Teo, B., "SAF's Fourth Service to Defend Digital Domain," *Pioneer*, March 2, 2022, https://www.mindef.gov.sg/web/portal/pioneer/article/cover-article-detail/ops-and-training/2022-Q1/02mar22_news1.

Turnbull, C. M., *A History of Modern Singapore* (Labuan: NUS Press Ltd., 2005).

第⑭章　中華民國的國防戰略：以小博大的挑戰*

鍾志東

壹、前言

　　「國防戰略」反映國家政策，為保障國家安全的關鍵方法，事涉國家的防衛與戰略兩項基本要素。就防衛而言，強調的是保護的概念與態勢（Posture），其主要目的在於預防或消除敵人的威脅；就戰略而言，關注的是目標、方法與手段間的平衡互動，其主要目的在於國家力量的創造與運用以落實所設定的防衛政策目標。根據中華民國《國防法》，臺灣國防「以發揮整體國力，建立國防武力」之目的是「保衛國家與人民安全及維護世界和平」，主要內容包含「國防軍事、全民防衛、執行災害防救及與國防有關之政治、社會、經濟、心理、科技等直接、間接有助於達成國防目的之事務」。而國防部對「國防戰略」則定義為，「建設和綜合運用全部國防力量，以達到國家安全目的的藝術與科學。也就是有效運用所有國力，包括政治、經濟、軍事、心理、科技等綜合國防力量，達到維持國家長治久安的目標」。[1]以《中華民國112年國防報告書》為例，就標舉當前中華民國的國防戰略目標為：「一、鞏固國家安全。二、建構專業國軍。三、貫徹國防自主。四、守護人民福祉。五、擴展戰略合作。」[2]準此，將「國防力量」解釋為「所有國力」，其目標則為「國家安全」，臺灣的國防戰略思維其實已不侷限於軍事戰略，相較於西方國家所說的「國家安全戰略」（National Security Strategy）或「大戰略」（Grand

---

* 本文部分內容曾發表於鍾志東，〈臺灣的國防戰略思維〉，《國防情勢特刊》，第 11 期（2021 年 8 月 26 日），頁 11-20。

1 國防部，《國軍軍語辭典》（臺北：國防部，2005 年），頁 2-10。
2 國防部，《中華民國 112 年國防報告書》（臺北：國防部，2023 年 9 月），頁 54，https://www-mnd-gov-tw-hjbndchrewgqbyf0.z01.azurefd.net/newupload/NDR/112/112NDR.pdf。

Strategy），主要的差別則在於目標的設定。[3] 本文擬就中華民國國防戰略
體系、守勢防禦與嚇阻預防的戰略構想、不對稱作戰思維、全民國防理
念、運用國際環境等五個主要面向，來探討當前臺灣的國防戰略思維。

貳、中華民國國防戰略體系現況與檢討

依據《中華民國憲法》、《國防法》、《國防部組織法》與相關國
防法規，中華民國國防戰略是在總統國家安全理念與行政院國防政策指導
下，透過有效運用與建設發展國家綜合力量，包括政治、經濟、軍事、心
理、科技等所有一切國家力量，以保衛國家與人民安全。《國防法》第二
章「國防體制及權責」第 7 條律定：中國民國之國防體制架構，依序由總
統、國家安全會議、行政院、國防部組成；第 8 條在軍政與軍令一元化理
念下，總統行使統帥權指揮軍隊，直接責成國防部部長，由部長命令參謀
總長指揮執行；第 9 條規定：總統為決定國家安全有關之國防大政方針，
或為因應國防重大緊急情勢，得召開國家安全會議；第 10 條明定：行政
院制定國防政策，同時統合整體國力，督導所屬各機關辦理國防有關事
務；第 11 條規定：國防部主管全國國防事務，應依軍政、軍令、軍備專
業功能，負責提出國防政策之建議，並制定軍事戰略。《國防部組織法》
第 2 條規定：國防部掌理「國防政策之規劃、建議及執行」和「國防與軍
事戰略之規劃、核議及執行」。明顯地在臺灣國防體系決策機制上，總統
對國防戰略制定，扮演指導性的關鍵角色，同時擁有最後話語權，其主要
來自《中華民國憲法》第 36 條統帥權規定：「總統統帥陸海空軍。」行
政院雖為國防政策制定機構，但其主要角色在於扮演國家整體資源整合，
而國防政策與戰略的實際規劃與執行單位則由國防部為之。

3　Lawrence Freedman, *The Transformation of Strategic Affairs* (Abingdon, New York: Routledge for the International Institute for Strategic Studies, Adelphi Paper 379, 2006), pp. 8-9; Paul Kennedy, "Grand Strategy in War and Peace: Toward a Broader Definition," in Paul Kennedy (ed.), *Grand Strategies in War and Peace* (New Haven: Yale University Press, 1991); John M. Collins, *Grand Strategy: Principles and Practices* (Annapolis, Maryland: Naval Institute Press, 1973); Richard Rosecrance and Arthur A. Stein (eds.), *The Domestic Basis of Grand Strategy* (Ithaca: Cornell University Press, 1993).

　　臺灣國防戰略反映總統對「國家安全」思維，因此就國防戰略體系位階而言，總統的「國家安全」思維，對「國防政策」、「國防戰略」與「軍事戰略」，具有指導性功能。就「國家安全」定義而言，依據《國家安全會議組織法》第 2 條規定，係指「國防、外交、兩岸關係及國家重大變故之相關事項」，而「國家安全會議」，則為「總統決定國家安全有關之大政方針之諮詢機關」。此外根據國軍軍語的定義，所謂「國防政策」即是「政府為追求國家安全目標時，所採取之廣泛性的行動方向與指導原則」。因此「國防政策」內涵，廣泛包括一切以國防有關的主要措施之決策與指示。此也呼應《國防法》中指稱，國防「以發揮整體國力，建立國防武力」的思維。至於「軍事戰略」則是，「為建立武力，藉以創造運用有利狀況以支持國家戰略之藝術，使在爭取軍事目標時，能獲得最大的成功公算與最有利的效果」。[4] 在「國家戰略」上，目前政府對此仍未予以明確地操作型定義，不過根據廣被採用 1979 年美國國防部對「國家戰略」定義：「在平時和戰時，發展和應用政治、經濟、心理與軍事權力，以達到國家目標的藝術與科學。」[5] 此與我國防部對「國防戰略」的定義看似相同，都強調政、經、軍、心整體國力的運用與發展，不過「國家戰略」與「國防戰略」主要差異在於目標設定，前者強調整體「國家目標」，後者著重聚焦「國家安全」。

　　針對「國家安全」理念實踐為例，陳水扁前總統在其第二任期時指示下，2006 年 5 月 20 日國家安全會議公布《2006 國家安全報告》，這是我國第一本也是目前唯一的一本由總統層級所發布具有政策指導的「國家安全報告」。《2006 國家安全報告》開宗明義表示，「現階段國家安全總體戰略目標，應在於確保國家的『主權尊嚴』、『生存安全』與『繁榮發展』，免於受到國內外的威脅、侵犯與破壞」。其後從國際安全環境以及國家安全的內外威脅分析，據此提出臺灣的九項「國家安全策略」：一、加速國防轉型，建立質精量適之國防武力；二、維護海洋利益，經略藍色

4　國防部，《國軍軍語辭典典》（臺北：國防部，2005 年）。

5　黃煌雄，《臺灣國防變革 1982-2016》（臺北：時報出版社，2017 年），頁 36-37。

國土；三、以「民主」、「和平」、「人道」、「互利」為訴求，推動靈活的多元外交；四、強化永續發展且富競爭力之經濟體；五、制定因應新環境的人口與移民政策；六、落實「族群多元、國家一體」目標，重建社會信賴關係；七、復育國土，整合災害防救體系，強化危機管理機制；八、構築資訊時代的資訊安全體系；九、建立兩岸和平穩定的互動架構。最後以「民主臺灣，永續發展」作為國家整體目標。[6] 有關國防與國家的關係，民進黨在 2013 年 6 月《國防政策藍皮書》曾指出，「國防是國家的防衛，國防與國家是相互建構的」，並表示「國家的存在、自由的社會與人民追求幸福的生活方式，是我國國防所反映並加以保障的臺灣核心國家利益」。[7]

　　就臺灣而言，國防戰略是狹義的國家戰略，國家戰略則是廣義的國防戰略。兩者間關係密切，但在目標上，有著不同的設定與層次。不過可以肯定的是，臺灣的國防戰略體系所涵蓋範圍並非僅限於軍事，除了軍事戰略以外，至少也包括政治、經濟、心理與科技等非軍事戰略領域，強調發揮整體綜合國力，以追求國家長治久安。值得注意的是，由於北京在「一個中國原則」教條主義下，否定中華民國的存在，企圖片面脅迫兩岸統一，改變兩岸分立分治現況，這也讓兩岸國家主權之爭，成為當前臺灣的國家與國防戰略的焦點所在。《中華民國 112 年國防報告書》即揭示四項「國防理念」：一、捍衛國家主權與民主自由價值；二、為國人打造一個不受威脅的安全環境；三、作為國家生存發展的後盾；四、維持區域和平穩定。並據此訂定五項「國防戰略目標」：一、鞏固國家安全；二、建構專業國防；三、貫徹國防自主；四、守護人民福祉；五、拓展戰略合作。[8]

　　主權攸關國家存亡，面對北京的武力脅迫統一，維護中華民國臺灣的國家主權獨立自主，是臺灣國家安全的最核心利益，也是臺灣國防戰略所要守護的首要目標。這就如蔡英文總統於 2019 年視導「漢光 35 號」演

6　國家安全會議，《2006 國家安全報告》（臺北：國家安全會議，2006 年），https://www.mac.gov.tw/public/Data/05271047271.pdf。

7　新境界文教基金會，《國防政策藍皮書第一號報告─民進黨的國防議題》（臺北：新境界文教基金會，2013 年），http://www.dppnff.tw/uploads/20140305225906_6607.pdf。

8　國防部，《中華民國 112 年國防報告書》（臺北：國防部，2023 年），頁 60-62，https://reurl.cc/2EbZla。

習時揭示，「國防最高的目標是，維護國家主權與民主自由」，以及臺灣要展示「國土主權，寸土不讓，民主自由，堅守不退」決心以因應北京威脅。[9]儘管自 1949 年中華民國遷臺迄今，總統對中華民國國家主權範圍認知與兩岸關係互動各有不同，兩者間有著密不可分的連結，這也反映在他們對臺灣國防戰略的規劃。但值得注意的是，自 1979 年臺美斷交後，臺灣國防戰略思維有兩項特色：守勢防禦與嚇阻預防。

參、守勢防禦與嚇阻預防的戰略構想

自 1970 年代起，臺灣國防戰略就採取的「守勢防禦」構想，主要原因有二：優先維護中華民國在臺灣存在的國家政策，以及敵優我劣的不利軍力態勢下避免主動挑起戰端。1954 年《中美共同防禦條約》簽訂後，臺灣安全在美國承諾下，基本上已獲得保障，面對兩岸衝突競爭，可說先立於不敗之地，加以臺灣海峽的天險屏障，臺灣國防戰略有著「進可攻退守」的優勢。但隨著 1971 年退出聯合國，以及 1979 年美臺斷交，臺灣面臨國際孤立，必須以小博大、獨自面對中共的武力脅迫統一。在臺灣的存亡都面臨嚴屬挑戰下，如仍企圖主動採取軍事攻勢作為改變臺海現況，已是不切實際想法，守勢防禦順勢成為臺灣國防戰略的核心思維。其實在臺灣被迫退出聯合國後，蔣經國先生隨即指示參謀本部，從今以後軍事整備要基於防禦態勢考量，不需要再著眼於兩岸統一的軍事準備。[10]

臺灣不挑釁的守勢防禦構想，除了國家政策考量外，也著眼於兩岸軍力不對稱的現實考量。從有形的軍事物質力量觀點，不論在國防預算還是人員裝備的數量上，臺灣都處於敵優我劣的不利態勢。因此臺灣國防戰略一直有「以質勝量」構想，以彌補在數量上的先天劣勢。除此之外，臺灣國防戰略構想，強調精神戰力與作戰概念，據此期望能以少勝多，並充分運用臺灣特有地理優勢，發揮以逸待勞的守勢防禦優勢。克勞塞維茲

9　中華民國總統府，〈總統視導「漢光 35 號」演習彰化戰備道起降實兵操演〉，《中華民國總統府官網》，2019 年 5 月 28 日，https://www.president.gov.tw/NEWS/24415。

10　國史館，《賴名湯先生訪談錄》，（臺北：國史館，1994 年），頁 470。

（Carl von Clausewitz）在《戰爭論》針對攻與守辯證中曾指出，防禦是強於攻擊的戰爭方式，因為防禦是相對的概念，其目的在於先「保存」（Preserve）力量後，並伺機對敵人進行攻擊。[11]《孫子兵法》軍行篇則以「先為不可勝，以待敵之可勝，不可勝在己，可勝在敵。」闡述攻守間，防禦先於攻擊的重要性。此種強調防禦為先的思維，正符合兵力弱採守勢，兵力強採攻勢的戰爭原則，也相較能滿足臺灣國防戰略特殊環境下需求。[12]

在守勢防禦構想的實踐上，臺灣國防的戰略守勢從美臺斷交後著重「守勢防衛」開始，歷經李登輝總統的「防衛固守、有效嚇阻」、陳水扁總統的「有效嚇阻、防衛固守」、馬英九總統的「防衛固守、有效嚇阻」以及現在蔡英文總統的「防衛固守、重層嚇阻」。以《中華民國110年國防報告書》為例，在「防衛固守、重層嚇阻」守勢戰略下，主張「強化固守韌性」，加強相關軍事基礎建設安全，「提升戰力防護與保存，以增進聯合反制與防衛戰力，並結合全民防衛總體力量，利用海峽天塹及地理環境，構築多層次防禦縱深，強化作戰持續力，以達到戰略持久目標」。[13]《中華民國112年國防報告書》則依當前防衛作戰構想與俄烏戰爭經驗，首次提出「縱深防衛」軍事戰略，透過「加速兵力整建」與「增加防衛秘密度」作為，結合「全民防衛機制」，推行「後備動員改革」與落實「強化固守韌性」，以延伸防衛空間，進而強化重層嚇阻機制。[14]

透過嚇阻以預防戰爭爆發，是臺灣守勢防禦國防戰略構想的延伸，其主要思維邏輯在於，如果以寡擊眾的勝算不大，上策的戰略就要能「不戰，而屈人之兵」。沒有國家會在沒勝算下還發動戰爭，所以戰爭爆發的主要原因在於，攻擊方覺得可以透過戰爭為手段達到其政策目的，特別是當攻擊者確定一定能贏，而且戰爭代價在可以接受範圍。以蔣經國總統為

---

11 克勞塞維茲，鈕先鍾譯，《戰爭論精華》（臺北：麥田出版社，2020年9月），頁202-203。

12 國防部，《中華民國108年國防報告書》（臺北：國防部，2019年），頁58。

13 國防部，《中華民國110年國防報告書》（臺北：國防部，2021年10月），頁55。

14 國防部，《中華民國112年國防報告書》，頁64-65。

例，在認知美國安全承諾不可信賴後，為確保臺灣國防能獨自面對中共武裝威脅，積極發展核武建構以寡擊眾的可信賴嚇阻戰力，期能「以核止戰」說服北京當局放棄武力解決兩岸爭端，達到預防戰爭之目的。因為核武使得戰爭不再是達成政治目標的理性手段，而是預防戰爭的終極武器。[15]

《中華民國106年國防報告書》與《中華民國108年國防報告書》，在「國防戰略」綱要中，一致地強調「國防整備之優先要務，在嚇阻及防禦任何對我國的軍事敵對行動」。[16]《中華民國110年國防報告書》則主張，「發展有效防衛戰力，嚇阻敵不敢軍事冒進，達成阻絕戰端與維護和平之目的」。[17]《中華民國106年國防報告書》首次提出「防衛固守，重層嚇阻」的軍事戰略思維，並解釋兩者的關係是「重層嚇阻為手段，達到防衛固守之目的」。透過「迫使敵任務失敗」與「使敵忌憚高昂的戰爭成本」產生嚇阻效果，進而使敵「不敢輕啟戰端」。[18]《中華民國112年國防報告書》則表示，將「藉去中心化指管，強化防衛作戰韌性，並結合全民防衛總力，透過遠距制敵及重層防衛等手段，迫使敵考慮犯臺軍事行動之風險與代價，嚇阻敵貿然侵略企圖」。[19]

值得注意的是，《中華民國110年國防報告書》在「重層嚇阻，發揮聯合戰力」戰略指導下，提出「拒敵於彼岸、擊敵於海上、毀敵於水際、殲敵於灘岸」之用兵理念，依「戰力保存、整體防空、聯合制海、聯合國土防衛」之作戰進程，進行重層攔截與聯合火力打擊，以逐次削弱敵人作戰能力。[20] 相較下，《中華民國112年國防報告書》改提「重層嚇阻，結合區域聯防」指導，依「整體防空、聯合截擊、聯合國土防衛」之作戰進程，修正過去尋求「制空」與「制海」之攻勢思維，首次在國軍戰略指導

---

15 Chih-Tung Chung, *The Evolution of Taiwan's Grand Strategy: From Chiang Kai-Shek to Chen Shui-Bian* (London: LSE, Department of International Relations, PhD thesis, 2013), pp. 199-202.

16 國防部，《中華民國106年國防報告書》，頁55；《中華民國108年國防報告書》，頁54。

17 國防部，《中華民國110年國防報告書》，頁54。

18 國防部，《中華民國106年國防報告書》，頁48、57。

19 國防部，《中華民國112年國防報告書》，頁63。

20 國防部，《中華民國110年國防報告書》，頁55、72。

上主張強化與國外夥伴「『作戰互通性』（Operational Interoperability）並結合區域聯防機制」，希能透過重層多樣防禦措施以瓦解敵之攻勢。[21] 而組建「機動性高、量少、質精、高效能及高精準打擊之戰力」，則是達成上述「防衛固守、重層嚇阻」軍事戰略指導之關鍵所在。

　　蔡英文總統在 2020 年 5 月就職連任演說中，曾提出「國防事務改革」三個重要方向：一、加速發展「不對稱戰力」；二、後備動員制度的實質改革；三、改善部隊管理制度。針對「不對稱戰力」部分，「在強化防衛固守能力的同時，未來戰力的發展將著重機動、反制、非傳統的不對稱戰力；並且能夠有效防衛『網路戰』、『認知戰』，以及『超限戰』的威脅，達成重層嚇阻的戰略目標」。在後備動員制度改革部分，將「提高後備部隊的人員素質和武器裝備；後備戰力提高，才能有效地跟常備軍隊協同作戰」。[22] 此強調不對稱戰力對非傳統之「網路戰」、「認知戰」與「超限戰」威脅的因應，以及提升後備部隊角色，強化「國土防衛」作戰持續力，以達「戰略持久」目標，進而提升臺灣國防整體嚇阻能力。

肆、不對稱作戰思維

　　積極發展「不對稱作戰」，是蔡英文總統對建構臺灣國防戰略的關鍵性政策指導。《中華民國 106 年國防報告書》首次以專節「創造不對稱優勢」呈現，系統性地介紹發展不對稱作戰重要性。在「不對稱作戰思維」上，主張「以不對稱手段、不對等力量與非傳統方式進行作戰，迴避敵人強點，並以適當的戰法、戰具攻擊敵人的弱點」。在發展「創新／不對稱」戰力上，著重「打擊敵軍作戰重心及關鍵弱點要害，藉以阻滯破壞或癱瘓敵作戰節奏與能力」。並以「共軍預期外的裝備與戰術戰法，使對方難以預測或防範，武器系統發展將以『機動、隱匿、快速、價廉、量多、損小、效高』為方向，作為未來軍事投資重點，檢討各項軍備獲得優

---

21 國防部，《中華民國 112 年國防報告書》，頁 63。

22 〈520 就職／蔡英文總統就職演說全文〉，《中央社》，2020 年 5 月 20 日，https://www.cna.com.tw/news/firstnews/202005205005.aspx。

序」。而在「不對稱建軍規劃」上，強調「需跳脫建立對等武力的傳統觀念，將國防資源與科技能力集中在關鍵戰力，建立實質嚇阻力量及有效反擊能力」。並據此列舉六項不對稱建軍方向：發展精準打擊武器、籌建資通電反制裝備、建構高效能反裝甲飛彈與人攜式短程防空飛彈、籌建輕快且任務多元高效能作戰艦艇、籌獲新式智慧型水雷與快速布雷艇，以及發展無人飛行載具。[23]《中華民國 106 年國防報告書》是蔡英文總統任內第一本國防白皮書，其後在諸多重要場合談到國防安全事務時，她也總會提及「不對稱作戰」思維對當前國防戰略的重要性。

　　發展「機動、反制、非傳統」的「創新／不對稱」思維與戰力，是對過去著重於大型、價昂、耗時建構「基本戰力」（主力戰機、船艦與戰車等武器載臺）思維下國防戰略的反思與精進作為。《中華民國 108 年國防報告書》持續主張「創新／不對稱」作戰思維，以發揮聯合作戰能力，但在建軍規劃的「戰力整建」上，則強調將「維持『量適、質精、高效能、精準打擊及易損性低』之『基本戰力』為基礎上，置重點於建立『機動、價廉、量多、快速生產、具可耗性』之不對稱戰力，並加強戰力防護裝備與設施建設，以為發揮基本與不對稱戰力的根本」。[24]明顯地，《中華民國 108 年國防報告書》展現國軍在「基本戰力」與「不對稱戰力」建構與運用上，希望兩者能相輔相成，避免有所偏廢情勢。值得注意的是，《中華民國 110 年國防報告書》不再就「基本戰力」與「不對稱戰力」建構的競爭關係多所著墨，而專注於「創新不對稱作戰」的落實運用。面臨共軍區域拒止、反介入、海上封控及三棲快速多點侵臺能力日趨完備，《110 年國防報告書》指出，「如何發揮海島防禦的地理優勢，成為國軍不對稱作戰投注的方向」。其在「建軍規劃」專節以「不對稱作戰」為開場，主張「不對稱作戰著重攻擊或利用敵人之弱點及擾亂敵人作戰重心，而非攻擊敵人強點的作戰方式」。在具體作為上，一方面國軍「須展現有效戰力，鎖定共軍弱點及抵消其優勢」；另方面「應針對共軍戰力採取不同的

---

23 國防部，《中華民國 106 年國防報告書》，頁 74。
24 國防部，《中華民國 108 年國防報告書》，頁 64、65。

反制作為」，例如機動地對空飛彈、小型高速船艦攜帶反艦飛彈、機動岸置巡弋飛彈、防禦性水雷與地雷等。[25]「不對稱作戰」概念與作為，明顯已逐步與國軍「打、裝、編、訓」相結合。《112 年國防報告書》則在新提「縱深防衛」戰略下，突顯不對稱作戰思維與重層嚇阻理念相結合的重要性，透過重層縱深反擊能力建構，以增加防衛的多樣性與密集度，達成強化固守韌性與戰略持久目標。[26] 除此之外，《112 年國防報告書》首次提出建軍的「規劃原則」，計有「不對稱作戰」與「分散式指管」兩項。其中新增「分散式指管」重點在於，「強化指管韌性與分散式指揮平臺及共同作戰圖像，增進整體聯戰效能，遂行聯合作戰任務」。[27]

　　隨著解放軍近年來大肆推動國防建設與軍事改革，兩岸軍事平衡嚴重失調下，無可諱言共軍在戰力上已經具有優勢，且在質與量上還不斷精進。《110 年國防報告書》評估在 2035 年，共軍基本上將實現國防與軍事現代化，具備對臺作戰優勢及抗衡外軍能力。面對中共從軍事到國家綜合國力的優勢，臺灣國防上要能達成以寡擊眾、以弱擊強任務，如何發揮「創新不對稱作戰」勢成關鍵所在。前參謀總長、現任國防安全研究董事長霍守業一級上將，早在過去於接受訪談時即表示，由於兩岸國力懸殊差距，臺灣無法跟中共做軍備競賽下，國軍發展「不對稱戰法」並據此建構「不對稱戰力」，以應中共軍事威脅是必然趨勢。[28] 他表示，敵人再強、再大都有其弱點，而「不對稱」的意義在於，要能發掘敵人的弱點，並在敵人弱點上面，充分發揮我方優勢對其弱點實施重點打擊。他以英國與阿根廷福克蘭戰役為例指出，英國渡海遠征軍的關鍵弱點在於，載有兩棲登陸部隊的「伊莉莎白號」郵輪，阿根廷部隊未能抓到這弱點予以進行重點打擊，最後導致英軍能成功登島結束戰役，此役可作為臺灣防衛作戰的借鏡。

---

25 國防部，《中華民國 110 年國防報告書》，頁 62。
26 國防部，《中華民國 112 年國防報告書》，頁 63。
27 同上註，頁 73。
28 相關訪談內容，請參見國防安全研究院董事長霍守業陸軍一級上將專訪，於黃煌雄，《臺灣國防變革 1982～2016》（臺北：時報出版社，2017 年），頁 54-56。

　　對此，霍董事長總結表示，臺澎防衛作戰勝敗關鍵在於要能確切建構
「打擊敵人弱點」的「不對稱戰法」，據此建構「不對稱戰力」，透過「聯
合防空與聯合截擊」，並結合「國土防衛」的國家整體戰概念，達到軍事
戰略「可以打贏戰」之目標，從而「使敵人不敢來犯，進而獲取（有尊嚴）
和平」的國家戰略目標。決定「要在哪裡打」釐清後，「要怎麼打」與「用
什麼打」則可依此循序思考與規劃。如此一來有關「不對稱作戰」，從建
軍思維為到建軍目標也就會有清晰的藍圖與指導。據此，針對國軍「不對
稱」建軍思維與作為，霍董事長也提出五項具體建議：「第一，要用巧力
取代蠻力；第二，縮小打擊取代全面對抗；第三，用擊敵弱點取代三軍正
面作戰；第四，以火力取代兵力；第五，以高效戰力取代傳統兵力。」[29]
針對解放軍攻臺弱點，《110 年國防報告書》在「不對稱作戰」項次下揭
示，「利用敵人戰力未完成整備時、因技術或數量限制無法充分進行防禦
之處；以及在戰爭時，攻擊敵人之關鍵節點，以阻滯其戰爭計畫、破壞其
作戰節奏、癱瘓其作戰能力，使敵無法快速結束戰爭」；其同時指出，「共
軍的脆弱點就在跨海渡航階段，我防衛應充分運用臺海阻絕天然優勢，並
發揮韌性，不僅只侷限於等著敵人船團渡過海峽，更要迫使敵人只能遠離
當面的機場與港口集結」。也因此國軍在「戰力整建」上，也提出建構「遠
程打擊」戰力，以作為相關不對稱作戰之配套措施。不對稱作戰關鍵在於
掌握敵人弱點，不僅在戰時可予以敵人關鍵致命一擊，並發揮韌性延長戰
事，在戰爭未爆發前也具有嚇阻功能，因為當共軍理解犯臺行動弱點已先
為國軍掌握時，也將不致冒著高失敗與高成本風險而輕啟戰端。

伍、全民國防理念

　　「全民國防」是現代國防的基本概念，其主要源自於現代戰爭多具有
「總體戰」（Total War）的本質，這是因為涉及戰爭時，國家將動員運用
一切資源，凝聚全國意志，爭取戰爭最後勝利的戰略思維，以維護確保國

29　同上註。

家生存。[30] 2022 年爆發的俄烏戰爭，對烏克蘭而言，這就是場具「總體戰」本質的全面性戰爭，需傾全國之力以為因應。面對擁有物質力量優勢的中共侵略時，臺灣要以小博大亦是如此；因為國防不僅是職業軍人的責任，而是全民所必須關心與涉入的共同事務，這也是為何臺灣國防思維中格外重視「全民國防」。也因此，《國防法》第 3 條即律定，「中華民國之國防，為全民國防，包含國防軍事、全民防衛、執行災害防救及與國防有關之政治、社會、經濟、心理、科技等直接、間接有助於達成國防目的之事務」。國防部於 1992 年發表的第一本《國防報告書》的部長序言即明示，「現代國防為全民國防，需要獲得全體國民的支持，才能發揮整體的力量，達到保障國家安全的目的」。[31]《中華民國 95 年國防報告書》對「全民國防」則是定義為：「以軍民一體、文武合一的形式，不分前後方、平時戰時，將有形武力、民間可用資源與精神意志合而為一的總體國防力量。」[32] 為具體實踐「全民國防」理念，政府則陸續頒行與修訂相關法令，例如：《全民防衛動員準備法》、《國防法》、《全民國防教育法》、《全民防衛動員署組織法》等，以作為推動「全民國防」政策的法源依據。

　　「全民國防」政策成功的關鍵，在於能否將建立「責任一體、安危一體、禍福一體」的全民共識，將國家整體力量整合於國防之中，進而展現臺灣自我防衛決心與人民抗敵奮戰到底意志。2022 年俄烏戰爭，烏克蘭在物質劣勢中能持續作戰扭轉戰局，其最重要關鍵在於人民抗敵意志。烏克蘭舉國奮戰精神，徹底粉碎了俄羅斯企圖透過閃電戰在短期內逼降烏克蘭的如意算盤，這也為烏克蘭創造扭轉戰事空間。烏克蘭抗俄戰爭經驗顯示，人民敢戰、能戰才是追求和平的憑恃，「綏靖主義」（Appeasement）只會助長侵略者的氣焰，根本無法遏止侵略者的野心。這就如二次世界大戰前，當綏靖主義者希望透過讓步以避免戰爭時，邱吉爾（Winston

30 Brian Holden Reid and Lawrence Freedman, "Total War and the Great Power," in Lawrence Freedman (ed.), *War* (Oxford: Oxford University Press, 1994), pp. 245-247.

31 國防部，《中華民國 81 年國防報告書》（臺北：國防部，1992 年），頁 13，https://reurl.cc/oZ00Yv。

32 國防部，《中華民國 95 年國防報告書》（臺北：國防部，2006 年），頁 158，https://reurl.cc/28WWNn。

Churchill）直言，「在戰爭與屈辱面前，你選擇了屈辱，但屈辱過後，你仍得面對戰爭！」面對中共可能的武力侵臺，霍守業一級上將也指出，「透過軍事上具有打贏敵人的能力與決心，使敵人不敢來犯，進而獲取和平，這樣的和平才是有尊嚴的和平，而不是卑躬屈膝、跪地求和的和平」。[33] 針對烏克蘭抵抗俄羅斯侵略，蔡英文總統表示，這給國人一個很深的體驗，自助人助是烏克蘭在面對俄羅斯侵略時最好的寫照。對於臺灣而言，唯有團結一致才能面對困難，也只有提升自我防衛的決心和力量，才能捍衛國家主權與安全。[34] 2022 年國慶演說中，蔡總統在「提升國防戰力、擬聚民心士氣」為題中強調「全民防衛」重要性，並藉此指出，「最重要的是，我們必須凝聚民心士氣，強化全民的防衛意識。『守土衛國』，從來都不只是軍人的事；每一位國民，都是國家的守護者」。[35]

改革後備動員制度以整合與落實「全民防衛」，是蔡英文總統對臺灣國防戰略的另一項關鍵政策指導。儘管《國防法》在第五章就「全民防衛」已有政策性規範，但在實際執行上，仍有許多不足亟需全盤檢討精進。對此，蔡總統先是 2020 年 5 月於「國防事務改革」指示，要求對「後備動員制度的實質改革」，並於同年 6 月做出「常後一體制度」、「後備動員合一」及「跨部會合作」三項改革原則的政策指導。[36] 針對「後備戰力」革新，《110 年國防報告書》揭示，「為因應敵情威脅及兵役制度轉型，在現有動員制度基礎上，將以『完備動員組織』、『跨部會協調合作』、『強化後備部隊』、『精進教召訓練』、『妥善裝備整備等精進做法』，提升後備動員能量及後備部隊遂行防衛作戰能力」。[37] 對此，蔡總統 2022 年國慶演說時表示，「為了落實全民防衛，我們成立『全民防衛動員署』，

---

33 黃煌雄，《臺灣國防變革 1982～2016》（臺北：時報出版社，2017 年），頁 56。

34 楊淳卉，〈烏克蘭自助人助！蔡英文：提升自我防衛決心 才能捍衛國家安全〉，《自由時報》，2022 年 3 月 9 日，https://reurl.cc/jGKjly。

35 中華民國總統府，〈總統國慶致詞全文／蔡英文：願與北京尋求雙方可接受的臺海和平方法〉，《中華民國總統府》，2022 年 10 月 10 日，https://www.gvm.com.tw/article/95063。

36 中華民國總統府，〈總統出席「國防部後備指揮部支援口罩增產有功人員表揚典禮」〉，《中華民國總統府》，2020 年 6 月 29 日，https://reurl.cc/7oR00D。

37 國防部，《中華民國 110 年國防報告書》，頁 75。

強化戰訓量能，透過精進後備教召訓練，讓後備軍人能使用跟現役軍人相近的武器裝備，提升後備戰力。建構能有效應對現代戰爭需求的國軍，以及建立軍民整合的全面防衛動員能力，都刻不容緩。我們必須確保，無論是平時救災，或者戰時動員，各項韌性的整備、各種物資和人員，都能準確、即時到位」。[38] 在具體作為上，2021 年 6 月 9 日制定《全民防衛動員署組織法》，將後指部納入全動署，建構後備動員合一機制；落實「全民防衛」，依《全民防衛動員準備法》與《民防法》，整合部會行政動員與地方政府協調合作；強化後備部隊，在部隊編裝上，2021 年已編成 2 步兵旅與 1 後備訓練中心，預計 2024 年編成 3 步兵旅與 2 後備訓練中心；精進教召訓練，由「二年 1 訓、每次 5 至 7 天」改為「年年施訓、每次 14 天」；妥善裝備整備上，工欲善其事必先利其器，為提升後備部隊戰力，以落實「常後一體」，建案納入「五年兵力整建計畫」，分年、分階段獲取所需裝備。明顯地，透過完善的後備動員制度，是健全「全民防衛」機制與精實戰爭動員體系的根本項目，以具體實踐「全民國防」理念。

　　新公布《112 年國防報告書》將後備動員改革與全民防衛機制的落實，視為建構「縱深防衛」戰略的關鍵元素。[39] 針對共軍「首戰即決戰」的攻臺速戰戰略，企圖規避國際勢力介入臺海戰事，臺灣落實全民國防與強化後備動員，已成為「構築多層次防禦縱深，強化作戰持續力，以達戰略持久目標」的必要「國土防衛」作戰戰略。特別是如果國軍竭盡所能仍無法達成「拒敵於彼岸、擊敵於海上、毀敵於水際、殲敵於灘岸」阻止共軍入侵本土的初步作戰目標時，全民防衛機制的有效發揮，攸關我方持續進行縱深防禦反擊及重要目標防護之國土與後備防衛，以使共軍無法有效控制所占領區域，此也將成為「防衛固守，確保國土安全」戰略下「國土防衛」的最後機會。2023 年的「漢光 39 號」實兵演習即據此構想，就「戰力保存」、「海上截擊與護航作戰」與「國土防衛戰」等三項作戰重點進行驗證；在「戰力保存」上，就海空軍戰力進行戰術轉移集結待命，驗證

38　中華民國總統府，〈總統國慶致詞全文／蔡英文：願與北京尋求雙方可接受的臺海和平方法〉。
39　國防部，《中華民國 112 年國防報告書》，頁 65。

全臺各部隊防空應變能力的「聯翔操演」；在「海上截擊與護航作戰」上，主要驗證重要航道聯合反封鎖、護航作戰及反潛作戰等戰術作為；在「國土防衛戰」上，有鑑於兩岸一旦開打，「處處是戰場」已沒有前後方之分，因此整合同心、自強、民安及萬安演習，統合軍、警、消、民防、後備軍人及物資徵用，而關鍵基礎設施安全防護也是一大重點。[40]

值得注意的是，國土防衛作戰重心放在北部作戰區，中部作戰區及外島的演練重點應是待命警戒，未來臺海作戰時，外島作戰「島在人在」將是獨立堅守，本島中部作戰區部隊則扮演預備隊支援角色。[41] 完善精實的全民防衛機制，是《110年國防報告書》強調建構「韌性國防」最後的關鍵。因為不僅代表臺灣國防戰略的「固守韌性」，同時也將對國際社會展現臺灣自我防衛與抗戰到底決心，透過「國土防衛」落實「戰略持久」目標，以提供臺海戰事國際化所需的廣度與深度，進而爭取國際社會對臺灣可能的奧援。

陸、國際環境之運用

國際因素對臺灣國防戰略思維，始終有著重大的影響。這主要是面對北京威脅，在國家綜合力量極端不對稱狀況下，以小博大的臺灣，自然地積極尋求外來力量以制衡。戰略學者韓德爾（Michael I. Handel）即指出，「維護弱國國家安全最重要的是，它能夠吸引其他國家的支持，而最危險的是孤立於國際體系中，或被納入敵對大國的勢力範圍下」。[42] 明顯地，國際孤立將迫使臺灣單獨面對北京的威脅，對臺灣安全將有嚴重後果。國際力量的介入，讓臺灣國防戰略規劃有更多的選項彈性，並有嚇阻北京動武意涵。過去的《中美協防條約》與現在的美臺軍售，對臺灣國防戰略思維，都有著深遠而全面的影響。不過國際因素影響力的發揮，取決於臺灣

---

40 涂鉅旻，〈漢光39號演習明起登場 今年操演重點一次看！〉，《自由時報》，2023年7月23日，https://reurl.cc/115dqm。

41 呂昭隆，〈假想中共直取臺北，漢光演習39年來最逼真最近實戰！〉，《今周刊》，2023年7月24日，https://reurl.cc/115dkX。

42 Michael I. Handel, *Weak States in the International System* (1981), pp. 257-258.

問題國際化程度。而影響臺灣問題國際化的關鍵因素，在於臺灣與國際社會相連結的程度，因此《110年國防報告書》基於全球化影響、臺灣地緣戰略重要性與維護區域和平穩定，將「拓展戰略合作」列為國防戰略目標之一。《112年國防報告書》則是將「區域聯防」思維與重層嚇阻戰略相結合，強調將「持續透過軍事交流，強化作戰互通性並結合區域聯防機制，與友我夥伴共同因應中共威脅及挑戰」。[43] 但此連結關係，受制於國際社會對臺灣角色重要性的主觀認知。歷史經驗顯示，國際因素中影響臺灣國防戰略最關鍵的是臺美關係，而中美關係的發展，對臺美關係則扮演著決定性的角色。

　　以國際因素中的美國因素為例，華府汲取此次西方國家嚇阻俄羅斯侵略烏克蘭的失敗經驗，美國拜登政府透過預先畫底線方式與建構有利戰略環境的軟硬兼施策略，強化對中國在臺海軍事冒險主義的嚇阻，以期預防戰爭的發生。美國於俄烏戰爭與臺海衝突角色上主要的不同，在於安全承諾。美國儘管與烏克蘭有外交關係，烏克蘭並非北約盟邦且華府也沒有對烏克蘭有過安全承諾。但臺灣則不同，臺美間雖無正式外交關係，美國基於《臺灣關係法》對維護臺海和平穩定有安全承諾。《臺灣關係法》第2條第2款中，美國表明與中國建交「是基於臺灣的前途將以和平方式決定這一期望」，還提到「任何企圖以非和平方式來決定臺灣的前途之舉，包括使用經濟抵制及禁運手段在內，將被視為對西太平洋地區和平及安定的威脅，而為美國所嚴重關切」。不過美國對此是否將使用武力加以因應，則保留有彈性運用的空間並未明確表態，這也導致其後如何維持臺海和平的「戰略模糊」與「戰略清晰」的討論。受到俄烏戰爭影響所及，加以中國武力「脅迫統一」挑釁態勢增強，拜登政府已多次展現，「和平解決」臺灣議題的美國底線，必要時將以武力捍衛此底線反制中國。2022年10月拜登政府《國家安全戰略》（*National Security Strategy*）針對臺灣部分即表示，美國對維持臺海和平與穩定有「持久利益」（Abiding Interest），此攸關區域和全球的安全與繁榮，也是國際關注的事項，美國

---

43 國防部，《中華民國112年國防報告書》，頁63。

將維持抵抗任何對臺訴諸武力或脅迫的能力。[44]

　　面對中國的軍事恫嚇與外交孤立，蔡英文總統自 2016 年上任來，在國家安全上即提出「維持現況」的守勢戰略，強調以「不挑釁、不屈服、無意外」的態度，維護臺海雙邊互不隸屬的現狀，爭取國際社會特別是美國對臺灣的支持。並在 2020 年連任演說時提出維護臺灣國家安全「三柱」：「國防事務改革」、「積極參與國際」、「兩岸和平穩定」。[45] 首先，將「國防事務改革」置於國安三柱之首，是基於「有實力才有安全」的現實主義戰略思維，強調自助而後人助，突顯臺灣要先要能獨自因應中國威脅的重要性，對內做好防衛思想教育，對外宣示臺灣自衛的決心。其次，國安三柱中之兩項「積極參與國際」與「兩岸和平穩定」，可視為將國際因素與國防戰略相連結，這也呼應孫子兵法：「上兵伐謀，其次伐交，其次伐兵，其下攻城」的戰略規劃。而臺灣積極參與國際社會，強化臺灣與國際社間的鏈結關係，是臺灣以小博大實施「不對稱外交」（Asymmetric Diplomacy），實踐「臺灣安全國際化」的重要戰略選項。[46]

　　國際因素在臺灣國防戰略的實踐，就是臺灣安全國際化。中國對「反獨迫統」積極態度，透過大規模軍事演習，極限施壓臺灣與國際社會，阻撓臺美夥伴互動關係，壓迫臺灣在國際社會活動空間，破壞以規則為基礎的國際秩序，坐實美國與北約（NATO）對中國「脅迫政策」（Coercive Policy）指控。事實上，中國 2022 年 8 月挑釁性的「圍臺軍演」，正加深中國與俄烏戰爭中俄羅斯侵略者的形象連結。這相當程度地導致七大工業集團（G7）與歐盟（EU）史無前例地透過聯合聲明，關切中國對臺軍演恫嚇，並兩次提及其對臺海和平穩定承諾。面對中國「圍臺軍演」威脅恫嚇，臺灣得到國際社會空前的聲援支持，這是在 1996 年臺海危機時所完全沒有的現象，此充分反映當前國際社會對臺灣的同情支持，以及對中國侵略性擴張主義的警覺與不安。不過中國對臺軍事恫嚇施壓，反而引起

---

44 "National Security Strategy," *The White House*, October 12, 2022, https://reurl.cc/GXZvyD.

45 中央社，〈520 就職／蔡英文總統就職演說全文〉，《中央社》，2020 年 5 月 20 日。

46 William Chih-Tung Chung, "The Small in the World of the Big: Theory and Practice of Taiwan's Asymmetrical Diplomacy," Conference Papers of 2019 Taipei Defense and Security Forum, Institute for National Defense and Security Research, Taipei, October 3-4, 2019, pp. 38-39.

國際社會對臺灣前所未有的關注，讓臺灣國際能見度戲劇性地大幅增加，「今日烏克蘭，明日臺灣」的印象更深植於國際社會中。

相較下，中國對臺灣侵略性言行和中俄「戰略協作」關係，則讓北京成為國際安全的「麻煩製造者」。維護臺海和平穩定顯然已成國際社會共識下，中國以軍事手段恫嚇國際社會與臺灣正常互動，勢將產生反效果。中國積極透過軍演「反獨迫統」，明確展現其武力犯臺日益增強迫切性，但其企圖將兩岸統一內政化的戰略目標也將進一步嚴重受挫，臺海安全議題反而更將加速國際化。英文總統 2022 年 6 月 10 日在「哥本哈根民主高峰會」（Copenhagen Democracy Summit）以「臺灣：全球民主聯盟不可或缺的夥伴」為題演說時強調，「臺灣和烏克蘭一樣，不會屈服於壓力。儘管威脅與日俱增，我們決心捍衛我們的國家和民主的生活方式，我們相信，如同烏克蘭，我們的決心將獲得其他民主國家的支持」。[47]

隨著臺海議題國際化態勢發展，臺北充分運用此有利戰略環境外，蔡英文總統持續「遇到壓力不屈服，得到支持不冒進」戰略指導原則，在確保國家主權獨立自主的戰略目標下，以維持臺海現況為作為達成此目標的戰略途徑。主張「兩岸和平穩定」，則在於透過「維持現況」策略，彰顯臺北是臺海的和平提供者，以有別於北京是企圖改變現況的麻煩製造者，藉以爭取國際社會支持，並與美國國家戰略達成接軌。值得注意的是，蔡英文總統此在談國家安全時，先提「積極參與國際」然後再提「兩岸和平穩定」，應有其特殊意涵，而這也反映她所說，臺灣「要走向世界，再跟著世界走向中國」的整體對外戰略規劃，突顯國際因素對兩岸關係與臺灣國防戰略重要性，以將臺海安全與國際安全相連結。

---

47 中華民國總統府，〈總統在「哥本哈根民主高峰會」發表視訊演說〉，《中華民國總統府》，2022 年 6 月 10 日，https://reurl.cc/MNKx0k。

柒、結語

　　臺灣的國防戰略，反映總統為落實對中華民國主權特有認知，在變動的國際戰略環境中，為因應最主要敵人中共的威脅，以確保主權獨立自主的國家安全政策。面對敵大我小不利的戰略態勢，自 1970 年代以降，儘管總統對中華民國主權認知有所不同，但臺灣國防戰略有其變化性與延續性，不過總的來說其有著四項基本特徵：守勢防衛嚇阻預防規劃、不對稱作戰思維、全民國防理念以及國際化臺灣安全。在中國軍事恫嚇與外交孤立下，蔡英文總統上任以來，採取「維持現況」守勢戰略，避免主動與中國發生正面衝突，對內尋求維護中華民國臺灣的主權獨立地位共識，對外以民主、自由、和平的普世價值與國際社會連結，並積極與美日等國家的印太戰略接軌。同時在「有實力才有安全」思維下，強調自助而後人助，提出「防衛固守，重層嚇阻」軍事戰略指導，以建構防衛及嚇阻兼具的國防戰力。

參考文獻

一、中文部分

中央社，〈520 就職／蔡英文總統就職演說全文〉，《中央社》，2020 年 5 月 20 日。

中華民國總統府，〈總統視導「漢光 35 號」演習彰化戰備道起降實兵操演〉，《中華民國總統府官網》，2019 年 5 月 28 日。

中華民國總統府，〈總統出席「國防部後備指揮部支援口罩增產有功人員表揚典禮」〉，《中華民國總統府》，2020 年 6 月 29 日。

中華民國總統府，〈總統在「哥本哈根民主高峰會」發表視訊演說〉，《中華民國總統府》，2022 年 6 月 10 日。

中華民國總統府，〈總統國慶致詞全文／蔡英文：願與北京尋求雙方可接受的臺海和平方法〉，《中華民國總統府》，2022 年 10 月 10 日。

克勞塞維茲，鈕先鍾譯，《戰爭論精華》（臺北：麥田出版社，2020 年 9 月）。

呂昭隆，〈假想中共直取臺北，漢光演習 39 年來最逼真最近實戰！〉，《今周刊》，2023 年 7 月 24 日，https://reurl.cc/115dkX。

涂鉅旻，〈漢光 39 號演習明起登場 今年操演重點一次看！〉，《自由時報》，2023 年 7 月 23 日，https://reurl.cc/115dqm。

國史館，《賴名湯先生訪談錄》（臺北：國史館，1994 年）。

國防部，《中華民國 81 年國防報告書》（臺北：國防部，1992 年）。

國防部，《國軍軍語辭典典》（臺北：國防部，2003 年）。

國防部，《中華民國 95 年國防報告書》（臺北：國防部，2006 年）。

國防部，《中華民國 106 年國防報告書》（臺北：國防部，2017 年）。

國防部，《中華民國 108 年國防報告書》（臺北：國防部 2019 年）。

國防部，《中華民國 110 年國防報告書》（臺北：國防部，2021 年）。

國防部，《中華民國 112 年國防報告書》（臺北：國防部，2023 年）。

國家安全會議，《2006 國家安全報告》（臺北：國家安全會議，2006 年）。

黃煌雄，《臺灣國防變革 1982-2016》（臺北：時報出版社，2017 年）。

新境界文教基金會，《國防政策藍皮書第一號報告——民進黨的國防議題》（臺北：新境界文教基金會，2013 年）。

楊淳卉，〈烏克蘭自助人助！蔡英文：提升自我防衛決心 才能捍衛國家安全〉，《自由時報》，2022 年 3 月 9 日。

二、外文部分

Chung, Chih-Tung, *The Evolution of Taiwan's Grand Strategy: From Chiang Kai-Shek to Chen Shui-Bian* (London: LSE, Department of International Relations, PhD Thesis, 2013).

Chung, William Chih-Tung, "The Small in the World of the Big: Theory and Practice of Taiwan's Asymmetrical Diplomacy," Conference Papers of 2019 Taipei Defense and Security Forum, Institute for National Defense and Security Research, Taipei, October 3-4, 2019.

Collins, John M., *Grand Strategy: Principles and Practices* (Annapolis, Maryland: Naval Institute Press, 1973).

Freedman, Lawrence, *The Transformation of Strategic Affairs* (Abingdon, New York: Routledge for the International Institute for Strategic Studies, Adelphi Paper 379, 2006).

Handel, Michael I., *Weak States in the International System* (1981).

Kennedy, Paul, "Grand Strategy in War and Peace: Toward a Broader Definition," in Paul Kennedy (ed.), *Grand Strategies in War and Peace* (New Haven: Yale University Press, 1991).

Reid, Brian Holden and Lawrence Freedman, "Total War and the Great Power," in Lawrence Freedman (ed.), *War* (Oxford: Oxford University Press, 1994).

Rosecrance, Richard and Arthur A. Stein (eds.), *The Domestic Basis of Grand Strategy* (Ithaca: Cornell University Press, 1993).

The White House, "National Security Strategy," *The White House*, October 12, 2022, https://reurl.cc/GXZvyD.

國家圖書館出版品預行編目 (CIP) 資料

國防戰略研究：思維與實務 / 黃恩浩 , 鍾志東主編 . -- 初版 .
　 -- 臺北市 : 五南圖書出版股份有限公司 , 2023.12
　　　面 ; 　公分
　ISBN 978-626-366-738-9（平裝）

　1.CST: 國防戰略 2.CST: 國際關係

592.45　　　　　　　　　　　　　　　　　112017921

國防戰略研究：思維與實務

主　　　編：黃恩浩、鍾志東
出　版　者：財團法人國防安全研究院
地　　　址：100 台北市中正區博愛路 172 號
電　　　話：(02) 2331-2360
承　印　商：五南圖書出版股份有限公司
地　　　址：106 台北市大安區和平東路 2 段 339 號 4 樓
電　　　話：(02) 2705-5066
傳　　　真：(02) 2706-6100
網　　　址：https://www.wunan.com.tw

出 版 日 期：2023 年 12 月初版一刷
定　　　價：新臺幣 500 元